几何学的力量

[美] 乔丹·艾伦伯格（Jordan Ellenberg） 著
胡小锐 钟 毅 译

SHAPE

The Hidden Geometry of Information, Biology, Strategy, Democracy, and Everything Else

中信出版集团 | 北京

图书在版编目（CIP）数据

几何学的力量 /（美）乔丹 · 艾伦伯格著；胡小锐，钟毅译 . -- 北京：中信出版社，2023.3（2023.4重印）
书名原文：Shape: The Hidden Geometry of Information, Biology, Strategy, Democracy, and Everything Else
ISBN 978-7-5217-5284-7

I. ①几… II. ①乔… ②胡… ③钟… III. ①几何学－普及读物 IV. ① O18-49

中国国家版本馆 CIP 数据核字（2023）第 019580 号

Shape: The Hidden Geometry of Information, Biology, Strategy, Democracy, and Everything Else by Jordan Ellenberg
Copyright © 2021 by Jordan Ellenberg
Simplified Chinese translation copyright © 2023 by CITIC Press Corporation
All rights reserved
本书仅限中国大陆地区发行销售

几何学的力量
著者： ［美］乔丹 · 艾伦伯格
译者： 胡小锐 钟毅
出版发行：中信出版集团股份有限公司
（北京市朝阳区东三环北路 27 号嘉铭中心 邮编 100020）
承印者： 宝蕾元仁浩（天津）印刷有限公司

开本：787mm×1092mm 1/16 印张：25.5 字数：370 千字
版次：2023 年 3 月第 1 版 印次：2023 年 4 月第 3 次印刷
京权图字：01–2023–0500 书号：ISBN 978–7–5217–5284–7
定价：79.00 元

版权所有 · 侵权必究
如有印刷、装订问题，本公司负责调换。
服务热线：400–600–8099
投稿邮箱：author@citicpub.com

献给所有空间里的居民

特别是 CJ 和 AB

目　录

引　言

事物在哪里？它们长什么样子？

作为一名数学家，我经常在公共场合谈论数学，这似乎能帮助人们解开某些谜团。他们会告诉我一些事情，我感觉那些都是他们长时间深埋心底的故事。其中一些故事与数学有关：有时它们是悲伤的，例如，一名数学老师无缘无故地践踏了一个孩子的自尊心；有时它们是快乐的，例如，一个孩子受到启发后茅塞顿开，或者一个成年人怎么也找不到回家的路了（事实上，这个故事也有点儿悲伤）。

这些故事常跟几何学有关。在人们对中学时期的记忆中，几何学是那么另类，犹如交响乐中冒出来的异常大声的不和谐音调。有些人憎恶几何学，他们告诉我，从开始学习几何学的那一刻起，数学就超出了他们的理解范围。但也有些人告诉我，几何学是数学中他们唯一能弄懂的部分。几何学就像数学这道大餐中的香菜一样，人们对它要么甘之如饴，要么避之不及。

是什么让几何学变得如此与众不同呢？在某种程度上，它是原始的，根植于我们的身体。自出生之日起，我们就开始思考两个问题：事物在哪里？它们长什么样子？有些人会告诉你，所有与我们的内心生活息息相关的事情，都可以追溯到非洲稀树草原上那群狩猎采集者的需求。我不认同这种说法，但我也无法否认，那些原始人在学会用语言谈论形状、距离和地点之前，对这些概念就有所了解了。南美的神秘主义者（及南美以外地区的模仿者）喝下死藤水（一种宗教致幻剂）后，会在第一时间（好吧，是在不受控制地呕吐后的第一时间）感知到一些纯粹的几何形状，例如，像传统清真寺里反复出现的格栅一样的二维图形，或者像由六面体巢室排列而成的蜂巢一样的三维图形。即使在我们失去了其他推理思维的情况下，几何学也不会抛弃我们。

读者朋友，让我开诚布公地告诉你们：起初我对几何学毫无兴趣。这的确令人难以理解，毕竟我现在是一位数学家，而且我的工作就是跟几何学打交道！

但是，自从我和其他孩子组队参加数学联赛，一切就都变得不一样了。是的，一场数学联赛。我所在中学的参赛队伍名叫“地狱天使”，我们每次上场比赛都穿着黑色T恤，带着一台手提录音机，播放着休伊·刘易斯和新闻乐队演唱的歌曲“Hip to Be Square”（《洗心革面》）。我在那场联赛中“出名”了：只要遇到“证明$\angle APQ = \angle CDF$”之类的问题，我就会止步不前。这并不是因为我不会解答这类问题，而是因为我使用的是最笨、最麻烦的方法：给图中的多个点逐一分配坐标值，然后通过大量的代数运算和数值计算，求出三角形的面积和线段的长度。事实上，只要运用有效的几何方法就可以避免这些烦琐的步骤。我得出的答案有时是对的，有时是错的，但每次的解题过程都非常痛苦。

如果世界上有几何天赋这种东西，那我肯定没有。我们可以给婴儿做几何测试：以两幅为一组，连续向婴儿展示一系列图片，其中大多数组别中的两幅图片展示的形状都相同，但大约每隔三组，右边的那幅图片展示的形状就会与左边的那幅图片相反。婴儿会花更多的时间去看那些相反的形状，这表明他们知道“有事情发生了”，他们追求新奇事物的头脑也会迅速做出反应。婴儿凝视镜像形状的时间越长，他们在学龄前期的数学和空间推理测试中的得分就越高，也能更快、更准确地想象出不同的形状，以及这些形状旋转或粘在一起后的样子。至于我，我几乎完全不具备这种能力。你知道加油站的刷卡机上贴的那个小图片吧？它会告诉你刷信用卡时卡片应该朝着哪个方向。但是，它对我毫无用处，因为我的大脑无法把那幅平面图转化成三维动作。每次刷卡，我都不得不把 4 种可能的朝向尝试一遍——磁条向上朝右、磁条向上朝左、磁条向下朝右、磁条向下朝左——直到机器开始读卡。

然而，人们通常认为几何学对现实世界的一些运算而言至关重要。凯瑟琳·约翰逊是美国国家航空航天局（NASA）的一位数学家，她因为《隐藏人物》这本书及同名电影的主人公而出名。谈到她早年间在飞行研究部门取得的成功时，凯瑟琳说："那些家伙都有数学硕士学位，但他们彻底忘记了他们学过的几何知识……而我还记得我学过的几何知识。"

非凡的魅力

威廉·华兹华斯的自传体长诗《序曲》（*The Prelude*）讲述了一个有点儿令人难以置信的故事：一个人在遭遇海难后漂流到一座无人岛上，他身上除了一本欧几里得的《几何原本》之外别无他物。大约 2 500 年前，这本书阐述的几何公理和命题使几何学变成了一门正式学科。对一个遭遇海难的家伙来说，他的运气还算不错：尽管他饥肠辘辘、心情沮丧，但他可以用树枝在沙滩上作图，通过逐一验证欧几里得的证明过程，打发独居荒岛的寂寞时光。而这恰恰是步入中年的华兹华斯向往的人生——年轻、敏感、富有诗意。诗人写道：

> 这些抽象的概念，
> 对终日与图形为伍、形单影只的心灵而言，
> 是多么富有魅力啊！

（饮用死藤水的人也有类似的感受，这种药物会对大脑产生影响，让自认为陷入困境的大脑得到解脱。）

华兹华斯的"海难–几何学"故事的最奇怪之处在于，它基本上是真实的。华兹华斯从约翰·牛顿的回忆录中借用了这个故事，其中有几行诗句更是原样照搬过来的。1745 年，年轻的奴隶贩子约翰·牛顿被困

在塞拉利昂附近的普兰廷岛上。他没有遭遇海难，而是被他的老板扣留在那里，过着无所事事、食不果腹的生活。普兰廷岛也不是一座无人岛，除了他以外，那里还住着一些非洲奴隶。他主要的痛苦来源是一名控制食物流通的非洲妇女，用牛顿的话说，这是“一个在她的国家拥有重要地位的人”。牛顿百思不得其解自己为什么会落到这步田地，他抱怨道：“这个女人从一开始就对我抱有莫名其妙的偏见。”

几年后，差点儿死在海上的牛顿开始信奉宗教，成了一名圣公会牧师，还创作了基督教赞美诗《奇异恩典》（*Amazing Grace*，它对人们抑郁时应该读什么书给出了截然不同的建议）。最后，他宣布不再从事奴隶贸易，并成为大英帝国废除奴隶制运动的一员干将。现在，我们回过头讲他在普兰廷岛上的生活。没错，他随身带着一本书——艾萨克·巴罗英译版的欧几里得《几何原本》。在那段黑暗的日子里，这本书中的抽象概念给了他莫大的心理安慰。他写道：“我常常沉迷其中，几乎忘记了自己的悲伤。”

华兹华斯借用了牛顿的“沙滩–几何学”故事，而这并不是他与该学科仅有的亲密接触。与华兹华斯同时代的托马斯·德·昆西在《一个鸦片吸食者的忏悔录》（*Confessions of an English Opium-Eater*）中写道：“华兹华斯是一个彻头彻尾的数学崇拜者，尤其是对高深莫测的几何学。这种崇拜源于抽象世界和激情世界之间的对立。”上学期间，华兹华斯的数学成绩很糟糕，但他与年轻的爱尔兰数学家威廉·哈密顿建立了惺惺相惜的友谊。有些人认为，正是因为受到哈密顿的启发，华兹华斯才会在《序曲》中写出描述牛顿（是艾萨克·牛顿而不是约翰·牛顿）的著名诗句：“一个灵魂，永远孤独地航行在陌生的思想海洋中。”

哈密顿从小就沉迷于各类学科知识，包括数学、古代语言、诗歌等。而他开始对数学产生浓厚的兴趣，则是因为他童年时期与“美国计算神童”谢拉·科尔伯恩的一次偶遇。谢拉来自佛蒙特州一个中等收入的农场家庭，在他 6 岁那年，他的父亲阿比亚发现他坐在地上背诵着从未有人教过他的乘法表。后来，这个男孩被证明拥有强大的心算能力，并在新英格兰地区一鸣惊人。（他和家族所有的男性成员一样，两只手各有 6 根手指，两只脚各有 6 根脚趾。）谢拉的父亲带着他面见了多位当地的显要人物，包括马萨诸塞州州长埃尔布里奇·格里。格里告诉阿比亚，只有欧洲人才能理解和培养这个孩子的特殊技能。1812 年，父子俩跨越大西洋来到欧洲，谢拉一边接受教育，一边辗转欧洲各地赚钱。在都柏林，他曾和一个巨人、一个白化病患者和霍尼韦尔小姐（一个用脚趾表演杂技的美国女人）同台演出。1818 年，14 岁的谢拉参加了一场计算比赛，他的对手正是爱尔兰数学神童哈密顿。最终，哈密顿“斩获桂冠，尽管他的对手通常是这类比赛的赢家”。不过，谢拉没有继续学习数学，他只对心算感兴趣。谢拉学习欧几里得几何时觉得它非常简单，但“枯燥无味”。两年后，当哈密顿再次遇到这位“计算神童”并询问他的计算方法时（哈密顿回忆道：“我根本看不出来他以前长了 6 根手指。”在伦敦，谢拉通过外科手术分别切除了两只手上的第 6 根手指），哈密顿发现谢拉几乎不明就里。放弃学业后，谢拉试图登上英国的舞台，但没有成功。他搬回了佛蒙特州，以传教士的身份度过余生。

1827 年遇到华兹华斯时哈密顿才 22 岁，但他已经是都柏林大学的教授和爱尔兰皇家天文学家了。而那时，华兹华斯 57 岁。哈密顿在写给他妹妹的信中描述了他和华兹华斯的这次碰面：一位年轻的数学家和一位年长的诗人“一起漫步于午夜，走了很久很久，陪伴我们的只有天上的星星，以及我们炽热的思想和言语”。从他的文风可以看出，哈密顿并没有完全放弃他在诗歌上的抱负。很快，他就给华兹华斯寄去了诗歌，华兹华斯做出了热情的回应，但也提出了批评意见。随后不久，哈密顿在一首写给缪斯的诗中宣称他放弃了诗歌，并把这首名为《致诗歌》的诗送给了华兹华斯。1831 年，他又改变了主意，并写了另一首名为《致诗歌》的诗来表明他的决定。他把这首诗也寄给了华兹华斯，华兹华斯的回复十分经典而委婉：“就像其他人一样，我也很乐意收到你寄给我的大量诗作，但我们担心热衷此道可能会让你偏离科学之路，而你似乎注定会在科学之路上为自己赢得殊荣，为他人谋得福利。”

在华兹华斯的圈子里，并非人人都像他和哈密顿一样欣赏感性与冷静、奇怪、孤独的理性之间的相互作用。1817 年年底，在画家本杰明·罗伯特·海登家中举行的一次晚宴上，华兹华斯的朋友查尔斯·兰姆喝醉了。他诋毁起牛顿来，称这位科学家“不相信任何事物，除非它像三角形的三条边一样清晰可辨”，以此取笑华兹华斯。约翰·济慈也加入其中，指责牛顿用棱镜展示类似于彩虹的光学效应，彻底破坏了彩虹的浪漫色彩。华兹华斯站在一旁笑了笑，却一语不发，有人猜测他是不想引发争吵。

德·昆西还宣扬了华兹华斯《序曲》中另一个与数学有关的场景。（当时这本书还没有出版，但在那个年代，诗歌出版前通常会进行预热宣传。）在这个场景中，华兹华斯在阅读《堂·吉诃德》时睡着了，并在梦中遇见了一个骑着骆驼穿越荒漠的贝都因人。（德·昆西兴奋地承诺：“在我看来，这个场景将数学的崇高地位展现得淋漓尽致。”）那个贝因都人的手里拿着两本书，其中一本不仅是书，也是一块沉重的石头（这只能出现在梦境中），另一本书同时也是一枚闪闪发光的贝壳。（读了几页之后，读者会发现这个贝都因人就是堂·吉诃德。）当你把这本贝壳书贴在耳边时，它会发出末日预言。那本石头书呢？它就是欧几里得的《几何原本》。不过在这里，它不再是一件卑微的自助工具，而是我们与冷漠无情、亘古不变的宇宙相联系的一座桥梁，它“用最纯粹的理性纽带将灵魂与灵魂结合在一起，不受空间或时间的干扰”。德·昆西喜欢这种迷幻的场景是有原因的，他曾是一位神童，后来染上了吸食鸦片的恶习，并在 19 世纪初轰动一时的畅销书《一个鸦片吸食者的忏悔录》中描写了他吸食鸦片后产生的种种幻觉。

华兹华斯心目中的几何学是典型的远距离视角下的几何学。是的，他欣赏几何学，但这与我们欣赏奥运会体操运动员能做出常人不可能完成的空翻转体动作没什么两样。这种欣赏在最著名的几何学诗歌——埃德娜·圣文森特·米莱的十四行诗《只有欧几里得见过赤裸之美》[①]——中也有所体现。米莱笔下的欧几里得是一个超凡脱俗的人物，在一个“神

① 截至 1922 年米莱创作这首诗的时候，欧几里得已经不再独享此项殊荣。本书第 3 章将讨论非欧几何，它不仅能让我们看到赤裸之美，而且归功于爱因斯坦，人们发现它才是最基础的空间几何学。我不知道米莱是否明知这个事实，却有意塑造了一个落后于时代的形象，但诗歌界的学者朋友告诉我，她可能并不了解数学物理领域的最新进展。

圣而可怕的日子”里，他顿悟了。米莱说，我们不同于欧几里得，运气好的话，我们可能会听到美沿着远处的走廊匆匆离去的脚步声。

但这不是本书要讨论的几何学。请不要误解我——作为一名数学家，几何学的威望让我获益良多。当人们认为你从事的工作神秘、永恒且超越普通层面时，你会自我感觉良好。“你今天过得怎么样？”“嗯，和往常一样，神圣而可怕。”

然而，你越是坚持这种观点，你就越会倾向于让人们把学习几何学看作一项义务。它像歌剧一样散发出轻微的霉味，但人们欣赏它，因为它对人们有益。不过，这种欣赏并不足以维系这项事业。新的歌剧作品层出不穷，你能逐一说出它们的名字吗？不能！当你听到“歌剧”一词时，你也许会联想到一位穿着皮草的女中音歌手高唱普契尼作品的情景，整个画面可能还是黑白的。

就像新的歌剧作品一样，新的几何学也有很多，但它们并未引起太多关注。几何学不等于欧几里得几何，从很早以前两者之间就不能画等号了。它不是一件带着教室气味的文物，而是一门鲜活的学科，正在以前所未有的速度向前发展着。在接下来的章节中，我们将会看到与疫情传播、混乱的美国政治进程、国际跳棋锦标赛、人工智能、英语、金融、物理学乃至诗歌都有着密切联系的新兴几何学。

从全球视角看，我们生活在一座蓬勃生长、欣欣向荣的“几何城市”中。几何学并未超越时空，它就在我们身边，与日常生活中的各种推理交织在一起。它美吗？是的，但它不是赤裸裸的，几何学家看到的都是穿着“制服”的几何学之美。

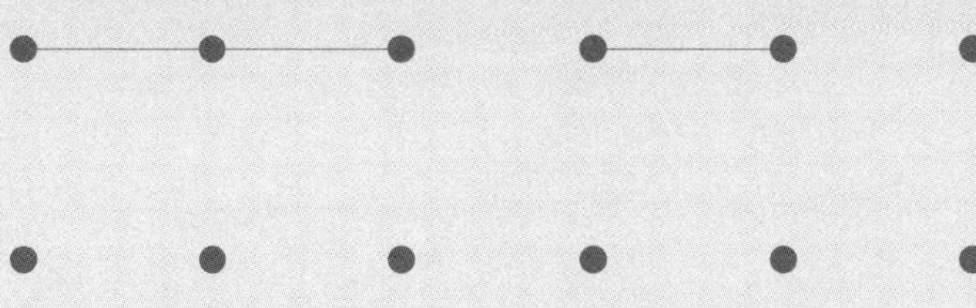

第 1 章

我投欧几里得一票

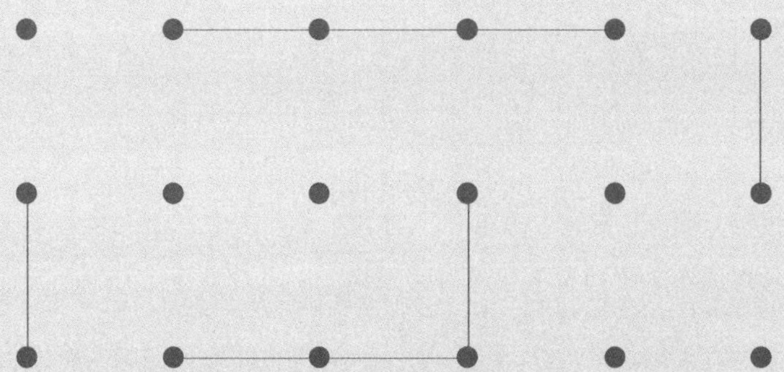

1864年，美国康涅狄格州诺里奇市的J. P. 格列佛牧师回忆说，他曾在一次谈话中询问美国总统亚伯拉罕·林肯，“你的极富说服力的修辞技巧从何而来？”林肯给出的答案是：几何学。

> 在研读法律的过程中，我不断碰到“证明”（demonstrate）这个词。起初我以为自己明白它的意思，但很快我就发现自己并不明白……我查阅了《韦氏字典》，它给出的解释是“确凿的证据”“无可置疑的证据”，但我不知道它指的究竟是什么样的证据。我认为所谓的“证明”就是一些特别的推理过程，而有很多事情无须这些过程也能毋庸置疑地得到证明。我翻遍了我能找到的所有字典和参考书，但都没有找到更好的答案。这就好比你向一位盲人解释什么是蓝色。最后我对自己说：“林肯，如果你弄不明白‘证明’一词的含义，那你永远也当不了律师。”于是，我放弃了在斯普林菲尔德（美国伊利诺伊州首府）的工作，回到父亲的家里。直到我把欧几里得《几何原本》中的所有命题都弄明白了，并理解了“证明”一词的含义，我才回过头去继续学习法律。

格列佛完全赞同林肯的说法，他回应道：“一个人想要谈论某个事物，前提条件是他必须弄清楚该事物的定义。仔细研究欧几里得几何，就可以将那些欺骗和诅咒的废话清除一半，从而使世界摆脱一半的灾祸。我常想，只要美国宗教手册协会（Tract Society）推荐人们阅读，欧几里得的《几何原本》就一定会成为书目中的最佳图书之一。”格列佛告诉我们，林肯对此表示同意，并笑着说："我投欧几里得一票。"

林肯就像遭遇海难的约翰·牛顿一样，在他人生的艰难时刻从欧几里得几何中寻求安慰。19世纪50年代，在众议院做了一个任期的议员后，林肯的政治生涯似乎画上了句号。为了谋生，他当上了一名提供巡回服务的普通律师。他之前担任土地测量员时已经掌握了几何学的基本知识，现在他打算填补这方面的不足之处。在乡下提供巡回服务期间，林肯和他的律师合伙人威廉·赫恩登住在小旅馆里，经常同睡一张床。在回忆林肯的学习方法时，赫恩登说在他酣然入梦后，林肯依然坐在床边，秉烛钻研欧几里得几何，直至深夜。

一天早上，赫恩登在办公室见到林肯时，发现他一副精神恍惚的样子：

> 他坐在桌旁，面前有厚厚的一沓白纸、一副圆规、一把尺子、多支铅笔、几瓶不同颜色的墨水，以及很多其他文具。显然，他正在绞尽脑汁地进行着大量计算，因为散落各处的纸张上写满了奇怪的数字。他深深地沉浸其中，我走进办公室时他连头都没抬一下。

过了大半天，林肯终于从桌旁站起来。他告诉赫恩登，他在尝试解决化圆为方的问题，也就是说，他要画出一个与给定的圆面积相同的正方形。在欧几里得几何中，"作图"是指只使用直尺和圆规两种工具在纸上画出某个图形。赫恩登清楚地记得，林肯整整两天都在钻研这个问题，"几乎到了精疲力竭的地步"。

> 人们告诉我所谓的"化圆为方"根本实现不了，但我当时没有意识到这一点，我怀疑林肯亦如此。他试图证明这个命题，却以失败告终。办公室里的其他同事认为他对这个问题会有些敏感，因此都小心翼翼地避免提及它。

化圆为方是一个非常古老的问题，我猜想林肯可能知道它那可怕的名声。长时间以来，“化圆为方”已经成了困难或不可能完成的任务的代名词。但丁在《神曲·天堂篇》中提到它时说：“就像几何学家使出浑身解数都无法化圆为方一样，我苦思冥想也不得其法。”在几何学的发源地希腊，如果有人蓄意增加任务的难度，他常会恼怒地指责道：“我可没有叫你化圆为方！”

人们尝试解决化圆为方的问题并不需要什么理由，它本身的难度和名声就是人们最大的动力。自古以来，有征服欲的人不断尝试解决这个问题，直到 1882 年费迪南德·冯·林德曼证明它是不可能的（此后，仍有少数顽固分子没有放弃。好吧，现在也不乏其人）。17 世纪的政治哲学家托马斯·霍布斯对自己的智力充满信心（就算用“极度自信”也不足以形容他的自信程度），他自认为破解了这个难题。根据他的传记作者约翰·奥布里的说法，霍布斯在中年时期十分偶然地发现了几何学：

> 在一间绅士图书馆里，欧几里得的《几何原本》第一卷不知被什么人翻开到第 47 页，霍布斯看到了上面的那个命题，并惊呼道：“天哪！这是不可能的！”于是，他阅读了这个命题的证明过程。证明过程提到了第二个命题，于是，他开始阅读第二个命题。然后，他又被指向第三个命题。经过这样一番论证，他确信第一个命题是真实的，自此爱上了几何学。

霍布斯不断发表新的尝试结果，还经常与当时英国的主流数学家发生冲突。有一次，一位记者指出霍布斯画的一个图形不太正确，因为他声称点 P 和点 Q 到点 R 的距离相等，但实际上两者之间有细微的差别，分别是 41 和 41.012。霍布斯反驳说，他画的点足够大，如此细小的差异完全可以忽略不计。直到离世，他始终对外宣称自己成功做到了化圆为方。[①]

1833 年，一位匿名评论家在评论一本几何教科书时对典型的化圆为

① 阿米尔·亚历山大在《无穷小》（*Infinitesimal*）一书的第 7 章中，讲述了霍布斯与那些对他的数学成果不断提出批评意见的人之间的漫长而有趣的斗争故事。

方者进行了描述，精确地刻画了两个世纪前的霍布斯和 21 世纪学术界中这类人的病态形象：

> 他们对几何学的了解不外乎是，很早以前有人在研究过几何学后承认，在这门学科中，有些事情是做不到的。听说知识权威对人们的思想影响巨大，他们就提出用无知的力量来抵消它。如果碰巧有一个熟悉这门学科的人不听他们的话，非要揭示出隐藏的真理，他就会被视为一个偏执狂、一个掩盖真理之光的人，诸如此类。

在林肯身上，我们发现了一个更加吸引人的品质：敢于放手尝试的雄心和敢于接受失败的谦逊。

林肯从欧几里得几何中汲取了一个理念：只要小心谨慎，就可以在无人质疑的公理基础上，通过严格的演绎步骤，按部就班地建立起一座高大稳固的信仰和认同的大厦。（你也可以把公理视为不证自明的真理，如果有人不认同这一点，就会被排除在讨论范围之外。）在林肯著名的葛底斯堡演说中，我听到了欧几里得几何的回声，他强调美国“奉行人人生而平等的主张（proposition）”。在欧几里得几何中，“proposition”指的是“命题”，即由不证自明的公理经逻辑推导得出的不可否认的事实。

第一个从欧几里得几何中找寻民主政治基础的美国总统并不是林肯，而是热爱数学的托马斯·杰斐逊。1859 年，无法前往波士顿出席杰斐逊纪念活动的林肯为此写了一封信，他在信中写道：

> 一开始，人们会信心满满地认为自己能够说服任何一个心智健全的孩子，让他们相信欧几里得几何的那些简单命题都是真的。但是，一旦有人否认那些定义和公理，他们便会束手无策。杰斐逊的原则就是自由社会的定义和公理。

杰斐逊年轻时在威廉与玛丽学院学过欧几里得几何，此后他一直很重视几何学。[①]当副总统期间，杰斐逊专门抽出时间给弗吉尼亚州的一个学生回了一封信，对后者的学业计划提出了建议："到目前为止，三角学对所有人都至关重要，日常生活的每一天几乎都会用到它。"（不过，他认为高等数学大多数时候"只是一种奢侈品，虽然会带给我们愉悦，但如果人们为了生存而选择从事一项职业，就绝不能沉迷其中"。）

1812 年，退出政坛的杰斐逊给他的前任总统约翰·亚当斯写信说：

> 我不再看报纸，改为阅读塔西佗、修昔底德、牛顿和欧几里得的著作。我发现自己变得更快乐了。

从这里我们可以看出这两位热爱几何学的美国总统之间的真正区别。杰斐逊认为，对有教养的贵族、古希腊和古罗马的历史学家、启蒙运动时期的科学家来说，欧几里得几何是他们必须接受的古典教育的一部分。对于林肯则不然，他是一个自学成才的乡下人。我们再来看一段格列佛牧师描写林肯回忆其童年的文字：

> 我记得，在听完邻居们谈论他们和我父亲共同度过的一个晚上后，我回到自己的小卧室，来来回回走了好长时间，试图弄明白他们口中那些对我来说晦涩难懂的话语的确切意思。当头脑中有一个概念萦绕时，在将其弄明白之前，我常常辗转难眠。在我认为自己已经弄明白之后，我又会一遍一遍地重复它，直到我可以用所有男孩都能理解的质朴语言将它表达出来，我才会满意。这是我的一种激情，它一直伴随着我。在处理一种想法的时候，我总是谨慎地反复琢磨它，以确保万无一失。你们在我的演讲中注意到的那些特点，可能恰恰来源于此。

---

① "我们认为这些真理是不证自明的"这句话并非出自杰斐逊，他在《独立宣言》的初稿中写的是"我们认为这些真理是神圣和不可否认的"。本杰明·富兰克林划掉了后面的几个词，并代之以"不证自明"。这让这份文件少了点儿《圣经》的语言风格，而多了点儿欧几里得几何的味道。

这不是几何学，而是几何学者的思维习惯。他们不会止步于一知半解，而是会总结自己的想法，追溯推理的步骤，就像霍布斯惊喜地发现了欧几里得几何的证明过程一样。林肯认为，这种系统的自我认知是拨云见日的唯一途径。

与杰斐逊不同，对林肯来说，欧几里得几何并不专属于绅士或受过正规教育的人，因为他两者都不是。几何学是手工搭建的心灵小木屋，只要建造方法得当，它就可以经受住各种挑战。在林肯设想的那个国度，人人都能拥有一间这样的小木屋。

僵化死板的教学方式

林肯向美国大众展示的几何学前景，就像他的许多美好的想法一样，并未完全实现。到 19 世纪中叶，几何学已经从大学普及至公立中学，但典型的课程将欧几里得几何用作博物馆展品，学生们被要求记忆、背诵并在一定程度上欣赏它的证明过程。至于这些证明过程是如何想出来的、由谁想出来的，却未被提及。证明者几乎消失了，当时的一位作家评论道："许多年轻人在读了《几何原本》后，才偶然得知欧几里得不是一门学科的名字，而是这门学科的创造者的名字。"这是教育的悖论：我们把自己最欣赏的东西装进盒子里，导致它黯然失色。

公正地说，我们对历史上的欧几里得知之甚少。公元前 300 年左右，他在埃及的亚历山大城生活和工作，这就是我们知道的关于欧几里得的一切。他的《几何原本》收集了当时希腊数学界掌握的几何学知识，为作为"餐后甜点"的数论奠定了基础。这本书的大部分内容早在欧几里得时代之前就已经为人所知了，但它以极其新颖的方式将大量知识组织在一起，从为数不多的几乎不可能被怀疑的公理，一步一步地推导出关于三角形、线、角和圆的一整套定理。在欧几里得几何出现之前，这样的结构是不可想象的。之后，它成为与知识和想法有关的一切令人赞赏之物的典范。

当然，几何学还有另外一种教学方法。该方法强调创造性，试图让学生置身欧几里得几何之中，有权力自己下定义，看看会得出什么结果。《创意几何学》（*Inventional Geometry*）就是这样一本教科书，它的出发点是“只有自我教育才是真正的教育”。这本书建议，“至少在你完成作图之前”不要看其他人画的图，以免产生焦虑和攀比心理，因为每个人都有自己的学习节奏，而且在心情愉快的情况下，你能更好地掌握所学内容。这本书罗列了一系列谜题和问题，共计 446 个。有些问题很简单，例如，你能用两条线画出 3 个角吗？你能用两条线画出 4 个角吗？你能用两条线画出 4 个以上的角吗？而有些问题实际上是无解的，作者警告说，解题时你最好把自己放在一位真正的科学家的位置上。还有些问题，例如这本书中的第一个问题，根本没有显而易见的“正确答案”：把一个立方体的某个面朝下放在桌子上，另一个面朝向你，说出这个立方体的长、宽、高分别在哪个方向上。总的来说，这就是“以儿童为中心”的探索性教学方法，传统主义者嘲讽它是当今教育的一大错误。然而，这本书出版于 1860 年。

几年前，威斯康星大学的数学图书馆收藏了一大批旧数学教科书，它们实际上是 100 年来威斯康星州的小学生用过的教科书，[①]但最终它们被新教科书取代了。看着这些历经沧桑的书，你会发现教育上的每个争议以前都出现过，我们认为新奇的东西（比如，要求学生独立完成证明的《创意几何学》等数学书籍，把问题与学生的日常生活联系起来的数学书籍，旨在推进社会事业的数学书籍）以前也存在过，它们在当时被视为新奇的事物，在未来必定会再次被视为新奇的事物。

顺便提一下，《创意几何学》的引言部分提到，几何学“在所有人的教育中都应占有一席之地，女性也不例外”。这本书的作者威廉·乔治·斯宾塞是男女同校教育的早期倡导者。在与《创意几何学》同年出版

---

① 在其中一本基础算术教科书（最后的使用时间为 1930 年前后）中，我发现页边空白处有一行铅笔字：“翻到第 170 页。”我翻到第 170 页，那里写着另一条指令：“翻到第 36 页。”就这样，我按照一条又一条指令翻到了这本书的最后一页，看到上面写着：“你是个傻瓜！”搞这种恶作剧的显然是一个当时只有 10 岁的孩子，不过现在他应该不在人世了吧。

的《弗洛斯河上的磨坊》中，乔治·艾略特[1]传递了（但她并不赞同）19 世纪人们对女性和几何学的一种更加普遍的态度："女孩学不好欧几里得几何，是吧，先生？"当这本书中的一个人物问到这个问题时，斯特林校长回答说："她们会很多东西，但都流于浅表，无法进行深入的思考和研究。"斯宾塞强烈反对的英国传统教学模式以夸张和讽刺的写作手法在斯特林身上表现出来：长年累月地记忆大师们的成果，与此同时，缓慢而混乱的理解过程不仅被忽视，还遭到了积极的抵制。"斯特林先生不会采取化繁为简和条分缕析的教学方式，因为那会削弱学生的思维能力。"欧几里得几何是男子汉的滋补品，就像烈酒和冷水澡一样，男孩必须直面它的考验。

即使在数学研究的最高领域，也出现了对斯特林主义的不满情绪。英国数学家詹姆斯·约瑟夫·西尔维斯特（我们将在后文中讨论他的几何与代数研究，以及他对愚蠢、死气沉沉的英国学术界的厌恶之情）认为，我们应该将欧几里得几何束之高阁，"使其远离学生的视线"。他强调几何教学要与物理学联系在一起，用动态几何去补充静态的欧几里得几何。西尔维斯特写道："在我们传统的中世纪教学模式中，这种对几何学的强烈兴趣是极其欠缺的。在法国、德国、意大利和我到过的欧洲大陆的每个地方，人们都在以我们的僵化死板的学术机构不熟悉的方式进行着思想上的直接交流。"

毕达哥拉斯定理的证明

我们不再让学生死记硬背欧几里得几何的证明方法了。19 世纪末，美国的几何教科书里出现了练习题，要求学生独立证明几何命题。1893 年，十人委员会将这一转变编成了法典。十人委员会是哈佛大学校长查尔斯·艾略特召集的教育全会，旨在推行美国中学教育的合理化改革和标准化管理。会议宣称，美国中学几何教学的核心在于培养学生的严密演

① 需要说明的是，乔治·艾略特是玛丽·安·伊万斯的笔名。

绎推理的思维习惯，这一理念被奉行至今。1950 年，一项关于“几何教学目标”的调查访问了 500 名美国中学教师，绝大多数受访者选择的答案都是“培养清晰的思维习惯和精确的表达习惯”，该答案的支持人数几乎是“传授几何事实和原理”这一答案的两倍。换句话说，几何教学的目标不是给学生灌输关于三角形的所有已知事实，而是培养他们利用原理构建事实的思维习惯，让他们成为像少年林肯那样的学生。

为什么要进行这样的智力训练？是不是因为学生们在今后的生活中必然会被要求证明多边形的外角和等于 360 度？

我一直等待着这种事发生在我身上，但它从未发生。

教学生们写证明过程的根本原因并不在于这个世界充斥着证明过程，而在于假证明过程（non-proof）比比皆是，成年人需要知道两者之间的区别。一旦你熟悉了真正的证明过程，就不会轻易接受假证明过程。

林肯知道这种区别。他的朋友、律师同事亨利·克莱·惠特尼回忆说：“我不止一次看到他拆穿谬误，不给谬误及其制造者留一丝情面。”我们遇到的假证明过程总是披着伪装，防不胜防，除非我们时刻保持警醒。但是，它们也并非无迹可寻。在数学领域，当作者以“显而易见”作为句子的开头时，他们的言外之意往往是：“这对我来说似乎显而易见，我可能应该核实一下，但我有点儿困惑，所以只好断言它是显而易见的。”报纸上也存在类似的情况，如果你看到以“当然，我们都认同”开头的句子，无论如何也不要相信所有人都认同接下来的内容。这句话要求我们把某种说法视为公理，但几何学的历史至少让我们学到了一点：你不应该轻易认同书中的一条新公理，除非它能证明自己名副其实。

如果有人告诉你他们的证明过程“完全合乎逻辑”，那你一定要抱持怀疑态度。如果他们谈论的是一项经济政策，或者是一位行为遭到他们谴责的文化人物，或者是他们想让你承认的某种关系而不是三角形全等判定定理，他们的证明过程就不会“完全合乎逻辑”，因为他们在进行逻辑演绎（如果有）时不可能不受所在情境的影响。他们想让你把一系列武断的观点误当作定理的证明过程，但只要你体验过真正逻辑缜密的证明过程，你就不会再上当了。告诉你的那些标榜自己的证明过程“完全合乎逻辑”的对手，他们的做法无异于化圆为方。

惠特尼说，林肯的与众不同之处并不在于他拥有超凡的智力。惠特尼遗憾地写道，许多公众人物都非常聪慧，但其中有好人也有坏人。而林肯的特别之处在于，“他不可能做无理狡辩，就像他不可能偷东西一样，他认为这两种行为都是不道德的。从本质上讲，通过偷窃和不合乎逻辑或恶意推理的方式去掠夺他人的财产，对他来说是一回事”。林肯从欧几里得几何中汲取的东西（或者说，林肯本身就已具备，并在欧几里得几何中发现了同样的东西）是诚实原则，即除非已经进行了公正的证明，否则就不要发表意见。几何学是一门诚实的学问，所以林肯也被称为“几何学亚伯”。

林肯认为谬误制造者应该感到羞愧，但我对此持不同看法。因为一个人最难诚实面对的就是自己，我们需要花大量的时间和精力去拆穿自己制造的谬误。假如你有一颗牙齿松动了，更准确地说，你不确定它是否松动了，你就会时不时地去杵杵它。同样地，你也应该随时检查你的看法是否可靠，即使不可靠，你也无须感到羞愧。你只需要心平气和地退回到你确定的地方，然后重新思考可以推导出什么结论。

这就是理想情况下几何学可以教给我们的东西。但是，西尔维斯特抱怨的“僵化死板”的教学方式远未消失。实际上，就像善于讲故事的数学作家、漫画家本·奥林说的那样，在几何课上我们教给学生们的往往是：

> 证明是指用难以理解的过程论证已知的事实。

奥林以“直角全等判定定理”为例，该定理称任意两个直角都是全等的。如果要求一个九年级学生证明这条定理，他会怎么做呢？最典型的形式就是“两栏式证明”（two-column proof）。一个多世纪以来，它一直是几何教学的一种主要方法。在这个案例中，证明过程大致如下：

∠ 1 和∠ 2 都是直角	**已知条件**
∠ 1 = 90 度	**直角的定义**

∠2 = 90 度	**直角的定义**
∠1 = ∠2	**等量代换**
∠1 和∠2 全等	**全等的定义**

“等量代换”是欧几里得几何的“公理”(common notion)之一。《几何原本》一开始就阐述了这些算术公理，甚至认为它们先于那些几何公理。这条公理指出，跟同一个量相等的两个量彼此相等。①

我不想否认，把证明过程分解成如此细微、精确的步骤，确实会给人一种满足感。这些步骤像乐高积木一样完美地组合在一起，这种感觉就是老师真正想传达给学生的东西。

然而……两个直角是同样的事物，只不过它们的位置和方向不同，这难道不是显而易见的事实吗？欧几里得的确把任意两个直角相等作为他的第四条公理，这些不证自明的公理是欧几里得几何的基本规则，其他一切定理均由这些公理推导而来。那么，为什么现代的中学却要求学生证明这个在欧几里得看来“显而易见”的事实呢？因为我们从很多套公理出发都可以推导出这一事实，而欧几里得的证明方法已不再被公认为最严谨或最有利于几何教学的选择。1899 年，德国数学家戴维·希尔伯特出版了《几何基础》一书，重新建立了几何学的公理基础。今天，美国学校使用的公理主要是乔治·伯克霍夫在 1932 年确立的那些。

不管它是不是公理，学生们都知道两个直角相等的事实。如果你对一个学生说“你以为你知道，但在完成两栏式证明的所有步骤之前，你不能说你真的知道”，那么在对方心情沮丧时你不能指责他，因为这简直就是一种侮辱！

几何课的绝大部分时间都被用于证明那些显而易见的事实。我清楚地记得自己大一时上过一门拓扑学课程，授课的教授是一位非常杰出的资深研究员，他花了两周时间证明了一个事实：如果你在平面上画一条闭合曲线，无论它多么弯曲、怪异，都会把平面分成两个部分，即曲线

① 在史蒂文·斯皮尔伯格执导的电影《林肯》中，编剧托尼·库什纳让林肯在戏剧性的一幕中援引了这条公理。

外的部分和曲线内的部分。

它就是乔丹[①]曲线定理，现在我们已经知道证明这个事实的难度极大，但在那两个星期里，我几乎无法平息自己内心的怒火。难道数学的真谛就是绞尽脑汁地证明一些显而易见的事实吗？这让当时的我昏昏欲睡，我的同学亦如此，现在他们中有不少人都成了数学家和科学家。我座位的正前方有两名非常认真的同学，他们后来在全美排名前五的大学里获得了数学博士学位。每当那位杰出的资深研究员转过身去，在黑板上用粉笔写下关于多边形扰动的一个巧妙的证明步骤时，那两名同学就会旁若无人地亲热起来。在相互吸引的青春活力的作用下，他们根本无暇顾及黑板上的证明过程。

像我这样训练有素的数学家可能会摆出一副严肃的面孔说教道：同学们，你们还是太年轻了，不知道哪些陈述是真正的显而易见，而哪些陈述则暗藏玄机。也许我会把令人害怕的亚历山大带角球（Alexander Horned Sphere）搬出来，表明三维空间中的相似问题并不像他们想象的那么简单。

但从教学角度看，我认为这是一个很糟糕的答案。如果我们在课堂上花时间证明那些看似显而易见的事实，并坚称那些陈述并不是显而易见的，我们的学生就会像曾经的我一样心生不满，或者在老师不注意的时候做些更有趣的事。

我喜欢特级教师本·布鲁姆–史密斯对这个问题的描述方式：为了真正点燃学生们对数学的热情，老师必须让他们亲身体验“信心梯度”——在形式逻辑的驱动下从显而易见的事物推进至非显而易见的事物。否则的话，老师很可能会说：“这里有一系列看上去显而易见正确的公理，请你把它们放到一起，直至得出一个看上去显而易见正确的陈述。”这就好比你教孩子们搭乐高积木时，向他们展示如何将两小块拼成一大块。你可以这样做，而且有时你确实需要这样做，但它绝不是搭乐高积木的关键所在。

亲身体验信心梯度的效果可能好于听他人说教。如果你想感受一下，

① 不是本书作者，是另外一个乔丹。——编者注

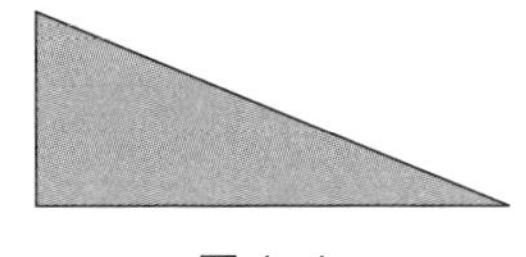
图 1–1

不妨想象一个直角三角形（见图 1–1）。

直觉告诉我们，如果它的垂直边和水平边确定了，斜边也就确定了。先向南走 3 千米，再向东走 4 千米，你与起点之间就会有一段距离。这一点毋庸置疑。

但距离是多少呢？这时候就要用到毕达哥拉斯定理了，它是几何学中第一个被证明的真定理。它告诉我们，如果一个直角三角形的垂直边和水平边的长度分别是a和b，斜边的长度是c，那么

$$a^2 + b^2 = c^2$$

在上面的例子中，$a = 3$，$b = 4$，根据毕达哥拉斯定理，$c^2 = 3^2 + 4^2 = 9 + 16 = 25$。哪个数的平方是 25？答案是 5，它就是斜边的长度。

这个公式为什么是正确的？你可以沿着信心梯度向上攀爬，先画一个垂直边和水平边的长度分别为 3 和 4 的直角三角形，再测量它的斜边长度，你会发现结果非常接近 5。之后，画一个垂直边和水平边的长度分别为 1 和 3 的直角三角形，并测量它的斜边长度。如果你测量得足够仔细，就会发现斜边的长度非常接近 3.16，它的平方是 1 + 9 = 10。通过实例推导可以增强你的信心，但这不是证明过程，下面的才是。

在图 1–2 中，左边和右边的大正方形相同，但它们的分割方式不同。在左图中，你会得到 4 个相同的直角三角形和一个边长为c的正方形。在右图中，你也会得到 4 个相同的直角三角形，但它们的排列方式与左图不同。除此以外，右图中还有两个小正方形，一个边长为a，另一个边

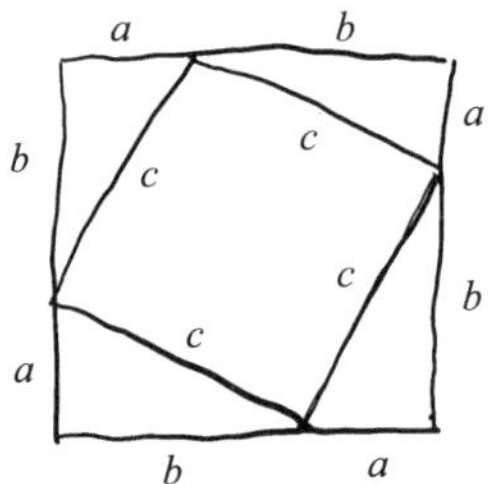

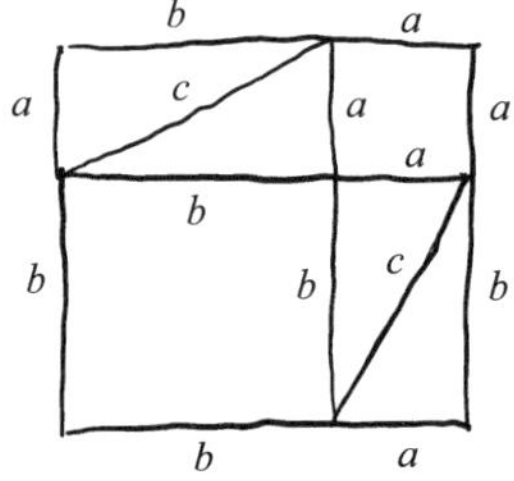

图 1–2

长为 b。在你把每个大正方形中的 4 个三角形拿走后，它们的剩余面积相等。也就是说，c^2（左图中的剩余面积）等于 $a^2 + b^2$（右图中的剩余面积）。

如果你非要在鸡蛋里挑骨头，那你可以抨击我们没有证明左图内的小四边形确实是正方形（所有边长都相等还不够。当你用拇指和食指挤压这个正方形的两个相对的角时，就会得到一个菱形，它肯定不是正方形，但它的 4 条边的长度都一样）。但你也没必要如此吹毛求疵吧。在看到图 1–2 之前，你没有理由认为毕达哥拉斯定理是正确的；但看过之后，你就会知道它为什么是正确的了。将几何图形切割后重新进行排列的证明方法被称为“图形分解法”，该方法因其清晰性和独创性而广受赞誉。12 世纪的数学家、天文学家婆什迦罗[①]就是利用这种方法证明了毕达哥拉斯定理，他还发现该方法令人信服，而且无须文字阐释，于是他只加了一个图题：“看呀！”[②] 1830 年，业余数学家亨利·帕利高像林肯一样试图解决化圆为方的问题，在这个过程中，他找到了证明毕达哥拉斯定理的另一种图形分解法。这让他深以为荣，大约 60 年后，他让人把这幅图刻在了他的墓碑上。

笨蛋的难关

我们必须知道如何通过纯粹的形式演绎来完成几何证明，但几何学又不仅仅是一系列纯粹的形式演绎。否则，它就不可能从教授系统推理艺术的上千种方法中脱颖而出了。例如，老师可以教授国际象棋棋谜或数独，也可以建立一套与任何已知的人类实践毫无关系的公理，迫使学生推导出结论。老师之所以教授几何学而不是这些东西，原因在于几何学是一个形式系统，但它又不仅仅是一个形式系统。它赋予我们一种思维方式，用于思考空间、位置和运动问题。换句话说，我们拥有几何直觉。

---

① 在数学史上他通常被称作婆什迦罗第二，以便与更早时期的同名数学家区分开来。

② 一些资料认为，婆什迦罗证明毕达哥拉斯定理的方法源于中国的《周髀算经》，但这种说法存在争议。毕达哥拉斯的信徒也自称完成了该定理的证明，这种说法同样存在争议。

几何学家亨利·庞加莱在1905年的一篇论文中指出，直觉和逻辑是数学思想不可或缺的两大支柱，每位数学家都会选择其一。他说，我们倾向于把直觉型学者称作“几何学家”。这两大支柱缺一不可：如果没有逻辑，我们就会对一千边形一无所知，因为我们不可能对这种形状产生任何有意义的想象；如果没有直觉，这个学科就会失去所有的乐趣。庞加莱解释说，欧几里得几何是一个“死海绵”：

> 你肯定见过某些海绵纤细的硅质针状骨骼。海绵体内的有机物消失后，只留下由这些脆弱而精致的骨针构成的网状物。的确，除了硅以外别无他物，但有趣的是这些硅的存在形式，如果我们不了解赋予它这种形式的活海绵，我们就不可能理解它。我们祖先古老的直觉概念同样如此，尽管我们已经抛弃了它们，但它们的形式仍然印刻在我们（用来取代它们）的逻辑结构上。

从某种程度上说，我们必须在不否认直觉能力（活海绵组织）存在的前提下，训练学生的推理能力。不过，我们不想完全被直觉牵着鼻子走。在这方面，平行公设的故事具有一定的启发性。它是欧几里得五大公理之一：给定一条直线L，过此直线外的任意一点P，有且只有一条直线与L平行（见图1–3）。

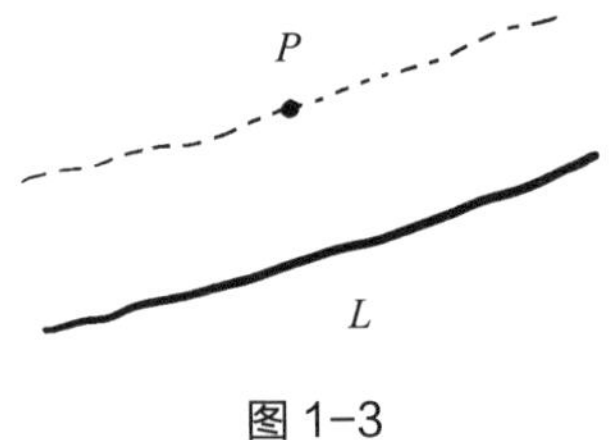

图 1–3

与欧几里得的其他公理（比如，“任何两点都可以通过一条直线相连”）相比，这条公理看起来既复杂又笨拙。人们认为，如果能用其他4条公理来证明第五条公理就更好了，因为前4条公理似乎更基础。

这是为什么呢？毕竟，直觉明确告诉我们第五条公理是真的，试图证明它难道不是在做无用功吗？这就好像有人问我们能否证明 $2+2=4$ 一样，我们都知道它是真的！

数学家锲而不舍地尝试证明第五条公理是其他公理的必然结果，最终却证明他们的努力注定会失败，因为在其他几何学中，“线”“点”“平面”的含义与欧几里得（可能还有你）赋予它们的含义不同，尽管它们能满足前 4 条公理，却不能满足第五条。在有些几何学中，经过点 P 且平行于 L 的直线有无数条，而在有些几何学中，这样的直线一条也没有。

这不是作弊吗？我们不想把其他怪异世界的几何图形称作“直线”，我们讨论的是真实的直线，对它们而言欧几里得几何的第五条公理肯定是真的。

当然，你完全可以这样做。不过，一旦如此，你就是在故意关闭通向其他几何学的通道，因为它们都不是你习惯的几何学。非欧几何是巨大的数学领域的基础，包括描述我们所在的物理空间的数学。当初，我们也能以保持欧几里得几何的纯粹性为由拒绝发现非欧几何，但那将是我们莫大的损失。

还有一个定理也需要我们在形式逻辑和直觉之间取得微妙的平衡。假设有一个等腰三角形，如图 1–4 所示，AB[①] 边和 AC 边的长度相等。关于等腰三角形，有这样一条定理：$\angle B$ 和 $\angle C$ 也相等。

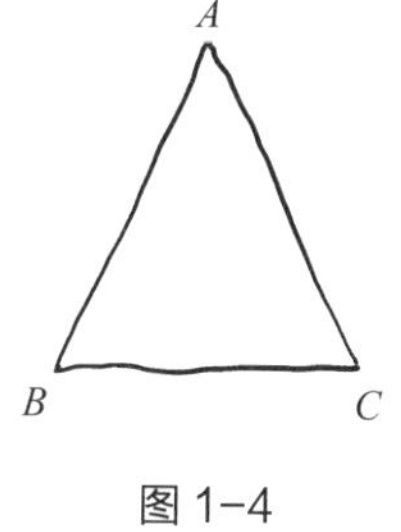

图 1–4

它被称作“驴桥定理”，意思是“笨蛋的难关”，因为几乎所有人都要小心翼翼地通过这座桥。与前文中直角全等判定定理的证明方法相比，欧几里得几何用来证明这条定理的方法更加复杂。现在讨论这个问题可能有点儿仓促，因为在真正的几何课上，老师需要经过几个星期的铺垫才会引入这条定理。因此，我们先假定《几何原本》第一卷的命题 4 是正确的：如果你知道一个三角形的两条边的长度和它们的夹角度数，你就能知道余下那条边的长度和余下两个角的度数。也就是说，如果我画出图 1–5，那么我“补充”这

① 在几何学上，我们常常把连接点 A 与点 B 的线段简称为 AB。

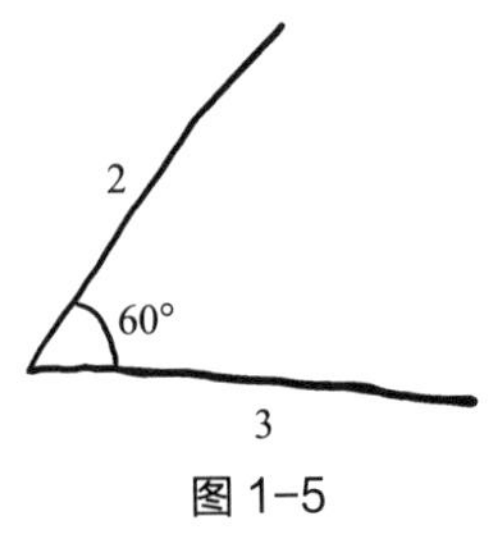

图 1-5

个三角形的剩余部分的方法只有一种。

换句话说，如果两个三角形有两条边对应相等，这两条边的夹角也对应相等，那么这两个三角形的所有角和所有边都对应相等。用几何学术语来说，它们是“全等”三角形（见图 1–6）。

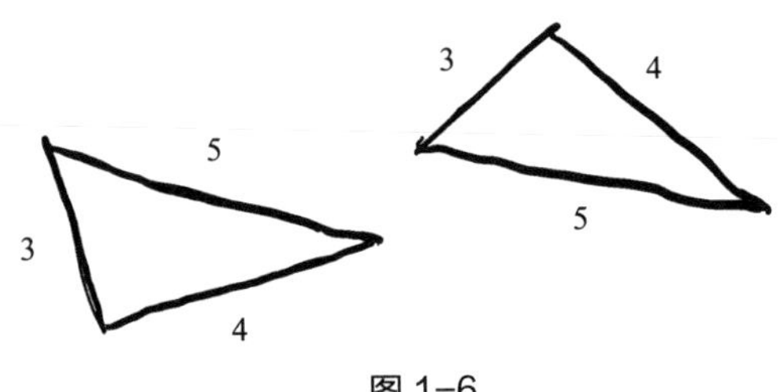

图 1-6

在三角形的两条边的夹角是直角的例子中，我们援引过这个事实。我认为，无论这个夹角的度数是多少，这个事实都显而易见。

（顺便说一下，如果两个三角形的三条边都对应相等，那么它们也一定是全等三角形。例如，如果三条边的长度分别是 3、4、5，那么这个三角形一定是直角三角形。但这个事实不太显而易见，《几何原本》第一卷在命题 8 中对它进行了证明。如果你认为它显而易见，那么请你想一想：如果是四边形，会怎么样？还记得我们在上文中遇到的菱形吧，它与正方形的 4 条边的长度相等，但它肯定不是正方形。）

现在，再来看驴桥定理。我们可以采取下面这种两栏式证明方法：

设 L 是一条经过点 A 且平分 $\angle BAC$ 的直线	**好吧，你可以这样做**
设 D 是 L 与 BC 的交点	**我仍然没有异议**

嘿，我再插一句。我知道证明已经开始了，但我们标出了一个新的点，还引入了新的线段 AD，所以我们最好更新一下图形（见图 1–7）！顺便说一下，别忘了我们假设这个三角形是等腰三角形，所以 AB 和 AC 的长度相等，我们马上就要使用这个条件了。

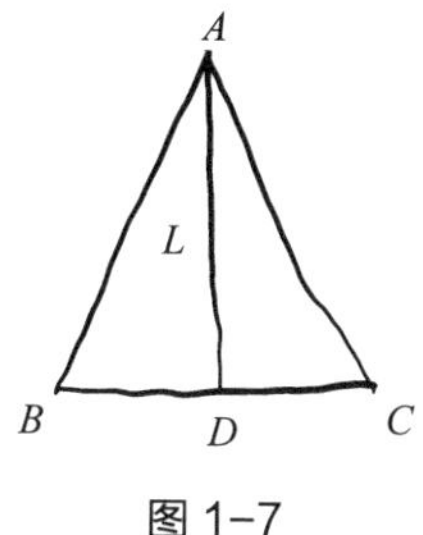

图 1–7

AD 和 *AD* 的长度相等	**同一条线段长度相等**
AB 和 *AC* 的长度相等	**已知条件**
∠*BAD* 和∠*CAD* 相等	***AD* 平分∠*BAC***
△*ABD* 和△*ACD* 全等	**《几何原本》第一卷命题 4**
∠B 和∠C 相等	**全等三角形的角对应相等**
QED（证毕）	

这个证明过程比我们在本书中看到的第一个证明过程要复杂得多，因为你必须做些什么。你创建了新的直线 *L*，并将 *L* 与 *BC* 的交点命名为 *D*，使 *B*、*C* 与两个新生成的三角形 *ABD*、*ACD* 的边产生联系，然后我们判定这两个三角形全等。

大约 600 年后，古希腊几何学家帕普斯在《数学汇编》一书中，记录了一种证明驴桥定理的更巧妙的方法。

AB 和 *AC* 的长度相等	**已知条件**
∠*A* 等于∠*A*	**同一个角的度数相等**
AC 和 *AB* 的长度相等	**"你已经说过了，帕普斯，你到底想干什么？"**
△*BAC* 和△*CAB* 全等	**《几何原本》第一卷命题 4**
∠*B* 和∠*C* 相等	**全等三角形的角对应相等**

等等，这是怎么一回事？我们似乎什么也没做，想要的结论却一下

子就出现了，仿若一只兔子从空空如也的帽子里跳了出来。这多少有些令人不安，它也不是欧几里得本人偏爱的证明方法。但至少在我看来，这个证明过程是真的。

帕普斯的证明方法的关键之处在于倒数第二行：△*BAC*和△*CAB*全等。我们说一个三角形和它本身全等，这似乎是一件微不足道的事情。但是，请你再仔细地看一看。

如图 1–8 所示，当我们说△*PQR*和△*DEF*全等时，这种说法到底意味着什么？

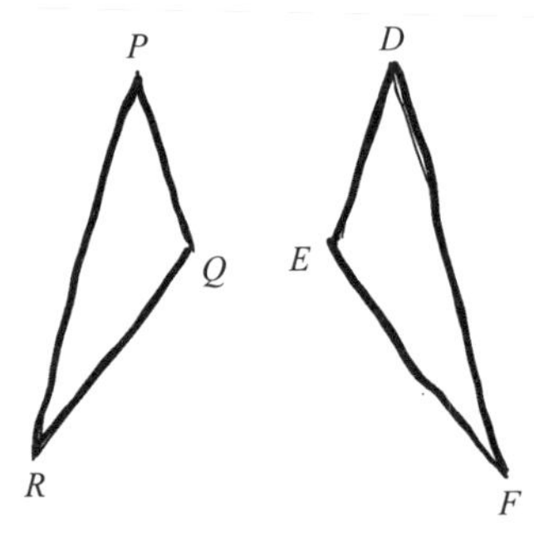

图 1–8

它包含 6 条信息：*PQ*与*DE*的长度相等，*PR*与*DF*的长度相等，*QR*与*EF*的长度相等，∠*P*与∠*D*相等，∠*Q*与∠*E*相等，∠*R*与∠*F*相等。

△*PQR*和△*DFE*全等吗？在图 1–8 中不全等，因为*PQ*和它对应的边*DF*的长度不相等。

如果我们像几何学家那样严格地遵循全等的定义，△*PQR*和△*DFE* 就不全等（尽管它们是相同的三角形），因为*DE*和*DF*的长度不一样。

但在驴桥定理的证明过程中，我们说“等腰三角形*BAC*与等腰三角形*CAB*全等”，这句话并非毫无意义。如果我告诉你“ANNA”这个名字从左往右看和从右往左看是一样的，那么我其实是在告诉你它有个特点：它是回文。如果你不接受回文的概念，并且说“当然一样，无论你按什么顺序写，它都是由两个A和两个N组成的”，就是强词夺理了。

事实上，“回文”这个名称非常适合△*BAC*，因为它与把顶点按相反顺序排列得到的△*CAB*全等。正是借助这样的思维方式，帕普斯才能快速地证明驴桥定理，而无须引入额外的直线或点。

不过，即使是帕普斯的证明方法也不能完全解释为什么等腰三角形的两个底角相等。但是，它确实更近了一步。等腰三角形是一个“回文”，我敢打赌你的直觉也会告诉你：如果你把这个三角形拿起来，翻转一下，再把它放回原处，它的位置不会发生任何变化。就像回文单词一样，它具有对称性。人们认为，这就是等腰三角形的两个底角必然相等的原因。

在几何课上，我们通常不允许讨论把图形拿起来并进行翻转的问题。[①]事实上，这是不应该的。尽管我们试图使它尽可能地抽象化，但数学与我们的身体密切相关，几何学尤其如此。每位数学家都有过用手势画出看不见的图形的经历，而且至少有一项研究发现，如果让孩子们借助自己的身体解答几何问题，他们就更有可能得出正确的结论。[②]据说，庞加莱在进行几何推理时就需要依靠他自身的运动感。他不善于想象，记忆面孔和图形的能力也很差。他说，当需要凭记忆画一幅画时，他想起来的不是画面，而是他的视线在画面上的运动轨迹。

等腰三角形的定义

英语单词“isosceles”到底是什么意思呢？它指的是一个三角形有两条边相等。在希腊语中，它指的是两条“腿”；在汉语中，它指的是“等腰”；在希伯来语中，它指的是“相等的小腿”；在波兰语中，它指的是“等臂”。总之，我们似乎都认为“isosceles”的意思是两条边相等。但是，为什么我们不把等腰三角形定义为有两个角相等的三角形呢？你可能会发现（事实上，驴桥定理的全部意义皆在于此！），两条边相等就意味着两个角相等，反之亦然。换句话说，这两个定义是等价的，它们指的是同一类三角形。不过，我不会说这两个定义相同。

它们也不是绝无仅有的选择。将等腰三角形定义为回文三角形更加具有现代意义：把它拿起来，左右翻转一下，再放回原处，它没有发生任何变化。这样的三角形必然有两条相等的边和两个相等的角。在这个

① 美国的共同核心课程标准要求将对称观点纳入几何课。美国一度期望通过该标准为 K–12 数学教育提供一个通用框架，但现在这个期望值已经大幅降低。人们希望在共同核心课程标准退出历史舞台时，对称证明也会像冰碛土一样沉积下来。

② 虽然他们不太可能给出关于这个结论的正式证明过程！

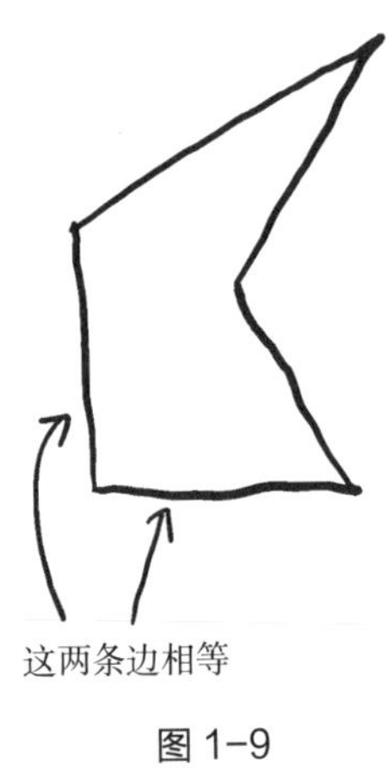

图 1-9

几何学世界里，利用帕普斯的方法可以证明两条边相等的三角形是等腰三角形，也可以证明 $\triangle BAC$ 和 $\triangle CAB$ 全等。

一个好的定义是可以超越它的初始适用范围的。如果把“isosceles”定义为“翻转后保持不变”，我们就能很好地理解什么是等腰梯形或等腰五边形。你可以说等腰五边形是有两条边相等的五边形，但这样的定义会把如图 1–9 所示的松垮歪斜的五边形也囊括其中。

但是，你希望如此吗？当然，像图 1–10 这样美观的图形更有可能是人们心目中的等腰五边形。

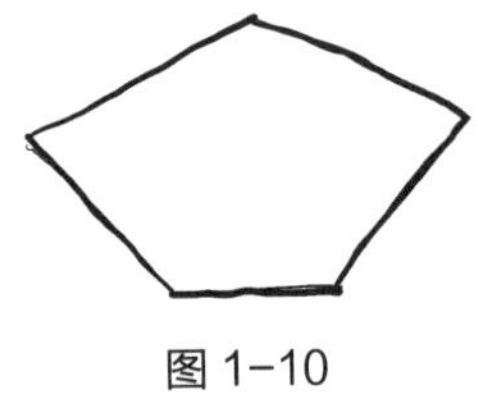

图 1–10

事实上，在课本中，等腰梯形并不是指有两条边或两个角相等的梯形，而是指翻转后没有任何变化的梯形。在欧几里得几何之后，对称的概念悄然出现，这是因为我们的大脑天生就需要它。越来越多的几何学课程将对称的概念置于核心位置，并以它为基础来构建证明过程。它不是欧几里得几何，而是现代几何学。

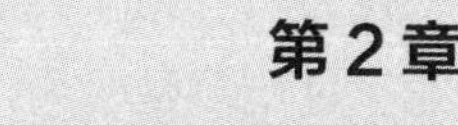

第 2 章

一根吸管上有多少个洞?

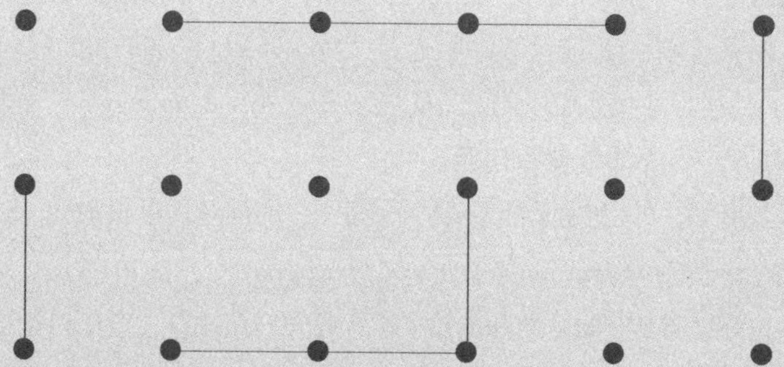

对像我这样的数学专业人士来说，当看到人们被互联网上的一道数学问题难住，一两天都不得其解时，这绝对是一大乐事。我们愿意看到其他人发现并享受我们一生都乐在其中的思维模式。如果你有一座非常漂亮的房子，那你肯定喜欢有人意外来访。

以这种方式出现的问题通常都是好问题，尽管它们一开始看起来可能很无聊。而吸引你注意力的东西是，那种与一个真正的数学问题不期而遇的感觉。

例如，一根吸管上有多少个洞？

我问过的大多数人都认为这个问题的答案显而易见。但是，在得知某些人眼中显而易见的答案与自己的答案不同时，他们都表现得非常惊讶，有时甚至有点儿愤愤不平。这是“You’ve got another think coming”（你错了，再好好想想吧）与“You’ve got another thing coming”（你还有一件事要做）的数学版辨误问题。[①]

据我所知，“一根吸管上有多少个洞？”的问题最早出现在《澳大利亚哲学杂志》(*Australasian Journal of Philosophy*) 于1970年刊登的一篇论文中，斯蒂芬妮·刘易斯和戴维·刘易斯夫妇在这篇文章中讨论的管状物是一个纸巾卷筒。2014年，这个问题以民意调查的形式再次出现在一个健身论坛上。其争论的腔调与《澳大利亚哲学杂志》不同，但争议的内容是一样的。“0个洞”、“1个洞”和“2个洞”的答案都得到了不少人的支持。

---

① 正确的表达当然是“think”。

随后，Snapchat（色拉布，一款“阅后即焚”的照片分享应用）上出现了一段视频：因为 2 个洞和 1 个洞的争论，两名大学生好友变得火冒三丈、怒目相向。这段视频不断传播，最终的浏览量超过 150 万次。吸管问题在 Reddit（红迪网，一家社交新闻网站）和推特上也风靡一时，还登上了《纽约时报》。BuzzFeed（一家新闻聚合网站）的一群年轻、有魅力的员工对这个问题备感困惑，他们为此拍摄了一段视频，也收获了几十万次的点击量。

你可能已经开始思考那几个主要的观点了，让我们把它们罗列出来吧：

0 个洞：把一块长方形的塑料卷起来，然后用胶水将接口处粘住，一根吸管就做好了。长方形塑料上没有洞，当你把它卷起来时，也不会在上面留下任何洞。所以，它仍然没有洞。

1 个洞：这个洞就是吸管的中空部分，从顶端一直延伸到底端。

2 个洞：看一眼就知道了！吸管的顶端有 1 个洞，底端也有 1 个洞。

我的第一个目标是让你相信这些洞确实会让你感到困惑，即使你不这样认为。原因在于，上述三种观点都存在严重的问题。

我先来驳斥“0 个洞”观点的支持者。有些东西即使不被移除任何部分，也可以产生洞。做百吉圈（一种硬面包）时，我们并不是先做比亚利面包卷，然后在中间打洞，而是先把面团揉搓成蛇形，然后将其两端相连，百吉圈就做成了。如果你否认百吉圈上有个洞，那么毋庸置疑，你会遭到纽约、蒙特利尔和世界各地的任何一家正宗熟食店的嘲笑。

关于“2 个洞”的观点呢？这里有一个问题要考虑：如果一根吸管上有 2 个洞，那么其中一个洞的洞底在哪里？另一个洞的洞口又在哪里？如果你不介意，可以想象有人让你数一块瑞士干酪上有多少个洞，你会分别计数干酪顶部的洞和底部的洞吗？

或者，把吸管底端的洞堵住，这样一来，“2 个洞”观点的支持者所说的底端那个洞就消失了。从本质上讲，现在这根吸管变成了一个又高又细的杯子。杯子上有洞吗？是的，你会说它顶部的开口就是一个洞。好吧，如果这个杯子变得越来越短、越来越粗，最终变成一个烟灰缸呢？当然，我们不会把烟灰缸的上缘称作“洞”。但是，如果这个洞是在从杯子到烟灰缸的变化过程中消失的，那么它到底是何时消失的呢？

你可能会说，烟灰缸上仍然有1个洞，因为它有一个凹陷处或一个负空间，那里可以容纳物质，但实际上没有任何物质。你坚持认为洞不一定要“贯穿到底”，那你不妨“思考一下，我们说地上有个洞，是什么意思呢？”。这是一个公平合理的反对理由，但我认为，如果我们在什么算作洞的标准问题上过于宽松，而把任何凹陷都当成是洞，就会让这个概念失去有效性。当你说水桶上有个洞时，你指的并不是它的底部有个凹陷处，而是它会漏水。同样地，即使你在比亚利面包卷上咬一口，它也不会变成百吉圈。

至此，还剩下“1个洞”的观点，它是三个备选项中支持人数最多的一个。现在，让我来告诉你它有什么问题。当我问我的朋友凯利关于吸管的问题时，她直截了当地否定了“1个洞”的观点：“这是否意味着嘴巴和肛门是同一个洞？”（凯丽是一名瑜伽教练，所以她倾向于从解剖学的角度看问题。）毫无疑问，这是一个公平合理的问题。

但是，我们假设你有足够的勇气接受“嘴巴 = 肛门”这一等式。即便如此，挑战依然存在。下面是那两名大学生在Snapchat视频中的一个场景（不过说实在的，你还是自己去看吧，我无法通过文字和舞台指示完美地呈现出他们怒气越来越盛的过程），其中1号兄弟支持“1个洞”的观点，2号兄弟则支持“2个洞”的观点。

> **2号**（拿起一个花瓶）：这上面有多少个洞？1个洞，对吧？
>
> ［1号默默地同意了。］
>
> **2号**（拿起一个纸巾卷筒）：这上面有多少个洞？
>
> **1号**：1个。
>
> **2号**：理由呢？（再次拿起那个花瓶）它们看上去一样吗？
>
> **1号**：因为如果我在这里（在花瓶底部做了一个手势）打1个

洞，它还是只有 1 个洞！

2 号（被激怒了）：你刚才说，如果我在这里打 1 个洞。

［气得直喘粗气］

1 号：如果我在这里再打 1 个洞，它就有……

2 号：对——再打 1 个洞，加上这个洞，共有 2 个洞！到此为止吧！

在这个场景中，支持“2 个洞”观点的那位兄弟似乎表达了一个非常合情合理的原则：在某个物体上打一个新洞，洞的数量就应该增加一个。

我们再来看一个更难的题目：一条裤子上有多少个洞？大多数人给出的答案都是 3 个：裤腰上有 1 个洞，裤腿上有 2 个洞。如果你把裤腰缝合起来，就会得到一根由牛仔布做成的特大号吸管，上面还有一个弯儿。如果一开始有 3 个洞，你缝合其中的 1 个，应该还剩下 2 个而不是 1 个，对吧？

如果你坚持认为一根吸管上只有 1 个洞，那你也许会说一条裤子上只有 2 个洞。在你缝合裤腰之后，裤子上就只剩下 1 个洞了。这是我经常听到的答案，但这个答案与“一根吸管上有 2 个洞”的观点面临着同样的问题：如果一条裤子上有 2 个洞，它们在哪里？其中一个洞的洞底和另一个洞的洞口又在哪里？

或者，你可能认为一条裤子上只有 1 个洞，因为你所说的洞是指裤子内部的负空间区域。如果我把牛仔裤的膝盖部位撕破，制造出一个新洞，这样做会影响洞的数量吗？你坚持认为不会，裤子上仍然只有 1 个洞，人为地把牛仔裤撕破不过是给那个洞制造了一个新的开口。缝合裤腰或堵住吸管底端，并不会让洞消失，只是封闭了洞的出口或入口。

但这又把我们带回到不得不说烟灰缸上有 1 个洞的问题。更糟糕的是，假设我有一个膨胀的气球。根据你的说法，这个气球上有1个洞，即气球内部加压空气占据的区域。如果我拿一根大头针在气球上戳一个洞，气球就会爆炸，只留下一个橡胶圆盘，也许上面还有一个结，但显然没有洞。也就是说，某个东西上本来有 1 个洞，你又在上面戳了 1 个洞后，它反而一个洞也没有了。

你现在感到迷惑不解了吗？我希望如此！

数学无法确切地回答这个问题，因为它不能告诉你“洞”的词义（这取决于你和你使用的语言）。但它会告诉你有哪些意思是你能够表达的，这样至少可以避免你被自己的假设绊倒。

让我用一个富有哲理的口号开启我们的讨论吧：一根吸管上有 2 个洞，但它们是同一个洞。

通过画得差的图形进行好的推理

我们接下来采用的这种几何学被称为拓扑学，它的特点是我们既不用关心事物到底有多大，也不用关心它们之间的距离有多远，以及它们是否弯曲变形。它似乎会导致两个问题：首先，这可能会极大地偏离本书的主题；其次，这可能会让你怀疑我提出的是一种几何虚无主义，致使大家对任何事物都漠不关心。

事实并非如此！数学有很大一部分作用在于，厘清哪些事物是我们暂时或者永远都不用关心的。这种选择性注意是人类理性的基本组成部分。过马路时，一辆闯红灯的汽车径直朝你开过来——在你计划下一步的行动时，你可能会考虑各种各样的问题。你能透过挡风玻璃看清楚司机是否丧失了行动能力吗？这是什么车型？万一你被撞倒，四仰八叉地躺在大街上，你今天穿的是干净内衣吗？这些都不是你会考虑的问题——你允许自己不去关心这些问题，而把你的全部意识都投入到估测汽车的行驶路线并尽可能迅速地躲开它的任务当中。

数学问题通常不这么富有戏剧性，但它们会引导我们的抽象思考过程，使我们有意识地忽略与眼前问题无关的所有特征。牛顿之所以能在天体力学上取得成功，是因为他知道天体运动凭借的是适用于宇宙万物的普遍定律，而不是它们自身的突发奇想。为了达成目标，他必须下定决心，不去关注天体的成分与形状，而只关心它们最重要的特征：质量和位置。我们还可以追溯到更早的时候，回到数学的起源。人类发明数的概念是为了利用完全相同的计数与组合规则去处理 7 头牛、7 块石头、7 个人，再进一步，去处理 7 个国家、7 个想法之类的问题。（就这些目的而言，）事物是什么并不重要，重要的是其数量有多少。

拓扑学同样如此，只不过它处理的对象是形状。拓扑学的现代形式来自法国数学家亨利 · 庞加莱。没错，又是他！在本书中我们会经常看到这个名字，因为庞加莱广泛地参与了几何学的发展，从狭义相对论到混沌理论再到洗牌理论（是的，有这样一个理论，它也属于几何学）。1854 年，庞加莱出生于法国南锡一个富裕的知识分子家庭，他的父亲是一位医学教授。5 岁时，庞加莱患上了严重的白喉，连续几个月不能说话。尽管他后来完全康复了，但整个童年时期他的身体都很虚弱，甚至成年后也不是很好。一个学生这样描述庞加莱："我记忆最深刻的是他那双不同寻常的眼睛，虽然近视却炯炯有神。除此以外，我只记得他身材矮小、弯腰驼背，四肢和关节似乎都有问题。"庞加莱十几岁时，德国人占领了法国的阿尔萨斯和洛林，但南锡仍在法国的统治之下。在普法战争中，法国出人意料的全线溃败成为举国上下的创伤。此后，法国不仅下定决心夺回失去的领土，还开始效仿德国高效的官僚制度和领先的专业技术，正是这两大优势助力德国取得了战争的胜利。就像 20 世纪 50 年代末苏联出其不意地发射人造地球卫星在美国掀起了科学教育的投资狂潮一样，阿尔萨斯和洛林的沦陷也激励法国奋力追赶已拥有成熟科研机构的德国。庞加莱在占领期间学会了德语，成为法国数学界接受现代教育培训的先锋之一。后来，巴黎跻身世界数学中心之列，庞加莱是其核心成员。庞加莱虽然优秀，但他并非神童。二十五六岁时，他完成了人生中的第一项研究。19 世纪 80 年代末，他成为国际知名人物。1889 年，他获得了瑞典国王奥斯卡二世颁发的"三体问题"最佳论文奖。三体问题研究的是三个天体在仅受到彼此间引力作用情况下的运动规律，即使到了 21 世纪，人们仍然无法完全理解这个问题。但庞加莱在他的获奖论文中提出了动力系统理论，为现代数学家研究三体问题和其他上千个类似问题提供了方法。

庞加莱是一个习惯意识非常强的人。他每天都会花整整 4 个小时从事数学研究——从上午10点到中午12点，再从下午5点到晚上7点。他认为直觉和无意识的研究至关重要，但从某种意义上说他的职业生涯有条不紊，与其说常有灵光乍现的闪耀时刻，不如说他在按部就班地扩展认知疆域，一步一步地朝着未知领域进发。他每个工作日做4个小时的数学研究，到了节假日就休息。此外，庞加莱的字写得很难看，虽然他可以"左右开弓"。当时，巴黎的数学圈有一句玩笑话：庞加莱的左手和右手写的字一样好。言外之意是，他的两只手写出来的字都很难看。

庞加莱不仅是那个时代最杰出的数学家，也是一位深受大众欢迎的科学和哲学作家。他撰写的关于非欧几何、镭现象和无穷理论的科普图书销量多达几万册，并被翻译成英语、德语、西班牙语、匈牙利语和日语。他是一位技巧纯熟的作家，尤其擅长用巧妙的警句来表达数学思想。以下面这个警句为例，它与本书讨论的问题密切相关。

> 几何学是一门通过画得差的图形进行好的推理的艺术。

也就是说，如果我准备和你讨论圆，并且需要一个图形做参考，我就会拿出一张纸，在上面画一个圆（见图2-1）。

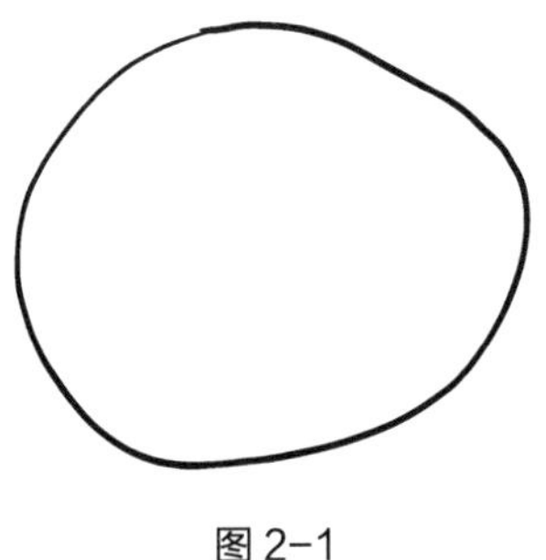

图2-1

如果你有点儿学究气，你可能会抱怨我画的不是一个圆，甚至还会拿起尺子测量，并发现从这个"圆"的圆心到圆上各点的距离并不完全相同。我会告诉你，你说得没错，但如果我们讨论的是圆上有多少个洞的问题，就无所谓了。在这方面，庞加莱是我的榜样，他的作图能力很差，这和他的警句及蹩脚的书法一样有名。他的学生托比亚斯·丹齐克回忆说："他在黑板上画的圆徒有其名，除了是凸[①]的和闭合的，根本不像圆。"

对庞加莱（和我们）来说，图 2–2 中的这些图形都是圆。

就连图 2–3 中的正方形也是圆！[②]

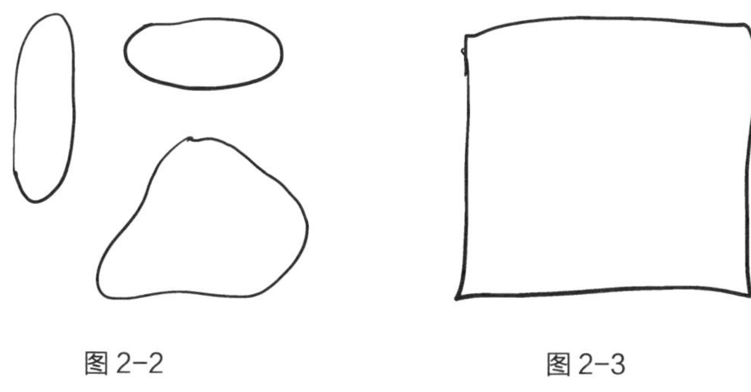

图 2–2　　　　图 2–3

图 2–4 中这条滑稽的波形曲线还是圆。

但图 2–5 中的图形不是圆，因为它断开了。对圆而言，断开造成的破坏比挤压、弄弯乃至在它上面扭折出一些拐角更加难以挽回。它的形状彻底改变了，变成了一条画得很差的线段，而不是一个画得很差的圆。它从有 1 个洞的事物变成了没有洞的事物。

图 2–4　　　　图 2–5

---

① 在这里，"凸"（convex）是一个专业术语，大概的意思是"只朝外弯曲，而绝不朝内弯曲"。在本书第 14 章讨论立法选区的形状时，我们还会用到这个词。

② 确切地说，如果我们关注的是曲线的拓扑学问题，例如有多少个洞、有多少个部分等，那么正方形也是圆。如果我们关注的是"该曲线在某一点处有多少条切线"之类的问题，那么正方形与圆截然不同。

“一根吸管上有多少个洞？”的问题很像一个拓扑学问题。Snapchat视频里的那两个兄弟在讨论这个问题时，要求知道吸管的精确尺寸、它是否笔直、它的横截面是不是欧几里得认可的那种正圆等信息了吗？没有。从某种程度上说，他们明白就当前的争论而言，这些问题是可以放在一边的。

把这些问题放在一边后，还剩下什么问题？庞加莱建议我们拿起这根吸管，把它剪得越来越短。在他看来，吸管还是那根吸管。不过，它很快就会变成一个狭窄的塑料带（见图2–6）。

你还可以更进一步，使这个塑料带的内壁向外弯，将它压平在书页上（见图2–7）。

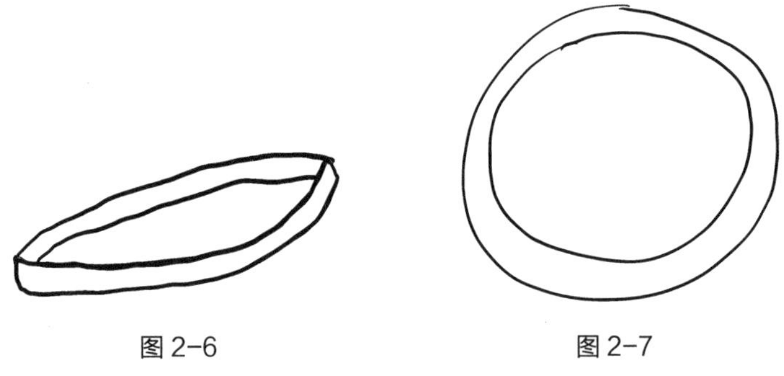

图2-6　　　　图2-7

现在它变成了由两个圆围成的图形，在几何学上被称为“圆环”，但你也可以把它看作一张7英寸[①]单曲唱片或一个Aerobie（一家制造运动器械的公司）飞环。如果你想象自己身处16世纪印度的一场战斗中，而它是对手朝你抛过来的一件外缘异常锋利的武器，它就是轮刃。

不管你叫它什么，它仍然是一幅画得很差的吸管示意图，而且它上面只有1个洞。

如果拓扑学坚持让我们说一根吸管上只有1个洞，那我们应该说一条裤子上有几个洞呢？就像剪短吸管一样，我们也可以把裤子剪得越来越短。先把它剪成短裤，然后是超短裤，最后是丁字裤。把这条丁字裤压平到你正在读的书页上，你会看到一个双圆环（见图2–8），它上面显

① 1英寸≈2.54厘米。——编者注

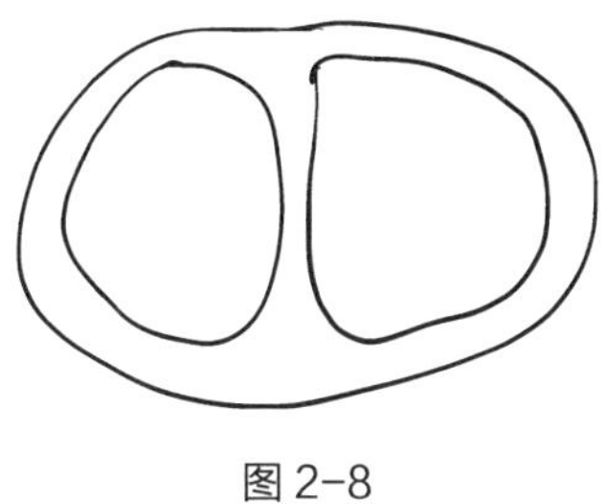

图 2-8

然有 2 个洞。至此，我们得出了结论：一根吸管上有 1 个洞，一条裤子上有 2 个洞。

诺特的裤子

但是，我们的问题还没有完全解决。如果一条裤子上有 2 个洞，它们是哪两个洞呢？根据前文对剪短裤子过程的描述，这两个洞似乎是裤腿，裤腰则变成了洞的外沿。但你在叠衣服时可能会注意到，你还可以用另一种方式把丁字裤压平：让一个裤腿变成外沿，另一个裤腿和裤腰则构成 2 个“洞”。

我女儿没有正式学习过庞加莱的研究成果，但她也认为一条裤子上有 2 个洞，理由是一条裤子其实就是两根吸管。她说，裤腰洞是 2 个裤腿洞的组合。她是对的！理解这个问题的最好方法就是将裤子和吸管进行类比。你要是愿意的话，可以想象自己正在尽力地用一根裤子形状的吸管喝麦芽奶昔。如果你把吸管的一条“裤腿”插到奶昔里，然后开始吸，那么流入这条“裤腿”的奶昔与从“裤腰”流出并进入你口中的奶昔数量相等。你也可以用另一条“裤腿”喝奶昔，或者把两条“裤腿”都插到奶昔里。但无论你怎么做，根据奶昔守恒定律，从“裤腰”流出的奶昔量都等于从 2 个“裤腿”流入的奶昔量之和。如果每秒钟有 3 毫升奶昔流入左“裤腿”，有 5 毫升奶昔流入右“裤腿”，就会有 8 毫升奶昔从“裤腰”流出。因此，我女儿的说法是对的：裤腰洞根本不是 1 个新洞，而是 2 个裤腿洞的组合。

那么，这是否意味着 2 个裤腿洞是“真正”的洞呢？事情没那么简单。就在一秒钟之前，当我们叠刚洗好的丁字裤时，它的裤腰和裤腿之间似乎没什么区别。但现在，裤腰似乎又起到了特殊作用。3 + 5 = 8，而不是 5 + 8 = 3 或 8 + 3 = 5。

由此可见，这是一个需要认真考虑正负号的问题。流出是流入的反过程，所以我们应该用负号来表示它。我们说有 −8 毫升奶昔流入吸管的“裤腰”，而不说有 8 毫升奶昔从吸管的“裤腰”流出！此时，我们的描述就会呈现出完美的对称性，流过所有三个开口的奶昔量之和为零。我只需要告诉你这三个数字中的两个，就能完整地描绘出奶昔流过吸管的过程。究竟是哪两个数字不重要，任意两个都可以。

现在，我们可以纠正之前说过的谎言了。“吸管顶端的洞和底端的洞是同一个洞”的说法并不准确，但吸管顶端的洞也不是一个全新的洞，它是底端那个洞的“负”洞。奶昔从其中一个洞流入，就必定会从另一个洞流出。

早在庞加莱之前，就有一些数学家（尤其是意大利托斯卡纳的几何学家、政治家恩里科 · 贝蒂）为给一个形状赋值若干个洞的问题而绞尽脑汁，但庞加莱最早领悟到有些洞可能是其他洞的组合。不过，即使是庞加莱对洞的思考方式也不同于今天的数学家，这种局面一直持续到 20 世纪 20 年代中期。那时，德国数学家艾米 · 诺特将“同调群”的概念引入了拓扑学，此后我们一直在使用她给“洞”下的定义。

诺特用“链复形”和“同态”等语言表达她的想法，而不是裤子和奶昔，但我将继续使用这些符号，以免画风突变，令人难以接受。诺特的创新之处在于，洞不应该被看作分离的物体，它们更像空间中的方向。

在地图上，你可以朝多少个方向移动？从某种意义上说，这个问题的答案是：无穷多个。你可以朝北、南、东或西的方向移动，也可以朝西南或东北偏东的方向移动，还可以朝南偏东 43.28 度的方向移动，等等。关键问题在于，尽管你有无穷多种选择，但你只能在两个维度中移动。只要把东和北这两个方向组合起来，你就可以到达任何你想去的地方（前提是你愿意把朝西走 10 英里[①]表达为朝东走 −10 英里）。

① 1 英里≈1.61 千米。——编者注

如果你问“哪两个方向是可以派生出其他所有方向的基本方向？”，那么我会告诉你这个问题毫无意义，因为任意选择两个方向都能达到同样的效果。你可以选择北和东，你也可以选择南和西，你还可以选择西北和东北偏北，诸如此类。唯一需要注意的是，你不能选择两个相同或正好相反的方向，否则你就只能在地图上画出一条直线。你可以试试看。

一根吸管的顶端和底端就是这样：两者的方向恰好相反，一个朝北，一个朝南，只有一个维度。相比之下，一条裤子的裤腰和两条裤腿则分布在两个维度上，如图 2–9 所示。

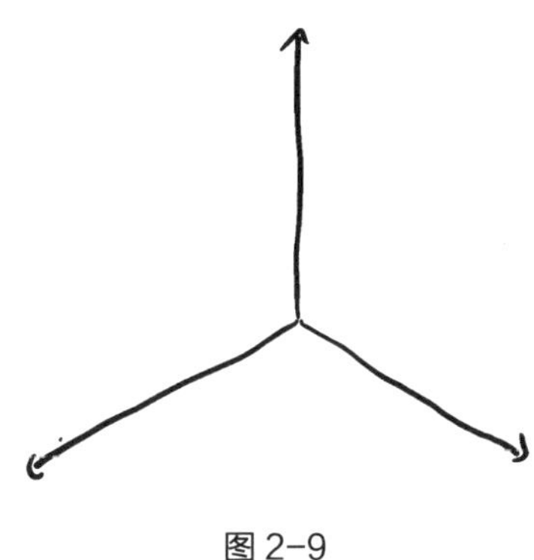

图 2–9

先沿着其中一个方向走 1 英里，再沿着第二个方向走 1 英里，最后沿着第三个方向走 1 英里，你就会回到起点（见图 2–10）。

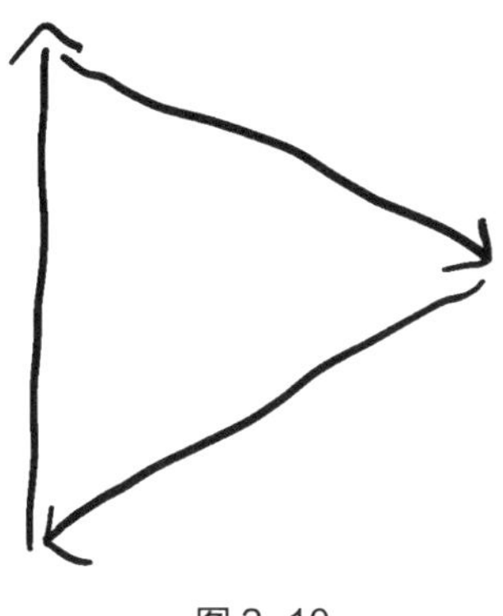

图 2–10

三个方向相互抵消，组合起来变成零。

保罗·亚历山德洛夫和海因茨·霍普夫在他们1935年出版的基础拓扑学教科书中写道："如今，它被视为不言而喻的真理，但8年前并非如此。正是艾米·诺特的精力和个性使它成为拓扑学家眼中的常识，并开始在拓扑学的问题和方法中发挥作用，直到今天。"

莫比乌斯带和三体问题

庞加莱创建了现代拓扑学，但他没有称之为"拓扑学"，而是给它取了一个拗口的名字——"位相分析学"。幸运的是，这种叫法没有流行开来！实际上，早在60年前，约翰·贝尼迪克特·利斯廷就创造了"拓扑学"一词。利斯廷是一位科研多面手：他发明了"微米"一词，用来指百万分之一米；他在视觉生理学领域取得了重大进展；他涉猎过地质学；他还研究过糖尿病患者尿液的糖含量。他周游世界，用他的博士生导师卡尔·弗里德里希·高斯发明的磁强计测量地球磁场。他喜好交际，人缘不错，但也常因此入不敷出。物理学家恩斯特·布莱滕伯格评价利斯廷是"为19世纪的科学史增光添彩的众多普遍主义者中的一员"。

1834年夏，利斯廷陪同他富有的朋友沃尔夫冈·瓦尔特斯豪森，踏上了前往西西里岛埃特纳火山的调查之旅。当火山处于休眠状态时，他利用休息时间思考形状及其特性，并将这门学问命名为拓扑学。他的方法不像庞加莱或诺特的方法那么系统化。与在科学领域和生活中一样，在拓扑学研究方面，他就像一只喜鹊，完全被兴趣牵着鼻子走。他画了很多结（knot）的图形，并且先于奥古斯特·费迪南德·莫比乌斯画出了莫比乌斯带。（但没有证据表明利斯廷像莫比乌斯一样知道它那奇特的性质：只有一个面。）

晚年，利斯廷精心创作了《空间聚合图形大全》（*Census of Spatial Aggregates*）一书，将他能想到的所有形状都收录其中。他就是几何学领域的奥杜邦[①]，为大自然丰富的多样性编制目录。

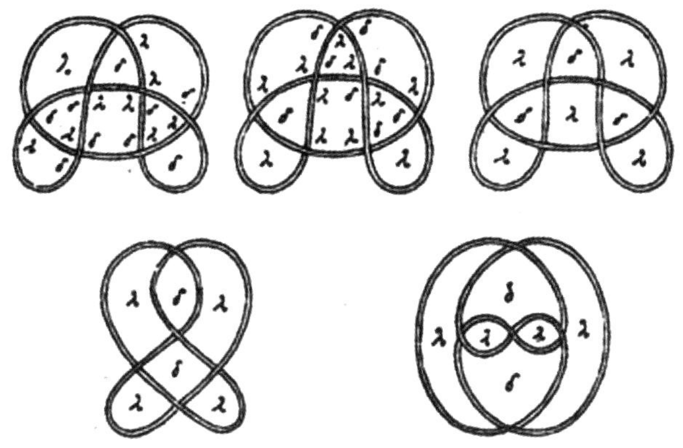

图 2–11

我们有什么理由去超越利斯廷编制的目录吗？“一根吸管上有多少个洞？”是一个有趣的问题，但相较于“一个针头上可以同时站立多少位天使？”的问题，是什么让前者变得更重要？

你可以从庞加莱的著作《位相分析》严肃的开头语中找到答案：

> 现在，没人怀疑 n 维空间几何图形的真实性。

吸管和裤子很容易具象化，我们不需要用数学形式主义去区分它们。而高维空间中的形状则是另外一回事，我们内在的眼睛无法瞥见它们。我们想要的不只是匆匆的一瞥，而是长久的凝视。正如我们将要看到的那样，在机器学习几何学中，我们会搜索数百或数千个维度的空间，在那片无法想象的景观中尝试寻找最高峰。即使在 19 世纪庞加莱研究三体问题时，也需要追踪天体的位置和运动，这意味着就每个天体而言，他必须记录 3 个位置坐标和 3 个速度坐标[②]，共计 6 个维度。如果他想同时

① 约翰·詹姆斯·奥杜邦是美国著名画家、博物学家，他绘制的鸟类图鉴被视为“美国国宝”。——译者注

② 对物理学家来说，速度不仅意味着速率（一个数字），还意味着运动方向。所以，你需要追踪并记录朝上、朝北和朝东的运动速度，共计 3 个数字。

追踪 3 个天体的位置和运动，因为每个天体都需要记录 6 个维度的坐标，加起来就是 18 个维度。纸上的图形不能帮助你理解十八维空间中的“一根吸管上有多少个洞？”的问题，更不要说区分这个空间中的吸管和裤子了。我们需要一种更正式的新语言，它必须与我们固有的洞的概念脱钩。这是几何学的工作原理：从我们对物理世界中各种形状的直觉开始（难道还有其他出发点？），严密地分析我们对这些形状的外观和运动方式的感知。它是如此精确，以至于我们无须依赖直觉就能谈论那些形状。当我们从住惯了的三维空间浅水区站起身时，我们就必须这样做。

我们已经弄清楚这个过程的开头部分了。你还记得吧，在刚开始讨论时，我们举了一个令人头疼的例子——膨胀的气球。它没有洞，你用大头针在上面戳了1个洞，一声巨响后它变成了一个橡胶圆盘。显然，它现在也没有洞。但我们刚才不是给它制造了 1 个洞吗？

有一种方法可以解开这个显而易见的悖论。如果你在气球上戳了 1 个洞，而它现在没有洞，那么一开始它必定有 -1 个洞。

我们处于决策的节点上：面对两种十分诱人的观点，我们需要舍弃其中一种。第一种观点认为，在一个东西上打 1 个洞会使洞的数量增加 1 个；第二种观点认为，洞的数量可以为负数。数学的历史就是由一个又一个痛苦的决策组成的漫长故事。这两种观点都符合我们的直觉，但仔细思考后我们发现它们在逻辑上是不相容的，所以必须舍弃其中一种。

关于气球、吸管或裤子上有多少个洞的问题，并不存在抽象的永恒真理。当来到数学展现在我们面前的一个分岔路口时，我们必须选择一个定义。我们不应该认为其中一条路是真的，另一条路是假的，而应该认为一条路更好，另一条路更差。在众多案例中，被证明更具解释性和启发性的才是更好的案例。经过几个世纪的研究，数学家发现，总的来说，让人感觉“怪诞”的观点（比如，洞的数量为负数）是更好的选择，而非违背一般原则的观点（比如，在某个东西上打1个洞，洞的数量应该增加 1 个）。因此，我要表明我的态度：“气球未爆炸时有 -1 个洞”的说法更佳。事实上，有一种测量空间的方法叫作“欧拉示性数”，它是一个拓扑不变量，不受任何连续形变的影响。你可以把它看作1减去洞的数量的结果。

裤子：欧拉示性数为 −1，有 2 个洞。

吸管：欧拉示性数为 0，有 1 个洞。

爆炸后的气球：欧拉示性数为 1，有 0 个洞。

未爆炸的气球：欧拉示性数为 2，有 −1 个洞。

如果你想让欧拉示性数看上去不那么怪诞，那你可以换种方式描述它：偶数维洞数和奇数维洞数的差值。未爆炸的气球是一个球体，它确实有 1 个洞，跟瑞士干酪上的洞一样，气球内部本身就是一个洞。但人们会觉得这个洞不同于吸管上的洞。确实如此！我们把它称作二维洞。气球有 1 个二维洞，没有一维洞，它的欧拉示性数似乎应该是 $1-1=0$。这和上文给出的结果不一致，原因在于我们遗漏了一个信息，那就是气球还有 1 个零维洞。

这是什么意思呢?

此时该轮到庞加莱和诺特的理论登场了。顾名思义，第一个系统研究欧拉示性数的人是瑞士数学全才莱昂哈德 · 欧拉，但仅限于二维平面。之后，包括约翰 · 利斯廷在内的许多人，努力地将欧拉示性数的概念扩展至三维曲面。直到庞加莱时代，人们才开始懂得如何将欧拉示性数引入三维空间之外的维度。我并不是要将代数拓扑学的第一课压缩到一页纸上，而是要告诉大家：庞加莱和诺特为我们提供了关于任意维洞的一般理论。在他们构建的体系中，空间中零维洞的数量就是它破碎后的块（piece）数。像吸管一样，气球是一个"单连通块"（simply connected piece），所以一个气球只有 1 个零维洞，而两个气球有 2 个零维洞。

这似乎是一个怪诞的定义，但它可以自圆其说：

气球的欧拉示性数 = 1 个零维洞 + 1 个二维洞 − 0 个一维洞 = 2

大写字母B有 1 个零维洞和 2 个一维洞，所以它的欧拉示性数为−1。

把B下半部分的那个环剪开，它会变成字母R。R的欧拉示性数为0，因为它少了1个一维洞，所以欧拉示性数变大了。把R上半部分的那个环剪开，你会得到字母K，K的欧拉示性数为1。你也可以用剪刀剪下R的“小腿”，得到字母P和字母I。它们是两个独立的块，所以零维洞的数量是2，P上还有1个一维洞，所以它的欧拉示性数为2－1＝1。每剪一次，欧拉示性数就会增加1，即使你剪开的不再是一维洞，这种趋势也会持续下去。字母I的欧拉示性数为1，把它剪断会得到两个I，欧拉示性数为2；再剪一刀，欧拉示性数变成3，以此类推。

如果你把裤子的两个裤腿以裤脚对裤脚的方式缝合起来，会怎么样？在我们所在的空间里，这个问题很难解释清楚。但在庞加莱的系统中，最终产生的形状有1个零维洞和2个一维洞，它的欧拉示性数为-1。换句话说，改后裤子上的洞数和原来一样。当你把2个裤脚缝合到一起时，你消除了1个洞，但同时又制造了1个新洞，它是由两个相连的裤腿围绕形成的。这种解释有说服力吗？我很希望在Snapchat上看到相关的争论。

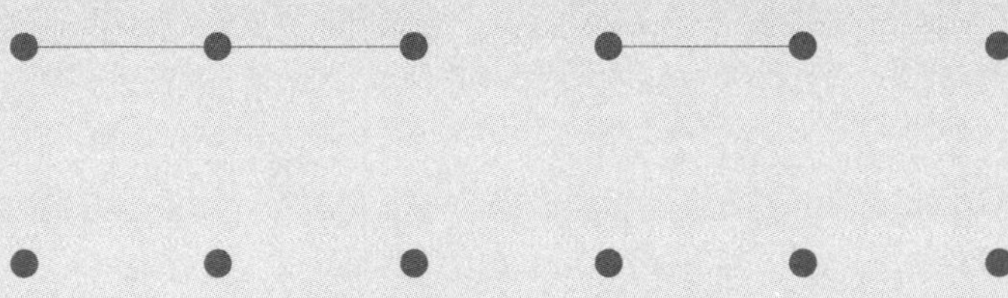

第 3 章

给不同的事物赋予相同的名称

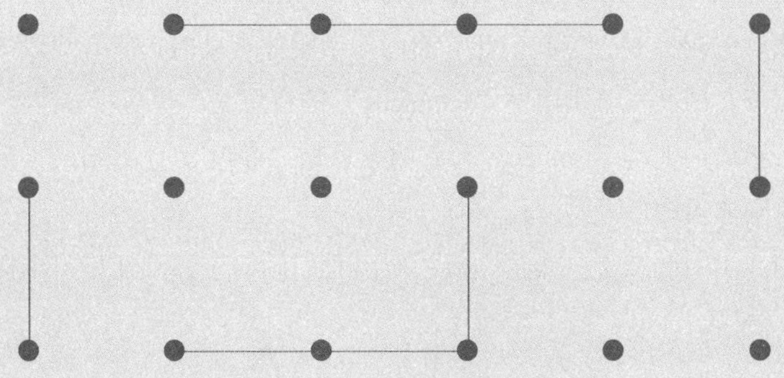

正如几何学家现在看到的那样，对称性（symmetry）是几何学的基础。不仅如此，我们如何定义对称性还决定了几何学的走向。

在欧几里得几何中，对称性与刚体运动密不可分，包括平移、镜射、旋转及这三种运动方式的任意组合。对称性为我们讨论全等问题提供了一种更加现代化的方法。我们不说“如果两个三角形的所有边和所有角都相等，那么这两个三角形全等”，而说“如果一个三角形通过刚体运动能与另一个三角形重合，那么这两个三角形全等”。后一种说法是不是更自然？事实上，在阅读欧几里得的著作时，我们可以感觉到他本人竭力（但不能完全做到）避免以这种方式表达他的想法。

为什么要把刚体运动视为基本的对称性呢？一个不错（但也不太容易证明）的理由是，当我们让平面图形做刚体运动时，所有线段的长度完全相等，因此在希腊语中“symmetry”的意思是“等量”。其实，更恰当的希腊语词汇是“isometry”，它的意思是“等距”，正好对应于现代数学中的刚体运动。

图 3–1 中的两个三角形全等，所以我们倾向于像欧几里得那样宣称

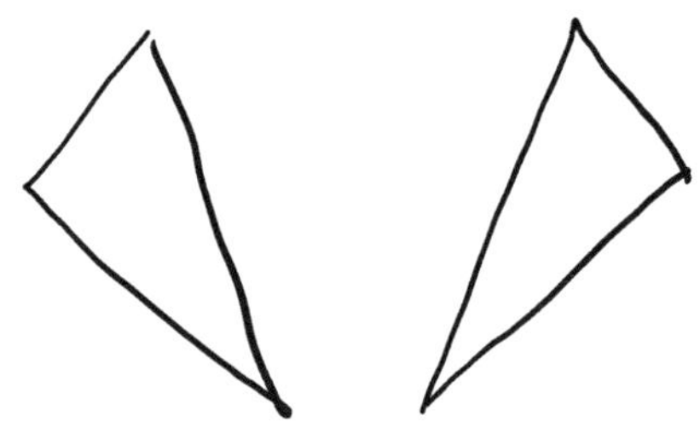

图 3–1

它们是相同的，尽管它们实际上并不相同。它们是间距约为 3 英寸的两个不同的三角形。

这不禁让我们想起庞加莱的另一句常被引用的话："数学是一门给不同的事物赋予相同的名称的艺术。"诸如此类的定义性崩塌现象在我们的日常思考和言谈中并不鲜见。想象一下，如果有人问你是否来自芝加哥，而你说"不是，我来自 25 年前的芝加哥"，这无疑是一个过于学究气的回答，因为当谈论城市时，我们会含蓄地引入时间平移对称性。遵照庞加莱的方式，我们用相同的名称指代过去的芝加哥和现在的芝加哥。

当然，对于"什么是对称性"的问题，我们的答案可能比欧几里得更严谨。例如，我们可能会禁止镜射和旋转，而只允许图形在不自旋的平面上滑动。这样一来，图 3–1 中的两个三角形就不再相同了，因为它们指向不同的方向。

如果我们允许旋转而不允许镜射呢？你可以认为这是困在平面上的三角形被允许进行的一类变换——我们可以滑动和旋转它们，但不能把它们拿起来和翻转，因为这需要使用我们现在被禁止探索的三维空间。在这些规则下，我们仍然不能用相同的名称指代这两个三角形。在左边的三角形中，从最短边到最长边是按逆时针方向排列的。无论我们如何滑动、旋转该图形，这个事实永远都不会改变；也就是说，它永远不可能与右边那个三角形重合，因为在后者中，从最短边到最长边是按顺时针方向排列的。镜射可以使顺时针和逆时针的方向互换，而旋转和平移则做不到。从最短边到最长边是按顺时针还是逆时针方向排列，这是三角形的一个特征，除镜射以外，它不受任何对称性的影响。我们称之为"不变量"。

每一类对称性都有其特定的不变量。刚体运动永远不会改变三角形或任何图形的面积，用物理学术语来说就是刚体运动遵循面积守恒定律。此外，它还遵循长度守恒定律，因为刚体运动不会改变线段的长度。①

① 我忍不住要补充一句：事实上，长度守恒就意味着三角形面积守恒。因为所有边长都对应相等的两个三角形全等，所以它们的面积也相等。美丽而古老的希罗公式告诉我们，利用三角形的边长可以直接求出三角形的面积。

平面上的旋转很容易理解，不过，一旦进入三维空间挑战性就会大大增加。早在 18 世纪就有人（还是莱昂哈德·欧拉！）认识到，三维空间中的任何旋转都可以被视为绕某条固定的线（或轴）的旋转。虽然到目前为止一切顺利，但很多无法回答的问题也接踵而至。假设某个图形绕一条垂直线旋转 20 度，然后绕一条水平指向北方的直线旋转 30 度，那么最终的旋转一定是绕某个轴旋转某个度数，但到底是哪个轴和多少度呢？答案是：它大致相当于绕一个指向西北偏北方向的轴旋转 36 度。但这并不容易看出来！有人提出了一种更便利的思考方法，他将旋转看作一种数，即四元数。这个人就是华兹华斯的年轻朋友威廉·哈密顿。有一个著名的故事讲到，1843 年 10 月 16 日，哈密顿和他的妻子在都柏林沿着皇家运河散步。嗯，我们还是让哈密顿自己来说吧：

> 虽然她时不时地跟我说话，但我的头脑中一直思绪万千，最终得出了一个结果。毫不夸张地说，我立刻感知到它的重要性。就像电路闭合、火花闪现一样……从布鲁厄姆桥上经过时，我情不自禁地用小刀在一块石头上刻下了这个基本公式……

哈密顿余生的大部分时间都在专心研究他的这一发现的相关推论，他甚至为此写了一首诗："高等数学，魅力无穷/那些直线与数，是我们的主旋律。我们苦苦求索，希望看到她尚未出生的后代……"

拉挤变换

我们也可以放宽条件，考虑更多形式的变换。例如，我们可以允许放大和缩小，在这种情况下，图 3–2 中的两个图形是相同的。

三角形的有些要素以前是不变量，例如面积，但在这种更宽松的相同性概念下，它们不再是不变量。还有些要素仍然是不变量，例如三个角。在中学几何课上，这种宽松意义上的相同形状被称为"相似形"。

我们也可以创造一个你在课堂上从未见过的全新概念。例如，我们

图 3-2

允许进行一种叫作“拉挤”（scronch）的变换：先在垂直方向上按某个因数拉伸图形，作为补偿，再在水平方向上按同样的因数挤压图形（见图 3–3）。

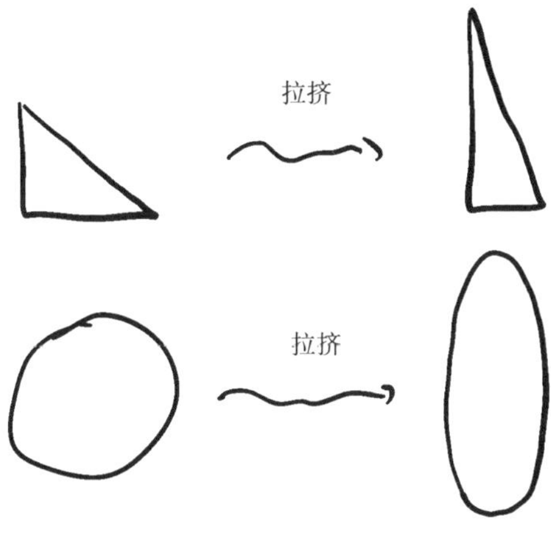

图 3-3

一个图形进行拉挤变换后，它的面积保持不变。这对有垂直边和水平边的长方形来说十分简单易懂，因为它的面积等于长乘以宽。拉挤使长乘以一个因数，而使宽除以相同的因数，所以它们的乘积（长方形的面积）保持不变。大家试试看，能否证明三角形同样如此，这似乎有点儿难！

在拉挤几何学中，如果你能通过平移和拉挤变换使两个图形中的一个变成另一个，我们就称这两个图形相同。通过拉挤变换变成相同图形的两个三角形面积相等，但面积相等的两个三角形不一定可以通过拉挤变换变成相同的图形。例如，任意一条水平线段在进行拉挤变换后仍然是水平的，所以有水平边的三角形经过拉挤变换，不可能变成与没有水平边的三角形相同的图形。

即使是平面上的对称性，可能的类型也不计其数，我们无法在这里穷举。图 3–4 引自 H. S. M. 考克斯特和塞缪尔 · 格雷策写作的权威教科书《几何学的新探索》，可以帮助大家对这个“动物园”有一个大致的了解。

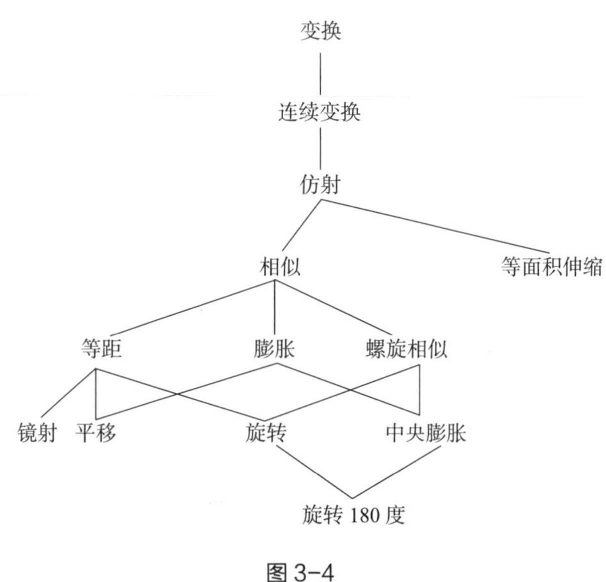

图 3–4

图 3–4 是一幅树状图，与家谱图很相似，每个“孩子”都是其“亲本”的一种特殊情况，所以等距变换（我们称之为“刚体运动”）是一种特殊的相似变换，而镜射变换和旋转变换又是特殊的等距变换。“等面积伸缩”（procrustean stretch）是考克斯特和格雷策用来表示拉挤变换的术语，非常生动。如果你允许相似变换和拉挤变换，就能实现仿射变换。对称性赋予我们一种自然的方式，将平面几何中的许多定义组织起来。（练习：证明椭圆是可以通过仿射变换变成圆的图形。更难的练习：证明平行四边形是可以通过仿射变换变成正方形的图形。）

哪两个图形“真”的相同？这是一个没有正确答案的问题，它取决于我们对什么感兴趣。如果我们对面积感兴趣，那么仅有相似性是不够的，因为相似图形的面积不是不变量。但如果我们只对角感兴趣，就没有理由坚持要求全等，而是有相似性即可，否则就过于吹毛求疵了。每种对称性都衍生出了它自己的几何学，用于判定哪些图形大不相同，以提醒我们最好不要用同样的名称指代它们。

欧几里得直接讨论对称性的著述并不多，但他的门徒们忍不住思考这个问题，甚至在研究对象与平面图形相去甚远的情况下也会这样做。人们自然而然地认为，对称变换不会导致那些重要的量发生改变。例如，1854 年，林肯在他的私人笔记中以一种鲜明的几何化语言风格写道：

> 如果A.能证明（无论证据是否确凿）他享有奴役B.的合法权利，那么B.为什么不能利用同样的证据证明他也可以奴役A.？

林肯认为，“道德容许度”（moral permissibility）应该是一个不变量，就像欧几里得三角形的面积不会仅仅因为你对图形进行了镜射变换而发生变化一样。

如果你愿意，我们还可以更进一步，把中学的几何课彻底抛在脑后。我们不再需要铅笔、书本，也不必再看欧几里得的臭脸！我们可以随心所欲地拉伸、平滑图形，只要不把它弄断，这样三角形就可以变成圆或正方形（见图 3–5）。

图 3–5

但是，三角形不可能变成线段，除非你从某处把它扯开。这句话听起来是不是很熟悉？这种极其宽松的几何学认为三角形、正方形和圆都是相同的事物，它就是庞加莱创立的拓扑学，目的是数清楚一根吸管上有多少个洞。（好吧，可能还有其他原因。）这些对称变换及我们讨论过的其他类型的对称变换，都属于“连续变换”（continuous transformation），在考克斯特和格雷策的图（见图 3–4）中位列第二行。在这种宽松的几何学中，欧几里得关心的角、面积等概念都被当作无关紧要的东西舍弃了，只留下一个纯粹的关于形状的概念。

庞加莱，我拉挤了时空！

1904 年，世界博览会在美国圣路易斯市举办，以纪念 101 年前的“路易斯安那购地”事件，参观人数超过 2 000 万。同年夏天，该市还举办了奥运会和美国民主党全国代表大会。美国之所以举办这次博览会，意在表明这个国家（尤其是美国中部地区）已经准备好登上世界舞台了。歌曲《相逢圣路易斯》（Meet Me in St. Louis）就是为了纪念这一事件（“和我相逢在圣路易斯 / 和我相逢在博览会 / 别告诉我其他地方灯火辉煌/我只想去那里”）创作的。经过长途跋涉，人们把自由钟从宾夕法尼亚州搬到了圣路易斯市。展品中有美国著名画家詹姆斯 · 惠斯勒和约翰 · 辛格 · 萨金特的画作。一名在施工帐篷里出生的婴儿被取名为“路易斯安那 · 珀切斯 · 奥利里”（Louisiana Purchase O'Leary）。亚拉巴马州的伯明翰市建造了一座 56 英尺[①]高的铸铁火神雕像，并将其送到博览会上展出，以宣传该市的钢铁工业。美国印第安部落阿帕奇族的首领杰罗尼莫在自己的照片上签名，海伦 · 凯勒也出现在拥挤的人群面前。还有人说，圆筒冰激凌就是在这次博览会的现场发明的。同年 9 月，国际艺术与科学大会召开，在今天的圣路易斯华盛顿大学的所在地，来自其他国家的杰出教授与他们的美国同行展开了交流。英国医生罗纳德 · 罗斯爵士也出席了这次会议，他因为发现了疟疾的传播媒介而获得了 1902 年的诺贝尔生理学或医学奖。参会的还有互为竞争对手的德国物理学家路德维希 · 玻尔兹曼和威廉 · 奥斯特瓦尔德，他们当时正在进行一场关于物质的基本性质的激烈论战。玻尔兹曼认为物质是由离散的原子构成的，而奥斯特瓦尔德则认为宇宙的基本成分是能量，并且否定了原子的存在。世界上最著名的几何学家、时年 50 岁的庞加莱在这次大会议程的最后一天发表了主题演讲——《数学物理原理》。他的论调非常谨慎，因为在那一刻这些原理正面临着极大的压力。

“某些征兆预示着一场严重的危机即将发生，”庞加莱说，“这似乎表

① 1 英尺 ≈ 0.305 米。——编者注

明变革迫在眉睫。但是，我们也不必太过焦虑。我们相信‘患者’不会死亡，事实上，我们希望这次危机能产生有益的影响。”

物理学面临的这场危机是对称性问题。人们希望，即使你往旁边迈出一步或把目光投向另一个方向，物理学定律也不会改变。也就是说，对三维空间的刚体运动而言，它们是不变量。庞加莱甚至认为，即使他登上一辆行驶的公共汽车，这些定律也不会改变。这是一种稍显复杂的对称变换，涉及空间和时间坐标。

从随车观测者的角度看，任何物理学定律都不会改变，但这可能并不那么显而易见。运动和静止给人的感觉是不一样的，对吗？大错特错！即使亨利没有上车，他也依旧站在地球上，而地球正绕着太阳高速运动，太阳本身也在沿着某个与银河系中心有关的疯狂轨道运动，等等。如果根本没有所谓的静止不动的观测者，那么我们最好不要采用只从这样一个观测者的角度来看才是真实的物理学定律。简言之，物理学定律不应该受到观测者的运动状态的影响。

现在的危机在于，物理学似乎并不是这样运行的。麦克斯韦方程组把电、磁、光的理论完美地统一起来，但在对称变换下它们都不是不变量，而这是不应该的。想要摆脱这种令人不安的状况，最常用的方法是，假设有一个绝对静止的立足点或一种静止的不可见背景——以太，宇宙万物就像台球一样在以太中来回滚动、相互碰撞。真正的物理学定律应该是，从以太的角度而非地球人的角度看到的物理学运行方式。人们设计出一些巧妙的实验，用于探测以太或测量地球通过以太的速度，但均以失败告终。为了尝试解释这些失败，人们不得不做出另外一些“特设性假设”（ad hoc postulate），例如亨德里克·洛伦兹的“收缩假说”——所有运动物体都会沿其速度方向产生收缩。总之，基础物理学处于一种不稳固的状态。在演讲的结尾，庞加莱尝试设想出一种度过危机的方法：

> 也许我们还必须构建一种全新的力学。但对于它，我们现在只能窥见一斑：惯性会随着速度的增加而增加，光速是一个不可能超越的速度极限。更简单的普通力学仍能实现一级近似，因为它在速

度不太大的时候是有效的，所以在新的力学中仍能看到旧的力学。我们无须因为相信旧原理而感到遗憾，事实上，超出旧公式适用范围的速度往往是异常值，所以在实践中最安全的做法就是选择继续相信它们。它们的作用巨大，我们应该为它们保留一席之地。如果我们完全摒弃它们，就相当于失去了一件很重要的武器。最后，我必须说一句，我们还没有到那个地步，也没有任何证据表明它们不会以胜利者的姿态从这场战斗中全身而退。

正如庞加莱预测的那样，“患者”没有死亡。恰恰相反，它很快就以一种怪异的变形方式出现在世人眼前。1905 年，圣路易斯会议结束后不到一年，庞加莱最终证明了麦克斯韦方程具有对称性。但其对称性——洛伦兹收缩——是一种新的对称变换，它以一种更微妙的方式将空间和时间混合在一起，而不是“我坐了两个小时的公共汽车，所以我在出发地往北 40 千米的地方”。（当公共汽车的行驶速度达到光速的 90% 时，两者之间的差异尤为显著。）从这个新的视角看，洛伦兹收缩并不是一种怪异的、不优美的拼凑之物，而是一种自然的对称性。就像一个三角形经过拉挤变换，它的形状会发生改变一样，一个物体经过洛伦兹收缩变换，它的长度也会发生改变，这没什么好奇怪的。一旦你弄懂了对称性，你就会知道两个被定义为“相同”的事物之间可以存在多大的差异。庞加莱为这一飞跃做足了准备，因为他已经是纯粹数学领域的创新者之一，建立了与欧几里得几何截然不同的平面几何体系，其中也包含不同的“对称群”（symmetry group）。例如，庞加莱在 1887 年提出的“第四种几何学”（fourth geometry）指的就是拉挤平面几何。

拉挤平面遵循“水平和垂直守恒定律”：如果两个点可以用水平或垂直线段连接，那么它们在进行拉挤变换后仍然可以。洛伦兹时空也大致如此。时空中的一个点既是一个位置也是一个时刻，在洛伦兹对称变换后守恒的特殊线段是连接两个位置–时刻的线段，而两个位置之间的间隔是光在两个时刻之间运动的确切距离。换句话说，光速是几何学的一部分。关于光能否从位置–时刻点 A 到达位置–时刻点 B，这个问题有一个确定的答案，它不会因为你是否乘坐了公共汽车而发生变化。

这个拉挤平面就像洛伦兹时空的婴儿版，你可以把它想象成一维空间（而不是三维空间）中的相对论物理学。一维空间与一维时间结合起来，构成了二维时空。

但庞加莱没有发明相对论，他的圣路易斯演讲的最后一句话解释了原因。那就是，庞加莱不希望从根本上改变物理学。通过数学检验，他发现了麦克斯韦方程指向的那种奇怪的几何学，但他没有足够的勇气跟随指示一路去到地平线上那个奇怪的点。他愿意承认物理学可能不像他和牛顿想的那样，但他不愿意承认宇宙几何学可能也不像他和欧几里得想的那样。

1905 年庞加莱在麦克斯韦方程中看到的东西，阿尔伯特·爱因斯坦在同一年也看到了。这位比庞加莱更年轻也更大胆的科学家，超越了世界上最杰出的几何学家，在对称性的指引下重塑了物理学。

数学家很快就明白了这些新理论的重要性。德国数学家赫尔曼·闵可夫斯基率先找到了爱因斯坦时空理论的几何学根基（因此，本书所说的“拉挤平面”实际上被称为“闵可夫斯基平面”）。1915 年，艾米·诺特建立了对称变换和守恒定律之间的基本关系。诺特为抽象而生，作为一名资深的数学家，对于她在 1907 年完成的博士论文（一篇计算方面的杰作，内容涉及含有三个变量的四次多项式的 331 个不变特征的确定），诺特的评价是“废话连篇”“公式丛生”，以及太过混乱和具体！她使庞加莱的“洞”（洞内空间）理论变得更加现代化，而不仅限于计数有多少个洞，她还厘清了数学物理中守恒定律的混乱状况。找出你感兴趣的对称变换的守恒量，这几乎总是一个重要的物理学问题。诺特证明了每一种对称性都有一个相关的守恒定律，并把大量杂乱的计算梳理成整洁的数学理论，从而破解了一个连爱因斯坦本人都百思不得其解的谜题。

1933 年，哥廷根大学数学系开除了诺特和其他所有的犹太裔研究人员。之后，她去了美国布林莫尔学院任教，但不久就死于一次貌似成功的肿瘤切除手术后的伤口感染，终年 53 岁。爱因斯坦给《纽约时报》写了一封信，用这位伟大的理想主义者必定会欣赏的言语，向诺特的研究成果致敬。

她发现了一些至关重要的方法，今天年青一代数学家的成长已经证明了这一点。从本质上说，纯粹数学就是逻辑思想的诗篇。人们寻求最一般的原理，以简单、合乎逻辑和统一的形式将尽可能多的关系汇集起来。对这些专注于逻辑之美的研究发现而言，想要深入地探索自然规律，震撼心灵的公式是不可或缺的。

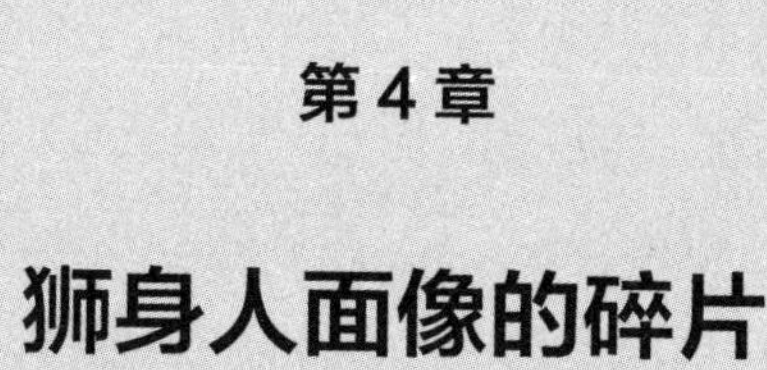

第 4 章

狮身人面像的碎片

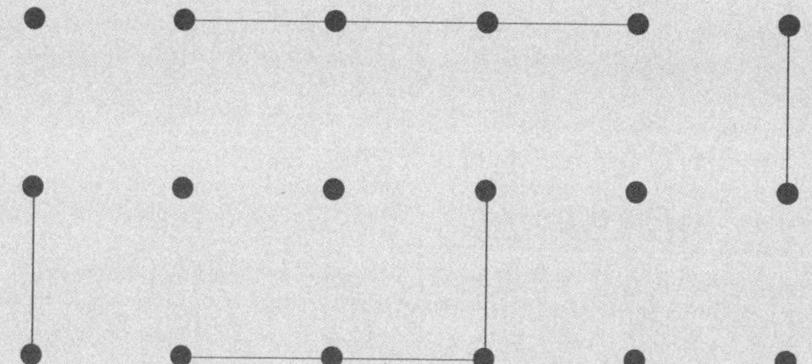

让我们回到圣路易斯博览会。你还记得吧，罗纳德·罗斯爵士也在参会的科学界大腕之列。1897 年，他发现疟疾是通过按蚊的叮咬传播的。1904 年，他已经是全球知名人士了，所以能邀请他到密苏里州做公开演讲是一件幸事——《圣路易斯邮报》的头条新闻标题是“蚊人来了”。

罗斯的演讲题目是《灭蚊卫生政策的逻辑基础》，我承认，这个话题听起来不太吸引人。但事实上，这场演讲是一种新的几何理论——“随机游走（random walk）理论”——投下的第一缕曙光。很快，该理论就会在物理学、金融学乃至诗体研究等领域引起巨大的反响。

罗斯是在 1904 年 9 月 21 日下午发表演讲的，与此同时，在博览会的另一处，伊利诺伊州州长理查德·耶茨正在检视获奖牲畜展。演讲开始后罗斯说道，假设你计划通过排干蚊子繁殖的水塘来消灭一个圆形区域内的蚊子，然而此举并不能彻底消灭这个区域内可能传播疟疾的所有蚊子，因为蚊子可以先在圆形区域之外繁殖，再飞进来。不过，一只蚊子的寿命很短，也没有执着的抱负，不会设定一条径直通往中心区域的飞行路线，所以它似乎不可能在短暂的一生内飞到圆形区域的深处。由此可见，只要这个圆形区域足够大，中心区域就有望摆脱疟疾的威胁。

那么，多大才算足够大呢？这取决于蚊子一生四处飞行的距离。罗斯说：

> 假设一只蚊子在给定的时间点出生，之后便开始随心所欲地四处飞行……过了一段时间，它死掉了。当它的尸体被发现时，与它的出生地相隔某个给定距离的概率是多少？

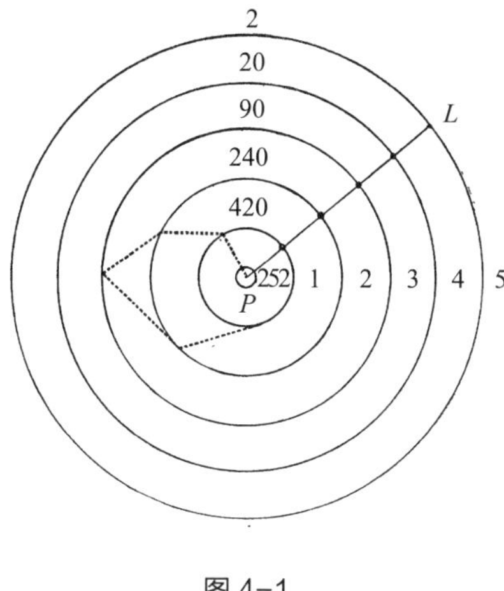

图 4–1

图 4–1 是罗斯给我们提供的示意图。虚线表示四处闲逛型蚊子的飞行路径，直线表示目标导向型蚊子的飞行路径，相较之下，后一种蚊子在死亡之前的飞行距离更远。“这个问题背后的完整数学分析有些复杂，”罗斯说，“我无法在这幅图里将它全部呈现出来。”

在 21 世纪，你可以轻而易举地模拟一只沿罗斯路径运动的蚊子，这样你就能改进罗斯的示意图，看看在蚊子飞行 10 000 次而不是 5 次的情况下会发生什么。

图 4–2 展示了一个有代表性的模拟结果：有时这只蚊子会在某个地方逗留一会儿，它的飞行路线纵横交错，几乎把附近的空间都填满了；而有时这只蚊子似乎又有了短暂的目标感，努力地朝着中心区域飞行一段距离。我必须告诉大家，这个过程的模拟动画看起来很有意思。

罗斯只会处理一种简单得多的情况：蚊子沿着一条固定的直线路径飞行，仅能选择往东北方向飞还是往西南方向飞。这种情况我们也能处理。假设一只蚊子的寿命是 10 天，它每天都会选择是往东北方向飞 1 千米还是往西南方向飞 1 千米，而且二者只能选其一。所以，这只蚊子可选的飞行路径总数为 $2 \times 2 \times 2 \times 2 \times 2 \times 2 \times 2 \times 2 \times 2 \times 2 = 1\ 024$。假设这是一只无偏倚的蚊子，那么这些路径都是等可能性的。为了让这只蚊子在其出生地东北方 10 千米处死去，它必须连续 10 次选择往东北方向飞，

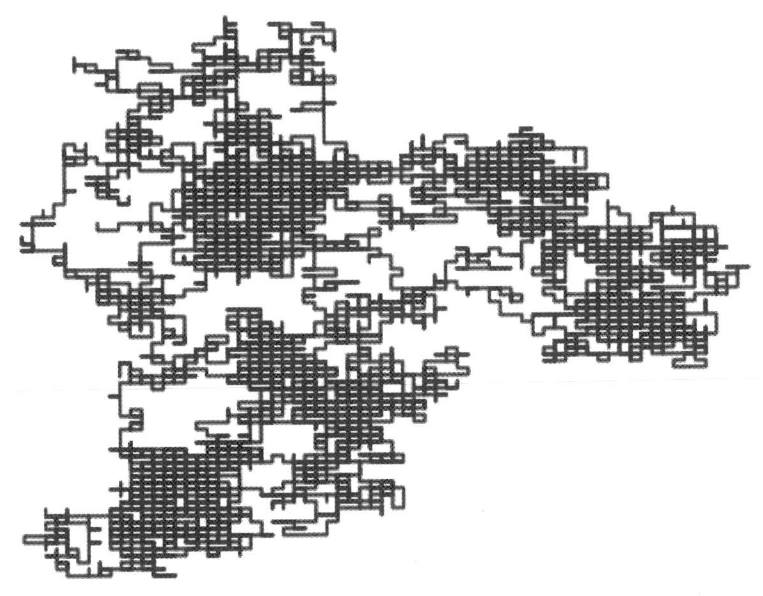

图 4–2

而 1 024 只蚊子中仅有一只能做到这一点。同样地，它在其出生地西南方 10 千米处死去的可能性也是这么小。所以，1 024 只蚊子中仅有两只能飞到 10 千米远的地方。那么，有多少只蚊子能飞到 8 千米远的地方呢？这要求蚊子每做出 10 次选择，其中有 9 次必须选择同一个方向，还有 1 次选择另一个方向，例如：

东北，东北，东北，西南，东北，东北，东北，东北，东北，东北

仅有一次的“西南”可以位于 10 个位置中的任意一个，所以在 1 024 条飞行路径中，有 10 条的终点在蚊子的出生地东北方 8 千米处，还有 10 条的终点在蚊子的出生地西南方 8 千米处，加起来是 20 条。如果你认真观察，就会发现罗斯在图 4–1 最外面的两个圆环上分别写了数字“20”和“2”。如果你愿意，你还可以写下蚊子死在其出生地东北方 6 千米处的 45 条路径，死在其出生地东北方 2 千米处的 210 条路径，或者

飞回到它出生的恶臭池塘后死去的 252 条路径。在蚊子的所有死亡地点中，可能性最大的就是它的出生地。这是有道理的，因为这个关于蚊子的随机性问题其实相当于抛 10 次硬币，硬币正面朝上代表东北方，反面朝上则代表西南方。蚊子死在其出生地东北方 8 千米处，意味着硬币有 9 次正面朝上和 1 次反面朝上。蚊子回到出生地后死亡，意味着硬币正面朝上和反面朝上各有 5 次，而这确实是你抛 10 次硬币后最有可能得到的结果。如果你把不同的位置绘制成条形图，就会得到一条迷人的钟形曲线，它表明蚊子有靠近其出生地的倾向。

但我们还可以取得更多发现。稍微动动笔，你就能算出 10 天内蚊子的平均飞行距离为 2.46 千米。10 天是雄蚊的典型寿命，而雌蚊的寿命更长一些，大约是 50 天，其间它们的平均飞行距离是 5.61 千米。玛土撒拉蚊（Methuselasquito）的寿命为 200 天，原则上它们的飞行距离可以达到 200 千米，但其死亡地与出生地的平均距离只有 11.27 千米。寿命增加了 3 倍，而飞行距离只增加了一倍。这条原则最早是在 18 世纪由亚伯拉罕·棣莫弗通过抛硬币（而不是在蚊子身上）发现的：如果抛 n 枚硬币，那么正面朝上的概率（真实值）与 50%（平均值）之间的偏差通常在 n 的平方根附近。也就是说，如果一只蚊子的寿命是普通蚊子的 100 倍，那它的飞行距离很可能只是其短命表亲的 10 倍。一只蚊子的飞行距离有可能超出你的预期，但这种可能性不大。一只寿命为 200 天的蚊子死在距离其出生地至少 40 千米处的概率不到千分之三。

蚊子问题和《天才少女》

但是，2.46 不是 10 的平方根，11.27 也不是 200 的平方根。我很高兴你在阅读本书时手里还拿着一支铅笔。更精确的近似值是，蚊子在它出生后的 N 天里的平均飞行距离约为 $\sqrt{2N/\pi}$ 千米。检查一下，如果蚊子的寿命是 10 天，就会得到：

$$\sqrt{2\times 10/\pi}\approx 2.52$$

非常接近！如果蚊子的寿命是 200 天，就会得到：

$$\sqrt{2\times200/\pi}\approx11.28$$

由此可见，这个近似值和我们在上文中看到的数据非常吻合。

π的出现可能会触发你的几何直觉：这是因为蚊子正在飞过一个圆形区域吗？很遗憾，答案是否定的。毕竟，在罗斯的简单模型中，蚊子实际上是在一条直线上来回运动。是的，我们初次认识π时，它是以圆周率的身份出现的，但是，就像你见过的大多数数学常数一样，它无处不在，你不经意间就会遇见它。举一个我最喜欢的例子：随机选择两个整数，除了 1 之外它们没有其他公因数的概率是多少？答案是 $6/\pi^2$，然而这个例子里根本没有圆。

蚊子问题中的π来自微积分，具体来说是来自某个积分的值，出于它自身的独特原因，这个积分里有π。对 18—19 世纪的法国分析学家来说，它是一个计算难题；现在我们会在大学第三学期的微积分课上教授相关内容，但在老师演示解题技巧前就能解出这个积分的学生依然是凤毛麟角。你可以在 2017 年上映的电影《天才少女》中看到它的完整计算过程，影片中这个积分作为一道谜题出现在 7 岁的数学天才玛丽 · 阿德勒面前，该角色的饰演者是 9 岁的麦肯纳 · 格雷斯。

我之所以知道这些，并不是因为我坐飞机时看过这部电影（尽管我确实在飞机上看过），而是因为拍摄这一幕的时候担任电影顾问的我就在现场，以免影片出现数学方面的纰漏。如果你看过涉及数学内容的电影，你或许想知道要下多大的功夫才能让它的细节准确无误。事实证明，要花很多的精力：光是坐在电影里的“麻省理工学院”（实际上是埃默里大学）报告厅后面，看着一位“教授”（其扮演者是一位经常在警匪剧中出演斯拉夫人的资深性格演员）考验神童玛丽的本领，就足以让一位数学家花去大半天的时间。结果表明，我还是有用武之地的。在和她祖母的一段对白中，玛丽说的是“负的”，但黑板上写的是“正的”。离开片场后，我走到格雷斯的妈妈面前，她是我确信唯一可以交谈的对象。我问她：“我应该指出这个错误吗？”“它重要吗？”“是的。”她径直把我带到导演马克·韦伯面前，让我把刚才对她说过的话再说一遍。拍摄立刻停了下来。他们修改了台词，格雷斯走到一边去学习新对白，其他人则站在周围，吃着点心桌上的零食。拍摄一部大制作的电影需要几十名极其专业的工作人员，而此时他们都在闲散地吃着澳洲坚果，每秒钟得损失多少钱呢？这个数字是电影公司对数学细节问题的关注程度的下限。我问导演："真的会有人在意这个错误吗？会有人注意到它吗？"他用一种疲惫却带有几分赞赏的声音对我说："互联网上的人会注意到的。"

我了解到，拍电影和写数学论文有某些共同之处：基本思想不难处理，但要花很大一部分时间去锁定那些会被大多数人忽略的细节问题。

鉴于我已经在片场了，韦伯给了我一个出镜的机会，让我扮演"教授"的角色，讲述了 6 秒钟左右的数论，格雷斯则在一旁认真地听着。为了屏幕上短短的 6 秒钟，我在电影服装部花费了一个小时。尽管《天才少女》的剧组人员极其注重细节，但我发现了一个例外：他们让我穿的那双鞋子比所有数学教授上课时穿的鞋子都要漂亮和昂贵。此外，我还从电影行业了解到一件令人伤心的事：他们不让我穿走那双鞋子。

尝一口就能知道整碗汤的味道

人们常会问我一个问题："一项针对 200 人的民意调查如何能可靠地反映出数百万选民的投票偏好呢？"这听上去确实不太可信，就好像你试图通过品尝一勺汤，弄清楚你碗里是什么汤一样。

但事实上，你完全可以做到！因为你有充分的理由认为勺子里的汤是整碗汤的随机样本，你从一碗蛤蜊浓汤里绝不会舀出一勺意大利蔬菜汤。

汤的原理就是民意调查结果有效的原因所在。但是，它并没有告诉你民意调查结果与被调查的城市、州或国家的真实情况有多接近。而这个问题的答案就在从池塘出发的蚊子缓慢而无序的飞行过程中。以我居住的威斯康星州为例，该州的民主党支持者和共和党支持者几乎各占一半。现在，想象一只蚊子按如下方式运动：我随机给一个威斯康星人打电话，询问其政治倾向，如果受访者是民主党支持者，就指示蚊子往东北方向飞；如果受访者决定投票给共和党，就指示蚊子往西南方向飞。这正是罗斯的模型：蚊子朝一个方向或相反方向随机飞行 200 次。如果接到电话的 200 人都是民主党支持者，调查结果就会让我们对威斯康星人的投票偏好形成一种完全偏倚的看法。但我们怎么知道这种情况不会碰巧发生呢？当然，这种情况是有可能发生的——蚊子从出生后就一门心思地往东北方向飞，直至死去。不过，这种可能性很小。我们已经看到蚊子出生 200 天后的平均飞行距离为 11 千米，这个数据去掉单位后就是我们的民意调查中民主党支持者和共和党支持者的人数之差。所以，如果民意调查的受访者中有 106 名共和党支持者和 94 名民主党支持者，这一点儿也不奇怪。但如果出现与政治现实相去甚远的 120 名共和党支持者和 80 名民主党支持者的情况，则是另外一回事。这就好像把勺子伸进一碗威斯康星汤里，舀出来的却是密苏里汤一样。如果共和党支持者比民主党支持者多 40 人，就相当于蚊子飞到了距离出生地 40 千米的地方，我们已经计算出这种情况的发生概率只有千分之三。

换句话说，这 200 名民意调查受访者不太可能与所有威斯康星人存在很大的差异，毕竟尝一口就能知道整碗汤的味道。在我们的样本中，共和党支持者的占比为 43%~57% 的概率是 95% 左右，这就是为什么类似的民意调查的误差范围是 ± 7%。

但前提是，我们选择民意调查对象时不能带有偏见。罗斯非常清楚，偏见会导致他的蚊子模型失真。在开始计算和画那些圆圈之前，他规定整个区域的景观相同，“就食物供应而言，每个地点对它们（蚊子）都具有同等的吸引力，而且没有任何因素（比如稳定的风或本地的天敌）会把它们驱赶到特定的地方”。

罗斯有充分的理由设定这个前提，如果没有它，情况将会变得一团糟。假设有风，蚊子个头很小，即使是微风也会导致它们飞得摇摇晃晃。例如，向北刮的风会让蚊子往东北方向飞的概率从 50% 变成 53%。这就像民意调查中有一个未被注意到的偏见一样，它导致我调查的每个随机选民都有 53% 的概率是共和党支持者。原因在于，共和党支持者比民主党支持者更有可能同意回答我的问题，或者更有可能第一时间接听电话，或者更有可能拥有电话。这会大大增加民意调查结果偏离真实选举结果的可能性。在公正的民意调查中，样本中有 120 名共和党支持者和 80 名民主党支持者的概率仅为千分之三。而在有利于共和党的偏见影响下，这一概率跃升至 2.7%，增加了 8 倍。

在现实生活中，我们从未见过绝对公正的民意调查。所以，我们应该对民意调查报告的误差范围持谨慎的怀疑态度。如果民意调查经常被轻柔的偏见之风推向一个或另一个方向，现实生活中选举结果超出报告误差范围的频率就会更高。你猜怎么样？事实的确如此。2018 年的一篇论文发现，真实的选举结果与民意调查结果之间的偏差通常是允许误差范围的两倍左右，毕竟选举可不是那么风平浪静的事。

我们还可以换一种方式思考风的存在问题，它意味着蚊子每天的运动并不是完全独立的，而是彼此相关的。如果蚊子第一天往东北方向飞，就表明风刮向东北的可能性更大，蚊子第二天还往东北方向飞的可能性也更大。这个问题的影响很小，但正如我们看到的那样，它的效果会叠加。

有一个著名的谬误，即所谓的“平均值定律”。它认为，如果一枚硬币连续抛几次的结果都是正面朝上，那么下一次的结果更有可能是反面朝上，这样才能使结果“平均化”。智者说，事实并非如此，因为抛硬币是独立事件，不管之前的结果如何，下一次的结果为正面朝上的概率仍然是 50%。

更糟糕的是，除非你百分之百地确定硬币是公平的，否则就会存在“反平均值定律”。如果你抛一枚硬币连续 100 次都得到正面朝上的结果，你要么会惊叹于自己非同一般的运气，要么会十分理智地想到一种可能性：你抛的那枚硬币两面都是正面。连续得到正面朝上结果的次数越多，之后得到正面朝上结果的期望值就会越高。①

这不禁让我们想到了唐纳德 · 特朗普。随着 2016 年美国总统大选的临近，几乎所有人都认为希拉里 · 克林顿具有领先优势。但与此同时，特

① 不过，还是要谨慎一些。一些表面上看与之类似的推理，例如“我常常酒后驾车，却从未撞到人，所以酒后驾车肯定没那么危险”，可能会导致一些不好的结果。

朗普获胜的概率有多少，仍然存在很大的争议。11 月 3 日，美国新闻杂志《沃克斯》（*Vox*）报道称：

> 就在上周，纳特·西尔弗的民意调查分析网站 538 预测，希拉里·克林顿拥有 85% 的压倒性优势。但截至周四上午，她的胜率已降至 66.9%，这表明尽管特朗普处于劣势，但他也有 1/3 的概率成为下一届美国总统。
>
> 自由派人士试图进行自我安慰，他们的依据是：538 网站在美国的六大民意调查机构中是一个异类，而其他 5 个机构均预测特朗普的获胜概率在 16% 和小于 1% 之间。

普林斯顿大学的王声宏（Sam Wang）认为特朗普的获胜概率是 7%，并对希拉里竞选成功充满信心，甚至承诺如果希拉里输了，他就当众吃掉一只虫子。选举结束一周后，他在 CNN（美国有线电视新闻网）的直播节目中吞下了一只蟋蟀。数学家[①]有时也会犯错误，但大都是言出必行的人。

王声宏错在哪里了呢？和罗斯一样，他也假设没有“风”。所有预测者都认为，选举结果取决于几个“摇摆州”，包括佛罗里达州、宾夕法尼亚州、密歇根州、北卡罗来纳州，当然还有威斯康星州。特朗普可能需要获得这几个州的多数选票才能取胜，但在每个州中，希拉里似乎都保持着适度领先的优势。在选举日上午，西尔弗估算特朗普的获胜概率为：

佛罗里达州：	45%
北卡罗来纳州：	45%
宾夕法尼亚州：	23%
密歇根州：	21%
威斯康星州：	17%

① 王声宏是神经科学家而非数学家，但在我看来，任何从事与数学相关活动的人都是数学家。

特朗普可能会赢得这 5 个州的选举人票，但就像蚊子连续 5 次飞往同一个方向一样，概率看上去非常小。你可能会列出下式来估算这个概率（王声宏或许也是这样做的）：

$$0.45 \times 0.45 \times 0.23 \times 0.21 \times 0.17$$

它的结果约为 1/600。按照同样的计算方法，特朗普在其中三四个摇摆州获胜的概率也很小。

纳特·西尔弗可不这样认为。他的模型在不同的州之间建立了适度的相关性，其依据是一个不可否认的事实：民意调查机构可能会不知不觉地做出“设计选择”（design choice），使样本倾向其中一个候选人。是的，我们的最佳估计是，特朗普在佛罗里达州、北卡罗来纳州和其他几个摇摆州都处于劣势。但如果他在其中一个州获胜，就证明民意调查中的偏见让希拉里的支持率看起来比实际情况要好，而特朗普在其他州获胜的可能性也有所增加。反平均值定律在其中发挥了作用，它意味着特朗普横扫摇摆州的可能性比你根据独立概率估算出的数值要大得多。这就是为什么西尔弗给特朗普估算了一个正常合理的获胜概率。出于同样的原因，他预测希拉里有大于 1/4 的概率以两位数的支持率领先优势获胜，而王声宏认为出现这个结果的可能性也很小。①

2016 年的美国大选结果出人意料，密切关注此次选举的媒体纷纷发出疑问：“2016 年之后，我们还能继续相信民意调查吗？”

是的，我们可以继续相信民意调查。与专家对总统职务的抽象评价或辩论者的犀利言辞相比，民意调查仍然是一种测量民意的更优方式。西尔弗的估算结果是竞选双方势均力敌，两位候选人都有可能获胜。他

① 我对此稍稍做了简化：王声宏其实并未假设不存在相关性，但他认为相关性很小。选举结束后，他写道：“我的预测失败发生在大选中，虽然那时候民意调查结果清楚地告诉我们，这场竞选是多么地势均力敌。这个错误是我在 7 月犯下的。当我建立这个模型时，我把最后阶段的相关误差（也被称为系统不确定性）估计得太低了。坦白地说，它在当时看起来只是一个次要参数。但在最后几周，这个参数却变得至关重要。”

是对的！如果你认为这只是站不住脚的借口，那么请你扪心自问：你假装自己几乎肯定地知道谁会获胜，但其实你和其他所有人都无法准确地预测选举结果，难道这就是更好、更合理的数学分析吗？

给《自然》杂志的一封信

虽然罗纳德·罗斯把只朝东北–西南方向飞的蚊子的行为彻底搞明白了，但在更加现实的情况下，蚊子可以朝任意方向飞，而这超出了他的数学知识范畴。于是，1904 年夏，他给卡尔·皮尔逊写了一封信。

如果你有一个全新的想法，却找不到完全适合它的理论，你就会自然而然地想到皮尔逊。皮尔逊是伦敦大学学院应用数学系的知名教授，他在将近 30 岁时获得了这个职位。在此之前，他先攻读了法律专业，放弃该专业后他前往海德堡大学研究中世纪的德国民俗，并在剑桥大学获得了该学科的教授职位，然后他又放弃了。他热爱德国，与英国相比，德国似乎是炽热的精神生活的天堂，不受一般社会习俗尤其是宗教的阻碍。皮尔逊是歌德的拥趸，他用“洛基”这个笔名写作了一部浪漫小说《新维特》。海德堡大学在皮尔逊的书面作业上把他的名字“Carl”错拼为“Karl”，但他发现自己更喜欢后一种拼写。皮尔逊对德语中的一个性别方面的中性词“Geschwister”（意思是“兄弟或姐妹”）印象深刻，于是他创造了“sibling”这个英语单词来表达同样的意思。

回到英国后，他倡导反宗教的理性主义和女性解放，并就“社会主义和性”等话题发表了离经叛道的演讲。《格拉斯哥先驱报》针对他的其中一场演讲发表了评论：“皮尔逊先生有意将土地和资本国有化，到目前为止他也是提出将女性国有化的第一人。”但是，他的个人魅力帮他避开了这些并不猛烈的攻击。据他以前的一个学生回忆，皮尔逊酷似“典型的希腊运动员，拥有精致的五官、卷曲的头发和健壮的体格”。从他 19 世纪 80 年代初的照片看，皮尔逊额头高耸、目光深邃、神情坚定，似乎想让我们弄明白些什么。

步入成年期后，他回归到大学时期擅长的数学领域。皮尔逊写道，他“渴望用符号而不是文字来开展研究工作”。他曾两次申请数学教授的职位，但都被拒绝了。当他终于在伦敦大学学院获得这一教职后，他的朋友罗伯特·帕克在给皮尔逊母亲的信中写道：

> 凭我对卡尔的了解，无论他暂时的失败是多么令他的朋友们失望，我始终确信总有一天他会证明自己的价值，并找到真正适合他做的事。现在我们还认识到，给他三四年完全自由的时间，让他可以从事数学以外的其他研究，对他来说是多么重要的一件事。我不是说这段经历造就了他现在的成功，但毫无疑问，这会使他成为一个更快乐和更有用的人，也有助于他避开狭隘的污点。我们看到，如果有人一门心思地追求某个引人入胜的事物，就常会遭到这样的指责，我们非常担心他也会陷入此种窘境。另外，伟大的想法往往是由专业领域之外的人们提出的，卡尔带着许多这样的想法回到科学领域，等到他完成研究的那一天，就会像克利福德[①]等前辈那样名扬天下。

对于帕克的说法，皮尔逊本人却不太肯定。任教后第一个学期的 11 月，他在给帕克的信中写道：“无论我只是突发奇想抑或天赋异禀，我都绝不安于做一名教师。我要随机漫步于生活，以期产出能让我存活下去的东西。”不过，还是帕克的话更有道理。皮尔逊后来成为数理统计这门新学科的创立者之一，并不是因为他证明了与他的体格一样值得赞扬的定理，而是因为他懂得如何让更多的人接触到数学的语言。

秉持着这样的目标，皮尔逊于 1891 年开始担任格雷欣[②]几何学教授，这个职位自 1597 年设立以来，唯一的职责就是面向公众做一系列的夜间数学讲座。讲座的内容本应围绕几何学展开，皮尔逊宣讲的却是一些打

---

① W. K. 克利福德过去和现在都是数学界和物理学界的大咖，有一种代数就是以他的名字命名的，这无疑是他成功的标志之一。

② 托马斯·格雷欣是 16 世纪英国的著名金融家，提出了“劣币驱逐良币”的说法，现在被称为“格雷欣法则”。——译者注

破常规的想法（这是他的一贯风格），而不是以冷静淡然的数学欣赏式演讲风格，介绍欧几里得几何的圆和直线。他把贴近现实生活的生动证明方法带进了教室，深受学生们的欢迎。有一次，他将 10 000 枚硬币抛到地上，让学生们动手计数正面朝上和反面朝上的硬币数量，以这种眼见为实而非照搬书本的方式了解到，大数定律使正面朝上的比例不可阻挡地趋于 50%。皮尔逊在这个教职的申请书中写道："我相信，在合理地解释'几何学'一词在托马斯·格雷欣爵士时代对七大知识分支之一的广泛意义后，除了纯粹的几何课，还可以开设精确科学的基础、运动几何学、图形统计学、概率论和保险等课程，以满足那些白天在城里工作的职员和其他人的需求。"他的讲座题目是"统计几何学"，现在被称为"数据可视化"。在授课过程中，皮尔逊首次介绍了他的标准差概念和直方图。不久后，他就提出了相关性的一般理论。这也许是皮尔逊的所有研究成果中与几何学关系最密切的一个，因为它揭示出一种用于理解两个可观测变量结合方式的有效方法，即通过高维空间中角的余弦值。

当罗斯开始思考蚊子问题的时候，皮尔逊已经成为将数学应用于生物学问题的世界领头羊。1901 年，他与人共同创办了《生物统计》杂志。在我小的时候，家里的书架上塞满了这份杂志的过刊。（我并不是在学术图书馆里长大的，只不过我的父母都是生物统计学家。）

皮尔逊发现，正在研究这些问题的生物学家并没有完全被他说服："我很遗憾自己与他们格格不入，我几乎不能发表意见，因为这只会伤害他们的感情，而不会产生任何真正的好处。我总是制造出敌意，却无法让他人理解我的观点。我想这应该归咎于我不善表达或措辞不当。"

我对这些生物学家也怀有些许同情。数学家有专横的倾向，常常认为他人的问题本质上都是以数学为核心，周围包裹着大量令人恼火和分心的特定领域知识，于是我们会不耐烦地"撕去"这些知识，以便尽可能快地得到"好东西"。生物学家拉斐尔·韦尔登在给弗朗西斯·高尔顿的一封信中写道："在我看来，皮尔逊的推理不够严谨，根本没有理解数据的含义。每次看到他那些密密麻麻的数学符号，我都会产生这样的感觉……"韦尔登还在另一封信中写道："我非常害怕没有接受过实验训练的纯粹数学家，想一想皮尔逊吧。”韦尔登可不是普通的生物学家，他是皮尔逊最亲密的同事之一，高尔顿是受他们爱戴的资深导师，正是他们三人后来一起创办了《生物统计》杂志。这两封信给人一种三人小圈子里的两个朋友在背后议论第三个朋友的感觉——我们当然很喜欢他，但他有时又很惹人厌烦……

当那个时代最杰出的医学家向他询问几何问题时，皮尔逊感到非常高兴。他在给罗斯的回信中写道：

> 用数学语言表述你的蚊子问题并不难，但要解决这个问题就是另外一回事了！我花了一整天的时间思考它，却只想出了蚊子两次飞行后的情况……这个问题恐怕超出了我的分析能力，你可能需要向一位强大的数学分析师求助。但如果你请求这样的人帮你解决蚊子问题，我想他们肯定会不屑一顾。所以，为了让数学家愿意研究你的问题，我必须把它重新表述成棋盘问题或其他类似的问题！

现代数学家如果想激发人们对一个陌生问题的兴趣，他们可能会在社交媒体或MathOverflow[①]等互动问答平台上发贴子。1905 年也有类似的渠道，它就是《自然》杂志的读者来信栏目。皮尔逊在该栏目中提出了蚊子问题，并且像他承诺的那样对蚊子只字不提，甚至也没有提及罗斯，这令罗斯大为恼火。在 7 月 27 日出版的《自然》杂志的同一页上，我们还发现了物理学家詹姆斯 · 金斯的一封信，他妄图推翻马克斯 · 普朗克提出的新奇的量子理论。在金斯和皮尔逊的两封信之间，是一则来自约翰 · 伯克的通讯，他认为自己在一桶牛肉汤中观察到了微生物的自然发生现象，而这桶汤曾暴露在当时发现不久的镭元素之下。所以，这个专栏可能并不像你期望的那样，是这个繁荣至今的数学领域的起源。

① MathOverflow是一个互动数学网站，用户可以在这个网站上提问或回答数学问题。——译者注

罗斯的问题很快就得到了解答：事实上，它花了–25 年左右的时间。《自然》杂志在随后一期上刊登了 1904 年的诺贝尔物理学奖得主瑞利勋爵的一封信，他告诉皮尔逊，早在 1880 年他研究声波数学理论的过程中就已经解决了随机游走问题。皮尔逊回应道（我认为他其实是在为自己辩解）："瑞利勋爵给出的答案……非常有价值，而且很有可能实现我眼前的目的。我本应该知道这件事，但近年来我的阅读兴趣转向了其他方面，更何况没人能想到一个生物统计问题的答案竟然会出现在一本关于声音的回忆录中。"（你会注意到，尽管皮尔逊承认这个问题源于生物学，但罗纳德 · 罗斯的名字仍被隐去了。）

瑞利指出，与更简单的罗斯一维模型相比，可以飞往任何方向的蚊子并无太大的不同。其中一个相同之处是，蚊子倾向于缓慢地飞离出生地，通常情况下它到出生地的距离与飞行天数的平方根成正比。还有一个相同之处是，蚊子最有可能身处的位置就是它的出生地。皮尔逊对此评论道："瑞利勋爵的答案告诉我们，在野外，一个可以站稳的醉汉最有可能在他的出发地附近被找到！"

皮尔逊这番不假思索的评论衍生出我们惯用的一个比喻，即把随机游走比作醉汉的脚步而非蚊子的飞行路径。于是，这个问题一度被称为"醉汉走路"，但在这个更加友善的时代，大多数人都不愿把这种危害生命的嗜好用作理解数学概念的有趣谈资。

随机游走到巴黎证券交易所

随着 20 世纪的到来，除了罗斯和皮尔逊以外，还有其他人在思考随机游走问题。路易 · 巴舍利耶是一个来自诺曼底的年轻人，他就职于法国金融中心巴黎的一家大型证券交易机构——巴黎证券交易所。19 世纪 90 年代，他进入索邦大学学习数学，对亨利 · 庞加莱讲授的概率课产生了浓厚的兴趣。巴舍利耶不同于其他学生，身为孤儿的他必须打工谋生；他也没上过中学，不像大多数同龄人那样熟悉法国的数学教育风格和内容。因此，他常以接近及格线的分数勉强通过考试。此外，他的兴趣爱好还很怪异。那时的高等数学是天体力学和物理学，例如庞加莱苦思冥想的三体问题，巴舍利耶却只想研究他在巴黎证券交易所观察到的债券价格波动现象。他提出，要像教授们解决天体运动问题一样，用数学方法解决债券价格波动问题。

庞加莱对将数学分析应用于人类行为的做法深表怀疑，这至少可以追溯到他参与德雷福斯事件①时所持的勉强态度。庞加莱对政治斗争不感兴趣，即便冲突席卷法国社会，他也会想方设法保持中立。但是，他的同事保罗·潘勒韦（德雷福斯的狂热支持者，也是第二个乘坐飞机的法国人。很久以后，在庞加莱的堂弟雷蒙任法国总统期间还短暂地当过法国总理）说服他参与到这个事件中来。“科学警务”的创立者、警察局局长阿方斯·贝蒂荣对德雷福斯提起诉讼，声称根据概率定律可以排除德雷福斯无罪的可能性。潘勒韦认为，既然这件事已经变成了一个数字问题，作为法国最杰出数学家的庞加莱就不应该继续保持沉默了。庞加莱被说服了，他写了一封信评估贝蒂荣的计算结果。1899 年，当德雷福斯案在法国雷恩再审时，这封信被当庭宣读。就像潘勒韦希望的那样，庞加莱在审阅贝蒂荣分析的过程中，发现德雷福斯的“罪行”违背了数学原理。贝蒂荣找到了许多“巧合”，并认为它们都无可辩驳地证明了德雷福斯的罪行。庞加莱注意到，贝蒂荣采用的方法给了他太多发现“巧合”的机会，如果他找不到“巧合”，反倒不正常了。庞加莱由此断定，贝蒂荣的指控“毫无科学价值”。但他并未就此止步，而是宣称“将概率演算应用于道德科学（我们现在称之为‘社会科学’）是数学的耻辱。试图消除道德因素并代之以数字的做法不仅危险，而且毫无意义。简言之，概率演算并不像人们认为的那样是一门神奇的科学，即使我们掌握了它，也不能违背常识”。

即便如此，德雷福斯仍然被判有罪。

一年后，庞加莱的学生巴舍利耶在他的毕业论文中提出，应该为期

---

① 德雷福斯事件，是指 1894 年一名犹太裔法国士兵德雷福斯被诬陷为德国间谍并被送上军事法庭，直至 12 年后才洗刷冤屈、被判无罪，该事件在法国国内引发了激烈争议。

权确定合适的价格。期权是一种金融工具，允许你在未来的某个固定的时间段以特定的价格购买债券。当然，只在债券的市场价格超过你锁定的价格时，期权才有价值。因此，如果你想理解期权的价值，就需要对债券价格高于或低于锁定价格的可能性做出预判。巴舍利耶认为，我们分析这个问题时可以把债券价格的波动当作一个随机的过程，它每天都在上升或下降，并且与之前的走势无关。这听起来是不是很熟悉？在前文中它是罗斯的蚊子，而现在它是金钱。巴舍利耶得出了罗斯 5 年后才得出的结论（而瑞利早在 20 年前就得出了同样的结论）：价格在一定时间内的波动幅度通常与这段时间的平方根成正比。

尽管心存疑虑，但庞加莱还是为巴舍利耶的论文写了一篇热情洋溢的报告，着重强调了他的学生制定的目标谦逊有度："有人可能会担心作者夸大了概率演算的适用性，因为这种事经常发生。幸运的是，巴舍利耶的论文并不存在这种问题……为了让人们能合理地运用概率演算，他努力地限定了这类演算的应用范围。"不过，这篇论文的评分是足以让巴舍利耶顺利毕业的"乙等"，而不是能让他跻身法国学术界的"甲等"。随机游走革命尚未拉开序幕，他的研究太冷门了——至少看起来是这样。巴舍利耶最终成为贝桑松大学的一名教授，直到 1946 年去世。他有足够长的时间看到自己的独创性研究得到其他数学家的赞赏，却没有看到随机游走理论变成金融数学的标准工具，甚至传播到普罗大众中间。例如，伯顿·麦基尔的投资类著作《漫步华尔街》的销量达到 100 多万册，这本书传递的信息发人深省：股票价格不断地上下波动，看起来好像有某些事件在驱动它，但它很可能像蚊子的飞行路径一样充满了随机性。麦基尔说，不要浪费时间试图追涨杀跌，相反，你应该把钱放在指数基金里，然后忘掉这件事。因为你想得再多都预测不到蚊子下一步的行动，也就无法占得先机。或者，你可以遵照巴舍利耶在 1900 年写下的那句话行事，他称之为"基本原则"：

> 从数学上讲，投机者的预期收益是零。

花粉颗粒似乎具有生命力

1905 年 7 月，也就是皮尔逊在《自然》杂志上发布罗斯问题的同一个月，阿尔伯特·爱因斯坦在德国的《物理学年鉴》上发表了一篇论文——《热的分子运动论所要求的静止液体中悬浮小颗粒的运动》。这篇论文涉及“布朗运动”，即悬浮在液体中的小颗粒的神秘的无规则运动。罗伯特·布朗在显微镜下研究花粉颗粒时第一次注意到这种运动，他想知道这个“出人意料的事实”是否意味着，花粉颗粒在从植物上分离后依然具有生命力。但在进一步的实验中，他发现来自非生物的颗粒也会产生同样的结果，这些非生物包括：从他家窗户上刮下来的玻璃屑，锰、铋、砷的粉末，石棉纤维，以及被布朗不经意间扔到液体中的“狮身人面像碎片”（对一位植物学家来说，家里有狮身人面像碎片是稀松平常之事）。

关于布朗运动的解释引发了激烈的论战。一种流行的理论认为，这是由于有无数更小的颗粒——液体分子——在撞击花粉或狮身人面像碎片的颗粒，但这些液体分子太小了，用 19 世纪的显微镜根本看不到。液体分子不停地随机碰撞花粉颗粒，迫使后者跳起充满生命力的“布朗舞”。但你别忘了，并非所有人都认为物质是由看不见的微小粒子组成的！它也是这场大论战的核心所在，路德维希·玻尔兹曼站在微小粒子一边，威廉·奥斯特瓦尔德则站在另一边。在奥斯特瓦尔德及其盟友看来，通过假设有看不见的微小粒子在起作用来“解释”一种物理现象，就跟“有看不见的恶魔在周围推动花粉颗粒”的说法一样，都是无稽之谈。卡尔·皮尔逊也在他 1892 年的著作《科学的规范》（*The Grammar of Science*）中写道：“物理学家从未见过或感受过单个原子的存在。”但皮尔逊是一个原子论者，他认为，不管原子能否被仪器检测到，原子存在的假设都能让物理学变得清晰和统一，并衍生出可检验的实验。1902 年，爱因斯坦在他位于伯尔尼的公寓里举办了一场临时的学术讨论会兼餐会，民间科学团体“奥林匹亚科学院”由此成立。餐食并不丰盛，主要包括“一段博洛尼亚大红肠、一片格鲁耶尔干酪、一个水果、一小碟蜂蜜和一两杯茶”。（爱因斯坦此时还没到瑞士专利局上班，只能靠时薪 3 法郎的教书匠工作勉强维持生计。为了填饱肚子，他正在考虑一份当街头小提琴手的副业。）奥林匹亚科学院的成员们读过哲学家斯宾诺莎和休谟的作品，也读过数学家戴德金的《数是什么？数应当是什么？》（*What Are Numbers and What Should They Be?*），还读过庞加莱的《科学与假设》。但是，他们研读的第一本书是皮尔逊的《科学的规范》。从精神层面看，爱因斯坦 3 年后取得的理论突破与皮尔逊的设想有很多共通之处。

一方面，看不见的恶魔是不可预测的，所有数学模型都无法预测这些坏蛋接下来会做什么。另一方面，分子遵从概率定律。花粉颗粒被朝随机方向运动的微小水分子碰撞后，就会朝那个方向移动一段微小的距离。如果每秒发生 1 万亿次这样的碰撞，那么每万亿分之一秒花粉颗粒都会朝随机方向移动一小段固定的距离。长期来看，花粉颗粒会如何表现呢？这也许是可预测的，即使我们看不见单次碰撞的影响。

这正是罗斯问过的问题。只不过罗斯考虑的对象是蚊子而不是花粉颗粒，他考虑的运动是每天一次而不是每秒 1 万亿次，但其中的数学思想是一样的。就像瑞利所做的那样，爱因斯坦用数学方法计算出花粉颗粒在进行一系列随机运动后会有什么表现，这使得我们可以通过实验来检验分子理论。法国物理学家让·佩兰就成功地做过这样的实验，并成为大论战中玻尔兹曼一方给对手的决定性一击。分子是看不见的，但 1 万亿个随机碰撞分子的累积效应是看得见的。

无论是分析布朗运动、股市波动还是蚊子飞行，科学家使用的都是解决随机游走问题的数学方法，这呼应了庞加莱的那句常被引用的话，“数学是一门给不同的事物赋予相同的名称的艺术”。1908 年，在罗马国际数学家大会上做主题演讲时，庞加莱阐释了这个著名的观点。他动情地讲道，做复杂的计算就像“盲人摸象”，直到你发现两个独立的问题拥有共同的数学基础，并把彼此照亮。“总之，”庞加莱说，“它使我感知到广义化（generalization）是有可能实现的。到那时，我获得的将不只是一个新的结果，而是一种新的力量。”

0 号沼泽 vs 1 号沼泽

与此同时，俄罗斯的两个数学学派在概率、自由意志和上帝之间的关系等问题上恶斗不断。莫斯科学派的领袖帕维尔·涅克拉索夫原本是一名东正教神学家，后来转投数学领域。作为极端保守主义者，他对基督教十分虔诚以致笃信神秘主义，据说他还是极端民族主义组织“黑色百人团”的成员。从各个方面看，他都是沙皇专制制度的拥护者。据一份资料记载，“涅克拉索夫强烈反对有大量民众参与的政治变革。他认为私有财产是首要的权利，应该得到沙皇政权的保护”。他的保守主义立场使他在那些希望遏制学生激进主义运动的反革命政客中备受欢迎，并因此官运亨通，先后升任莫斯科罗蒙诺索夫国立大学校长和莫斯科文教区负责人。

涅克拉索夫的对手是他的同龄人、圣彼得堡学派的安德雷·马尔可夫，后者是一个无神论者，也是东正教会的死敌。马尔可夫针对社会问题给报纸写了很多封怒气冲冲的信，并因此被人们戏称为“愤怒的安德雷”。1912 年，为了抗议列夫·托尔斯泰被逐出教会，马尔可夫要求俄罗斯东正教神圣主教会议将他也逐出教会（教会满足了他的愿望，但没有对他实施最严厉的惩罚——咒逐）。

可想而知，涅克拉索夫在十月革命后失宠了，他扮演的数学界权力掮客的角色也谢幕了，有人说他就像“过去的一个怪影”。

如果不是在宗教与政治话题及更严肃的数学问题上暴露出巨大的分歧，马尔可夫和涅克拉索夫之间或许还能维持友好的关系。他们都对概率感兴趣，特别是大数定律，也就是皮尔逊在课堂上通过把 10 000 枚硬币抛在地上来证明的那个定理。这个定理的原始版本是在 18 世纪（比马尔可夫生活的时代早 200 年左右）由雅各布·伯努利证得的：如果你将一枚硬币抛足够多次，正面朝上的比例就会越来越接近 50%。当然，没有物理定律能做到让这种情况百分之百地发生。硬币也有可能如你所愿连续多次都是正面朝上，但这种情况发生的可能性很小。随着抛硬币次数的增加，任何固定比例（无论正面朝上的比例是 60%、51%还是 50.000 01%）

的不平衡情况发生的可能性都会越来越小。人类的存在亦如此，关于人类行为的统计数据，例如各种罪行的发生频率、初婚的年龄，都倾向于稳定在平均水平上，就好像人类是一堆没有头脑的硬币一样。

在伯努利之后的两个世纪里，包括马尔可夫的导师巴夫尼提·切比雪夫在内的许多数学家完善了大数定律，使其涵盖的一般情况越来越多。但是，他们的成果都离不开独立性假设：抛硬币是独立事件，每次的结果都不受之前结果的影响。

前文列举的 2016 年美国总统大选的例子，让我们看到了这个假设的重要性。就每个州而言，最佳得票数估计值和最终得票数之间的差可被视为一个随机变量，我们称之为“误差”。如果这些误差是相互独立的，所有误差都倾向同一位候选人的可能性就会很低。可能性更大的情况是，一些误差倾向其中一位候选人，而另一些误差倾向另一位候选人，它们的平均值接近零。这样一来，我们对选举情况的总体估计就会趋于正确。但如果这些误差之间存在相关关系（在现实生活中常常如此），独立性假设就是错误的。也就是说，在威斯康星、亚利桑那和北卡罗来纳等州，民意调查机构的预测存在低估了其中一位候选人得票数的系统误差。

涅克拉索夫对可观测的人类行为的统计规律性感到困惑。这种规律性表明，就像彗星或小行星不能自行选择它们在宇宙中的运行轨道一样，人类行为从根本上说也是可预测的。而这与教会的教义格格不入，以至于他无法接受。但在伯努利定理中，他看到了一条出路。大数定律认为，当个体变量相互独立时，平均值就是可预测的。涅克拉索夫恍然大悟：这就对了！我们在自然界中看到的规律性，并不意味着我们都是沿大自然预设的轨道运行的确定性粒子，而只意味着我们彼此独立，可以做出自己的选择。换句话说，这个定理相当于自由意志的数学证明。他在一系列冗长、含糊的论文中阐述了自己的理论，这些论文长达数百页，通通发表在他的指导老师、民族主义者尼古拉·布加耶夫主编的期刊上，并于 1902 年结集成书。

然而，对马尔可夫来说，这是披着数学外衣的神秘主义的无稽之谈。马尔可夫向他的一位同事愤愤不平地抱怨说，涅克拉索夫的研究是“对数学的滥用”。尽管他无法修正涅克拉索夫犯下的形而上学的错误，但在数学方面，他可以大展身手。于是，马尔可夫变得活跃起来。

在我看来，没有什么比真正的宗教信徒和行动派无神论者之间的“口水战”更幼稚可笑的了。但这一次，它带来了数学上的重大进步，并产生了经久不衰的影响。马尔可夫一下子就看出来，涅克拉索夫的错误在于他把这个定理的逻辑弄反了。伯努利和切比雪夫指出，只要问题中的变量相互独立，平均值就会趋于稳定。涅克拉索夫却由此得出结论，只要平均值趋于稳定，变量就是相互独立的。这在逻辑上根本说不通！我每次吃匈牙利红烩牛肉都会胃痛，但这并不意味着只要我胃痛就是因为我吃了匈牙利红烩牛肉。

对马尔可夫来说，想要真正地击败对手，他必须提出一个反例：一组平均值完全可以预测但并不相互独立的变量。正是基于这一点，他发明了我们现在所说的“马尔可夫链”。你绝对猜不到，这和罗斯给蚊子建模、巴舍利耶预测股市波动、爱因斯坦解释布朗运动时使用的是同一个概念。马尔可夫于 1906 年发表了关于马尔可夫链的第一篇论文，刚满 50 岁的他前一年就从学术岗位上退休了，此时正是他全身心投入学术争论的最佳时机。

马尔可夫设想了一只行动严重受限的蚊子，它只能飞去两个地方：0 号沼泽和 1 号沼泽。无论这只蚊子飞去哪个沼泽，只要能喝到足够的血，它就会选择留在那里。假设在任意一天这只蚊子飞到了 0 号沼泽，它有 90% 的概率留下，有 10% 的概率飞去 1 号沼泽，看看栅栏另一边的血是不是更红。与 0 号沼泽相比，1 号沼泽可能是一个收获略少的狩猎场，蚊子有 80% 的概率留下，有 20% 的概率飞去 0 号沼泽。我们可以用图 4–3 来展示这个场景：

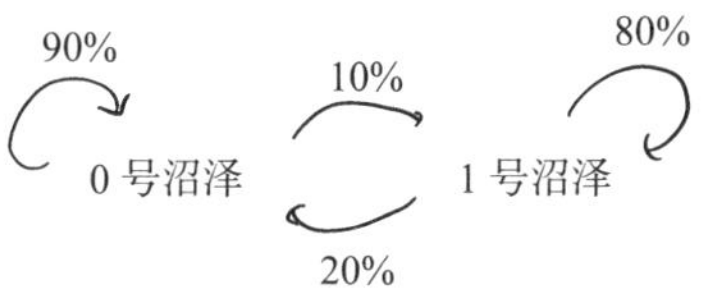

图 4–3

仔细跟踪蚊子的飞行过程，记录它每天去了哪里，你会看到一长串连续的“0 号沼泽”和“1 号沼泽”，因为“沼泽跃迁”是一个小概率事件。这个序列可能是这样的：

0, 0, 0, 0, 1, 1, 1, 1, 1, 1, 1, 1, 1, 0, 0, 0, 0, 0, 0, 0, 0, 0, 0, 0, 0, 0, 1, 1, 0, 0, 0, 0, 0, 0, 0, ⋯

马尔可夫告诉我们，如果你长时间地观察这只蚊子，并计算所有这些数的平均值（相当于计算蚊子一生中待在 1 号沼泽的时间占比），那么这个平均值会趋于一个固定的概率，就像在抛硬币序列中正面朝上的次数占比一样。你可能会认为，最终这只随机飞行的蚊子出现在任何一个沼泽的概率是相等的，即各占 50%。但事实并非如此，因为植根于这个问题的不对称性会持续存在。在这种情况下，所有这些数的平均值趋于 1/3。也就是说，蚊子一生中有 2/3 的时间待在 0 号沼泽，有 1/3 的时间待在 1 号沼泽。

这个结果并不是显而易见的，但我至少要让你相信它是合情合理的。在 0 号沼泽的任意一天，蚊子离开那里的概率是 1/10，所以你可能会预估：在通常情况下，蚊子持续待在 0 号沼泽的时间是 10 天；同理，蚊子持续待在 1 号沼泽的时间是 5 天。这表明蚊子待在 0 号沼泽的时间应该是 1 号沼泽的两倍，事实也的确如此。

但是，这个序列的各项之间并不是相互独立的，这是对涅克拉索夫的致命一击。真可谓百密一疏！蚊子今天在哪里和明天在哪里是高度相关的，事实上，蚊子这两天极有可能待在同一个地方。不过，大数定律仍然适用，因为它不要求独立性。关于自由意志的数学证明到此为止。

我们称这样一组变量为马尔可夫链，因为变量出现的次序很重要。每个变量都依赖于它的前一个变量，但在某种意义上它也只依赖于那一个变量。如果你想知道蚊子明天可能会出现在哪里，那么它昨天或前天待在哪里无关紧要，重要的是它今天待在哪里。①每个变量都与它的下一

① 如果改用专业术语来表达，我们会说每个变量都有条件地依赖于它的前一个变量，但独立于其他所有更早的变量。

个变量相关，就像链条一样环环相扣。即使不同的沼泽和它们之间的路径构成的网络（只要它仍然是一个有限的网络）比马尔可夫的例子更复杂，蚊子待在每个沼泽的时间占比仍然会趋于一个固定值，就像连续抛硬币或掷骰子一样。我们曾经只有大数定律，现在又有了“长时间游走定律”（Law of Long Walks）。

我们目前享有的全球科学共同体在 20 世纪初还不存在，跨越国家和语言边界开展数学研究既不容易也不常见。爱因斯坦不知道巴舍利耶关于随机游走问题的研究，马尔可夫也不知道爱因斯坦的研究，这三个人又都没听说过罗纳德 · 罗斯，但他们最终都取得了相同的成果。这让人们不禁预感到，在 20 世纪初将会有什么事情发生。那是一种令人痛苦的认识：事物的基底存在着某种不可避免的随机性，正在汩汩地冒着泡。（更不要说量子力学的发展了，它最终会以一种完全不同的方式将概率与物理学结合起来。）谈论某个空间（无论它是一瓶液体、市场空间抑或到处是蚊子的沼泽）的几何图形，就是谈论如何从这个空间中穿行。事实证明，在整个几何学的世界里，随机游走是适用于所有空间的说明性工具。我们将会在后文中看到，在探究如何将一个州划分成若干个选区方面，马尔可夫链发挥着重要作用。接下来，让我们看看马尔可夫链在英语这个纯粹抽象空间中的应用。

马尔可夫链和香农信息论

马尔可夫的原始研究属于纯粹抽象的概率论练习。那么，它有哪些应用呢？马尔可夫在一封信中写道：“我只关心纯粹的分析性问题，而不关心概率论的应用性问题。”马尔可夫称，著名统计学家和生物统计学家卡尔 · 皮尔逊“没有做过任何值得注意的事情”。几年后，听说巴舍利耶在他之前做过随机游走和股市研究后，马尔可夫回应道：“我当然看过巴舍利耶的文章，但我非常不喜欢它。我不会试图判断它对统计学的重要性，不过从数学角度看，我认为它一点儿也不重要。”

但是，在把俄罗斯的无神论者和东正教信徒团结起来的那股激情——亚历山大·普希金的诗歌——的感召下，马尔可夫做出了让步，并应用了巴舍利耶的理论。概率论当然无法捕捉普希金诗歌的意义和艺术性，于是，马尔可夫自娱自乐地把普希金的诗体小说《叶甫盖尼·奥涅金》的前 20 000 个字母看作由元音字母和辅音字母组成的序列，准确地说，其中元音字母占 43.2%，辅音字母占 56.8%。人们可能会天真地以为这些字母之间是相互独立的，也就是说，一个辅音字母后面的那个字母也是辅音字母的可能性与该文本中其他任意一个字母是辅音字母的可能性一样大，都是 56.8%。

但马尔可夫发现事实并非如此。他费力地把每对连续的字母分成了 4 类，即辅音–辅音、辅音–元音、元音–辅音、元音–元音，并绘制了示意图（见图 4–4）。

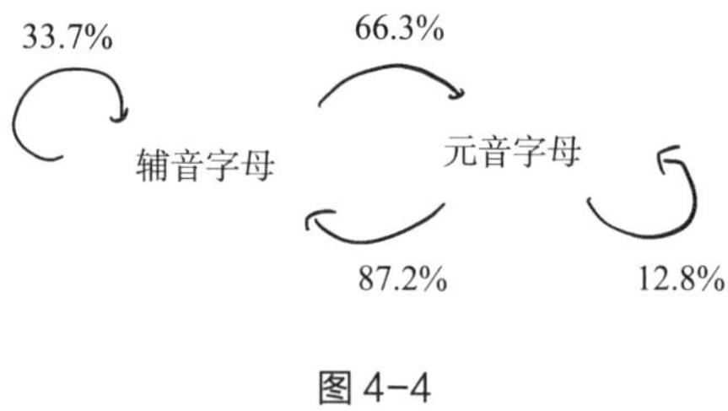

图 4–4

这是一个马尔可夫链，与控制蚊子在两个沼泽间飞行的那个马尔可夫链类似，只是概率发生了变化。如果当前字母是辅音字母，那么下一个字母是元音字母的概率为 66.3%，是辅音字母的概率为 33.7%。双元音字母的概率更小，一个元音字母后面跟着另一个元音字母的概率只有 12.8%。这些数字在整个文本中都具有统计稳定性，你可以把它们视为普希金作品的统计学特征。后来，马尔可夫还分析了谢尔盖·阿克萨科夫的小说《孙子巴格罗夫的童年》中的 10 万个字母。阿克萨科夫作品中的元音字母的占比与普希金作品的差别不太大，为 44.9%。但是，阿克萨科夫作品的马尔可夫链（见图 4–5）看起来与普希金的作品完全不同。

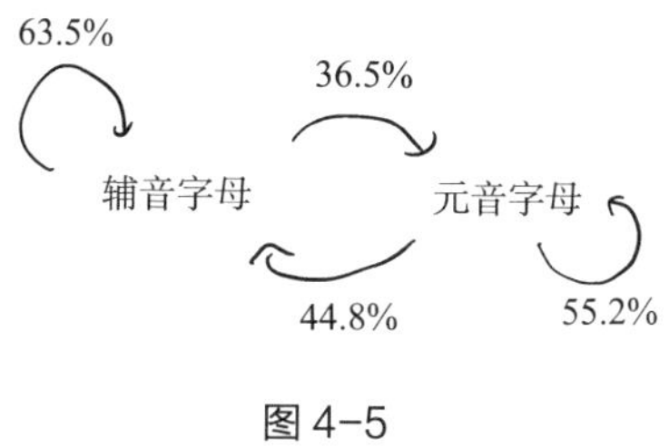

图 4-5

如果出于某种原因，你需要确定一份俄语文本的作者是阿克萨科夫还是普希金，有一个好办法（尤其是在你不懂俄语的情况下）是，数一数有多少对连续的元音字母——阿克萨科夫似乎乐于此道，普希金则没有这样的爱好。

你不能责怪马尔可夫把文学作品简化为由辅音字母和元音字母组成的二元序列，因为他只能靠纸笔完成研究工作。电子计算机的问世，将很多不可能都变成了可能。你可以研究蚊子在 26 个沼泽（每个沼泽对应英语字母表中的一个字母）间飞行的情况，而不再局限于两个沼泽。只要给定一份大小合适的文本，人们就可以估算出定义其马尔可夫链所需的全部概率。谷歌公司的研究总监彼得·诺维格使用了一个约有 3.5 万亿个字母的文本语料库来计算这些概率。这些字母中包含 4 450 亿个最常用的英语字母E，占比为 12.5%。但一个E后面紧跟着另一个E的情况只出现了 106 亿次，概率略大于 2%。更常见的情况是E后面紧跟着R，共出现了 578 亿次。所以，在紧跟着E的字母中，R的占比接近 13%，是R在所有字母中占比的两倍多。事实上，在英语的所有双字母组合中，ER的出现概率排名第四。（猜一猜，排在前三名的是哪几个组合？①）

我喜欢把字母想象成地图上的地点，把概率想象成穿行难易程度不等的人行道。从E到R有一条宽阔平坦的马路，而从E到B只有一条荆棘丛生的小道。哦，所有路都是单行道。从H到T的难度要比从T到H大

① 排名第一的是TH，接下来是HE和IN。但要注意，这些不是自然规律。在诺维格 2008 年收集的另一个语料库中，IN取代了TH跻身榜首，排在前五名的还有ER、RE和HE。此外，不同语料库的双字母组合的出现概率也略有不同。

20多倍。（因为讲英语的人常会说“the”、“there”、“this”和“that”，而不怎么说“light”和“ashtray”。）马尔可夫链可以告诉我们，一份英语文本可能会在地图上转化成何等蜿蜒曲折的路径。

既然你已经走到这里了，为什么不继续走下去呢？我们可以把英语文本看成是双字母组合序列，而不是单字母序列。例如，“Once you’re here, why not go deeper?”这个英语句子可以变成如下双字母组合序列：

ON, NC, CE, EY, YO, OU…

现在，我们给道路设置一些限制性条件：紧跟着ON的不能是任意一个双字母组合，而必须是以N开头的双字母组合（诺维格的表格告诉我们，紧跟着ON的最常见的双字母组合是NS，占比为14.7%，接下来是NT，占比为11.3%）。这种做法会让英语文本的结构更加清晰。

工程师、数学家克劳德·香农最先意识到，马尔可夫链不仅可用于分析文本，还可以生成文本。假设你想以ON作为开头，生成一段与书面英语有相同统计性质的文本。那么，你可以用随机数生成器选择下一个字母，它是S的概率为14.7%，是T的概率为11.3%，以此类推。一旦选定了下一个字母（比如T），你就有了下一个双字母组合（NT）。如果你愿意，可以一直这样进行下去。香农的论文《通信的数学理论》（它开创了整个信息论领域）写于1948年，所以他无法从现代磁存储系统中读取包含3.5万亿个字母的英语文本，而只能用另一种方法估算马尔可夫链。如果出现在他眼前的双字母组合是ON，他就会从书架上取下一本书并快速翻阅，直到发现第一对相连的O和N。如果紧跟在双字母组合ON后面的是字母D，下一个双字母组合就是ND。然后，香农会打开另一本书，查找后面紧跟着D的N，以此类推。（如果紧跟在双字母组合ON后面的是空格，你也可以追踪它，它能帮你实现单词内换行。）把这个双字母组合序列写下来，你可以得到香农的一句名言：

IN NO IST LAT WHEY CRATICT FROURE BIRS GROCID

PONDENOME OF DEMONSTURES OF THE REPTAGIN IS REGOACTIONA OF CRE.

这个简单的马尔可夫过程生成的并不是英语文本，但它看起来很像英语文本。这就是马尔可夫链的鬼魅般的可怕力量。

当然，马尔可夫链取决于你用来学习概率的文本，在机器学习领域它们被称为“训练数据”。诺维格使用的文本是谷歌搜索引擎从网站上获取的大量信息，香农使用的文本是他书架上的书，马尔可夫使用的文本是普希金的作品。我以 1971 年在美国出生的婴儿名单作为训练数据，利用从中习得的马尔可夫链生成了如下文本：

Teandola, Amberylon, Madrihadria, Kaseniane, Quille, Abenellett, …

以上是双字母组合的马尔可夫链的应用情况。我们还可以更进一步，问一个问题：对于一个三字母组合，每个字母紧随其后出现的频率是多少？这需要追踪更多的数据，因为三字母组合的数量远多于双字母组合，但得出的结果看上去更像人名了：

Kendi, Jeane, Abby, Fleureemaira, Jean, Starlo, Caming, Bettilia, …

如果我们把字符串的长度增加到 5 个字母，结果的忠实度就会变得非常高，以至于我们常常可以从数据库中复制全名。与此同时，有些“名字”也不乏新意。

Adam, Dalila, Melicia, Kelsey, Bevan, Chrisann, Contrina, Susan, …

如果我们将三字母组合的马尔可夫链应用于 2017 年出生的婴儿，就会得到：

Anaki, Emalee, Chan, Jalee, Elif, Branshi, Naaviel, Corby, Luxton, Naftalene, Rayerson, Alahna, …

毫无疑问，这个序列给人一种更加现代的感觉。（事实上，其中约有50%都是当今婴孩的真实名字。）如果我们将三字母组合的马尔可夫链应用于1917年出生的婴儿，则会得到：

Vensie, Adelle, Allwood, Walter, Wandeliottlie, Kathryn, Fran, Earnet, Calus, Hazellia, Oberta, …

马尔可夫链虽然简单，却能在一定程度上捕捉到不同时代取名字的风格，还能给人一种耳目一新的感觉。有些名字还不错，例如，“Jalee”会让你联想到一个上小学的孩子，“Vensie”会给你一种复古的感觉。但“Naftalene”可能不是一个好名字。

马尔可夫链生成语言的能力让人半信半疑。语言就是马尔可夫链吗？说话时，我们会根据自己说过的最后几句话，以及我们从听过的所有其他话语中习得的某种概率分布，生成新的语句，是这样吗？

事情没那么简单。毕竟，在用语言介绍我们周围的世界时，我们确实会字斟句酌，而不只是重复自己说过的话。

然而，现代的马尔可夫链可以生成非常像人类语言的文本。Open AI（一个人工智能方面的非营利性组织）推出的GPT-3等语言生成算法是香农的文本机器的精神继承者，只不过前者的训练数据要大得多，输入的也不是三字母组合，而是数百个单词长度的文本块。但是，两者的原理相同：输入一段摘自本书英文版的文本，马尔可夫链生成的下一个单词是“the”、“geometry”或“graupel”的概率有多大？

You might think that this would be easy. You could take the first five sentences from your book and run them through GPT-3, and you'd get back a list of probabilities for every possible combination of words in those sentences.（你也许会认为这很容易。你可以摘出本书开头的 5 句话，并用GPT-3 算法来处理它们，就会得到这些句子中所有可能的词语组合的概率。）

等一下，你为什么会觉得这很容易？实际上，你不会产生这种感觉，因为上面这段英语文本是在其前面三段文本的基础上由GPT-3 算法续写的。我从大约 10 次的尝试中选择了这个最合理的结果，而GPT-3 算法生成的其他结果看上去与你正在读的这本书的英文版也没有多大的违和感。坦白地说，这让身为本书作者的我多少有些不安，尽管这些英语句子从字面意义上是说不通的，就像GPT-3 算法生成的如下结果一样。

> If you're familiar with the concept of Bayes' theorem, then this should be easy for you. If there's a 50% chance that the next word will be "the" and a 50% chance that it'll be "geometry," then the probability that the next word is either "the geometry" or "graupel" is $(50/50)^2 = 0$.［如果你熟悉贝叶斯定理的概念，那么这对你来说应该很容易。如果下一个单词有 50% 的概率是"the"，有 50% 的概率是"geometry"，那么下一个单词是"the geometry"或"graupel"的概率是 $(50/50)^2 = 0$。］

GPT-3 算法和香农的文本机器之间存在很大的区别。想象一下，克劳德 · 香农拥有一座更大的图书馆。他准备从你刚刚读过的这 7 段英语文本（共计 500 个单词左右）入手，用他的文本机器生成英语句子。香农开始查阅他图书馆里的藏书，直到找到一本包含这 500 个英语单词且单词的排列顺序一模一样的书，以便记录紧随其后出现的那个单词。但他肯定找不到这样一本书，不会有其他人（我希望如此！）一字不差地在其他书中写过这 7 段文本。所以，香农的方法在第一步就失败了。这就好像他要猜下一个字母，但摆在他面前的两个字母是XZ一样。在他的书架上，很可能没有一本书中会接连出现这两个字母。那么，他会耸耸肩然后放弃吗？让我们赋予想象中的香农坚忍不拔的品格吧！有人可能会说：既然我们以前从未遇见XZ，那么我们见过哪些类似于XZ的双字母组合呢？紧跟在这些双字母组合后面的又是哪些字母呢？一旦我们开始这样想，我们就是在判断哪些字母串彼此“贴近”（close to），或者说我们正在思考字母串的几何图形。我们应该如何理解并记住“贴近度”（closeness）的概念呢？这不是一个答案显而易见的问题。如果我们讨论的是一份包含500个单词的英语文本，问题就难上加难了。两段文本彼此贴近意味着什么？有语言几何学吗？有文体几何学吗？计算机应该如何弄清楚这个问题？我们后面还会回到这些问题上，但在此之前我们先来说说世界上最伟大的国际跳棋选手。

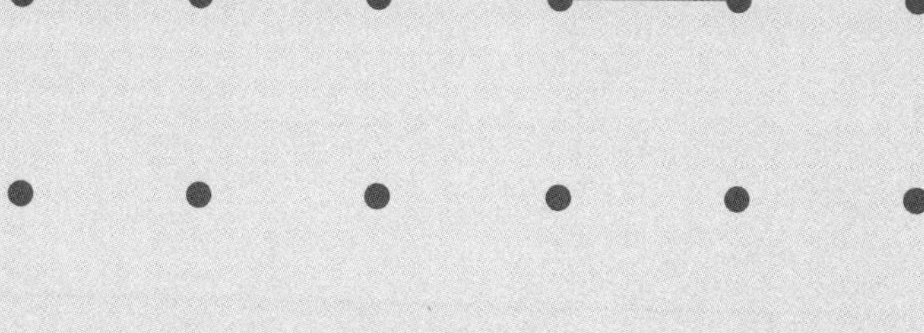

第 5 章

他的棋风就是不可战胜

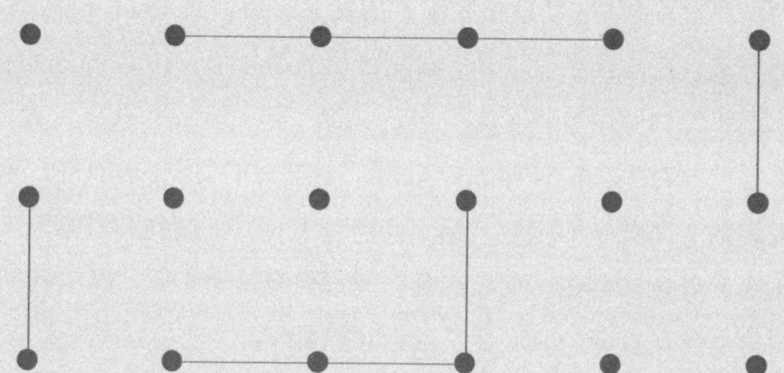

他是人类历史上所有竞技项目中最伟大的冠军，他的赛场表现超过了网球名将塞雷娜·威廉姆斯、本垒打高手贝比·鲁斯、畅销书作家阿加莎·克里斯蒂和流行乐坛天后碧昂丝。他是一位脾气温和的数学教授和临时传教士，与他年迈的母亲一起居住在佛罗里达州的塔拉哈西。他名叫马里恩·廷斯利，是一名国际跳棋棋手。他的棋艺高超，堪称“前无古人，后无来者”。

廷斯利小时候住在俄亥俄州哥伦布市，从寄宿在他家的克肖太太那里学会了下国际跳棋。克肖太太喜欢掌控棋局并战胜这个小男孩，廷斯利回忆说，“每次跳吃掉我的棋子，她都会咯咯地笑”。廷斯利很幸运，当时的世界冠军阿萨·朗就住在附近的托莱多市。从 1944 年起，这个少年一到周末就跟着阿萨·朗学下国际跳棋。两年后，19 岁的廷斯利在美国国际跳棋锦标赛中取得了第二名的成绩，但直到几年前克肖太太搬走他都不是她的对手。1954 年，他赢得了全美冠军头衔，那时他是俄亥俄州立大学的一名数学博士生。第二年，他获得了世界国际跳棋锦标赛冠军。在接下来的40年里，他大部分时间都保有这个头衔，偶尔冠军旁落，也是因为他没有参赛。1958 年，廷斯利以赢 9 局、平 24 局、输 1 局的成绩战胜了英国的德里克·奥德伯里（Derek Oldbury），成功卫冕。1985 年，他以赢 6 局、平 28 局、输 1 局的成绩战胜他曾经的指导老师阿萨·朗，赢得了另一项世界级比赛的冠军。1975 年，在佛罗里达国际跳棋公开赛上，他以输 1 局的成绩败给了埃弗雷特·富勒（Everett Fuller），无缘冠军。

1951—1990 年，廷斯利与世界一流的国际跳棋选手进行过 1 000 多次对弈，而他只输了 3 次。

他从不摆出一副咄咄逼人的架势，也不会霸凌、嘲讽他的对手或对他们指手画脚，而只是不断地赢得比赛。美国国际跳棋联合会秘书长伯克·格兰德让说："他的棋风就是不可战胜。" 1992 年，廷斯利在伦敦参加一场锦标赛前接受了媒体采访，他说："我没有任何压力，因为我觉得自己不可能输。"

但他还是输了。你已经猜到了这个结果，是不是？廷斯利虽然赢得了 1992 年那场锦标赛的冠军，最终却败给了他的伦敦对手。这个比人类历史上最伟大的国际跳棋棋手还厉害的选手名叫奇努克（Chinook），它是阿尔伯塔大学的计算机科学家乔纳森·谢弗研发出的一款计算机程序。在你阅读本书的时候，它仍然是国际跳棋的世界冠军。当然，我不知道你什么时间会阅读本书，但我这样说没有任何问题，因为奇努克将永远保有国际跳棋世界冠军的头衔。虽然马里恩·廷斯利觉得自己不可能输，但对奇努克来说，这不仅仅是一种感觉。数学证明它不会输，游戏结束。

在此之前，廷斯利和奇努克有过一次正面交锋。1990 年，他们在埃德蒙顿进行了一场表演赛。双方共对弈 14 局，其中 13 局是平局，在余下的那一局里，奇努克下到第 10 步时犯了一个严重的错误。廷斯利看到奇努克的这步棋后说："你会后悔的。"不过，又下了 23 步后，奇努克才明白它输掉了这一局。

1992 年，这种平衡开始被打破。那一年，在伦敦举行的首届人机世界国际跳棋锦标赛上，廷斯利第一局就输给了奇努克。谢弗回忆道："没有人高兴，我本以为会有人跳起来开派对呢。"相反，人们都有些惆怅和伤感。如果廷斯利输了，这可能意味着人类统治国际跳棋的时代将一去不复返。

但这样说为时尚早。奇努克又赢了一局，当廷斯利起身和谢弗握手表示认输时，观众还以为他们俩同意平局呢。除了廷斯利和奇努克，房间里没有其他人能看出奇努克已经赢了这一局。随后，廷斯利重整旗鼓，连赢三局，拿下了这场比赛。虽然廷斯利依旧是世界冠军，但奇努克是从杜鲁门当选美国总统以来第一个赢了廷斯利两局棋的对手。

廷斯利从未输给奇努克，这样说能否让弱小的人类感觉舒服一点儿？不一定。1994 年 8 月，67 岁的廷斯利同意再次迎战奇努克。此时的奇努克已经与其他顶级的国际跳棋棋手对弈过 94 局，并且一局未输。它的内存升级至 1GB（吉字节），放在那时是令人印象深刻的装备，而放到现在只相当于一台便宜安卓手机内存的 1/4。廷斯利和奇努克的对弈在波士顿计算机博物馆进行，这座博物馆坐落在可以俯瞰波士顿港口的码头上。廷斯利身穿一套绿色西装，领带夹上有“耶稣”字样。现场来了少量观众，其中大多是大师级的国际跳棋棋手。比赛开始后的三天内，双方打了 6 个平局，其中大多数都波澜不惊。第四天，廷斯利要求推迟比赛，因为前一晚他肚子疼得厉害，根本无法入睡。谢弗带他去医院做检查。廷斯利疼痛难忍，考虑到可能需要有一位亲属在场，他把他妹妹的联系方式给了谢弗。他谈到了自己的一生，以及接下来的安排，然后对谢弗说：“我准备好了。”廷斯利看了医生，做了 X 射线检查，花了一下午时间让自己放松下来，但第二天早上他说自己再次失眠了。他告诉在场的裁判员：“我退出比赛，冠军头衔归奇努克所有。”人类统治国际跳棋的时代就这样结束了。当天下午，X 射线检查结果出来了：廷斯利的胰腺上有一个肿块。8 个月后，他与世长辞。

阿克巴、杰夫和尼姆树

怎样才能完美地证明你不会输掉一场比赛（或游戏）呢？不管你有多优秀，都肯定会有百密一疏的时候，就像在 20 世纪 80 年代的一部滑雪主题的电影中，弱者战胜了态度傲慢自大、穿着 Members Only① 品牌服装的强者。

但是，我们可以证明关于比赛（或游戏）的问题，就像我们可以证

① Members Only 是创立于 1975 年的简约时尚服饰品牌。20 世纪 80 年代，该品牌的夹克大受时尚人士的青睐。——编者注

明几何问题一样，因为比赛（或游戏）就是几何学。虽然我想为你画出国际跳棋的几何示意图，但实际上我做不到，因为它需要用几百万页的篇幅，而我们脆弱的人类感官根本无法理解它。所以，我们还是从一个更简单的游戏入手吧，它就是“尼姆游戏”。

该游戏的玩法如下：两个玩家坐在几堆石头[①]前面，轮流拿走石头。你想拿多少块就拿多少块，但每次只能从同一堆石头里拿，这是尼姆游戏唯一的规则。轮到你时，不准不拿石头，也就是说，你至少得拿走一块。谁拿走最后一块石头，谁就是赢家。

假设阿克巴和杰夫一起玩尼姆游戏。为简单起见，我们从只有 2 堆石头、每堆 2 块开始玩。阿克巴先拿，他该怎么办？

阿克巴可以拿走 2 块，即把其中一堆石头拿光。但这不是一个好主意，因为随后杰夫就会拿光另一堆石头并成为赢家。所以，阿克巴应该从其中一堆石头中拿走 1 块。但他这样做的结果也好不到哪里去，因为杰夫可以一招制胜——他从另一堆石头中拿走 1 块，这样两堆石头就各剩下 1 块。阿克巴明白自己必输无疑，只能郁闷地拿走 1 块石头。从哪一堆里拿呢？根本不重要，阿克巴也知道这一点。杰夫拿走最后 1 块石头并赢得游戏。

无论阿克巴第一步如何选择，他最后都会输。而杰夫一定能赢得游戏，除非他粗心大意。

如果有 3 堆石头、每堆 2 块，会怎么样？如果每堆有 10 块或 100 块石头，又会怎么样？难度一下子增大了许多，你无法仅靠想象来玩这个游戏了。

让我们拿出纸和笔，从 2 堆石头、每堆 2 块开始，画出游戏过程的示意图。一开始，阿克巴有两种选择：他可以拿走 1 块石头，也可以拿走 2 块。图 5–1 展示了他面临的选择及每种选择的结果。图的底部是游戏开始时的情况，阿克巴会在两个选项中择其一，从当前位置向示意图的上方移动。

① 石头有多少堆、每堆里有多少块，游戏玩家可以自行决定。但无论有多少，都是尼姆游戏。

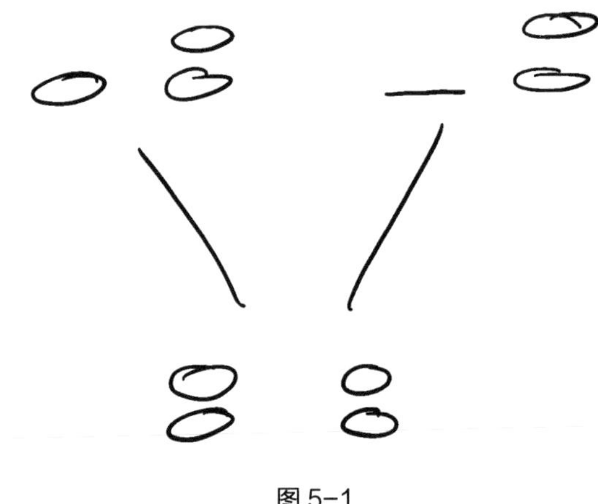

图 5-1

好吧，我听到你的反对意见了。严格来说，阿克巴有 4 种选择：他可以从第一堆石头中拿走 1 块，或者从第二堆中拿走 1 块，或者从第一堆中拿走 2 块，或者从第二堆中拿走 2 块。我们在这里沿用了庞加莱的做法，即“给不同的事物赋予相同的名称”。尼姆游戏具有完美的对称性，至少在游戏开始时如此。无论阿克巴先从哪一堆里拿，你都可以称它是“左边那堆”。即使我们称它是“右边那堆”，接下来的所有论证过程也不会有什么实质性不同，只是“左”和“右”需要互换一下。在数学上，我们喜欢称之为“不失一般性”。这是一种花哨的说法，意思是“现在我要做出一个假设，但如果你不喜欢我的假设，那你可以做出相反的假设。除了‘左’和‘右’要对调以外，一切都不会有什么不同”。但如果你实在接受不了，可以把本书上下颠倒过来看。

现在轮到杰夫了，他的选择取决于阿克巴的选择。如果阿克巴拿走 1 块石头，那么左边那堆还有 1 块，右边那堆有 2 块。在这种情况下，杰夫有 3 种选择：他可以拿光左边那堆，或者拿光右边那堆，或者从右边那堆中拿走 1 块。但如果阿克巴拿走 2 块，则只剩下一堆石头。在这种情况下，杰夫有 2 种选择：他可以拿走 1 块，或者拿走 2 块。

你有没有发现这段话读起来有点儿费劲？我写的时候也觉得它有些枯燥。我们还是用图来表示吧！

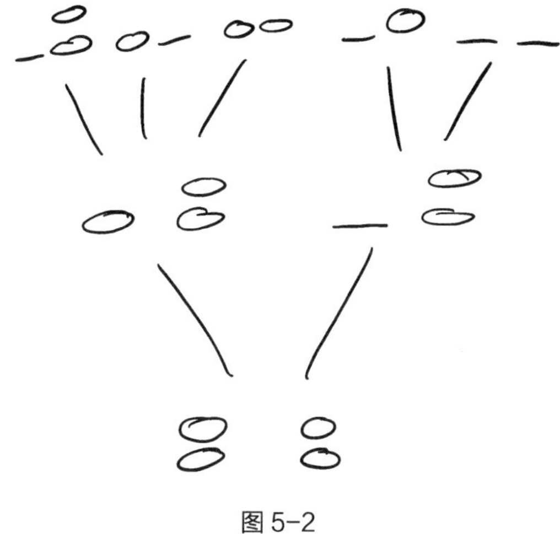

图 5–2

我们可以继续扩展图 5–2，直到将这个游戏所有可能的路径都考虑在内。这不会花费你太长的时间，毕竟每个玩家在每一回合都至少要拿走 1 块石头，而一开始只有 4 块，所以这个游戏不超过 4 步就会结束。图 5–3 是 2×2 块石头的尼姆游戏的完整几何示意图：

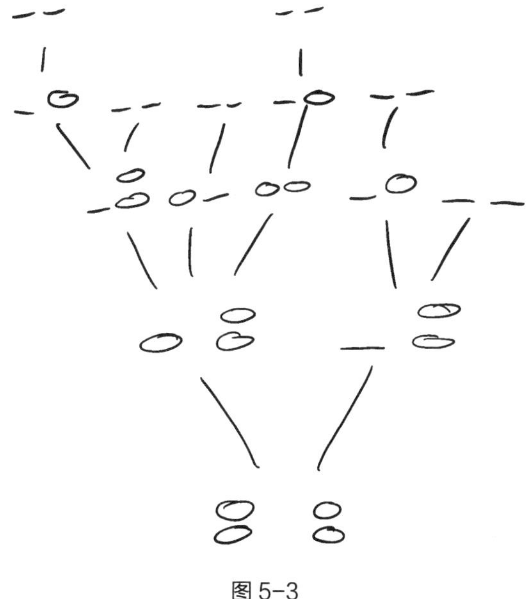

图 5–3

数学家称这种示意图为“树状图”。你可能需要眯着眼睛看才能理解这个与植物学有关的隐喻。表示游戏起点的最底部是“树根”，也是其他一切部位生长的基础；向上的路径被称为“树枝”；有些人喜欢把树枝末端的没有进一步分叉的点称作“树叶”。

图 5–3 展示了 2×2 尼姆游戏所有可能的状态及它们之间的路径。这幅树状图讲述了一个故事：如果你做出一个选择，这个选择就会让你沿着其中一根树枝往上爬。一旦你做出了选择，你就会永远待在那根树枝及其分枝上，再也无法回头了。你唯一的任务就是做出一个又一个选择，沿着越来越细的树枝不断往上爬，当你最后无路可选时，游戏就结束了。

可以说，你的人生就是一棵树。

热爱树栖生活的人类

只要几何图形能与我们在现实生活中经常遇到的事物产生共鸣，就会在人类社会中激发起广泛的兴趣。如果宇宙中唯一的三角形事物是不起眼的金属打击乐器，我们就不会像现在这样关注三角形。

树状图是尼姆游戏的示意图，但又不只是这样。这种几何图形随处可见，我指的当然是长着树皮、能吸收二氧化碳的树木。但树状图也常见于家谱图，游戏树中的树枝代表选择，而家谱图中的树枝代表繁衍子嗣，树根代表家族的始祖，树叶代表没生或尚未生孩子的家族成员。家谱图的树根通常在顶部——我们称自己为祖先的“后代”，而不是从他们身上萌生出的细枝。

你体内的动脉也可以构成“一棵树”。树根是主动脉，就是将含氧血从心脏输送出去的那根大血管。血液从主动脉根部分流，进入左右冠状动脉、头臂干、左颈动脉、左锁骨下动脉、支气管动脉、食管动脉等。这些动脉又会分出更小的动脉：头臂干分出右颈动脉和右锁骨下动脉，右颈动脉在下巴与脖子的连接处分出颈外动脉和颈内动脉，直至形成微动脉网。微动脉网的直径只有一两根头发那么粗，它是血液释放氧气并返回肺部补充氧气之前的最后一站。

我们体内的动脉树并不都是一样的！图 5–4 看起来就像测试外星人的多项选择题，但实际上它们是为我们的肝脏供血的动脉分支示意图。

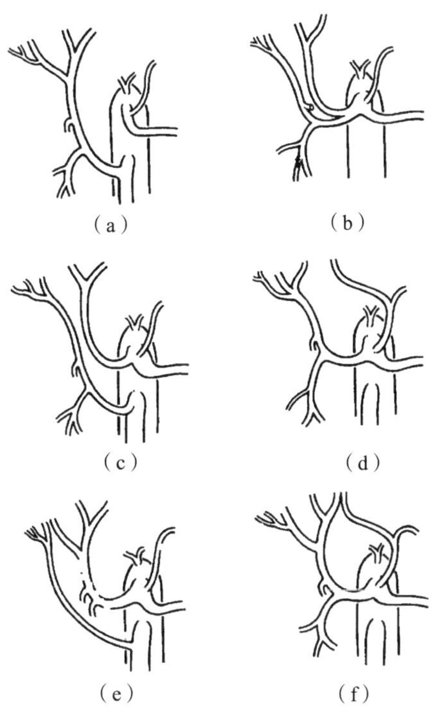

图 5–4

一条河流也是"一棵树"。只要逆流而上，就能看清楚这种结构：树根是河水汇入海湾或海洋的入海口，从这里往上游走，你会发现它先分成了几条一级支流，再分成几条二级支流，以此类推，最终到达这条河流的源头。

这适用于任何一种层级分类法，例如林奈生物分类法：界分成门，门分成纲，纲分成目，目分成科，科分成属，属分成种。

善与恶也能构成"一棵树"！《贞女典范》(*Speculum Virginum*)是中世纪修女的道德自助图书，传说它是 12 世纪初本笃会修士希尔绍的康拉德（Conrad of Hirsau）在黑森林深处编纂的，但由于年代久远，它的起源已经很难考证了。但我们今天仍然能看到这本书，它里面有美德之树和邪恶之树。邪恶似乎更有趣，所以我们来看看邪恶之树（见图 5–5）。

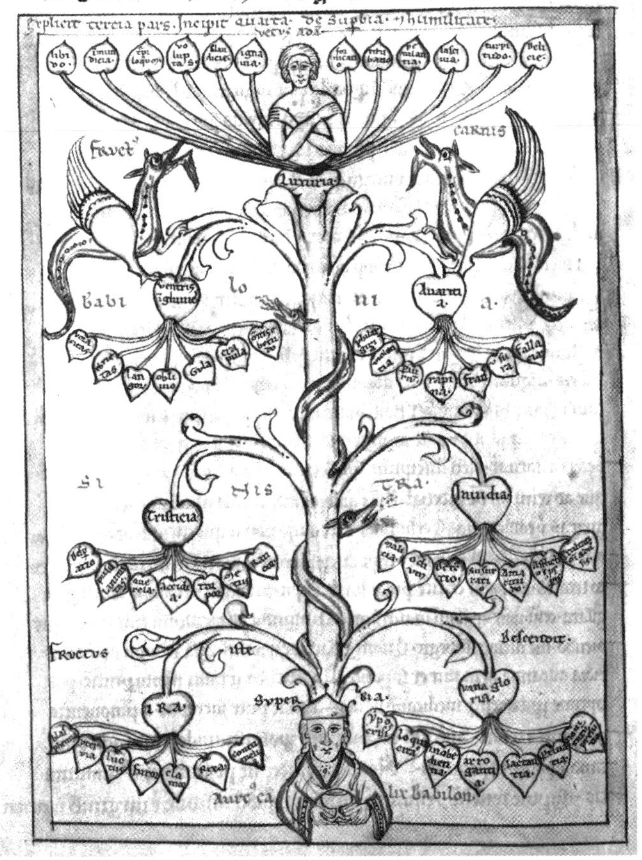

图 5–5

树根是所有罪行的源头——傲慢，它从一个衣着华贵的绅士头上生发而出。傲慢的“后代”包括暴怒、贪婪和色欲。每一种罪行都有自己的“孩子”，暴怒的 7 个“子女”包括亵渎上帝和傲慢无礼，色欲则滋生出性欲、私通和污名。

随着时间的推移，人们的关注点逐渐从道德层面转向了公司层面。于是，树状图又以展示企业内部指挥链的组织结构图的形式出现了，它告诉你谁向谁报告，谁又执行谁的命令。图 5-6 可能是人类历史上第一幅组织结构图，它是苏格兰裔美国工程师丹尼尔·麦卡勒姆在 1855 年为纽约伊利铁路公司绘制的。在美国南北战争时期，麦卡勒姆担任过联邦军的军用铁路总指挥。

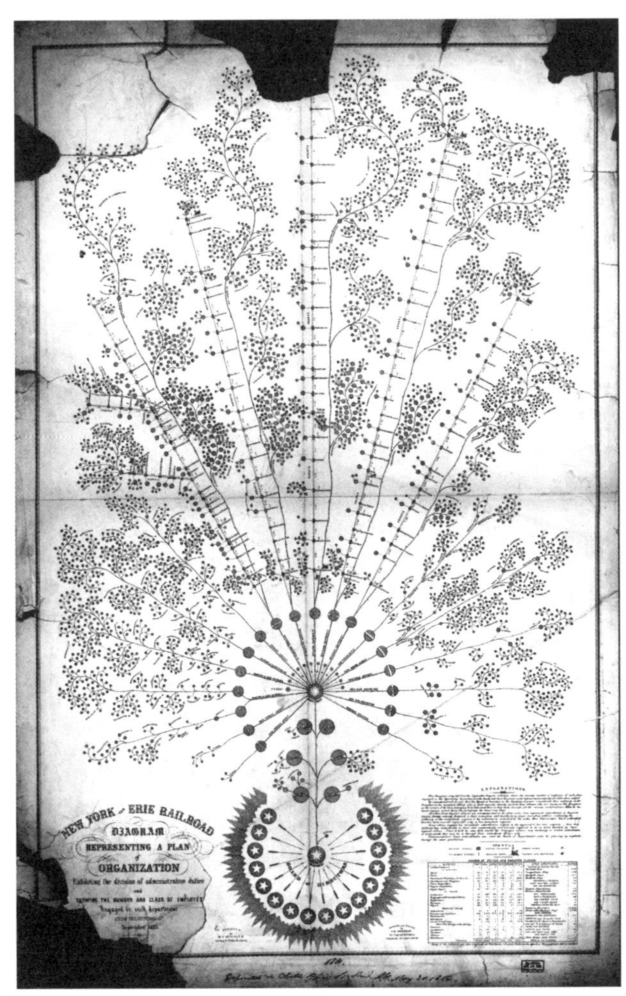

图 5-6　人类历史上第一幅组织结构图

信息从树叶流回树根——铁路公司总裁，而权力的流动方向正相反，从总裁经下属链流向树叶和芽体（比如劳工、火车司机、木工和机车清洁工）。严格地说，这幅组织结构图并不是纯粹的树状图，而是组织结构与组织监管的铁路线的视觉化描述的结合体。它的核心部分看上去很像邪恶之树，周边部分却像20世纪末美国郊区的死胡同俯视图。这幅树状图可用于表示等级制度的几何结构，其中的原因和我们用它来表示尼姆游戏或动脉网的几何结构一样，都在于它没有循环，也没有无限追溯（infinite regress）。既然你归我管，我就不可能归你管，这是企业内部命令和控制的原则。如果尼姆游戏的某个状态是紧跟着它前面的那个状态出现的，那么无论下一步怎么走都无法回到之前的状态。正是出于这个原因，尼姆游戏不可能没完没了地玩下去。

但是，比起动脉树、河流树和罪行树，我最喜欢的还是数的树状图。这种树状图的制作方法是：先选择一个数，例如1 001。然后，分解这个数，我的意思是，找到两个更小的数，使它们的乘积等于1 001，例如1 001 = 13 × 77。接下来，我们分别分解这两个因数。我们可以把77分解成7 × 11，但13该怎么分解呢？好吧，我们遇到麻烦了，13无法表示成两个更小因数的乘积。即使你想破了头，也不能分解它，7和11亦如此。

我们可以用树状图来记录这个分解过程，在图5–7中，每个树枝代表一次分解。树叶表示无法分解的数，我们称其为素数，它们是构成所有数的基本模块。所有数吗？我是怎么知道的？是树状图告诉我的。在分解过程的每一步，我们针对的那个数如果能被分解成两个更小的因数，它就不是素数；如果不能分解，它就是素数。我们不停地分解，直到再也无法进行下去。到那时，剩下的所有数都是素数。如果我们从1 024这个数开始，完成整个分解过程（见图5–8）可能需要花较长的时间。

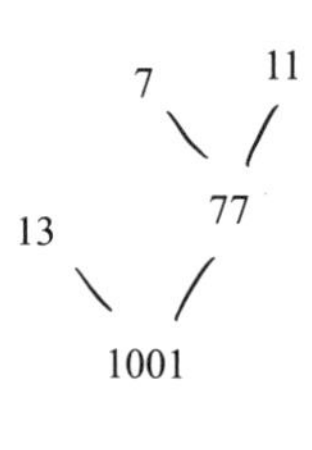

图5–7

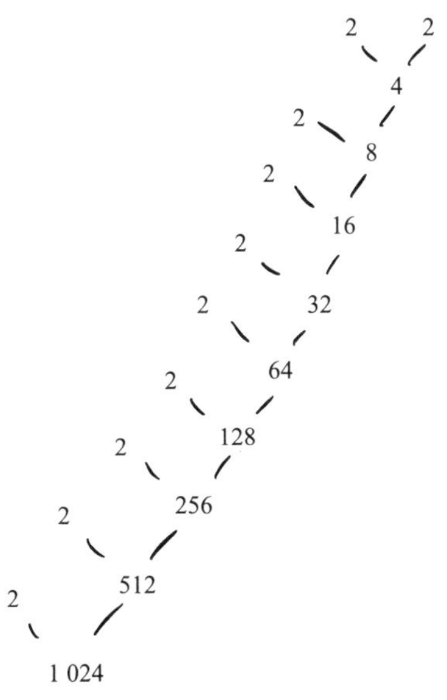

图 5-8

但是，如果我们从像 1 009 这样的素数开始，整个分解过程立刻就结束了。

结束是迟早的事。这个过程不可能永远进行下去，因为随着每一步分解，树状图上的数会越来越小，每一步都在变小的正整数数列一定会触底，无法再分解。最后，树上的每片树叶都是一个不能分解的数，也就是素数。所有这些素数的乘积就是树根处的那个数。

无论多大、多复杂，每个整数都可以表示成若干个素数相乘的形式。最早证明这一事实的人可能是 13 世纪末的波斯数学家、光学先驱阿尔·法瑞斯（Kamāl al-Dīn al-Fārisī），他在论文《向朋友解释亲和数①证明过程的备忘录》（Memo for Friends Explaining the Proof of Amicability）中写下了相关证明过程。

这看上去可能有些怪异，因为我们只用一段话就完成了证明。但为什么从毕达哥拉斯给素数下了第一个有记录的定义到法瑞斯定理，竟然

① 亲和数，是指有两个正整数，其中一个的全部约数之和（本身除外）与另一个相等。——编者注

花了将近 2 000 年的时间呢？这个问题又一次把我们带回到几何学。对现代数论学家来说，任何数都可以表示成若干个素数相乘的形式：要么是一大堆素数，例如 1 024；要么只有 1 个素数，例如 1 009；要么介于两者之间，例如 1 001。欧几里得肯定知道这个事实，但他没有谈论过多个素数的乘积问题，所以我们最有把握的猜测是他不会。对欧几里得来说，万物都是几何学，数只是描述线段长度的一种方式。如果说一个数能被 5 整除，就意味着这条线段是“以 5 为度量单位的”，也就是说，把若干条长度为 5 的线段首尾相接放到待测量的线段上，正好能覆盖它。当欧几里得将两个整数相乘时，他把结果看作一个长方形的面积，而这个长方形的长和宽就是那两个被乘数（multiplicand）。当欧几里得将三个整数相乘时，他称结果为“立体”（solid），因为他把它看作一块砖的体积，砖的长、宽和高就是那三个被乘数。

从根本上讲，数学是一项富有想象力的事业，它会调动我们所有的认知力和创造力。从事几何研究时，我们利用自己的头脑和身体去了解空间中事物的大小和形状。欧几里得在数论上取得的进展，并不是他在做几何研究之余的额外收获，而是直接得益于他的几何研究。他把数看作线段的长度，这使他对数的理解超越了前人。但是，他把数论和几何直觉结合起来，这又限制了他的认知。如果两个数的乘积是一个长方形，三个数的乘积是一块砖，那么四个数的乘积是什么呢？这是一个生活在三维空间中的人类无法理解的量，所以欧几里得只能默默地忽略它。中世纪的波斯数学家偏爱的代数方法与我们的身体经验（physical experience）联系较少，所以更容易跃迁到纯粹抽象的精神领域。但是，这并不意味着它与几何学无关。我们已经知道，几何学并不局限于三维空间，而是你想要多少个维度都可以，只不过我们必须更加努力地发挥想象力。在本书后面的章节中我们将会详细讨论这个问题。

W局面和L局面

我们已经看到，就像铁路公司的组织结构一样，尼姆游戏也可以用有限层级的树状图来描述。无论玩家选择哪根树枝（或哪条路径），他们最终都会到达终点处的那片树叶。有人赢了，有人输了。

那么，谁是赢家，谁是输家？事实证明，树状图可以告诉我们这个问题的答案。

诀窍是从游戏结束时开始分析，这时候，我们最容易判断谁是赢家。如果石头被拿光了，赢家就是最后拿石头的那个人。所以，如果轮到我时没有石头可拿，我就输了。为了跟踪这种情况，我准备在图 5–3 的尼姆树上做标记，在石头被拿光的所有局面（position）上方写一个“L”，用于提醒我们：如果轮到我时遇到的是这些局面中的任意一个，我就输了。

如果仅有 1 块石头，会怎么样？在这种情况下，我只有 1 种选择：我拿走那块石头并成为赢家。所以，我会在那个局面上方写一个“W”。

如果有 2 块石头，而且在同一堆，会怎么样？现在，事情变得更复杂了，因为我有 2 种选择。我可以把 2 块石头都拿走，这样的话我就赢了。但如果我愚不可及、心不在焉、任性妄为或慷慨大方地只拿走 1 块石头，就相当于将对手置于我们刚刚标记了 W（代表胜利）的局面，而我必输无疑。如何标记这样的局面（谁获胜取决于我怎么做）呢？我们遵循的原则是，竞争性游戏的玩家都不是愚不可及、心不在焉、任性妄为或慷慨大方的人，他们做出的一切选择都是为了赢。所以，我们在这个局面上方标记一个 W。澄清一下，这并不意味着接下来我无论怎么做都能赢。就大多数游戏而言，不管你的优势有多明显，你总能找到办法把事情搞砸，将胜利拱手让出。所以，这个 W 只意味着我现在有机会让对手一败涂地，你可以把它解读为“通往胜利之路”。

如果这 2 块石头分属 2 堆，情况就大不相同了。无论我怎么做，都会把对手置于标有 W 的局面，也就是说他将成为游戏的赢家。所以，我在这个局面上方标记一个 L。

到目前为止，尼姆树变成了这样（见图 5–9）：

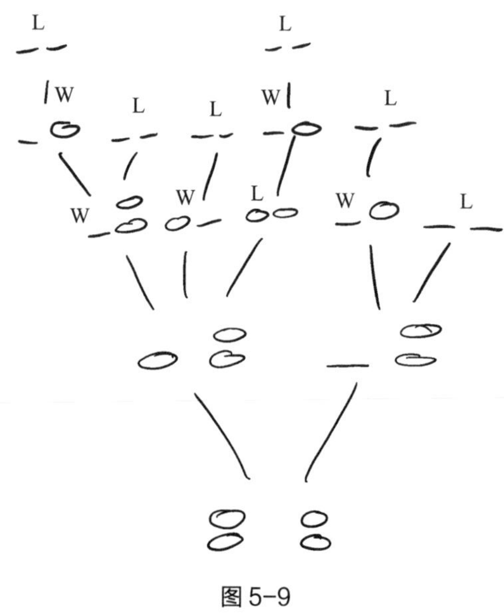

图 5-9

接下来，我们继续一步一步地倒推。如果有 2 堆石头，其中一堆有 2 块，另一堆只有 1 块，会怎么样？在这种情况下，我有 3 种选择：拿光小堆的石头，拿光大堆的石头，或者从大堆中拿走 1 块石头。它们通向的局面上方分别标有 W、W 和 L，这表明第三种选择会导致我的对手输掉游戏，所以我应该选择这个局面，并在它的上方标记一个 W。面对一堆有 2 块石头而另一堆有 1 块石头的玩家胜利在望，不过前提是他能够做出正确的选择。

当你的对手别无选择而只能认输时，你就赢了。这听起来像健身房里张贴的励志海报上的宣传语，但它实际上是数学。用树状图的语言来表述，那就是"如果从某个局面发出的树枝末端标有 L，就要在这个局面上方标记一个 W"。否则的话，就要标记一个 L，这意味着无论你做出哪种选择，都会送给你的对手一个 W，而你必输无疑。

总而言之：

两条法则

法则 1： 如果我做的所有选择都会通向 W 局面，我的当前局面就是L。

法则2：如果我做的某种选择会通向L局面，我的当前局面就是W。

依据这两条法则，我们可以用W或L系统地标记树状图上的每个局面，直至游戏开始时的树根。因为树状图没有循环，所以我们永远不会陷入死循环。

树根上的标记是L，所以游戏开始时先拿石头的阿克巴肯定会输，除非杰夫行差踏错。

我可以在纸上用文字描述这个过程，但老实说你看得明白吗？能让你真正理解它的唯一方法，就是自己动手玩一下。有2堆石头、每堆2块的尼姆游戏是一个双人活动，所以你需要找个朋友跟你一起玩。游戏开始后，让你的朋友先拿，因为你对待朋友可能没那么友好。用图5–10来指导你如何做出选择，接二连三地获胜之后，你就能体会到它的妙用了。

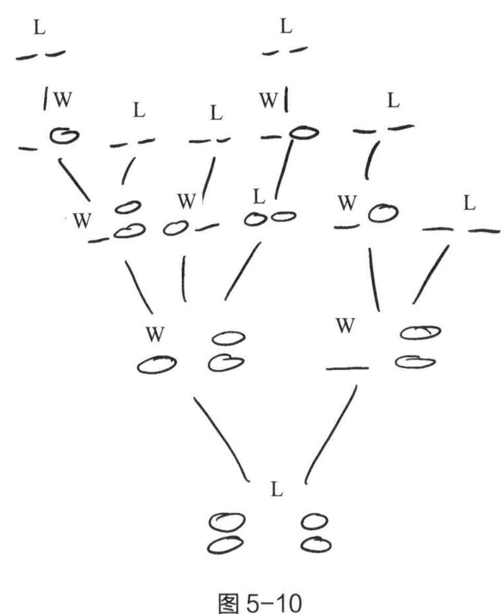

图5–10

增加石头的块数或堆数后，树状图依然有效。事实上，这种方法适用于所有的尼姆游戏。如果有 2 堆石头、每堆 20 块，你想知道谁会获胜吗？你可以画一幅大树状图，然后标记出所有局面，就能找到答案。（答案是：杰夫获胜。）如果有 2 堆石头、每堆 100 块呢？（答案仍然是：杰夫获胜。）如果其中一堆有 100 块石头，另一堆有 1 000 块呢？（这一次的答案是：阿克巴获胜。）更重要的是，做过标记的树状图不仅能告诉你谁会获胜，还能告诉你如何取胜。如果你处于 W 局面，就会知道至少有一种选择通向 L 局面——选它准没错。如果你处于 L 局面，那就镇定自若地耸耸肩，随便做出一种选择，然后寄希望于你的对手出错吧。

就仅有两堆石头的尼姆游戏而言，我觉得你大可以省去给整幅树状图做标记的麻烦，因为有一种更简单（坦白说还有点儿可爱）的方法可以帮你搞清楚谁会赢，即利用左右对称性。你还记得吧，帕普斯利用对称性证明驴桥定理的方法比欧几里得的证法简单得多。这种方法也适用于尼姆游戏。假设在游戏开始时，阿克巴和杰夫面前有 2 堆石头、每堆 100 块。你应该不想画这样的树状图吧？我也不想。所以，我告诉你一个更好的办法。假设有一对兄弟，无论哥哥说什么，弟弟都会把哥哥的话重复一遍，你应该能猜到哥哥会有多生气吧。“不要重复我的话。”“不要重复我的话。”“你真烦人。”“你真烦人。”……想象一下，杰夫就是这样玩尼姆游戏的。不管阿克巴做什么，杰夫都会对另一堆石头做出一模一样的动作。如果阿克巴从左边那堆石头中拿走 15 块，剩下 85 块呢？杰夫会从右边那堆石头中拿走 15 块，现在两堆石头各剩下 85 块。如果阿克巴从右边那堆石头中拿走 17 块，剩下 68 块呢？杰夫会从左边那堆中拿走同样数量的石头。杰夫每次都会模仿阿克巴的做法，所以两堆石头的数量总是一样多。具体来说，杰夫绝不可能是第一个拿光其中一堆石头的人，因为他的每个动作都是阿克巴动作的镜像。阿克巴将会成为第一个拿光其中一堆石头的人，紧接着，一直模仿他的杰夫会拿光另一堆石头并获胜。所以，只要两堆石头的数量相等，尼姆游戏的赢家就一定是杰夫，他的策略既令人恼火又不可战胜。

如果两堆石头的数量不相等呢？游戏开始后，阿克巴先行动，他会从数量多的那堆石头中拿走一部分，从而使两堆石头的数量正好相等。现在杰夫变成了那位恼怒的哥哥，因为从这一刻起阿克巴将模仿杰夫的一举一动直至成为最后的赢家。按照“两条法则”，阿克巴的选择通向了一个让两堆石头数量相等的局面，前文告诉我们它是L局面；根据法则2，如果你下一步能到达L局面，你的当前局面就是W。

当尼姆游戏中的石头数量不止两堆时，这种简单的对称性论证方法就不管用了。但事实上，还有一种无须画树状图也能搞清楚谁是赢家的方法。不过，这种方法涉及各堆石头数量的二进制展开，有些复杂，这里就不做介绍了。如果你想详细了解这种方法，可以阅读埃尔温·伯莱坎普、约翰·康威和理查德·盖伊共同撰写的《稳操胜券》一书。这本书异彩纷呈、见解深刻、思想丰富，不仅介绍了尼姆游戏、剪枝游戏和豆芽游戏，还揭示了为何它们归根结底都是一种数字游戏。

尼姆游戏有一种变体叫作“减法游戏”：游戏开始时只有一堆石头，而且每次只允许拿走 1 块、2 块或 3 块，拿到最后一块石头的玩家获胜。减法游戏也可以用树状图来表示，同样地，你可以通过倒推法分析它。这个版本的尼姆游戏曾作为挑战题出现在真人秀节目《幸存者：泰国（第五季）》中，并因此名声大噪。

《幸存者》节目的问题在于，传统观念认为它是最愚蠢的电视节目之一，但它实际上是最睿智的节目之一。有多少节目会让你实时观看人们真正的思考过程，更不要说当场做数学题了？《幸存者：泰国（第五季）》的第六期就做到了。曾短暂效力于达拉斯牛仔队[①]的高大强壮的小泰德·罗杰斯率先登场，他告诉队友：“最终，我们要确保剩下 4 面旗子。”（《幸存者》版本的尼姆游戏将石头换成了旗子。）“5 面还是 4 面？”和罗杰斯同属一队的简·金特里女士问道，她来自得克萨斯州。“4 面。”罗杰斯坚定地回答道。

罗杰斯在他头脑里做的计算，跟我们利用尼姆树做的计算一模一样。

① 达拉斯牛仔队是美国的一支美式橄榄球队。——编者注

他采取的正是数学家的解题方式——从游戏的结尾处往前倒推。这不足为奇，在负责处理战略问题的大脑深处，我们都是数学家，无论我们的名片上是否印有这个头衔。

如果只剩下 1 面旗子，它就是 W 局面，你拿走那面旗子即可获胜。同样地，如果还剩下 2 面或 3 面旗子，你仍然可以一次性拿走它们并获胜。但如果还剩下 4 面旗子，会怎么样？

如图 5–11 所示，不管《幸存者》节目的其中一队参赛选手如何选择，都会给另一队留下 W 局面。所以，根据法则 2，4 面旗子是 L 局面。罗杰斯是对的：给对手团队留下 4 面旗子，就能确保他自己的团队获胜。对手团队也意识到了这一点，但为时已晚。当他们从面前的 9 面旗子中拿走 3 面而留下 6 面时，他们垂头丧气地看着彼此，其中一个人说："如果他们拿走 2 面，我们就输了。"结果确如他所言，罗杰斯团队拿走了 2 面棋子，赢得了比赛。[①]

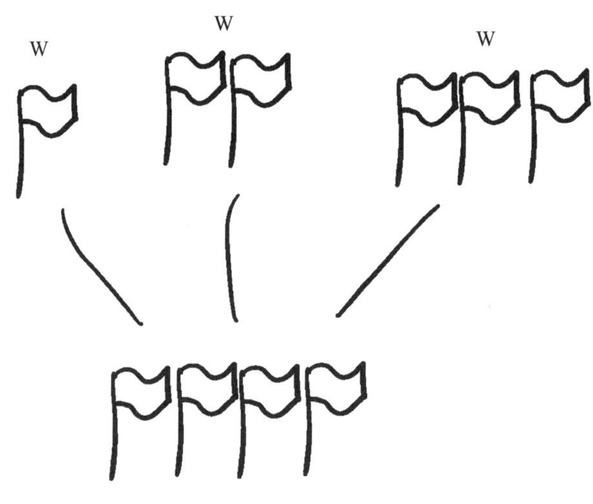

图 5–11

这一发现来得太晚，虽然它无法帮罗杰斯的对手们挽回败局，但对我们仍有用处。面对 4 面旗子，情况为何会如此糟糕？因为无论你做出

① 读者练习：他们应该从 9 面旗子里拿走几面？答案马上揭晓。

什么选择，对手都能有效地予以反击。如果你拿走 3 面旗子，他就会拿走 1 面；如果你拿走 2 面，他也会拿走 2 面；如果你拿走 1 面，他则会拿走 3 面。不管你如何选择，最终 4 面旗子都被拿光了，游戏结束，而赢家不是你。

所以，给对手留下 4 面旗子对你来说更有利。如果你面前有 5 面、6 面或 7 面旗子，你都可以拿走相应数量的旗子，给对手留下致命的 4 面。但如果你面前有 8 面旗子，那就好比一杯霞多丽葡萄酒里有一只苍蝇。如果你拿走 3 面旗子，他就会拿走 1 面；如果你拿走 2 面，他也会拿走 2 面；如果你拿走 1 面，他则会拿走 3 面。简言之，不管你如何选择，最终面对 4 面旗子的那个人都是你。

这听起来很熟悉吧，因为就策略而言，这个游戏从 8 面旗子开始和从 4 面旗子开始是一样的。无论你做什么，你的对手都有办法让旗子的总数减至 4 面，这意味着你必输无疑。游戏从 12 面旗子开始和从 8 面开始也是一样的，从 16 面开始和从 12 面开始还是一样的，以此类推。

如果游戏开始时你面前的旗子数量是 4 的倍数，你就输定了。如果不是，你则会成为赢家，前提是你拿走适当数量的旗子，给对手留下一个“致命的数字”。

我们刚刚证明了一个定理，所用的方法正是数学课尤其是几何课上应该教的那种——推理证明。我们观察到（可能是通过纯粹的思考，也可能是通过反复玩游戏），4 面旗子和 8 面旗子都是必输局，并分析了其中的原因。这让我们认识到，招致失败的不仅是 4 和 8，而是所有 4 的倍数。在此基础上，只要我们愿意，就可以构建一个更正式的推理链，证明当旗子的数量是 4 的倍数时，不论你做出哪种选择都必输无疑。

证明是思想的结晶。它需要“我明白了”的灵光闪现时刻，还需要我们把它写下来，以便从容不迫地进行思考。更重要的是，我们可以与他人分享，让它在他们的头脑中再次焕发出生机。证明就像适应力极强的微生物孢子一样，可以随陨石穿越太空，并在坠落到的新行星上生存繁衍。证明使洞见变得“易于携带”。众所周知，数学家常说自己站在巨人的肩膀上，但我更愿意说“我们走在由普通人的想法冻结而成的楼梯之上”。我们爬到楼梯顶部，把自己的想法泼洒到冰上，它们冻结成块，使楼梯向上延伸。这个说法虽不那么言简意赅，却更加真实。

以此类推

我说过，我们证明了一个定理，还是把它写下来吧。

幸存者定理：如果旗子的数量是 4 的倍数，第一个玩家就必输无疑；否则，第一个玩家可以通过做出适当的选择，让第二个玩家面对的旗子数量是 4 的倍数，这样第一个玩家就会获胜。

现在开始证明。也许你觉得我的推理过程已经很有说服力了，我希望如此！但其中有一个瑕疵，就是“以此类推”这个词。它意味着有些事情我们决定放下不说，而在证明中，这看似不是一个好主意。

如果尝试说出我们没说的那些话，会怎么样？我们提到了 4 面、8 面、12 面和 16 面旗子，却没提及 20 面旗子。所以，我们要继续讨论如果游戏开始时你面对的是 20 面旗子就必输无疑的原因。既然如此，我们也需要讨论 24 面旗子的情况。之后，还有 28 面旗子的情况，等等。这确实是个问题！无限长的证明毫无用处，谁会看呢？不过，如果有人摆摆手说“我可以继续看下去，但我不会这样做”，这似乎有玩忽职守的嫌疑。

试试另一种方法吧，我们可以把幸存者定理分成两部分：

幸存者定理 1：如果旗子的数量是 4 的倍数，第一个玩家就必输无疑。

幸存者定理 2：如果旗子的数量不是 4 的倍数，第一个玩家就会获胜。

为什么我们认为幸存者定理 1 是真的？因为不管我们拿走几面旗

子——1 面、2 面或 3 面——我们留给对手的旗子数量都不是 4 的倍数。根据幸存者定理 2，这种局面应该标记为 W。根据法则 2，我们的当前局面是 L。所以，幸存者定理 1 为真的原因在于幸存者定理 2 为真。用逻辑学术语来说，就是幸存者定理 2 蕴涵（imply）幸存者定理 1。

这看似有进展了！我们本来要证明两件事，而现在只需要证明一件。为什么幸存者定理 2 为真呢？假设旗子的数量不是 4 的倍数，那么你可以拿走 1 面、2 面或 3 面，使旗子的数量变成 4 的倍数。根据幸存者定理 1，这会让你的对手处于 L 局面；因为你的选择会通向 L 局面，根据法则 1，你的当前局面是 W。

综上所述，幸存者定理 1 为真，是因为幸存者定理 2 为真；幸存者定理 2 为真，是因为幸存者定理 1 为真。

这让人感觉像循环推理。糟糕的是，你用来证明你的论点正确的证据就是它本身。我们大多数人都非常聪明，不会直接进行循环推理，而是建立几个循环语句，其中每个语句都蕴涵下一个：

> 我不相信我在《愤怒的权威周刊》上看到的任何内容，他们不值得信任。我如何知道不能相信他们？因为他们一直在编造虚假的故事。我如何知道那些故事是虚假的？因为我是在不值得信任的《愤怒的权威周刊》上看到的。

数学应该能帮我们避开这种陷阱，但现在我们仍然中计了。

谢天谢地，我们还有办法逃脱。再想想我们的原始论点，除了令人讨厌的“以此类推”一词，它还是相当可信和合情合理的。因为它有一个向下的趋势：你可以用关于 12 面旗子的事实证明关于 16 面旗子的事实，关于 12 面旗子的事实是用关于 8 面旗子的事实证明的，关于 8 面旗子的事实又是用关于 4 面旗子的事实证明的。这个过程不可能永远持续下去，它必定会终止，因为正整数不可能无限变小。这也符合几何学原理。在一条连续的路径上，如果我们的步幅越来越小，我们就可以一直走下去，不断地接近却始终无法抵达路径的终点。但整数的几何特征是离散的而非连续的，它们就像一块块彼此独立的岩石，你可以从这一块跳到下一块上面去。路上只有那么多块岩石，你最终肯定会跳完。这段话听起来很熟悉吧，那是因为我们在前文中讨论正整数的素数分解问题时也说过类似的话。我们使用的这种推理方法叫作“数学归纳法”，它在某种意义上可以追溯到素数分解法，早在 700 年前阿尔·法瑞斯就对这一事实有过论述。

而这种论证方法被称为反证法。对大多数数学家来说，它现在几乎成了他们的一种反射性习惯，无论他们想证明什么，都会做出相反的假设。反证法听起来有悖常理，却非常有用。你假设自己对世界状态的理解是错误的，并坚持这个想法，反复地思考和追踪它的蕴涵链，直到（希望如此！）你断定自己的那个毫无吸引力的假设不可能是正确的。这就好比你把一颗硬糖含在嘴里，让它慢慢溶化，最终却发现它的中心部分是自相矛盾的酸味。

假设我们对幸存者定理的理解是错的，那就应该有反例。例如，当旗子的数量是某个倒霉数（bad number）时，幸存者定理告诉我们必输，但实际上我们赢了；或者幸存者定理告诉我们必赢，但实际上我们输了。这样的倒霉数可能有很多个，但不管是一个还是多个，总有一个是最小的。

现在，该代数登场了。当“x”或“y”出现时，人们总会感到些许不安。把这类符号当作代词，有助于我们放松下来。有时候你想谈到某个人，但你不知道那个人的名字，甚至可能不知道那个人到底是谁。假设你谈论的是下一任美国总统，你会用代词“他”、“她”或“他们”指代那个人，这并不是因为那个人没有名字，而是因为你不知道他叫什么。我们用代词“N”表示那个最小的倒霉数。记住，“倒霉”在这里意味着要么N不是 4 的倍数且它是L局面，要么N是 4 的倍数且它是W局面。如果N是 4 的倍数，会怎么样？在这种情况下，无论我做什么——拿走 1 面、2 面或 3 面旗子——剩下的旗子数量都不是 4 的倍数。更重要的是，现在旗子的数量小于N,（这是证明的关键时刻，让我们停下来欣赏一下吧。N不仅是一个倒霉数，还是最小的倒霉数。所以，任何小于N的数都必须循规蹈矩地遵循幸存者定理），这意味着它遵循幸存者定理且它是 W 局面。

你品尝到自相矛盾的滋味了吗？N应该是 W 局面，但从N开始无论你做什么都会给对手留下 W 局面，所以这不可能是真的。

这样一来，就只剩下一种可能：N不是 4 的倍数且它是 L 局面。但不管N是多少，我都可以拿走 1 面、2 面或 3 面旗子，使另一位玩家面对的旗子数量是 4 的倍数。这个数小于N，不可能是倒霉数，所以它只能是 L 局面。如果我能让另一位玩家处于 L 局面，那么我的当前局面肯定是 W，这也是自相矛盾的。我们已经无路可走了，换句话说，我们只能承认一开始的假设（存在倒霉数）错了。所有数都不是倒霉数，因此幸存者定理得证。

对于上述证明，你可能会产生两种反应。一种是欣赏这个有条不紊的思考过程，它小心地引导我们沿着一条蜿蜒小径走向一个不可避免的结论。而另一种反应同样有理有据："我们为什么要花两页纸的篇幅来做这件事？我早就已经相信了！我知道你说的'以此类推'是什么意思，我觉得根本不需要解释。你们这些数学家整天挖空心思，难道就是要证明寻常人确信无疑之事吗？"

嗯……有时候是，但大多数时候不是。一旦你看过几个这样的证明，就不必再把它们写出来了。之后，当你再看到"以此类推"时，就可以把它当作证明过程。这并不是因为它确实是一个证明过程，而是因为你有足够的经验，知道可以构建一个详细的证明过程来代替"以此类推"一词。

尼姆游戏是数学中的一种（如果你喜欢，也可以说这种数学是一种游戏），也是世人喜欢玩的游戏。所以，有一个问题：为什么我们不在学校里教学生们玩尼姆游戏呢？如果你不是一个真人秀节目的选手，你玩尼姆游戏的技巧可能与你的职业就没什么直接关系了；但如果我们承认学习数学思维有助于你更好地理解其他所有事物，做这种分析就可被视为具有教育意义。人们总是斥责教育系统压抑了学生爱玩的天性，如果我们在数学课上玩更多的游戏，学生们是不是就能学到更多的数学知识了？

是，也不是。我从事数学教学工作已经有 20 多年了。刚开始当老师时，我会思考这样的问题：教授数学概念的正确方法是什么？是先举例、再解释，还是先解释、再举例？是让学生们通过检验我举的例子发现原理，还是我在黑板上陈述原理，让学生去寻找例子？等一下，板书是不是更好的授课方式？

我逐渐意识到，没有一劳永逸的教学方法。（不过，肯定有一些错误的方法。）学生们各有不同，没有一种教学方法适用于所有学生。我不得不承认，我本人就不喜欢玩游戏。我讨厌输，所以玩游戏时我会十分紧张。有一次玩“红心大战游戏”，朋友的妈妈一举“击中月亮”①，我立刻跟她大吵了一架。如果教学计划以尼姆游戏为中心，那么我可能会彻底失去兴趣，但我的学生或许会为之着迷！我认为，数学老师应该游刃有余地穿插使用各种教学方法。游戏教学法最有可能让每个学生都感觉到，他们的老师在介绍了一大堆枯燥乏味的术语后，终于要用一种易于理解的方式讲课了。

Nimatron先生的世界

你是不是听从了我的建议，真的玩了 2×2 尼姆游戏？你是不是觉得它不太像游戏？一旦你知道了游戏策略，它就变成了一种体力活，如同执行一个无须动脑的纯机械化程序。你的感觉是对的，它的机械化程度非常高，以至于你可以把它变成真正的机器。1940 年获得授权的美国第 2215544 号专利就是这样一台机器（见图 5–12）。

① “击中月亮”也叫“全收”，是指在一轮牌中收集了所有的红桃皇后和黑桃皇后。出现这种情况时，“击中月亮”的玩家得 0 分，而其余三人各得 26 分。红心大战游戏的目标是玩家想办法出掉手中的牌，尽量避免得分，并争取在游戏结束时得分最低。只要有一个玩家的得分超过 100 分，游戏就结束了。——编者注

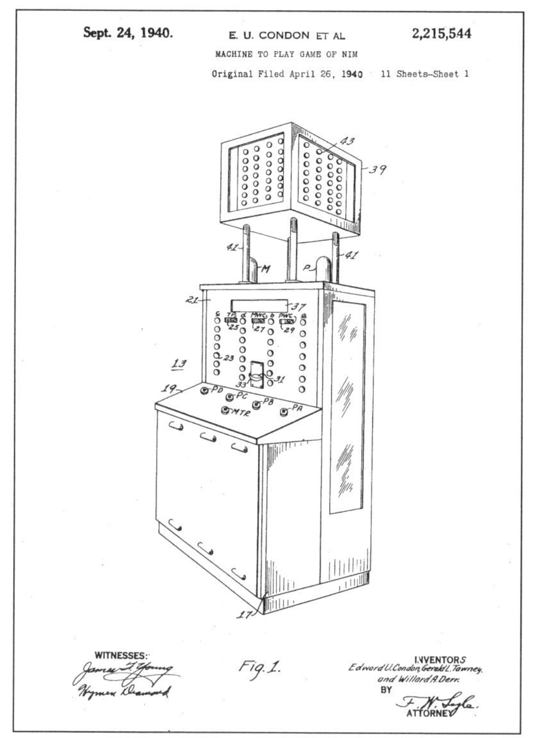

图 5-12　Nimatron 先生的专利证书

这台机器不仅会玩尼姆游戏，而且玩得非常好。秉承电气时代的精神，它用灯泡替代了石头。几年后，它的共同发明人、西屋电气公司的物理学家爱德华·康登当上了美国“曼哈顿计划”的副主任（但 6 周后就辞职了，他抱怨这项绝密计划“令人抑郁”）。1940 年美国还处于和平时期，在纽约法拉盛草地举办的世界博览会（主题是“明日世界”）上，康登高调地展示了这台名为 Nimatron（尼玛特隆）的机器。那个夏天，这台机器在皇后区玩了 10 万次尼姆游戏。《纽约时报》写道：

> 在新颖性方面，西屋电气公司宣布将在这次博览会上向人们引荐“Nimatron 先生”——一台高 8 英尺、宽 3 英尺、重 1 吨的新型电动机器人。Nimatron 先生将用它的电子脑对战人脑，和所有观众玩尼姆游戏。游戏规则是将 4 排灯泡全部熄灭，熄灭最后一个灯泡

> 的玩家获胜。西屋电气公司承诺，Nimatron先生通常都会赢，但如果它输了，就会赠予对手一枚印有“Nim Champ”（尼姆游戏冠军）字样的代币。

如果Nimatron先生的游戏技艺完美无缺，人类又如何能战胜它呢？因为Nimatron先生提供了9种初始局面供人类玩家选择，其中一些是W局面，只要他们不犯错就能赢。但通常情况下，人类玩家都会犯错。康登说：“Nimatron先生的胜利大多是观众拱手相让的，在无数次的尝试之后，他们认为这台机器是不可战胜的。”

1951年，英国弗伦蒂（Ferranti）公司建造了自己的尼姆游戏机器人Nimrod（尼姆罗德），它的环球之旅吸引了一大批观众。在伦敦，一组通灵者试图通过全神贯注的心灵共振战胜Nimrod，但以失败告终。在柏林，这台机器挑战了后来的联邦德国总理路德维希·艾哈德，并连续三次打败了他。曾在弗伦蒂公司的马克一号计算机上工作过的艾伦·图灵报告说，Nimrod令德国公众着迷不已，就连大厅尽头的免费酒吧都无人光顾。

图5-13　获胜后荣耀的Nimatron先生

在玩尼姆游戏方面，计算机的表现竟然能和人类相媲美，这就像德国人不喝免费啤酒一样匪夷所思，但真是这样吗？图灵本人也表达了些许怀疑，他写道："读者可能会问，为什么我们要费时费力地用这些复杂而昂贵的机器，去做像玩游戏这样微不足道的事。"依据我们现在对尼姆游戏的了解，成为一个完美的玩家不需要任何人类级的洞察力，而只需要从树叶到树根，一步一步地耐心标记树状图。下过井字棋的人可能会有同样的发现，因为这种游戏也有树状图，它的前几步如图 5–14 所示。

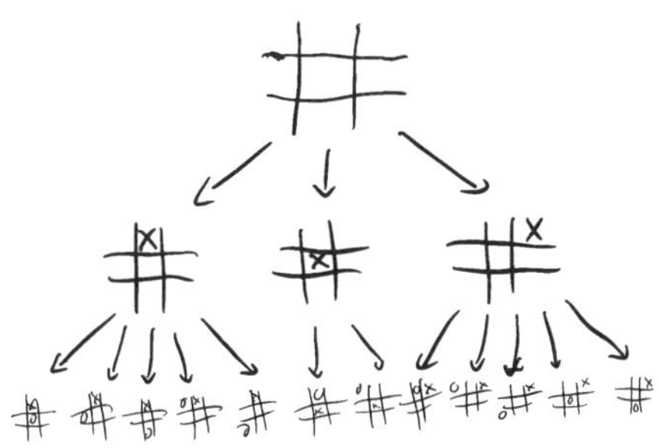

图 5–14

不过，这两种游戏还是有区别的。与尼姆游戏不同的是，井字棋有可能以平局结束，而平局又被称为"猫的游戏"（具体原因不详）。事实上，如果双方玩家的年龄都超过 7 岁，大多数情况下井字棋都会以平局结束。

没问题，这仅仅意味着我们需要添加一个字母——用"D"表示"平局"，以及用三条法则替代两条法则。

三条法则

法则 1： 如果我做的所有选择都会通向 W 局面，我的当前局面就是 L。

法则 2： 如果我做的某种选择会通向 L 局面，我的当前局面就是 W。

法则 3： 如果我做的所有选择都不会通向 L 局面，但也不一定会通向 W 局面，我的当前局面就是 D。

法则 3 虽然较长，但它定义了什么是平局（或D局面）。这条法则的第一部分说我没赢，第二部分说我也没输，因为我做的某种选择不会把对手送上胜利之路。如果我不能赢，而对手也不能战胜我，那就是平局。

请注意，在下井字棋时，不管我们面前有什么选择，三条法则中总有一条适用。所以，就像玩尼姆游戏一样，你可以一路走到树根——空白棋盘，并发现你所处的局面上方标记了一个“D”。如果双方玩家均发挥出色，每次的结果都会是平局。

在数学领域，常会发生这种情况：你坐下来解决一个问题，在你搞定后的第二天、第二个月或第二年，你发现自己同时解决了更多的问题。如果钉一颗钉子需要你发明一种全新的锤子，那么所有看起来像钉子的东西都值得你用这把锤子敲击一下，而且这样的东西不在少数。

井字棋具有树形结构，因此“三条法则”保证了三种可能的游戏结局：要么是第一个玩家赢，要么是第二个玩家赢，要么是平局。更重要的是，纯粹机械性的计算可以告诉我们这三种选择分别对应哪种结局，以及完美的游戏策略是什么。

相同的推理过程也适用于任何具有树形结构的游戏：第一，两名玩家轮流做出选择；第二，每次选择的结果都是确定性的（没有抛硬币、旋转指针、抽卡或其他偶然性工具）；第三，每局游戏都会在有限的步数后结束。对于这种游戏，以下三条总有一条适用：

1. 第一个玩家有办法确保自己总能获胜。
2. 第二个玩家有办法确保自己总能获胜。
3. 双方均发挥出色，游戏以平局结束。

我们可以根据三条法则，通过在树状图（从树叶到树根）上标记W、L和D，梳理出游戏策略。这种做法可能要花不少时间，但它永远有效。

很多游戏都是树形结构，例如国际跳棋、四子棋和国际象棋。没错，国际象棋也是！我们认为国际象棋是一种浪漫的艺术，它将战斗的精髓凝集到一方小小的木制棋盘上，对我们来说很有意义。ABBA 乐队[①]的成员为多部电影和音乐剧谱写过跟国际象棋有关的配乐。

两位国际象棋玩家轮流行棋，不存在偶然性因素，而且每局棋不能超过 5 898 步。这是一个合法棋局的理论最大值，但它绝不会出现在玩家真正想赢的棋局中。在历史上耗时最长的那局比赛中，对弈双方一共走了 269 步，花了 20 多个小时。

如果你不懂国际象棋，你可能想知道为什么它会有步数限制。国际象棋与尼姆游戏不同，并不是每走一步棋子就会减少。为什么马和车不能在棋盘上一直互相追逐呢？这是因为国际象棋大师制定了相应的规则来禁止这种玩法。如果连续 50 步没有玩家吃子或移动兵，裁判会宣布棋局结束，双方和棋。制定这些和棋规则的原因与促使我们把 1 从素数中排除的原因相同，如果我们宣布 1 是素数，素数分解的过程就会没完没了。例如，$15 = 3 \times 5 \times 1 \times 1 \times 1 \cdots$ 算不上错误，却毫无意义。同样地，和棋规则可以避免国际象棋走上枯燥乏味、没有尽头的道路。

因此，尽管国际象棋极富传奇和神秘色彩，但它和尼姆游戏、井字棋其实是同一种事物。如果对弈双方都能完美发挥，结果要么是白棋总赢，要么是白棋总输，要么总是和棋。理论上，只要从树状图的树叶到树根一步一步地倒推，就能分析出棋局的结果。的确，下国际象棋是个难题，但没有写诗那么难。写诗的难度在于，你需要绞尽脑汁地表现中世纪原子时代的政治与城市复兴的交集、对童年时代的怀念、对美国南北战争的无尽反思，以及机械化技术对人类精神的取代。而下棋的难度仅相当于将两个很大的数相乘，它可能要花费不少时间，但理论上你知道该如何一步一步地完成这项任务。

“理论上”这几个字，就像轻轻地放在深不见底的困难深渊之上的一张小小草席！

2×2 尼姆游戏是必输局，而四子棋是必胜局。（哎呀，这太令人失望了！）但我们不知道国际象棋是必胜局、必输局还是平局，而且我们

① ABBA 乐队是一个来自瑞典的流行音乐组合，成立于 1972 年，该乐队的名字是 4 位成员姓氏的英文首字母缩写。——译者注

可能永远都不会知道。国际象棋树有很多树叶，我们不知道具体有多少，但可以肯定的是，8 英尺高的机器人也处理不了。克劳德·香农是最早认真思考机器弈棋问题并撰写了相关论文的人之一，他认为树叶的数量约为 10^{120} 或 10^{20} 古戈尔①。该拿什么和它做比较呢？好吧，它比宇宙中任何事物的数量都要多。这么多的树叶，你当然不可能一片一片地梳理，并在旁边标记上小小的 W、L 和 D。虽然理论上是可行的，但实际上根本做不到。

有些计算我们明确地知道该如何做，却没有时间做，这种现象就像一首忧郁的小调，贯穿了计算机时代的数学史。回过头看素数分解，我们已经知道无须绞尽脑汁就能完成这项任务。如果你分解的是像 1 001 这样的数，那你只需要找到一个能整除它的数。如果找不到，1 001 就是素数。2 行吗？不行，1 001 不能被 2 整除。3 呢？不行。4 呢？不行。5 呢？不行。6 呢？不行。7 呢？行，因为 1 001 = 7 × 143。完成第一步分解后，我们还可以继续分解 143。尝试了一个又一个除数，直到我们发现 143 = 11 × 13。

但是，如果我们尝试分解的数有 200 位那么长呢？现在，这个问题的难度就接近国际象棋的等级了。即使花费像宇宙寿命那么长的时间，我们也检验不完所有可能的除数。的确，这只是一个算术问题；不过据我们所知，它根本就解不出来。

但好处是，在现实世界中你肯定有某些珍视之物，而它们的安全程度就取决于这个问题的难度。因数分解和安全性有什么关系吗？要回答这个问题，我们需要回顾一下美国南方邦联的密码系统，以及格特鲁德·斯坦于 1914 年出版的实验性散文诗集《软纽扣》。

非《软纽扣》不可吗？

假设阿克巴和杰夫在游戏结束后想秘密地交流一番，只要他们有共同的密码编码方案就可以做到。在这里，“共同”两个字是关键，这意味着他们必须使用相同的密码，而这需要共享某些信息——密钥。或许，

① 1 古戈尔 $=10^{100}$。——编者注

格特鲁德·斯坦的《软纽扣》可以用作密钥。如果阿克巴想私下里向杰夫传递“NIM HAS GROWN DREARY”（尼姆游戏变得枯燥无趣）的信息，那他可以采取这种做法：把这条信息写到《软纽扣》的第一首诗开头那句（“A CARAFE, THAT IS A BLIND GLASS.”）的上方，并让两个句子中的字母一一对应。

NIM HAS GROWN DREARY
ACA RAF ETHA T I SABLI

现在，我们将每对字母相加。字母不是数字，但它们在字母表中各有各的位置，我们加的就是这个值。依照惯例，我们会从 0 开始编号，所以A是 0 号字母，B是 1 号字母，以此类推。N是字母表中的 13 号字母，A是 0 号字母，它们的和为 13，13 号字母是N。同理，I + C = 8 + 2 = 10，10 号字母是K。依次计算每对字母的和，就可以得到前几个字母是NKM YAX K……的加密信息。

之后，你会遇到一个小问题：R(17) + T(19) = 36，36 在字母表中似乎找不到与它对应的字母。但这个问题很容易解决，过了Z再绕回来即可。所以，26 号字母又是A，27 号字母是B，以此类推，直到你发现 36 号字母和 10 号字母相同，都是K。所以，阿克巴的那条信息最终会变成：

```
  NIM HAS GROWN DREARY
+ ACA RAF ETHA T I SABLI
------------------------
  NKM YAX KKVWG LJEBCQ
```

杰夫收到了这条加密信息，当然，他也有一本《软纽扣》。不过，他做的不是加法运算，而是减法，即从加密信息中减去诗中的字母。N − A = 13 − 0 = 13，13 号字母是N，以此类推。到第二个字母K时，我们发现K(10) −T (19) = − 9。没关系，− 9 号字母就是A(0)前面的第 9 个字母。你还要记住A前面的字母是Z，所以你要找的是Z前面的第 8 个字母，即R。

如果你不喜欢做加减运算，可以把图 5–15 放在手边备查。

	A	B	C	D	E	F	G	H	I	J	K	L	M	N	O	P	Q	R	S	T	U	V	W	X	Y	Z
A	a	b	c	d	e	f	g	h	i	j	k	l	m	n	o	p	q	r	s	t	u	v	w	x	y	z
B	b	c	d	e	f	g	h	i	j	k	l	m	n	o	p	q	r	s	t	u	v	w	x	y	z	a
C	c	d	e	f	g	h	i	j	k	l	m	n	o	p	q	r	s	t	u	v	w	x	y	z	a	b
D	d	e	f	g	h	i	j	k	l	m	n	o	p	q	r	s	t	u	v	w	x	y	z	a	b	c
E	e	f	g	h	i	j	k	l	m	n	o	p	q	r	s	t	u	v	w	x	y	z	a	b	c	d
F	f	g	h	i	j	k	l	m	n	o	p	q	r	s	t	u	v	w	x	y	z	a	b	c	d	e
G	g	h	i	j	k	l	m	n	o	p	q	r	s	t	u	v	w	x	y	z	a	b	c	d	e	f
H	h	i	j	k	l	m	n	o	p	q	r	s	t	u	v	w	x	y	z	a	b	c	d	e	f	g
I	i	j	k	l	m	n	o	p	q	r	s	t	u	v	w	x	y	z	a	b	c	d	e	f	g	h
J	j	k	l	m	n	o	p	q	r	s	t	u	v	w	x	y	z	a	b	c	d	e	f	g	h	i
K	k	l	m	n	o	p	q	r	s	t	u	v	w	x	y	z	a	b	c	d	e	f	g	h	i	j
L	l	m	n	o	p	q	r	s	t	u	v	w	x	y	z	a	b	c	d	e	f	g	h	i	j	k
M	m	n	o	p	q	r	s	t	u	v	w	x	y	z	a	b	c	d	e	f	g	h	i	j	k	l
N	n	o	p	q	r	s	t	u	v	w	x	y	z	a	b	c	d	e	f	g	h	i	j	k	l	m
O	o	p	q	r	s	t	u	v	w	x	y	z	a	b	c	d	e	f	g	h	i	j	k	l	m	n
P	p	q	r	s	t	u	v	w	x	y	z	a	b	c	d	e	f	g	h	i	j	k	l	m	n	o
Q	q	r	s	t	u	v	w	x	y	z	a	b	c	d	e	f	g	h	i	j	k	l	m	n	o	p
R	r	s	t	u	v	w	x	y	z	a	b	c	d	e	f	g	h	i	j	k	l	m	n	o	p	q
S	s	t	u	v	w	x	y	z	a	b	c	d	e	f	g	h	i	j	k	l	m	n	o	p	q	r
T	t	u	v	w	x	y	z	a	b	c	d	e	f	g	h	i	j	k	l	m	n	o	p	q	r	s
U	u	v	w	x	y	z	a	b	c	d	e	f	g	h	i	j	k	l	m	n	o	p	q	r	s	t
V	v	w	x	y	z	a	b	c	d	e	f	g	h	i	j	k	l	m	n	o	p	q	r	s	t	u
W	w	x	y	z	a	b	c	d	e	f	g	h	i	j	k	l	m	n	o	p	q	r	s	t	u	v
X	x	y	z	a	b	c	d	e	f	g	h	i	j	k	l	m	n	o	p	q	r	s	t	u	v	w
Y	y	z	a	b	c	d	e	f	g	h	i	j	k	l	m	n	o	p	q	r	s	t	u	v	w	x
Z	z	a	b	c	d	e	f	g	h	i	j	k	l	m	n	o	p	q	r	s	t	u	v	w	x	y

图 5–15

它就像你在小学使用的加法表，不过它是字母加法表！要计算R + T，只需看一下R行和T列（或T行和R列），就能得到答案K。

事实上，更好的做法是，充分利用这种密码赋予字母表的几何图形。你还记得吧，我们采取了这样一条编码规则：当你遇到编号超过Z的字母时，这并不表示你超出了英语的语言范围，而是可以再绕回A。也就是说，我们不是把字母表看作一条直线，而是一个圆（见图 5–16）。

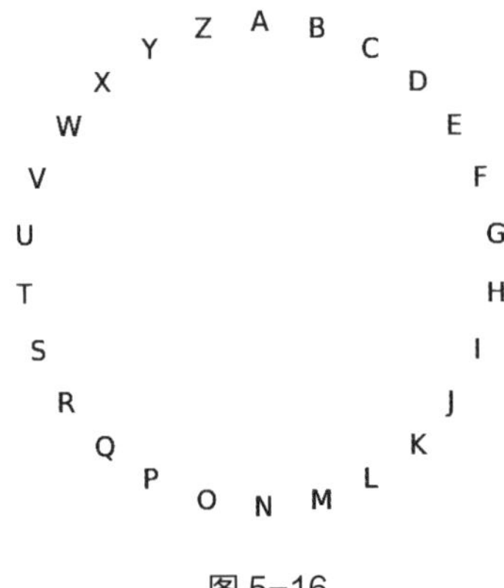

图 5–16

在《软纽扣》中，每个A都是0，这意味着当密钥中的字母是A时，我们就无须处理信息中相应的字母。每个C都是2，这意味着我们要将图5–16中的圆逆时针旋转两格。从几何学的角度看，只要你有密钥，这个密码就很容易破译，其中的原因显而易见，而你需要做的就是将圆顺时针旋转相应的格数。

这种密码被称为“维吉尼亚密码”，它是以16世纪一位博学的法国人布莱斯·德·维吉尼亚的名字命名的，但它的发明者并不是维吉尼亚本人。像这样张冠李戴的错误在数学和科学领域很常见，统计学家、历史学家史蒂芬·斯蒂格勒由此提出了一条定律：“所有科学发现都不是以其最早发现者的名字命名的。”（斯蒂格勒注意到，斯蒂格勒定律最早是由社会学家罗伯特·默顿提出的。）

维吉尼亚出身贵族家庭，人脉广泛，写过很多书，还当过大使和国王的秘书。这让他有机会接触到最新、最复杂的加密信息，尤其是他在罗马的那些年。16世纪罗马密码学界竞争激烈，人们都小心翼翼地保守着自己的秘密。众所周知，维吉尼亚曾用一种极其简单的密码，给他的竞争对手、教皇的私人密码破译员保罗·潘卡图乔（Paulo Pancatuccio）发送了一条信息，搞了一出恶作剧。潘卡图乔迅速破译了这条信息，却发现它只是一句辱骂自己的话：“哦，你像悲惨可怜的奴隶一样埋头解密，不仅浪费了所有的油，还白白承受了痛苦……来吧，把你的闲暇和精力用在更富有成效的事情上吧，不要再徒劳地浪费时间了，就算用这个世界上的所有珍宝也换不回你失去的一分钟。现在就来测试一下，看看你能否理解下面这封短信的意思。”紧接着，这条信息的内容切换至维吉尼亚本人编制并经过严格测试的密码，他非常清楚该密码超出了潘卡图乔的破译能力。我们知道的这些都来自维吉尼亚的著作《论密码与密写》（*Traicté des Chiffres ou Secrètes Manières d’Escrire*），它后来成为密码学的标准参考书，而他的那些纯文学著作却被世人遗忘了。这本书包含了维吉尼亚本人编写的许多复杂密码，以及比较简单的维吉尼亚密码的基本概念。事实上，维吉尼亚密码是吉奥万·巴蒂斯塔·贝拉索于1553年发明的，当时他在意大利卡梅里诺担任红衣主教杜兰特·迪朗蒂

（Durante Duranti）的秘书和密码破译员。

贝拉索对他发明的这种密码评价甚高，宣称它“超群绝伦，全世界可能都会使用它。尽管如此，没有人能窥探其他人的秘密，除非他有这本小册子讲授的简短密钥，并知道它的使用方法”。他的评价在世界范围内获得了广泛认同，维吉尼亚密码也变成了众所周知的“无法破译的密码”。直到卡西斯基测试法被开发出来，人们才找到了破译维吉尼亚密码的可靠方法。正如斯蒂格勒预测的那样，卡西斯基测试法实际上是由查尔斯·巴贝奇最先发明的，他比弗雷德里希·卡西斯基早了20年。但如果密钥是像《软纽扣》那么长的文本，就算使用卡西斯基测试法，解密效果也不尽如人意。

大获全胜

当然，密码的好坏取决于其使用者的职业道德水平。例如，你可能知道南方邦联是反叛者建立的分裂国家，他们对北方联邦发动战争，不顾一切地维护残暴的奴隶制，但你知道他们的密码术也很糟糕吗？南方邦联使用的是维吉尼亚密码，其密钥很短，仅在一条信息里就需要重复使用若干次，而且他们只给在他们看来具有战略意义的信息加密。1864年9月30日，杰斐逊·戴维斯给埃德蒙·柯比·史密斯将军发送了一封密电，其中一部分是这样的：

> By which you may effect O—TPQGEXYK—above that part HJ—OPG—KWMCT—patrolled by the ZMGRIK—GGIUL—CW—EWBNDLXL.

由于南方邦联的密码员不仅以明文形式保留了大部分信息，还原封不动地保留了加密单词之间的空格，截获这则信息的北方联邦士兵很自然地猜到“above that part”后面的短语应该是“OF THE RIVER”。只需要破译一段文本，就可以反过来推断出密钥。回过头看一下图5–15，要将O变成H，密钥中对应的字母必定是T；要将F变成J，密钥中对应的字母必定是E。用算术语言来说，我们正在做减法：H－O＝T，J－F＝E。继续分析下去，就可以得到：

```
  HJ OPG KWMCT
 – OF THE R I V ER
 ──────────────────
  TE VIC T O R YC
```

仅根据“OF THE RIVER”这个短语，北方联邦就破译了南方邦联密钥的一大半内容。完整的密钥是“Complete Victory”（大获全胜），考虑到南方邦联的结局，这句话还真有些讽刺意味。一旦知道了密钥，破译其余信息就只需要几分钟的时间。

在密钥长的情况下，维吉尼亚密码或多或少可以保留其“无法破译的密码”的声望，但它还有一个问题，而且是一个大问题。除了阿克巴和杰夫，其他人手上可能也有《软纽扣》。只要拥有这本书，任何人都能轻易地破译他们的信息。如果阿克巴或杰夫想让示巴成为另一个值得信任的交流对象，就要送给示巴一本《软纽扣》。不过，如果你想把密钥发送给别人，就不能给它加密，因为他们还没有拿到解密所需的密钥。但如果你发送的是未加密的密钥，一旦信息被截获，窃听者就会拿到你的密钥，你也无须加密了。

这曾经被视为密码学的一个基本结构性问题，我们无法解决而只能忍受它。毕竟，示巴和敌方窃听者处于相同的境况，他们都不知道密钥。如果阿克巴或杰夫不给示巴发送信息，他们就无法把密钥给她，但没有密钥的话，他们又无法保护那条信息不被敌人知道。如何发送一条示巴看得懂而窃听者看不懂的信息呢？就在这时，素数分解法出现了。这真令人喜出望外，就像你新结识的那位迷人的朋友送了你一束花。

大数相乘问题其实就是数学家所说的“陷门”函数。陷门是指从一个方向很容易通过，而从另一个方向则很难通过的门。在手机上做两个1 000位数的乘法运算，你眨眼之间即可完成。然而，利用现有算法将上述乘积分解成最初的那两个被乘数，却是你花 1 万亿辈子的时间都无法解决的问题。所以，阿克巴或杰夫可以利用这种不对称性将密钥交给示巴，并且无须担心被敌人窃听或拦截。有一个神奇的算法可以做到这一点，它被称为RSA，是以罗纳德·李维斯特、阿迪·萨莫尔和伦纳德·阿德曼姓氏的英文首字母命名的，他们在 1977 年发明了这个算法。不过，正如斯蒂格勒定律说的那样，RSA并不是以它的最早发明者的名字命名的。实际上，这个系统是在 20 世纪 70 年代初由克利福德·柯克斯和詹姆斯·埃利斯创建的。但这一次张冠李戴的理由十分充分：柯克斯和埃利斯在英国绝密情报机构GCHQ（英国政府通信总部）工作。在 20 世纪 90 年代之前，机密圈之外的人都不被允许知道RSA算法的出现时间早于李维斯特、萨莫尔和阿德曼的发明。

RSA算法的细节涉及数论，这里不打算展开论述，但我想谈谈它的关键特征。示巴想到了两个非常大的素数p和q，除了她，包括阿克巴和杰夫在内的其他所有人都不知道是哪两个数，所以它们就是密钥。由知道那两个大素数的人加密的信息，可以用RSA算法来解密。

但在加密信息时，你不需要知道p和q，而只需要知道它们的乘积。该乘积是一个更大的数，我们把它称作N。[①]维吉尼亚密码的解密是加密的相反过程，使用的是相同的密钥。与维吉尼亚密码不同，RSA的加密和解密是完全不同的过程；幸亏有陷门，使得前者比后者容易得多。

大数N被称为“公钥”，因为示巴可以将它告知所有人。如果她愿意，她甚至可以把它贴在她家大门上。当阿克巴给示巴发送信息时，他只需要知道乘积N，就可以给信息加密。示巴则利用只有她自己知道的p和q，在家里就可以将加密信息转换成可读的文本。任何人都可以给示巴发送利用N加密的信息，他们甚至可以公开这些信息。尽管所有人都能看到那些消息，但除了持有私钥的示巴之外，没有人能看得懂。

公钥密码体制的出现使一切变得越发容易和简单。你（或者你的计

① 本书英文版的编辑问：为什么p和q用小写，而N用大写呢？这反映了数学上的一个习惯：用小写字母表示我们认为小的数，用大写字母表示我们认为大的数。在本例中，p和q这两个数可能有 300 位，听上去并不小，但与它们的乘积N相比，它们的确微不足道。

算机、手机、冰箱）可以非常安全地向很多人发送即时信息，而无须想方设法分享特权信息。但这一切都取决于陷门能真正发挥它应有的作用，如果有人在它下面搭一架梯子，使得双向皆可畅行，整个大厦就会轰然倒塌。也就是说，如果有人想出了办法，成功地将大数N分解成素因数p和q，那么利用N加密的私人信息在这个人面前将变得一目了然。

如果素数分解问题就像国际象棋获胜问题一样，利用计算机程序来解决的难度比我们想象的小得多，信息传递就会陡然变成一件危险得多的事。这就是为什么在你买到的惊悚悬疑小说的封底上，印着如下令人窒息的文字（我在机场见过，真的是这样）：

> 少年伯尼·韦伯是一个数学天才。华盛顿、美国中央情报局和耶鲁大学侵入密尔沃基绑架了他。他们必须弄清楚韦伯解决大素数分解问题的诀窍。

（如果你看到最后一句话时没有哈哈大笑，请花点儿时间仔细想想，它的言外之意是少年韦伯精通什么样的数学任务。）

我的程序员是上帝

计算机程序奇努克下国际跳棋的水平空前绝后，但这并不意味着它在理论上是不可战胜的。也许在国际跳棋树的深处隐藏着某种人类或机器尚未想到的优势策略，利用它就能打败奇努克。完全排除这种情况的唯一方法是，从顶端到底端一步一步地分析国际跳棋树，直至弄清楚该如何标记它的树根。国际跳棋是三种游戏中的哪一种：是第一个玩家必胜、第二个玩家必胜，还是平局？

我就不制造悬念了，答案是：国际跳棋是一个平局。从数学上讲，国际跳棋相当于双色增大版井字棋。两个永不出错的玩家既不会赢也不会输，每次的结果都是平局。对马里恩·廷斯利的支持者来说，这可能不会让他们大吃一惊。你应该还记得，比赛时廷斯利很少犯错，他的对手也没出多少差错。当两个近乎完美的棋手对弈时，绝大多数情况下都会打成平手。1863 年在格拉斯哥，人称“放牧少年”[①]的苏格兰冠军詹姆斯·怀利与英国康沃尔郡人罗伯特·马丁斯进行了一场世锦赛比赛。他们下了 50 局，结果都是平局，其中还有 28 局的走法竟然一模一样。太无聊了！格拉斯哥的这场“灾难”促使国际跳棋采用了一种“限制”赛制，那就是一局棋前两步的走法必须从指定的开局中随机抽取。这样做是为了避免棋手在树状图的同一条老路上艰难前行，最终一次又一次地到达同一片“树叶”处。1928 年，在纽约州长岛的花园城市酒店举行的一场奖金额为 1 000 美元的国际跳棋比赛中，塞缪尔·格诺茨基和迈克·利伯[②]连续 40 局打成平手。从此以后，国际跳棋的限制赛制就从“两步限制”变成了目前的“三步限制”，即前三步的走法只能从 156 种指定的开局中抽取，其中包括“可怕的爱丁堡”、“亨德森”、“荒野”、“弗雷泽的地狱”、“滑铁卢”和“奥利弗的旋风”等。即使采用了三步限制规则，现代国际跳棋锦标赛的平局还是远多于胜负局。

不过，这只是一些相关证据，而不是几代大师都没有发现国际跳棋制胜策略的真正证明过程。

1994 年，当奇努克从马里恩·廷斯利手中接过国际跳棋桂冠时，它只有 5 岁。又过了 13 年，乔纳森·谢弗团队才证明了廷斯利不可能打败奇努克，其他人也做不到。当然，这其中也包括你。

不过，你可以试试！奇努克在加拿大阿尔伯塔省埃德蒙顿的一台服务器上昼夜不停地运行着，接受所有人的挑战。你每走一步，奇努克都会冷静地评估它面临的局面。一开始它会说“奇努克略占优势”，然后是“奇努克局面大优”，再然后是“你输了”（写到这里的时候我和它对弈了一局，才走了 7 步我就听到了这句话）。这意味着奇努克从它的全局视角判断你当前的局面是 W，但你不必立刻缴械投降！奇努克很有耐心，它也没有其他事情需要处理。你可以再走一步，奇努克也会移动它的棋子，

① 因为他是个乡下孩子，经常赶着牛群到爱丁堡。在那里他跟那些城市佬打赌说，他们每赢他一局他就能赢回 10 局。事实上，他说到做到。

② 迈克·利伯是阿萨·朗的中学同学，他们都来自托莱多市。

并再次说“你输了”。只要你能忍受，就继续跟它对弈吧。

与奇努克对弈会令人心生不安，但也会让人感到些许宽慰。这跟一心想打败你的人类高手对弈时的体验迥然不同，后者不仅会让你感到不安，也不会让你得到一丝安慰。有一次，我和表弟扎卡里下围棋。他当时 15 岁，是一个名叫“险恶芥末”的激流金属乐队的鼓手，也是亚利桑那州顶尖的少年棋手之一。扎卡里此前从未下过围棋，所以一开始我还能占据一定的优势。但在棋局进行到大约 1/4 的时候，他悟出了围棋的逻辑（就像他此前悟出了国际象棋的逻辑一样），并以摧枯拉朽之势打败了我。据说，和廷斯利下棋也大致如此。这位总是彬彬有礼、和蔼可亲的国际跳棋大师被称为“可怕的廷斯利”，因为与他对弈几乎肯定会被碾压。跟 1994 年的奇努克一样，廷斯利在国际跳棋方面的表现堪称完美。但与奇努克不同的是，他十分在意输赢。“我是一个没有安全感的人，”他在接受采访时说，“我讨厌输。”在廷斯利看来，尽管他和奇努克在执行相同的任务，但他们本质上并非同类。“我的程序员比奇努克强，”在 1992 年伦敦锦标赛上与奇努克对弈前，廷斯利对一家报纸说，“他的程序员是约拿单[①]，而我的程序员是上帝。”

非洲格拉斯哥开局

谢弗称，国际跳棋有 500 995 484 682 338 672 639 种可能的局面，尽管其中有许多在合法的棋局中永远都不会出现。因为国际跳棋是树形结构，[②]我们可以从棋局的结尾处开始倒推，为每一种可能的局面标记上 W、L 或 D。

尽管这些局面的数量与国际象棋或围棋相比微不足道，但也超出了我们的计算能力。幸运的是，三条法则威力巨大，可以大大减轻我们的工作量。

① 约拿单是《圣经 · 旧约》中记载的一个人物。——译者注

② 补充说明：只要设置像国际象棋那样的规则，即同一局面出现 3 次即判定该棋局为平局（谢弗的确采用了这条规则），国际跳棋的树形结构就是有限的。

在国际跳棋的 7 种可能的开局中，最受欢迎的一种是“11–15”（见图 5–17）。因为深受专家级棋手的喜爱，它通常被称为“老忠实（Old Faithful）开局”。假设黑棋选择老忠实开局，白棋以“22–18”应对，这是“26–17 双角”开局的起手。现在又轮到黑棋走棋了，谢弗证明此时黑棋可能是L或D局面，但肯定不是W局面。因此，我们给这个局面标记上LD，表示我们的计算还没有结束。

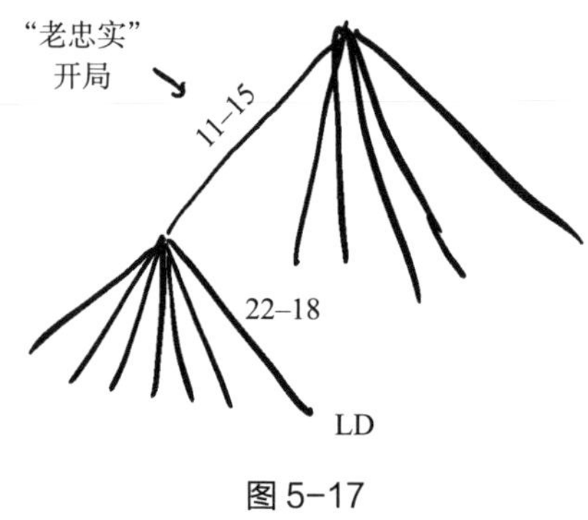

图 5–17

不过，这已经告诉我们关于老忠实开局的一些信息了。根据三条法则，对树状图上的一个局面来说，只在其后续局面都是W时，它才是L局面。然而，这对于老忠实开局不成立，因为白棋有一种选择（22–18）会通向L或D局面。据此，我们知道老忠实开局是D或W局面。面对老忠实开局，虽然白棋还有很多其他可能的应对策略，但我们不用考虑这些，也不用确定该如何标记 22–18，就能知道这个开局是D或W局面。用计算机科学和树艺师的术语来说，我们已经对无须考虑的树枝进行了“修剪”，这是一项非常重要的技术。人们通常认为，计算的发展源于我们极大地提升了计算机的运行速度，使它们能计算更多、更大的数据。实际上，对与眼前问题无关的大部分数据进行修剪也很重要。毕竟，最快的计算就是你不必做的计算。

事实上，我们可以证明国际跳棋的所有 7 种开局都会以同样有效的方式通向D或W局面，如图 5–18 所示。不过，其中只有一个，即 9–13，谢弗必须深入挖掘，才能证明它会通向D局面。

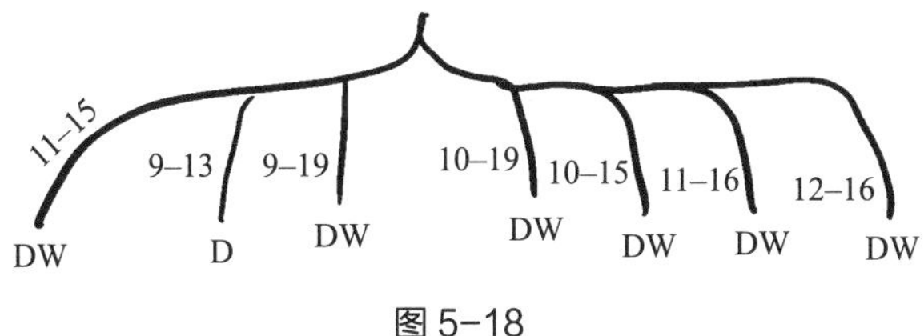

图 5–18

对国际跳棋来说，这已经足够了。我们知道在所有开局中，如果黑棋选择 9–13 就不会给白棋一个必赢局，所以初始局面不可能是L。但我们也知道，黑棋选择的所有开局都不会给白棋一个必输局，所以初始局面也不可能是W。这样一来，就只剩下D了。由此可见，国际跳棋是一种平局游戏。

对于国际象棋，我们还没有进行过这样的分析，现在没有，也许以后也不会有。如果说国际跳棋树是低矮的灌木丛，国际象棋树就是高大的红衫，我们不知道应该在它的根部标记上W、L还是D。

但如果我们非要进行这样的分析，会怎么样？如果人们知道一场完美的对弈总会以和棋告终，没有运筹帷幄的胜利，而只有搞砸一切的失败，他们还会为国际象棋奉献一生吗？李世石是目前世界上最优秀的围棋棋手之一，他在输给人工智能公司DeepMind研发的机器人阿尔法围棋（AlphaGo）后退役。"即使我成为第一，"他说，"也会有一个不可战胜的实体存在。"好吧，如果有一棵树比古戈尔红杉还要高大，那它一定是围棋树。去国际象棋和围棋论坛看看，你会发现很多人都在与李世石表达的那种焦虑情绪作斗争。如果一款游戏只是一幅标记了字母的树状图，那它还算得上一款游戏吗？当奇努克冷静而耐心地宣布我们已经输了的时候，我们是否应该放弃比赛呢？

国际跳棋名人堂曾经是密西西比州佩特尔市（位于哈蒂斯堡大学城外，约有 1 万人口）的一处最引人入胜的景点。它占地 32 000 平方英尺[①]，代表物是一座马里恩·廷斯利的半身像，以及两块国际跳棋棋盘——一块是世界第一大，另一块是世界第二大。2006 年，其创建者因为洗黑钱而被判入狱 5 年，这座名人堂随后关闭。2007 年它被付之一炬，

① 1 平方英尺≈0.093 平方米。——编者注

也是在这一年，谢弗证明国际跳棋是一种平局游戏。

然而，世界各地的人仍在下国际跳棋，并为了人类冠军的头衔而相互较量。（在我写作本书时，这个头衔的拥有者是意大利特级大师塞尔吉奥·斯卡佩塔。）当然，它不像过去那么受欢迎了，早在谢弗完成证明之前它就已经表现出颓势了，但与此同时新鲜血液也在不断注入。当奇努克击败廷斯利摘走桂冠时，世界顶级棋手之一、土库曼斯坦的阿曼古丽·别尔迪耶娃（Amangul Berdieva）还是一个 7 岁的小女孩。无限制规则国际跳棋的现任世界冠军是南非的卢巴巴洛·康德罗（Lubabalo Kondlo），他为 1863 年导致詹姆斯·怀利和罗伯特·马丁斯在苏格兰连平 40 局的开局创造了一个变体。为了纪念那场比赛，康德罗版本的开局现在被称为“非洲格拉斯哥开局”。

如果下国际跳棋的目的是竭尽所能地赢，这个游戏就没有任何意义了。没有人比马里恩·廷斯利更擅长赢棋了，不过他知道这并不重要。“我当然很不喜欢输。”他在 1985 年接受采访时说，“但如果人们能下出很多漂亮的棋局，那就是我得到的回报。国际跳棋是一种如此美丽的游戏，它让我不介意输。”国际象棋同样如此。现任国际象棋世界冠军马格努斯·卡尔森在接受采访时表示：“我不把计算机视为对手，对我来说，打败人类更有趣。”国际象棋大师加里·卡斯帕罗夫驳斥了人类象棋比赛已经过时的观点，因为对他来说，机器执行的计算任务和人类执行的游戏任务是截然不同的两件事。他说：“人类象棋是一种心理战。”它不是“一棵树”，而是一场发生在“树”上的战斗。卡斯帕罗夫在回忆 20 年前他与维塞林·托帕洛夫对弈的一个棋局时说：“我被这种几何图形的美惊呆了。”树状图可以告诉你如何赢，但它不能告诉你如何让棋局富有美感。这是一种更微妙的几何图形，并非机器运用几条规则就能一步一步算出来的。

完美不等同于美感。我们有确凿的证据证明，完美的棋手绝不会赢也绝不会输。我们对这个游戏感兴趣，只因为人类是不完美的。也许，这没什么坏处。完美的游戏根本不是游戏，也不是字面意义上的游戏。从这个意义上说，我们之所以会亲自参与到游戏中，正是因为我们不完美。当我们自己的不完美与其他人的不完美擦出火花时，我们就会感受到游戏之美。

第 6 章

试错法的神秘力量

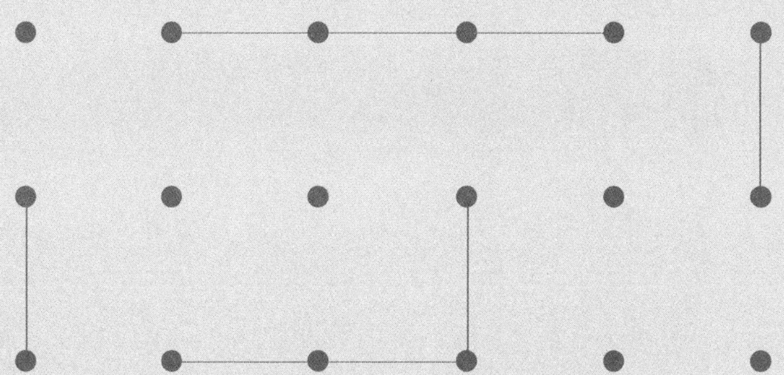

我们不知道如何用W、L和D标记国际象棋树上的所有局面，甚至有可能永远都不知道。我这样说并不是因为我们不够聪明，而是因为树状图上需要标记的局面太多了，任何物理过程都无法在宇宙终结前完成这项任务。严格地说，或许有某种方法可以绕过从树叶（数量太多了）开始标记局面的冗长递归过程，《幸存者》节目的选手们在玩“减法游戏”时就做到了这一点。如果游戏开始时有1亿面旗子，你既可以从游戏的结尾处费力地倒推，标记出所有的W和L局面，也可以运用前文中证明过的幸存者定理。该定理告诉我们，因为1亿能被4整除，所以第二位玩家必胜。此外，我们还知道正确的玩法：如果第一位玩家拿走1面旗子，你就拿走3面；如果他拿走2面，你也拿走2面；如果他拿走3面，你则拿走1面。24 999 999步过后，你就能享受到胜利的喜悦了。

对于国际象棋，我无法证明不存在类似的简单制胜策略，但其存在的可能性似乎不大。

不过，计算机确实会下国际象棋，而且下得很好，比我、你、加里·卡斯帕罗夫、我表弟扎卡里及其他人都要好。如果不能标记出棋局的所有局面，计算机又是怎么打败人类棋手的呢?

这是因为新一代的人工智能机器并不力求完美，它们追求的是截然不同的东西。为了解释它们的目标，我们必须回到素数分解的问题上。

记住，公钥密码体制在很大程度上取决于你能想出两个大素数作为私钥，这里的“大”是指300位数或更大的数。你去哪里能找到它们呢?商场里可没有素数商店，即使有，你也不愿意使用从商店买来的素数，因为密钥的全部意义就在于它不是公开可得的信息。

所以，你得“自己动手”。这项任务乍看上去似乎很难。如果我要找一个不是素数的 300 位数，我知道该怎么做：让一串较小的数相乘，直到乘积达到 300 位数。但素数恰恰不能是一串较小数的乘积，那么我们该从哪里着手呢？

这是我作为一名数学老师听过次数最多的问题之一：“我该从哪里着手呢？”不管学生们问这个问题时看起来有多沮丧，听到这个问题时我都会很高兴，因为这是给他们上一课的好机会。我会告诉他们，与其考虑从哪里着手，倒不如直接动手。找一种方法尝试一下，它可能行不通；如果真的行不通，就试试别的方法。在学生们成长的世界里，数学问题通常是用固定的算法来解决的。例如，当题目要求你计算两个三位数的乘积时，你首先会用第一个数乘以第二个数的末位数，把乘积写下来，再做下一步运算。

然而，真正的数学（就像现实生活）并非如此。我们经常试错，很多人看不上这种方法，可能是因为它里面有个“错”字。在数学领域，我们不怕出错。错误是了不起的，它给了我们再尝试一次的机会。

所以，你需要一个 300 位的素数。“我该从哪里着手呢？”你从随机选择一个 300 位数开始。“我怎么知道该选哪一个呢？”说真的，这不重要。“好的，1 后面跟着 299 个 0 怎么样？”这个数可能不合适，因为它显然是偶数，而除 2 以外的偶数不可能是素数，你可以把它们分解成 2 与其他数相乘的形式。这是个错误，开始下一次尝试吧。随机选择另一个 300 位数，这次你可以选一个奇数。

你绞尽脑汁想到了一个在你看来是素数的数，至少你无法一眼看出它不是素数。但如何确定呢？你可以尝试使用因数分解法这个“利器”，看看会发生什么。它能被 2 整除吗？不能。它能被 3 整除吗？不能。它能被 5 整除吗？不能。虽然你不断取得进展，但完成这项任务需要花费比宇宙年龄还长的时间。在实践中，你不能用这种方法来检验某个数是不是素数，就像你不能通过逐个标记树叶来解决国际象棋问题一样。

有一种更好的方法，但我们必须使用一种不同的几何形状：圆。

宝石手链和费马大定理

图 6–1 是一条手链，上面排列着 7 颗宝石，其中几颗是蛋白石，另外几颗是珍珠，它们围成了一个圆。

图 6–1

如图 6–2 所示，还有更多这样的手链：

图 6–2

如图 6–3 所示，用 4 颗宝石只能排列出下面这些手链：

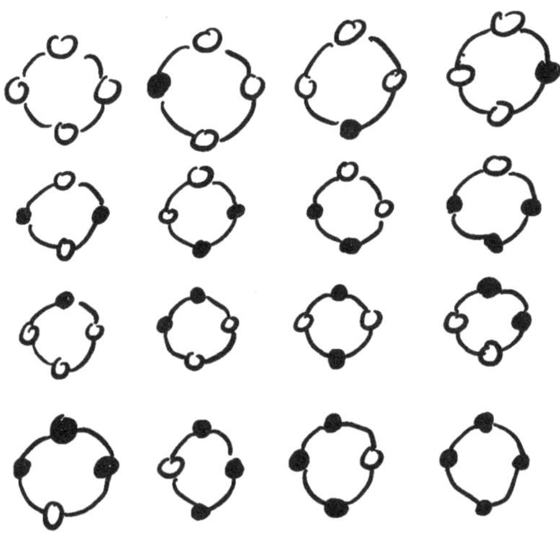

图 6–3

一共有 16 种。想要确定我有没有遗漏，你除了计数一下图 6–3 中的手链数量，还可以采用一种更高级的方法。从手链的顶部开始，按顺时针方向移动，第一颗宝石不是蛋白石就是珍珠，即有 2 种选择。对于这 2 种选择中的每一种，第二颗宝石又各有 2 种选择，因此手链上前两颗宝石的排列共有 4 种选择。对于这 4 种选择中的每一种，第三颗宝石又各有 2 种选择，至此我们共有 8 种选择。对于这 8 种选择中的每一种，你在为这条手链选最后一颗宝石时，既可以用蛋白石也可以用珍珠，因此你共有 $8 \times 2 = 2 \times 2 \times 2 \times 2 = 16$ 种选择。

当然，你也可以一个一个地数。不过，上述那种高级的方法有一个好处：我们可以将这个推理过程应用于宝石数量更多的手链。例如，由 7 颗宝石串成的手链共有 $2 \times 2 \times 2 \times 2 \times 2 \times 2 \times 2 = 128$ 种排列方式。可惜我的记号笔不够细，在一页纸上画不下这么多条手链。

但你可能会认为，我根本不需要画出那么多条手链。看一下图 6–2，如果将第一条手链向右旋转 2 格，你就会得到第三条手链。那么，这两条手链是真的不同，还是完全一样，只不过视角不同？

从现在开始，我们坚守一个约定：如果手链在页面上看起来不同，我们就将它们视为不同的手链。但是，我们也不要忘记旋转的概念。如果旋转第一条手链可以得到第二条手链（这也意味着旋转第二条手链可以得到第一条手链），我们就称这两条手链全等。①

也许，按全等性质陈列手链会让珠宝展柜看起来更漂亮。每条手链有 7 种旋转方式，所以我们可以将 128 条手链按每 7 条一堆分开摆放。那么，能分成多少堆呢？用 128 除以 7 即可，答案是 18.285 714 2…。

太棒了，又出现一个错误！一定有什么地方出了问题，因为 128 不是 7 的倍数。

问题出在我没有画出来的手链上，例如 7 颗宝石全是蛋白石的手链（见图 6–4）。对这条手链来说，7 种旋转方式得到的手链皆相同！所以，

① 这与我们在第 1 章遇到的全等概念完全一致：一个平面上有两个图形，如果其中一个图形通过旋转或其他刚体运动可以变成另一个图形，那么这两个图形全等。

这不是一个包含 7 条手链的群，而是一个只有 1 条手链的群。同理，7 颗宝石全是珍珠的手链也自成一群。

图 6–4

我们是否应该考虑其他小群呢？是的。图 6–5 中的 2 条四宝石手链也自成一群，这是因为蛋白石与珍珠相间的图案每两格就会重复出现一次。所以，要得到初始手链，我们无须旋转 4 格，只要旋转 2 格即可。

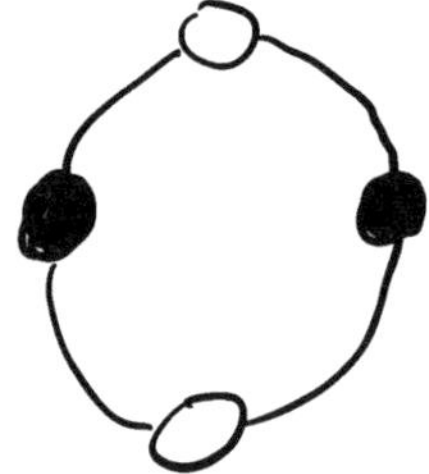

图 6–5

不过，如果手链上有 7 颗宝石，这种情况就不会发生了。发挥你的想象力，假设你有一条旋转 3 格即可回到初始形态的手链。这样一来，你就有一个包含 3 条手链的群：初始手链，旋转 1 格后的手链，旋转 2 格后的手链。等一下，如果它们中有一模一样的呢？为了排除这种讨厌的可能性，我们假设让这条手链回到初始形态的最小旋转格数[①]是 3 格。

如果这条手链旋转 3 格能回到初始形态，那么它旋转 6 格、9 格也都

① 最小旋转格数大于 0。

能回到初始形态。但现在有一个问题，因为手链旋转 7 格肯定会回到初始形态，所以旋转 9 格就相当于旋转 2 格，但旋转 2 格不可能让手链回到初始形态，因为我们刚刚假设让手链回到初始形态的旋转格数不能少于 3 格。

自相矛盾的强烈气味再一次扑鼻而来。

也许，“手链旋转 3 格即可回到初始形态”的假设不是一个好主意。如果你有一个包含 5 条手链的群，也就是说让手链回到初始形态的最小旋转格数是 5 格，会怎么样？在这种情况下，手链旋转 10 格也会回到初始形态，而旋转 10 格相当于旋转 3 格，我们又一次自相矛盾。如果手链旋转 2 格即可回到初始形态呢？这对四宝石手链是可行的。旋转 2 格可以让手链回到初始形态，旋转 4 格、6 格和 8 格也会产生同样的效果。但别忘了，旋转 8 格相当于旋转 1 格。

当手链上只有 4 颗宝石的时候，我们不会遇到这样的问题。将手链旋转 2 格，它就会回到初始形态；将手链旋转 4 格，它也会回到初始形态。其中不存在自相矛盾之处，原因在于 4 是 2 的倍数。而围绕七宝石手链的所有问题的根源在于，7 不是 3、5 和 2 的倍数。7 不是任何数的倍数，因为 7 是素数。

还记得前文中关于素数的讨论吗？

顺便说一下，同样的原理对我们了解蝉的习性有很大的帮助。每隔 17 年，我的家乡马里兰州就会出现“东部大虫群”，几千亿只蝉从地下钻出来，好似一块唧唧叫的地毯，覆盖了整个中大西洋地区。走在路上，一开始你会尽量避免踩到它们，但很快你就放弃了，因为它们的数量实在太多了。

但为什么是 17 年呢？很多蝉类专家认为（我要诚实地告诉你们，在这一点上蝉类专家之间存在着严重分歧。你可能想不到会有那么多位蝉类专家，而且十分有趣的是，他们会粗俗地贬低彼此的蝉类周期性假设），蝉在地下蛰伏 17 年，是因为 17 是素数。假设换成 16 年，你可以想象一下，如果有类似周期性的蝉的天敌每 8 年、4 年或 2 年出现一次，就会有大量的蝉可吃。但事实上，饥饿的蜥蜴或鸟类的生命周期都不与东部大虫群同步，除非它们也进化出 17 年的生命周期。

在上文中我说 7（像 5、17 和 2 一样）不是任何数的倍数，这有点儿言过其实了。它是 1 的倍数，当然它也是 7 的倍数。所以有两种手链群：一种群只包含 1 条手链，而另一种群包含 7 条手链。在只包含 1 条手链的群里，所有宝石都必须是一样的，因为任何旋转都不会改变它的样子。

因此，全蛋白石手链和全珍珠手链是分别包含 1 条手链的群，其余 126 条则分成若干个分别包含 7 条手链的群。现在，我们可以用除法了：$126 \div 7 = 18$ 个群。

如果手链上的宝石数量增加到 11 颗呢？手链的总数就是 2^{11}，即 2 048 条。同样，全蛋白石手链和全珍珠手链各有 1 条，其余 2 046 条则分成若干个分别包含 11 条手链的群，确切地说，这样的群有 186 个。你可以继续分析下去：

$$2^{13} = 8\,192 = 2 + 630 \times 13$$

$$2^{17} = 131\,072 = 2 + 7\,710 \times 17$$

$$2^{19} = 524\,288 = 2 + 27\,594 \times 19$$

你注意到我跳过 15 了吗？其中一个原因在于，15 不是素数，它等于 3 乘以 5；另一个原因在于，$2^{15}-2 = 32\,766$，它不能被 15 整除。（手链旋转爱好者们，你们最好自己抽时间验证一下，32 768 条手链可以分为 2 个分别包含 1 条手链的群、2 个分别包含 3 条手链的群、6 个分别包含 5 条手链的群，以及 2 182 个分别包含 15 条手链的群。）

你可能会认为我们旋转手链是虚度光阴之举，但我们其实是在用圆的几何形状和它的旋转证明关于素数的一个事实。从表面上看，你根本想不到素数与几何学有关。事实上，几何学无处不在，它藏身于万物齿轮的深处。

这个关于素数的事实有一个响当当的名字——费马小定理，它是以第一个提出它的人（皮埃尔·德·费马）的名字命名的。该定理告诉我们，不管你取哪个素数 n，也不管它有多大，2^n 都比 n 的某个倍数大 2。

费马并不是一位职业数学家（17 世纪的法国几乎没有职业数学家），而是一名律师和图卢兹市中产阶级的一员，过着舒服自在的生活。费马远离巴黎的主流数学圈，主要通过与同龄的业余数学家通信参与他那个时代的科学生活。费马与伯纳德·弗瑞利卡·德·贝西以通信的方式，就完满数①的问题进行了热烈的交流。1640 年，在给弗瑞利卡的一封信中，费马首次陈述了这个定理，但没有写下证明过程。费马还说，他想到了一种证明方法，“要不是担心写起来太长的话”，他肯定会把它写进信里。这就是皮埃尔·德·费马典型的言行举止。如果你听说过他的名字，那肯定不是因为费马小定理，而是因为费马大定理（也叫费马最后定理）。但后者既不是费马证明过的定理，也不是他生前做的最后一件事，而是 17 世纪 30 年代他在丢番图的《算术》一书的页边空白处草草记下的一个关于数的猜想。费马声称他想出了一种十分悦目的证法，但页边空白处太小，根本写不下。费马大定理最终被证明为真，但那已经是几个世纪之后的事了；直到 20 世纪 90 年代，安德鲁·怀尔斯和理查德·泰勒才完成了这个定理的证明。

对此，有一种说法是，费马具有远见卓识，无须证明就能可靠地推断出数学陈述正确与否，就像国际跳棋大师无须制定制胜战术就能感知到某个走法是否合理一样。还有一种更合理的说法是，费马也是一个普通人，不能始终做到谨慎行事。费马肯定很快就意识到自己没有证明最后定理，因为他后来写下了关于这个定理的几个特殊例子，却再也没有声称他知道该定理的证法。针对费马过早下断言的举动，法国数论学家安德烈·韦伊写道：“几乎毫无疑问，这是由他的某种误解造成的。但由于命运的奇妙转折，这在那些无知者眼中反倒成了他显赫声望的主要来源。”

费马在给弗瑞利卡的信的结尾处写道，他认为所有 $2^{2^n}+1$ 形式的数都是素数。他一如既往地没有给出证明过程，而是说他验证了当 $n = 0$、

① 完满数的所有真因数（除了它自身以外的因数）之和恰好等于它本身，例如，$28 = 1 + 2 + 4 + 7 + 14$。

1、2、3、4、5时，他的猜想成立，所以“我几乎可以确定它是真的”。但费马错了，他的猜想并非对所有数都为真，甚至是当$n = 5$时！在验证过程中他误以为4 294 967 297（$2^{32}+1$）是素数，但他没有注意到这个数可以分解成$641 \times 6\ 700\ 417$。不过，弗瑞利卡没有发现费马的这个错误（太遗憾了，从那些信件的语气看，他迫切希望找出这个声望超过自己的通信者的错误），费马本人也没有，他始终坚信自己的猜想是正确的，显然他从未想过再去检验一下他当初做过的算术运算。有时候你感觉某些事肯定是对的，但即使你成了像费马那样声名赫赫的数学家，你感觉对的事也未必全对。

费马小定理的逆命题

有了手链定理，我就可以像顶级俱乐部门口的保安那样，查验疑似素数的身份证明了。衣着光鲜的数字1 020 304 050 607站在门口，试图进入素数俱乐部。如果我逐个数字测试，看它们能否整除1 020 304 050 607，可能要花费不少时间。一种更简单的方法是：计算$2^{1\,020\,304\,050\,607}$，然后看结果是否比1 020 304 050 607的某个倍数大2。测试结果是否定的，这意味着1 020 304 050 607肯定不是素数，于是我挥舞着健壮的胳膊把它轰走了。

奇怪的是，虽然我们已经证明了1 020 304 050 607肯定可以分解成更小的数，但到底是哪些数，该证法没给我们提供任何线索。（这是好事，记住，公钥密码机制就建立在其因数难以确定的基础之上。）对于这种“非构造性证明”（non-constructive proof），我们需要花些时间去适应它，但它在数学领域普遍存在。你可以把这种证明想象成一辆只要下雨车内就会充满潮气的汽车。根据水和气味，你知道车子漏水了。但令人气恼的是，这些证据并没有告诉你哪里漏水了，而只是告诉你有地方漏水了。

这种证明还有一个重要特征需要我们去探究。如果你车内的脚垫在下雨天是湿的，就说明车子漏水了；但这并不意味着如果脚垫是干的，就说明车子不漏水！也许是其他地方漏水了，又或者脚垫是快干型的。所以，人们可能会提出两种不同的命题：

如果脚垫是湿的，车子就漏水了。

如果脚垫是干的，车子就没漏水。

在逻辑上，第二个是第一个的“否命题”。除此以外，还有如下变体：

逆命题：如果车子漏水了，脚垫就是湿的。

逆否命题：如果车子没漏水，脚垫就是干的。

原命题等价于它的逆否命题。它们只是措辞不同，但表达的意思相同，就像“1 / 2”和“3/6”及“我这辈子遇到的最了不起的棒球游击手”和“小卡尔·瑞普肯”一样。你可以两个命题都不认同，但只要你认同其中一个，就必须认同另一个。不过，原命题和它的逆命题是两码事：要么两者都是真的，要么一个为真一个为假，要么两者都是假的。

费马证明的原命题是，如果 n 是素数，那么 2^n 比 n 的某个倍数大 2。它的逆命题是，如果 2^n 比 n 的某个倍数大 2，那么 n 是素数。费马小定理的逆命题不为真，这是因为一些非素数也能通过费马的素数测试，就像拿着假身份证明的年轻人可以骗过最严苛的保安一样。最小的反例是 341（尽管这个反例似乎直到 1819 年才被发现），狡猾的 4 294 967 297 是另一个，它愚弄了费马。除此之外，还有无穷多个反例。

但这并不意味着素数测试毫无用处，它只是不够完美。人们通常认为，数学是一门完美无瑕或确定无疑的科学，但我们也喜欢不完美的事物，尤其是在它们的不完美程度有限的情况下。下面介绍一个通过试错生成极有可能是大素数的方法。先写下一个 300 位数，然后对它进行费马测试（或者它的现代改良版米勒–拉宾测试）。如果失败了，就选择另一个数，再尝试一次。不停地试错，直到有一个数成功通过测试。

两名醉汉下围棋

我们回过头说说计算机围棋。一方面，围棋比国际跳棋和国际象棋的历史长得多，它起源于古代中国。另一方面，下围棋机器的出现时间比下国际跳棋和国际象棋的机器晚得多。1912 年，西班牙数学家莱昂纳多 · 托雷斯 · 奎韦多建造了一台名为El Ajedrecista的机器，它可以破解某些国际象棋残局。20 世纪 50 年代，艾伦 · 图灵制订了功能性国际象棋计算机的建造计划。国际象棋机器人的概念更古老，可以追溯到沃尔夫冈 · 冯 · 肯佩伦的“土耳其下棋机器人”。它在 18—19 世纪广受欢迎，启发查尔斯 · 巴贝奇设计了分析机，与埃德加 · 爱伦 · 坡对弈过，还战胜了拿破仑。但事实上，它是由一个藏身在机器里的侏儒操作员操控的。

第一个下围棋的计算机程序直到 20 世纪 60 年代末才出现，当时威斯康星大学计算机科学专业的阿尔伯特 · 佐布里斯特（Albert Zobrist）将它写在了自己的博士论文中。1994 年，当奇努克与马里恩 · 廷斯利鏖战之时，围棋计算机还无法与人类职业棋手相抗衡。然而，正如李世石发现的那样，事情很快就发生了变化。

像阿尔法围棋这样的顶级围棋机器，根本没有小个子人类蜷缩在它里面移动棋子，那它到底是如何下棋的呢？它不会用W或L（不需要D，因为标准围棋里没有平局）标记围棋树上的每个结点（node），因为围棋树“高大茂密”，没有人能解决这个该死的问题。但就像费马测试一样，我们需要一个评分函数，它能以某种易于计算的方式给棋盘上的所有局面打分。如果局面对你有利，分值就高一些；如果局面对你的对手有利，分值就低一些。你要根据分值制定行棋策略，在所有可用的着法中，选择能使局面分值降至最低的那种，因为你肯定想将对手置于最不利的局面。像这样将你自己融入算法的世界，不失为一种行之有效的方法。你天天忙于各种事务，每当需要做决定（比如，是选择巧克力牛角面包、杏仁牛角面包还是百吉圈）时，你就会在脑海里把所有可能的选择快速地过一遍。几乎眨眼之间，每个选项上方分别闪烁着一个分值，它们是你对所有可选烘焙食品给予你的净利益的最佳估值：美味 + 饱腹感 – 价格 – 精加工碳水化合物摄入量，等等。这听上去令人惊叹，但又像科幻小说一样令人恐惧。

采用这种方法时要有所取舍，这是我们在人工智能领域开展所有活动的基础。评分函数越准确，计算所需的时间通常就越长；评分函数越简单，它给出的测量值则越不准确。最准确的评分函数是给每个必胜局赋值 1，给每个必输局赋值 0，这将产生绝对完美的棋局，但我们没有任何现成的方法去计算这个函数。另一个极端是给所有局面都赋予相同的值（“我不知道，那些点心看起来都不错”），这个函数虽然很容易计算，但不会为棋局提供任何有用的建议。

正确的做法介于两者之间。也就是说，你需要找到这样一种方法：它能粗略地判断你采取某个行动的价值，而无须费力地估算它的所有后果。这个行动可能是“做当下你觉得最有意义的事，毕竟你只能活一次”，或者“放弃那本你从上大学开始就一直在读的《荒凉山庄》吧，除非它能让你心生喜悦”，或者“遵从当地神职人员的指引”。这些策略虽然都不完美，但对你而言，它们可能都好过不假思索的行动。

我们很难看出，如何将这种方法应用于像围棋这样的游戏。如果你不是这方面的专家，或者你是一台计算机，棋盘上的棋局就不会让你心生喜悦或备感痛苦。与国际跳棋或国际象棋不同，围棋没有明显的“棋力”概念，持有棋子多的一方通常在某种意义上“占优”。棋局是胜局还是败局，这是一个由棋子布局决定的微妙问题。

告诉大家一个重要的数学策略：如果你不知道该如何试错，不妨试试那些看起来很蠢的事吧。你可以这样做：从一个特定的局面开始，想象阿克巴和杰夫喝得酩酊大醉，以至于失去了所有的策略意识和求胜欲望，但他们还模模糊糊地记得下围棋的规则。换句话说，他们就像卡尔·皮尔逊想象的那个在旷野里游走的醉汉。两个人轮流随机选择合乎规则的着法，棋局刚一结束就双双瘫倒在桌子下面，不省人事。简言之，他们俩完成了一场在围棋树上的随机游走。

醉汉围棋很容易进行计算机模拟，因为它不需要严谨的判断，而只需要了解游戏规则，以及每一步随机选择一种可用的着法。你可以模拟这个游戏，结束后再模拟一次、两次乃至 100 万次，每次都从相同的局面开始。其结果是，有时阿克巴获胜，有时杰夫获胜。而且，阿克巴获胜的比例就是你赋予这个游戏的分值，它可以衡量你认为局面对阿克巴有利的程度。

虽然这种测量方法很粗劣，但它并非一无是处。假设喝得烂醉的阿克巴独自游走在一条前后各有一扇门的长廊里，直到他找到通往其中一扇门的路。一种看似合理的猜测是，阿克巴越靠近前门，他就越有可能从前门出去，尽管他并未想方设法地寻找前门或其他特别的地方。我们可以把这个推理过程反过来：如果阿克巴从前门出来了，这就可以作为他的起始位置更靠近前门的证据（不过，这肯定不能用作证明过程）。

皮尔逊让随机游走理论变得广为人知，但在此之前的几个世纪里，这种推理过程就已经是该理论的一部分了。它甚至能追溯到《创世记》，书中说诺亚厌倦了和几百对动物一起被关在方舟里的生活，于是他派出一只乌鸦去寻找洪水退去后裸露出来的土地。乌鸦“来回”飞行，结果一无所获。接着，诺亚又派出一只鸽子，鸽子“四处”飞行，也没有找到陆地的迹象。当鸽子下一次出去时，它的飞行路线依旧是随机的，但它回来时嘴里衔着一片橄榄叶，诺亚据此推断方舟靠近岸边了。

随机游走理论出现在游戏（尤其是机会游戏）研究中，已经有几百年的历史了。对这些游戏而言，树状图上的游走肯定是随机的，至少是部分随机的。皮埃尔·德·费马除了写信讨论素数之外，还和数学家、神秘主义者布莱士·帕斯卡通信讨论赌徒破产问题。在这个游戏中，阿克巴和杰夫用骰子对赌。赌局开始时，他们各有 12 枚硬币的赌资，轮流掷 3 枚骰子。每当阿克巴掷出 11 点时，就从杰夫那里赢走 1 枚硬币；每当杰夫掷出 14 点时，则从阿克巴那里赢走 1 枚硬币。只要有一人输光硬币并宣告“破产”，游戏就结束了。那么，阿克巴获胜的概率有多大？

这也是一个随机游走问题。游戏开始时两名玩家拥有同样多的赌资，当其中一名玩家掷出获胜点数的次数比另一名玩家多12次时，游戏结束。就 3 枚骰子而言，掷出 11 点的概率大约是 14 点的 2 倍。其中的原因很简单：3 枚骰子的点数之和等于 14 的情况只有 15 种，而 3 枚骰子的点数之和等于 11 的情况有 27 种。所以，我们似乎有理由猜测杰夫在这场游戏中处于劣势。但其劣势有多大呢？这正是帕斯卡向费马提问的问题。事实证明，杰夫破产的可能性是阿克巴的 1 000 多倍！这表明，随机游走理论中的一个不大的偏倚在赌徒破产游戏中被显著放大了。杰夫可能会因为运气好而在阿克巴掷出 11 点之前掷出一两次 14 点，但他的领先优势不可能持续太长时间，更不用说增大到 12 次了。

要弄明白其中的道理，最简单的方法就是换一个十分简单的问题——数学家喜欢称其为“婴儿例子”（baby example）。假设阿克巴和杰夫一起玩赌徒破产游戏，阿克巴有 60% 的概率赢得每一分，而且最先赢得两分的玩家获胜。阿克巴赢得前两分并获胜的概率是 36%（0.6 × 0.6），而杰夫连赢两分并让阿克巴出局的概率只有 16%（0.4 × 0.4）。除去这两种情况，剩下的就是前两次的得分为 1∶1 且游戏继续的情况，其概率为 48%（100% – 36% – 16%）。在接下来的回合中，阿克巴再赢得一分并获胜的概率仍为 60%，占整个游戏的 28.8%（0.48 × 0.6）；而杰夫以 2∶1 获胜的概率为 40%，占整个游戏的 19.2%（0.48 × 0.4）。因此，阿克巴的获胜概率总计为 64.8%（36% + 28.8%），略高于他赢得每一分的概率。如果游戏采用三分制而不是两分制，那你可以用类似的方式计算出阿克巴的获胜概率将上升至 68.3%。游戏时间越长，略占优势的玩家的获胜概率就会越大。[①]

赌徒破产原理是设计体育比赛的基础。为什么我们不通过单局比赛的结果来决定棒球或网球比赛的世界冠军呢？因为其不确定性太大了，在任何一局网球比赛中，高水平选手都有可能失利，而比赛的目的是找出真正的最佳选手。

因此，每盘网球比赛均采用多局制，直到其中一名选手赢得 6 局且领先两局，该盘比赛才会结束。[②]用语言似乎很难解释清楚这些规则，我们还是看一下图 6–6 吧。

① 你可能会注意到这个简单版本的游戏与原始的赌徒破产游戏有所不同。在帕斯卡和费马研究的那个问题中，获胜条件是领先 12 分，而不是最先得到 12 分。婴儿例子更容易用纸笔进行分析。

② 一场网球比赛一般由 1~5 盘构成，每一盘又分成数局。率先赢得规定局数的选手赢得一盘，率先赢得规定盘数的选手赢得比赛。——编者注

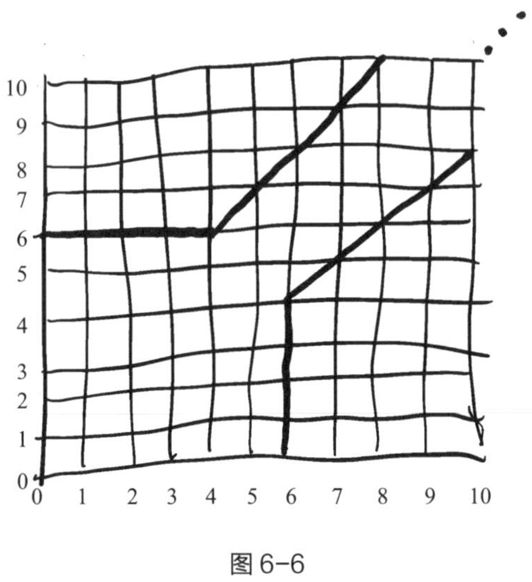

图 6-6

你可以把一盘网球比赛想象成在图 6–6 上进行的随机游走。每局开始后，你要么往上走，要么往右走，一旦触碰到两条边界中的任意一条就要停下来，其中一个选手“破产”。如果选手A比选手B水平高一点儿（也就是说，往上走的可能性大于往右走），他最终触碰到上边界的可能性就会远大于右边界。[①]图中的狭长“走廊”可以沿对角线方向无限延伸，所以一盘网球比赛的时长没有明确的边界。除非选手实力势均力敌，否则沿着这条走廊游走可能很快就会触碰到边界。但耗时很长的网球比赛也不鲜见。2010 年 6 月 23 日，约翰 · 伊斯内尔和尼古拉斯 · 马胡在温布尔登网球锦标赛上狭路相逢。双方打得难解难分，几个小时过去了。太阳西沉，球场上的记分牌达到设定的最大值后也自动关闭了。到了晚上 9 点左右，双方在决胜盘打成了 59 : 59。由于天色太暗，比赛暂停。第二天下午，伊斯内尔和马胡继续鏖战，并且交替领先。最终，在 6 月 24 日傍晚，伊斯内尔反手击球得分，拿下了决胜盘的第 138 局比赛，以 70 : 68 的成绩获胜。伊斯内尔说：“这样的事情再也不会发生

① 网球迷注意到轮流发球会增加随机游走的复杂程度，事实的确如此，但这并没有改变其数学本质。

了，永远不会。”

但它还会发生！以这种方式设计一项运动似乎有些古怪，但我觉得它是网球魅力的一部分。没有计时器，没有蜂鸣器，也没有局数限制，比赛结束的唯一条件就是有选手赢了。

大多数体育锦标赛的赛制都不一样。当两支棒球队在世界职业棒球大赛中对垒时，冠军是最先赢得 4 局的球队。一场比赛不可能超过 7 局，如果两队各赢 3 局，下一局就会决出冠军。也就是说，棒球大赛不可能无休止地进行下去，变成像伊斯内尔和马胡的决胜盘那样长达 138 局的“超级马拉松”。与网球锦标赛相比，世界职业棒球大赛的边界有着截然不同的几何形状（见图 6–7）。

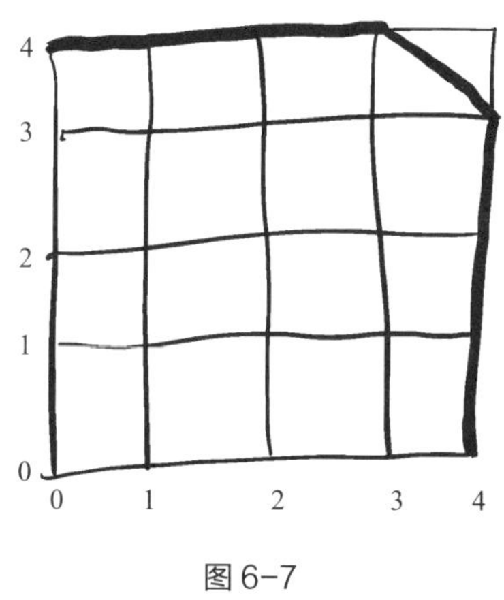

图 6–7

我们又回到了准确度和速度的取舍问题上。你可以把一盘网球比赛想象成一个算法，它的目的是弄清楚哪位选手的水平更高，就像世界职业棒球大赛是确定哪支球队水平更高的算法一样。（体育赛事不仅是一个算法，它还致力于提供娱乐、产生税收、安抚情绪高涨的民众等，算法只是它的诸多功能之一。）作为算法，一盘网球比赛需要花费更长的时间才能计算出结果，因此它可以更准确地厘清选手之间的细微差别；而世界职业棒球大赛的准确度较低，但计算速度更快。造成两者之间差异的原因在于边界的几何形状：是像世界职业棒球大赛那样方正、粗钝，还是像网球比赛那样细长、尖锐呢？而且，它们不是你仅有的两种选择。

你可以通过选择你喜欢的边界形状，在准确度和速度之间做出取舍。我一直很喜欢图 6–8 所示的边界形状：

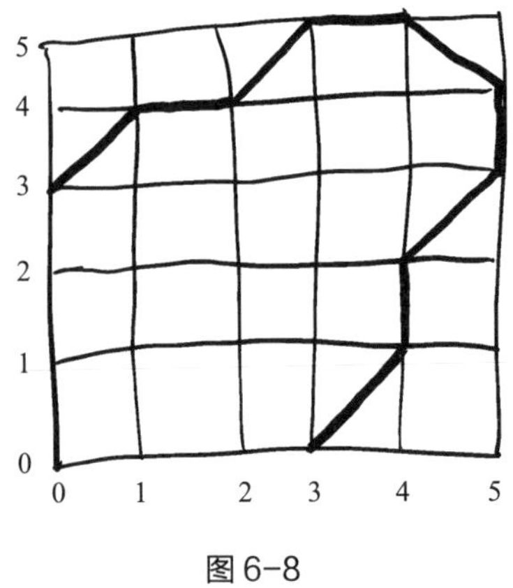

图 6–8

棒球比赛中有一项“怜悯规则”（mercy rule）：如果一支球队连输 3 局，他们就输掉了整场比赛。相反，如果两支球队各赢 3 局，就表明双方势均力敌，在这种情况下，其中一支球队必须赢 5 局才能夺冠。是的，你可能错过那些罕见而激动人心的时刻了，例如，2004 年波士顿红袜队在 0∶3 落后的情况下绝地逆转，夺得美国联盟冠军系列赛的桂冠。但是，这种情况几乎再未发生过。既然第 8 局和“赢者通吃”的第 9 局比赛只在两支势均力敌的球队之间才会进行，我们为此付出的代价是不是太大了？

无限维度的策略空间

现在，回到围棋上来。我们已经看到，随机游走的结果会为你判断开局提供一些线索。因此，我们可以做出一个合理的猜测：如果某个局面有可能让阿克巴意外获胜，并且他尝试了相应的着法，他就真有可能获胜。你可以运用这种策略下围棋，每一步都朝着使醉汉围棋分值最大化的布局行棋，测试一下它的效果。事实证明，只要是会下围棋的对手，无论他水平高低，你采用这种策略都无法打败他，但你的表现会比什么都不懂的初学者好一些。

更好的策略是，把醉汉的随机游走与我们分析尼姆树时使用的方法结合起来，如图 6–9 所示。

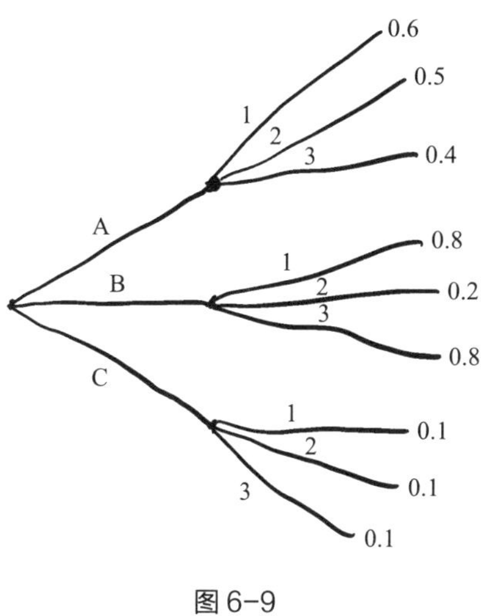

图 6-9

是时候跟大家说点儿我的个人经历了。我不会下围棋，输给表弟扎卡里的那回是我最后一次玩这个游戏，我甚至不记得它的规则了。但这无关紧要，我肯定能写好关于围棋的这部分内容，因为不管你是否知道规则，树状图都会告诉你该做什么。这幅树状图可以是围棋树、国际跳棋树或尼姆树，因为分析方法完全一样。在树状图上，与策略选择相关的所有事都包含在树枝的模式和树叶上的数字中。所以，树状图的几何结构至关重要。

树叶上的数字表示不同着法对应的醉汉围棋分值。如果开局时阿克巴使用了着法 A，杰夫跟着使用了着法 1，此后他们开始了随机游走，那么最终阿克巴获胜的概率为 60%。因此，A1 的醉汉围棋分值是 0.4。（记住，一个着法的醉汉围棋分值代表了杰夫打败阿克巴的概率，而不是相反的情况。）

但是，着法 A 的醉汉围棋分值并不高。假设杰夫喝醉了，轮到他行棋时他开始了随机游走，那么棋局有 1/3 的概率变成 A1，有 1/3 的概率变成A2，有 1/3 的概率变成A3。如果我们下 300 次醉汉围棋，就会有 100 次[①]结束于A1 棋局，其中阿克巴赢 60 次。此外，阿克巴会在A2 棋局中赢 50 次，在A3 棋局中赢 40 次，总计 150 次，正好是 300 次的 1/2。所以，着法A的醉汉围棋分值是 0.5。同样，我们可以算出着法B的分值是 0.4，着法C的分值是 0.9。

阿克巴如何玩这个游戏，取决于他们俩何时开始喝酒。如果他只看围棋树的第一层级树枝，并认为随机游走是从那里开始的，他就会选择着法B，即醉汉围棋分值最低的那一个。但如果阿克巴沿着树状图继续往下分析，那么他的推理过程如下。要是阿克巴选择着法B的话，最有可能会发生什么情况？头脑清醒的杰夫肯定会选择B2，这样阿克巴的获胜概率就只有 20%。即便如此，那也好过选择糟糕的着法C。如果他选择着法C，不管杰夫接下来怎么做，阿克巴的获胜概率都只有 10%。但如果阿克巴选择了着法A，杰夫的发挥空间就不大了，而阿克巴最好的选择是让棋局变成A1，他的获胜概率为 60%。因此，如果阿克巴在喝醉之前考虑了两步棋而不是一步，他就会发现更好的着法是A而不是B。

当然，做更深入的分析可能效果更佳。在随机游走的情况下，B2 棋局的结果对阿克巴来说非常糟糕。原因可能在于，它是一种客观上对阿克巴不利的情况；原因也可能在于，面对这个局面，阿克巴有一个极好的着法和许多糟糕的着法。对随机游走的阿克巴来说，这是一个糟糕的局面，因为他选择那个好着法的概率非常低。而对能考虑到下一步棋怎么走的阿克巴来说，这是一个非常好的局面。

这种混合策略仍严重依赖于半清醒半荒谬的醉汉围棋法。但令人惊讶的是，就在几年前，以该策略为核心的围棋计算机程序竟然成为该领域的佼佼者，并参加了业余段位的比赛。

但是，迫使李世石退役的新一代围棋机器并没有采取这种策略。它们仍然利用评分函数去评价某个局面“对阿克巴有利”或“对阿克巴不

① 更确切的说法是：如果我们重复这个实验许多次，那么棋局变成A1 的平均次数很可能会趋于 100 次。

利”，并决定下一步棋的着法。不过，阿尔法围棋使用的评分机制，比你从随机游走策略中获取的所有信息都要好得多。如何建立这样的机制呢？你肯定已经知道我要说的答案了，就是几何学。不过，它是更高阶的几何学。

无论是下井字棋、国际跳棋、国际象棋还是围棋，你都要从了解棋盘的几何图形开始。在此基础上，你可以根据游戏规则进一步研究树状图的几何结构。理论上，树状图包含关于完美游戏策略的一切信息。但是，如果完美策略很难通过计算方法找到，你就会满足于找到一个近乎完美的策略，以提供高质量的游戏玩法。

当我们不知道且几乎不可能知道完美策略是什么的时候，要想找到一个近乎完美的策略，就必须探索一种新的几何结构——策略空间的几何图形，它比树状图还难画。在这个无限维度的抽象空间中，想要找到比马里恩·廷斯利或李世石凭借敏锐的经验直觉设计出的制胜策略还要好的决策方案，这无异于大海捞针。

我们该如何做呢？归根结底，我们需要那种最原始和最强大的方法——试错法。接下来，我们看看它是如何发挥作用的。

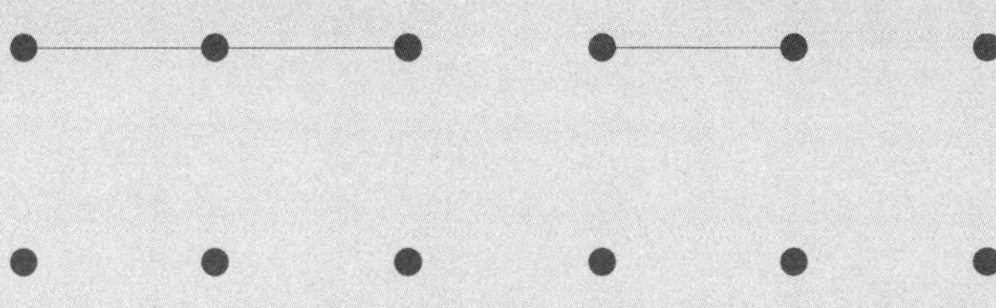

第 7 章

机器学习如同登山

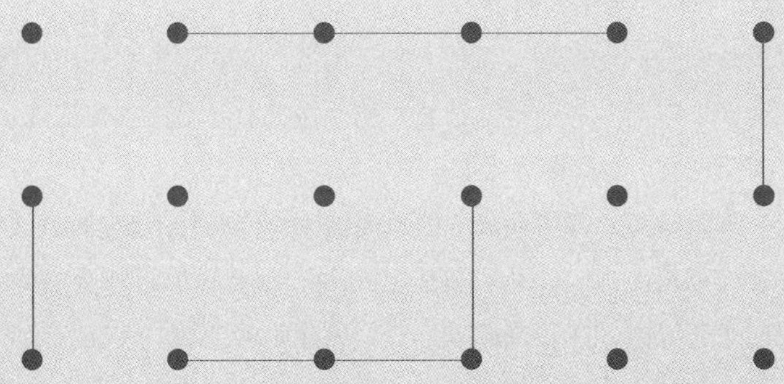

我的朋友梅瑞迪斯·布鲁萨德是纽约大学的一位教授，她的专业研究领域是机器学习及其社会影响。不久前，她接受了一项任务：用大约两分钟的时间在电视上向全美观众解释人工智能的定义及其工作原理。

她向采访她的主持人解释说，人工智能不是杀手机器人，也不是智力让人类相形见绌但没有感情的人形机器人。她告诉主持人："我们只需要记住一点，它的基本原理就是数学，没什么可怕的！"

主持人痛苦的表情暗示了，他们宁愿谈论杀手机器人。

但梅瑞迪斯的回答一语中的。既然我不用遵守两分钟的时间限制，就让我接过这项任务，解释一下机器学习的数学原理吧，因为这个"伟大的创意"比你想象的要简单。

假设你不是一台机器，而是一名登山者，正在努力地往山顶爬。但你没带地图，四周又都是树木和灌木丛，也没有什么有利位置能让你看到更广阔的风景。在这种情况下，你该如何登顶呢？

有一种策略是，评估你脚下的地面坡度。当你往北走的时候，地面坡度可能会略微上升，当你往南走的时候，地面坡度可能会略微下降。当你转向东北方时，你发现那里有一个更陡峭的上坡。你在一个小圈里走来走去，勘察了你可能前往的所有方向，并发现其中一个方向的上坡是最陡峭的，于是你朝那个方向走了几步。然后，你再画一个圈，并从你可能前往的所有方向中选出最陡峭的上坡，以此类推。

现在，你知道机器学习的工作原理了吧！

好吧，也许还不止这些，但这个叫作"梯度下降法"的概念是机器学习的核心。它其实是一种试错法：你尝试一堆可能的行动方案，然后从中选出最有助于你摆脱困境的那个。与某个方向相关的“梯度”是一个数学概念，它是指“当你朝那个方向走一小步时，高度会发生多大的变化”，也就是你走的那条路的地面坡度。梯度下降法是一种算法，它利用数学语言制定了“一条明确的规则，告诉你在你可能遇到的各种情况下应该怎么做”。这条规则是：考虑你可以朝哪些方向走，找出其中梯度最大的那个，并朝那个方向走几步；重复上述步骤。

把你前往山顶的路线绘制到地形图上，大致的样子如图 7–1 所示。[①]

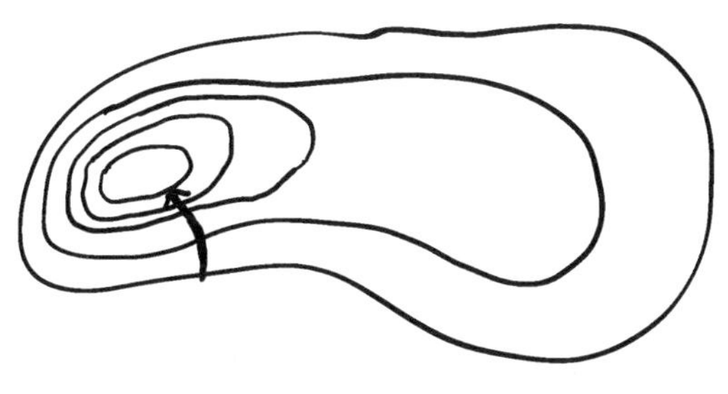

图 7–1

可以看出，对爬山而言这可能是个好主意，但它与机器学习又有什么关系呢？

假设我不是一名登山者，而是一台尝试学些东西的计算机，并且可能是我们在前文中遇到过的机器之一，例如阿尔法围棋（棋艺比大师级人类棋手还高超的围棋机器人）或GPT-3（能生成一长串看似合理且令人不安的英语文本的人工智能语言模型）。但一开始，先假设我是一台尝试学习猫是什么的计算机。

我该怎么做？答案是：采取类似于婴儿的学习方法。在婴儿生活的世界里，经常有大人指着他们视野中的某个东西说“猫”。你也可以对计算机进行这样的训练：给它提供 1 000 幅猫的图片，这些猫的姿态、亮度和情绪各不相同。你告诉计算机：“所有这些都是猫。”事实上，如果你真想让这种方法行之有效，就要另外输入 1 000 幅非猫的图片，并告诉计

① 这又是一个很棒的几何图形。当你利用梯度下降法来指引方向时，你在地形图上的路线必定与等高线垂直。

算机哪些是猫而哪些不是。

机器的任务是制定一个策略，使它能够自行区分哪些是猫而哪些不是。它在所有可能的策略之间徘徊，试图找到最好的那个，即识别猫的准确度达到最高。它是个准登山者，所以它可以利用梯度下降法确定行进路线。你选择了某个策略，将自己置于对应的环境中，然后在梯度下降规则的指引下前行。想一想你对当前策略可以做出哪些小改变，找出能为你提供最大梯度的那个，并付诸行动；重复上述步骤。

贪婪是相当好的东西

这句话听起来颇有道理，但随后你会发现自己并不明白它的意思。例如，什么是策略？它必须是计算机可以执行的东西，而这意味着它必须用数学语言来表达。对计算机而言，一幅图片就是一长串数字。如果这幅图片是 600×600 像素的网格，那么每个像素都有一个亮度，它们的值在 0（纯黑）到 1（纯白）之间。只要知道这 36 万（600×600）个数字，就能知道这幅图片是什么内容了。（或者，至少知道它的黑白图像是什么样子。）

策略是一种将输入计算机的 36 万个数字转变成“猫”或“非猫”（用计算机语言来说就是“1”或“0”）的方法。用数学术语来表达的话，策略就是一个函数。事实上，为了更贴近心理现实，策略的输出可能是一个介于 0 和 1 之间的数，它代表了当输入是一幅模糊的猞猁或加菲猫枕头图片时，机器可能想表达的不确定性。当输出是 0.8 时，我们应该将其解读为“我几乎可以肯定这是一只猫，但仍心存疑虑”。

例如，你的策略可能是这样一个函数：“输出你输入的 36 万个数字的平均值”。如果图片是全白的，函数给出的结果就是 1；如果图片是全黑的，函数给出的结果就是 0。总的来说，这个函数可以测量计算机屏幕上图片的总体平均亮度。这跟图片是不是猫有什么关系？毫无关系，我可没说它是一个好策略。

我们如何衡量一个策略是否成功呢？最简单的方法是，看看那台已学习过 2 000 幅猫和非猫图片的计算机接下来的表现。对于每幅图片，我们都可以给策略打一个“错误分数”[①]。如果图片是猫且策略的输出是 1，那么错误分数为 0，也就是说答案正确。如果图片是猫而策略的输出是 0，那么错误分数为 1，这是最坏的一种可能。如果图片是猫而策略的输出是 0.8，那么答案近似正确但带有些许不确定性，错误分数为 0.2。[②]

把用于训练的所有 2 000 幅图片的错误分数加总，就会得到总错误分数，它可以衡量你的策略是否成功。你的目标是找到一个总错误分数尽可能低的策略，怎样才能让策略不出错呢？这就要用到梯度下降法了，因为现在你已经知道策略随着你的调整而变得更好或更差意味着什么。梯度测量的是当你对策略稍做改变时错误分数的变化幅度，在你能对策略做出的所有小改变中，选出可使错误分数下降幅度最大的那个。

梯度下降法不仅适用于猫，只要你想让机器从经验中习得策略，它就通通适用。也许你想要一个电影评分策略，在输入某个人对 100 部电影的评分后，预测他对一部尚未看过的电影的评分。也许你想找到一个下跳棋或围棋的策略，在输入一个棋局后，输出令你的对手必败的着法。也许你想要一个安全驾驶策略，在输入行车记录仪录制的视频后，输出一个转向动作，避免汽车撞到垃圾箱。随便你！无论你想要什么，都可以从拟定策略开始，评估哪个小改变可以最大程度地降低错误分数，并付诸行动；重复上述步骤。

在这里，我不想低估计算方面的挑战。那台学习识别猫的计算机更有可能用数百万幅图片来训练自己，而不只是 2 000 幅。这样一来，计算总错误分数时可能就需要加总 100 万个错误分数。即使你拥有一台强大的处理器，也需要花不少时间！所以在实践中，我们经常使用梯度下降法的变体之一——随机梯度下降法。这种方法涉及数不清的微小变化和错误分数，但它的基本理念是：第一步，你从大量的训练图片中随机选择一幅（比如，一只安哥拉猫或一个鱼缸的图片），然后采取可使这幅图

① 现实世界中的计算机科学家通常称之为“损失”。

② 衡量错误程度的方法有很多种，这里说的并不是实践中最常用的那种，但它更易于描述。

片的错误分数降至最低的那个步骤，而不是把所有的错误分数加在一起。第二步，再随机选择一幅图片，重复上述做法。随着时间的推移（因为这个过程要进行很多步），最终所有图片可能都会被考虑到。

我喜欢随机梯度下降法的原因在于，它听上去很疯狂。例如，想象一下，美国总统正在制定全球战略，一群下属围在他身边大喊大叫，建议总统以符合他们自身特殊利益的方式调整政策。总统每天随机选择一个人，听取他的建议，并对政策做出相应的改变。用这种方法管理一个大国是极其荒谬的，但它在机器学习方面却行之有效！

到目前为止，我们的描述缺失了一个重要因素：你如何知道何时该停止呢？你也许会说，很简单啊，当我们做出任何小改变都不能使错误分数降低时，就可以停止了。但有一个大问题：你可能并未真正"登顶"！

如果你是图 7–2 中那个快乐的登山者，向左走一步或向右走一步，你会看到这两个方向都不是上坡。这就是你快乐的原因：你自认为已经登顶了！

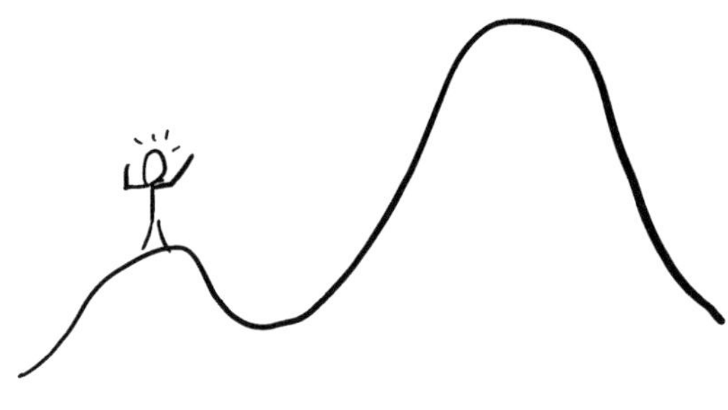

图 7–2

但事实并非如此。真正的峰顶还很遥远，而梯度下降法不能帮你到达那里。你掉进了数学家所说的"局部最优值"[①]陷阱，在这个位置上，任何小变化都不能产生改善效果，但它远非真正的最佳站位。我喜欢把局部最优值看作拖延症的数学模型。假设你必须面对一项令人厌烦的任务，例如，整理一大摞资料，其中大部分与你多年来一直想达成的目标

① 局部最优值也叫局部极大值或局部极小值，它取决于你的目标是冲顶还是触底。

有关，扔掉它们则代表你最终选择妥协，不打算继续坚持下去了。每一天，梯度下降法都会建议你采取某个小行动，从而最大程度地提升你当天的幸福感。整理那一大摞资料会让你感到快乐吗？不，恰恰相反，它让你感觉很糟糕。推迟一天完成这项任务是梯度下降法对你的要求，第二天、第三天、第四天……算法每天都会给你同样的建议。就这样，你掉进了局部最优值——低谷——的陷阱，要想登上更高的山峰，你必须咬牙穿过山谷，那也许是很长的一段路，而且你得先往下走再往上爬。梯度下降法也被称为"贪婪的算法"，因为它每时每刻都会选择能使短期利益最大化的步骤。贪婪是罪恶之树上的主要果实之一，但有一个关于资本主义的流行说法称"贪婪是好东西"（greed is good）。在机器学习领域，更准确的说法是："贪婪是相当好的东西。"梯度下降法可能会导致你陷入局部最优值陷阱，但相较于理论层面，这种情况在实践中发生的次数并不多。

想绕过局部最优值，你需要做的就是暂时收起你的贪婪。所有好的规则都有例外。例如，在你登顶后，你可以不停下脚步，而是随机选择另一个地点，重启梯度下降法。如果每次的终点都是同一个地方，你就会更加确信它是最佳地点。在图 7–2 中，如果登山者从一个随机地点开始使用梯度下降法，他就更有可能登上那座大山峰，而不是困在那座小山峰上。

在现实生活中，你很难将自己重置于一个完全随机的人生位置上。更加切实可行的做法是，从你当前的位置随机迈出一大步，而不是贪婪地选择一小步。这种做法通常足以把你推到一个全新的位置上，向着人生巅峰迈进。当我们向朋友圈外的陌生人寻求人生建议，或者从倾斜策略选项卡中抽取卡片（上面有各种格言，例如"使用让人无法接受的颜色""最重要的事也是最容易忘却的事""无穷小变换""抛弃公理"等，旨在让我们从局部最优值的陷阱中挣脱出来）时，就相当于从当前位置随机迈出了一大步。倾斜策略的名称本身就暗示了它会将你引向一条不同寻常的人生道路。

我是对还是错?

还有一个大问题。我们愉快地决定考虑所有可能的小改变，看看其中哪一个能带来最优梯度。如果你是一名登山者，摆在你面前的就是一个明确的问题：你在一个二维空间中选择下一步的行动方向，这相当于在指南针上的一圈方向中择其一，而你的目标是找出具有最优梯度的那个点。

但事实上，给猫图片评分的所有可能策略构成了一个十分巨大的无限维空间。没有任何方法能将你的所有选择考虑在内，如果你站在人的角度而不是机器的角度，就会发现这一点显而易见。假设我正在写一本关于梯度下降法的自助类书籍，并且告诉你：“想要改变你的人生，做法很简单。仔细考虑有可能改变你人生的所有方法，然后从中选择效果最好的那个，这样就可以了。”你看完这句话肯定会呆若木鸡，因为所有可能改变你人生的方法构成的空间太大了，根本无法穷尽搜索。

如果通过某种非凡的内省法，你可以搜遍这个无限维空间呢？那样的话，你还会碰到另一个问题，因为下面这个策略绝对可以使你的过往人生经历的错误分数降至最低。

> **策略：**如果你将要做的决策和你以前做的某个决策完全相同，就把你现在考虑的这个决策视为正确的决定。否则的话，抛硬币决定吧。

如果换成学习识别猫的那台计算机，上述策略就会变成：

> **策略：**对于在训练中被识别为猫的图片，输出“猫”。对于被识别为非猫的图片，输出“非猫”。对于其他图片，抛硬币决定吧。

这个策略的错误分数为0！对于训练中使用的所有图片，这台计算机都会给出正确的答案。但如果我展示一幅它从未见过的猫图片，它就会抛硬币决定。如果有一幅图片我展示过并告诉它那是猫，但在我把这幅图片旋转 0.01 度后，它也会抛硬币决定。如果我向它展示一幅电冰箱的图片，它还是会抛硬币决定。它所能做的只是精确地辨识出我展示过的有限的猫和非猫图片，这不是学习，而是记忆。

我们已经看到了策略失效的两种方式，从某种意义上说它们是两个极端。

1. 在你遇到过的许多情况下，这种策略都是错的。
2. 这种策略只适用于你遇到过的情况，但对于新情况它一无是处。

前一个问题叫作“欠拟合”，是指你在制定策略时没有充分利用你的经验。后一个问题叫作“过拟合”，是指你太过依赖自己的经验。我们如何在这两个无用的极端策略之间找到一个折中的策略呢？答案是：让这个问题变得更像登山。登山者搜索的是一个非常有限的选择空间，我们也可以这样，前提条件是我们要对自己的选择加以限制。以我的那本关于梯度下降法的自助类书籍为例，我不再建议读者把他们可能采取的所有干预措施都梳理一遍，而是告诉他们只考虑一个维度。例如，对上班族父母来说，如何平衡工作需求与子女需求之间的关系。这是选择的维度之一，也是你的人生机器上你能转动的一个旋钮。你可能会问自己：回顾过往的人生经历，在转动这个旋钮时，我想让它倾向工作还是倾向子女？

我们本能地知道这一点。在思考如何评估自己的人生策略时，我们通常使用的比喻是在地球表面选择方向，而不是在无限维空间中随机游走。美国诗人罗伯特·弗罗斯特将其比作“两条分岔路”。传声头乐队（Talking Heads）的歌曲《一生一次》（Once in a Lifetime）犹如弗罗斯特的诗《未选择的路》（*The Road Not Taken*）的续作，你仔细品读就会发现，这首歌描绘的正是梯度下降法：

你可能会问自己
那条公路通向哪里？
你可能会问自己
我是对还是错？

你可能会对自己说
天啊！我到底做了什么？

你不必把自己的选择局限于一个旋钮。常见的自助类书籍可能会提供多份问卷，用于评估以下问题：当你转动旋钮时，你想让它倾向子女而远离工作，还是正相反？你想让它倾向子女还是配偶？你想让它倾向雄伟的抱负还是安逸的生活？但没有一本自助书会包含无穷多份问卷，无论它的内容有多么权威。这些书从无穷多个可能改变你人生的旋钮中，选择了有限数量的方向供你参考。

自助类书籍的好坏取决于它们是否选择了好的旋钮。你是否应该多读简·奥斯汀的书而少读安东尼·特罗洛普的书？你是否应该多看曲棍球比赛而少看排球比赛？如果问卷里都是诸如此类的问题，那么它们可能无法帮助大多数读者解决他们最关切的问题。

线性回归是选择旋钮的最常用方法之一。当统计学家寻找可根据一个已知变量的值预测另一个变量的策略时，线性回归也是他们的首选工具。例如，一个吝啬的棒球队老板可能想知道，球队的胜率对比赛门票的销量会产生多大的影响。他不想在球场上投入太多的人力物力，除非它们能有效地转化成上座率。

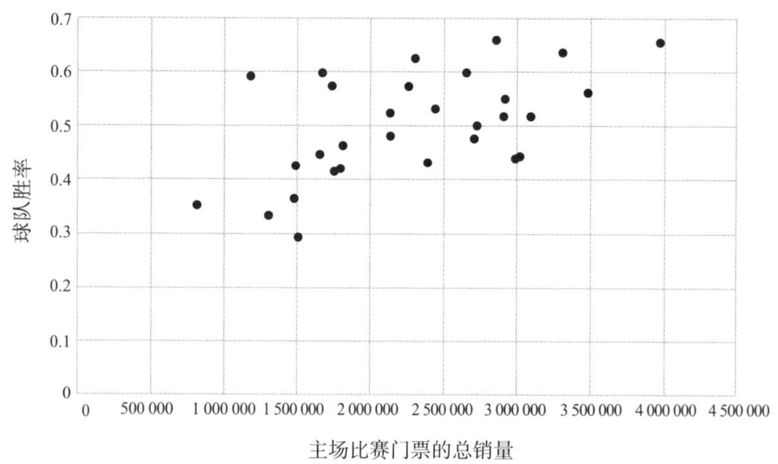

图 7-3　美国职业棒球大联盟 2019 赛季的主场上座人数 vs 球队胜率

图 7–3 上的每个点分别代表一支球队，纵坐标表示这些球队在 2019 赛季的胜率，横坐标表示这些球队的主场上座人数。你的目标是找到一个能根据球队胜率预测主场上座人数的策略，你允许自己考虑的选择空间很小，而且其中的策略都是线性的。

主场上座人数 = 神秘数字 1 × 球队胜率 + 神秘数字 2

任意一个类似的策略都对应着图中的一条直线，你希望这条线能尽可能地匹配你的数据点。两个神秘数字就是两个旋钮，你可以通过上下转动旋钮实现梯度下降，直到你无法通过任何微调降低策略的总体错误分数。[①]

最终，你会得到一条如图 7–4 所示的直线。

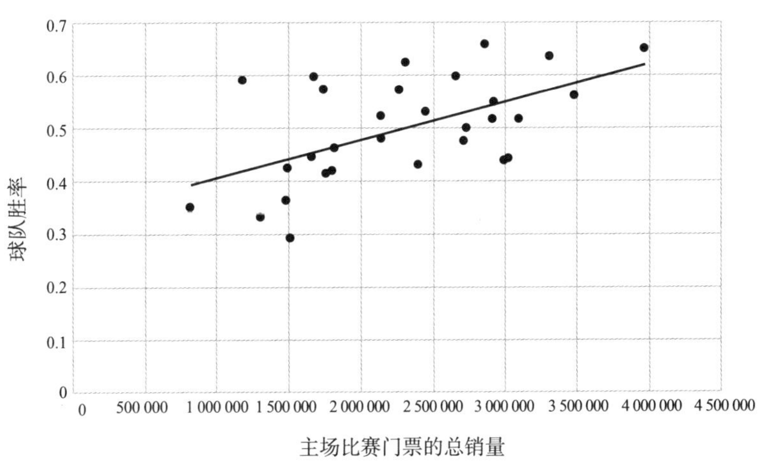

图 7–4　美国职业棒球大联盟 2019 赛季的主场上座人数 vs 球队胜率

你可能会注意到，即使是错误分数最低的直线，其误差也不小。这是因为，现实世界中的大多数关系都不是严格意义上的线性关系。我们可以试着纳入更多的变量（比如，球队体育场的大小应该是一个相关变

① 在这里，效果最佳的错误分数是所有球队的线性策略预测值与真实值之差的平方和，所以这个方法通常被称为“最小二乘法”。最小二乘法历史悠久，发展至今已十分完善，用它来寻找最优直线的速度比梯度下降法快得多，但梯度下降法仍行之有效。

量）作为输入来解决这个问题，但线性策略的最终效果仍然有限。例如，这个策略不能告诉你哪些图片是猫。在这种情况下，你不得不冒险进入非线性的狂野世界。

深度学习和神经网络

在机器学习领域，正在研发的一种最重要的技术叫作“深度学习”。打败李世石的阿尔法围棋、特斯拉的自动驾驶汽车、谷歌翻译，都依赖这种技术的驱动。它有时以一种先知的姿态出现在人类面前，自动地、大规模地提供非凡的洞见。这种技术还有一个名称——“神经网络”，就好像这种方法能以某种方式自行捕获人类大脑的运行方式一样。

但事实并非如此。正如梅瑞迪斯·布鲁萨德所说，它的原理只是数学，甚至不是最新的数学。这一基本概念早在20世纪50年代末就出现了，从我1985年收到的那堆成人礼的礼物中，你也能看到与神经网络结构类似的东西。除了支票、几个圣杯和20多支高仕笔外，我还收到了父母送的也是我最想要的礼物——雅马哈DX21合成器，它至今还在我的家庭办公室里。早在1985年就能拥有一台合成器，而不是电子琴，这让我感到非常自豪。你不仅能用DX21合成器弹奏出钢琴、小号和小提琴的音色，还可以用它制作你想要的音色，前提是你能掌握那本70页说明书的晦涩内容，其中包含了很多如图7–5所示的图片。

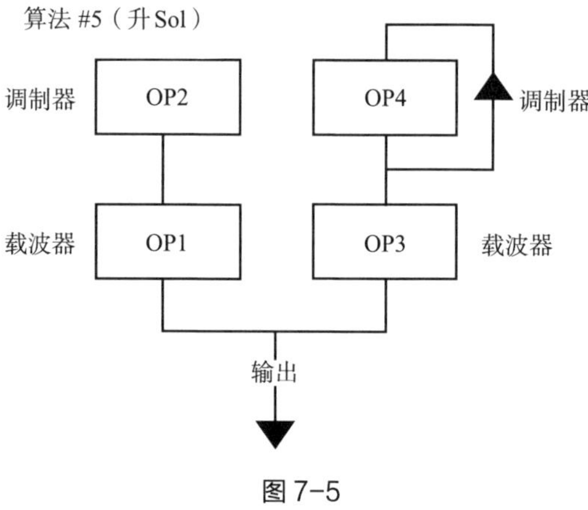

图 7–5

每个“OP”盒子代表一个合成器波，你可以通过转动盒子上的旋钮，让声音变得更响亮、更柔和、随时间淡出或淡入，等等。这些都稀松平常，而DX21 真正神奇的地方在于它和操作者之间的连接。图 7–5 展示了一个鲁布 · 戈德堡机械式的过程，从OP1 发出的合成器波不仅取决于这个盒子上你可以转动的那些旋钮，还取决于OP2 的输出。合成器波甚至可以自行调节，附属于OP4 的“反馈”箭头代表的就是这种功能。

通过转动每个盒子上的几个旋钮，你可以获得范围极其广泛的输出。这给了我尝试的机会，自己动手制作新的音色，例如“电击死亡”和“太空霹雳”。[①]

神经网络跟我的合成器很像，它是由几个小盒子构成的网络，如图 7–6 所示。

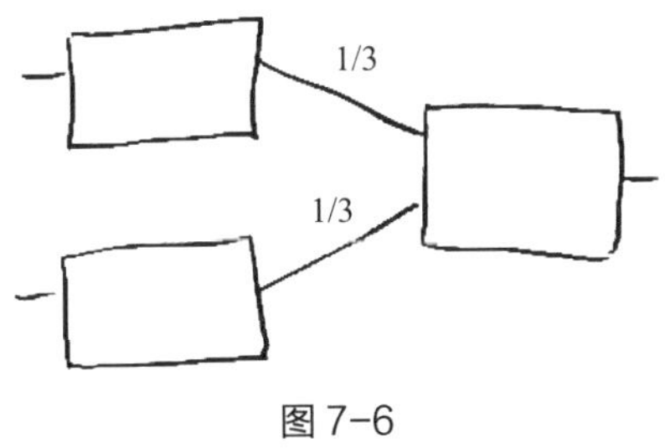

图 7–6

所有盒子的功能都相同：如果输入一个大于或等于 0.5 的数字，它们就会输出 1；否则，它们就会输出 0。用这种盒子作为机器学习基本元素的想法，是在 1957—1958 年由心理学家弗兰克 · 罗森布拉特提出来的，他视其为神经元工作原理的一个简单模型。盒子静静地待在那里，一旦接收到的刺激超过某个阈值，它就会发射一个信号。罗森布拉特把这类机器称作“感知机”。为了纪念这段历史，我们仍然称这些假神经元网络为“神经网络”，尽管大多数人不再认为它们是在模拟人类的大脑硬件。

---

① 因为有些读者不认识我，所以我要补充说明一下：收到成人礼的礼物，说明我那一年 13 岁。

数字一旦从盒子中输出，就会沿着盒子右侧的任意箭头运动。每个箭头上都有一个叫作“权重”的数字，当输出沿箭头呼啸而过时，就会乘以相应的权重。每个盒子把从其左侧进入的所有数字加总，并以此作为输入。

每一列被称为一层，图 7–6 中的网络有两层，第一层有两个盒子，第二层有一个盒子。你先向这个神经网络输入两个数字，分别对应第一层的两个盒子。以下是有可能发生的情况：

1. 两个输入都不小于 0.5。第一层的两个盒子都输出 1，当这两个数字沿着箭头移动时，都变为 1/3，所以第二层的盒子接收到 2/3 作为输入，并输出 1。

2. 一个输入不小于 0.5，另一个输入小于 0.5。那么，两个输出分别是 1 和 0，所以第二层的盒子接收到 1/3 作为输入，并输出 0。

3. 两个输入都小于 0.5。那么，第一层的两个盒子都输出 0，第二层的盒子也输出 0。

换句话说，这个神经网络是一台机器，它接收到两个数字作为输入，并告诉你它们是否都大于 0.5。

图 7–7 是一个略显复杂的神经网络。

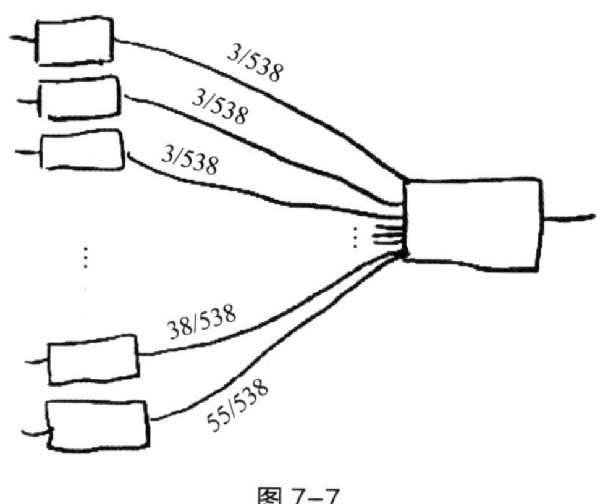

图 7–7

该神经网络的第一层有 51 个盒子，它们都向第二层的那个盒子输入数字。但箭头上的权重不同，最小的权重为 3/538，最大的权重为 55/538。这台机器在做什么？它将 51 个不同的数字作为输入，并激活每个输入大于 0.5 的盒子。然后，它对这些盒子进行加权计算，检验它们的和是否大于 0.5。如果是，就输出 1；如果不是，则输出 0。

我们可以把它称作“两层罗森布拉特感知机”，但它还有一个更常用的名称——“选举人团制度”。51 个盒子代表美国的 50 个州和华盛顿特区，如果共和党候选人在某个州获胜，代表该州的盒子就会被激活。把所有这些州的选举人票数加总后除以 538，如果结果大于 0.5，共和党候选人就是赢家。

图 7–8 是一个更现代的例子，它不像选举人团制度那样易于用语言来描述，但它与驱动机器学习不断进步的神经网络更加接近。

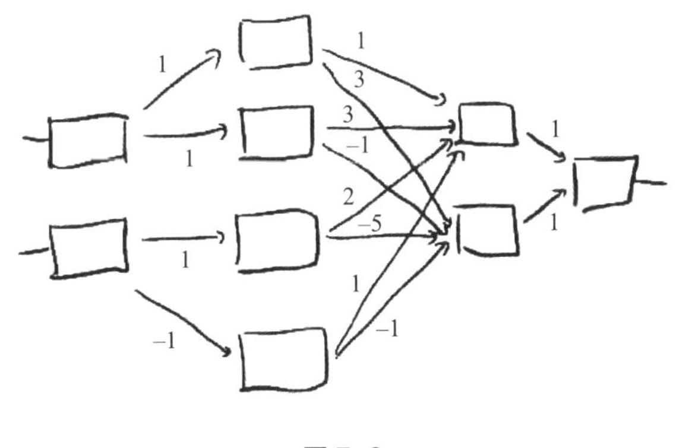

图 7–8

图 7–8 中的盒子比罗森布拉特感知机的盒子更精致。盒子接收到一个数字作为输入，并输出该数字和 0 中较大的那个。换句话说，如果输入是一个正数，盒子就会原封不动地输出这个数字；但如果输入是一个负数，盒子就会输出 0。

我们来试试这个装置（见图 7–9）。假设我先向最左边一层的两个盒子分别输入 1 和 1。这两个数字都是正数，所以第一层的两个盒子都会输出 1。再来看第二层，第一个盒子接收到的数字是 1 × 1 = 1，第二个盒

子接收到的数字是 $-1 \times 1 = -1$。同理，第二层的第三个盒子和第四个盒子接收到的数字分别是 1 和 − 1。1 是正数，所以第一个盒子输出 1。但第二个盒子接收到的输入是一个负数，未能被触发，所以它输出 0。同样地，第三个盒子输出 1，第四个盒子输出 0。

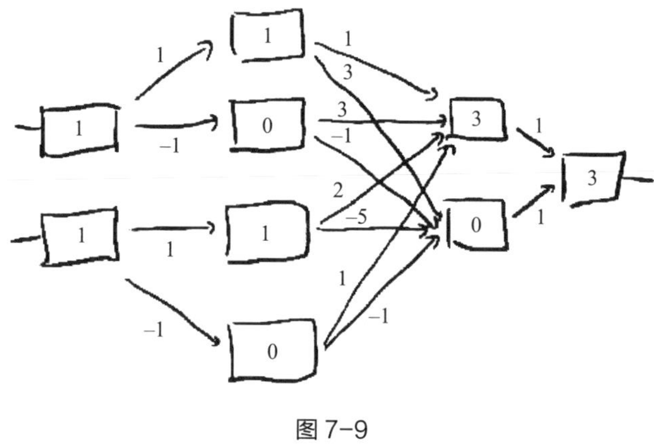

图 7–9

接着看第三层，上面的盒子接收到的数字是 $1 \times 1 + 3 \times 0 + 2 \times 1 + 1 \times 0 = 3$，下面的盒子接收到的数字是 $3 \times 1 - 1 \times 0 - 5 \times 1 - 1 \times 0 = -2$。所以，上面的盒子输出 3，下面的盒子未能被触发，输出 0。最后，第四层的那个盒子接收到的两个输入之和为 $1 \times 3 + 1 \times 0 = 3$。

即使你未关注到这些细节，也没有关系。重要的是，神经网络是一个策略，它接收到两个数字作为输入，并返回一个数字作为输出。如果你改变箭头上的权重，也就是说，如果你转动 14 个旋钮，就会改变这个策略。图 7–9 为你提供了一个十四维空间，让你根据既有的数据从中找出最适合的策略。如果你觉得很难想象出十四维空间的样子，我建议你听从现代神经网络理论的创始人之一杰弗里 · 辛顿的建议："想象一个三维空间，并大声对自己说 '这是十四维空间'。所有人应该都能做到这一点。" 辛顿来自一个高维空间爱好者家族，他的曾祖父查尔斯在 1904 年写了一本关于如何想象四维立方体的书，并发明了 "超立方体"（tesseract）一词来描述它们。不知道你有没有看过西班牙画家萨尔瓦多 · 达利的油画作品《受难》，其中就有一个辛顿的超立方体。

图 7–10 中这个神经网络的权重已知，如果平面上的点(x, y)位于灰色形状内部，就赋予它一个等于或小于 3 的值。注意，当点(1, 1)位于灰色形状的边界上时，策略赋予它的值是 3。

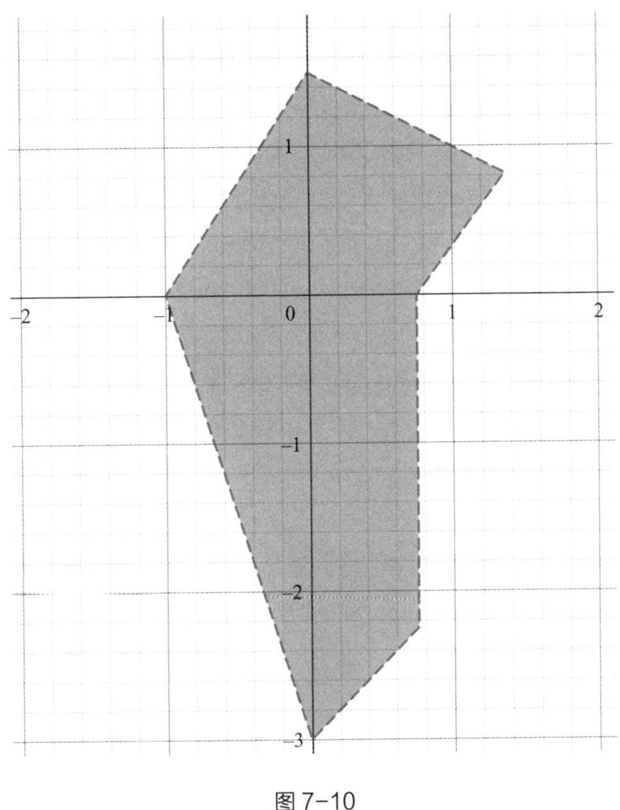

图 7–10

不同的权重会产生不同的形状，虽然不是任意形状。感知机的本质意味着这个形状永远是多边形，即边界由多条线段构成的形状。[①]

如图 7–11 所示，假设我用X标记了平面上的一些点，用O标记了其他一些点。我给机器设定的目标是让它习得一个策略：根据我标记的那些点，用X或O为平面上其他未标记的点赋值。也许（希望如此）我可

① 前文中不是说这应该是非线性的吗？没错，但感知器是分片线性（piecewise linear）结构，这意味着它在空间的不同区域内满足不同的线性关系。更通用的神经网络可以产生更弯曲的结果。

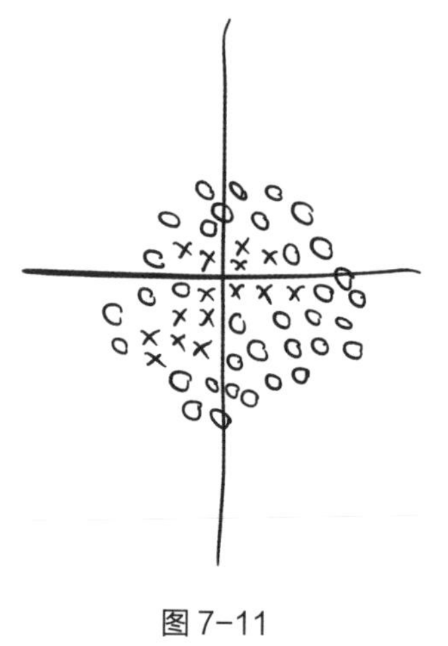

图 7-11

以通过正确设置那 14 个旋钮得到某个策略，将较大的值赋予所有标记为X的点，而将较小的值赋予所有标记为O的点，以便我对平面上尚未标记的点做出有根据的猜测。如果真有这样的策略，我希望可以通过梯度下降法来习得它：微微转动每个旋钮，看看这个策略在给定例子中的错误分数会降低多少，从中找出效果最佳的那个操作，并付诸实施；重复上述步骤。

深度学习中的“深度”仅指神经网络有很多层。每层的盒子个数被称为“宽度”，在实践中，这个量可能也很大。但相比“深度学习”，“宽度学习”少了一些专业术语的味道。

可以肯定的是，今天的深度学习网络比上文中的那些示意图要复杂得多，盒子里的函数也比我们讨论过的简单函数要复杂得多。递归神经网络中还包含反馈盒子，就像我的DX21 合成器上的“OP4”一样，把自身的输出作为输入。而且，它们的速度明显更快。正如我们所见，神经网络的概念已经存在很长时间了，我记得就在不久前，人们还认为这条路根本走不通。但事实证明，这是一个很好的想法，只不过硬件必须跟上概念的步伐。为快速渲染游戏画面而设计的GPU芯片，后来被证明是快速训练大型神经网络的理想工具，有助于实验人员提升神经网络的深度和宽度。有了现代处理器，你就不必再受限于 14 个旋钮，而可以操控几千、几百万乃至更多的旋钮。GPT-3 生成的英语文本能以假乱真，它使用的神经网络有 1 750 亿个旋钮。

有 1 750 亿个维度的空间听起来的确很大，但和无穷大相比，这个数量又显得微不足道。同样地，与所有可能的策略构成的空间相比，我们正在探索的只是其中很小的一部分。但在实践中，这似乎足以生成看起来像人类创作的文本，就好比DX21 的小型网络足以模拟出小号、大提琴和太空霹雳的音色。

这已经非常令人惊讶了，但还有一个更深层次的谜。记住，梯度下降法的理念就是不断转动旋钮，直到神经网络能在训练过的数据点上取得尽可能好的效果。今天的神经网络有许许多多旋钮，所以它们常能做到在训练集上表现完美，把 1 000 幅猫图片中的每一幅都识别为“猫”，而把 1 000 幅其他图片全部识别为“非猫”。事实上，有这么多的旋钮可以转动，让训练数据百分之百正确的所有可能策略就会构成一个巨大的空间。事实证明，当神经网络面对它从未见过的图片时，这些策略中的大多数都表现得很糟糕。但是，蠢笨又贪婪的梯度下降过程出现在某些策略中的频率通常高于其他策略，而在实践中，梯度下降法偏爱的那些策略似乎更容易推广到新的例子中。

为什么呢？是什么使得这种特殊形式的神经网络擅长应对各种各样的学习问题？我们在策略空间中搜索的这块微不足道的区域，为什么恰恰就包含了一个好的策略呢？

据我所知，它是一个谜。坦白地说，关于它是不是一个谜的问题，还存在很多争议。我向很多声名显赫的人工智能研究者提问过这个问题，他们回答起来个个口若悬河。其中一些人非常自信地解释了其中的原因，但每个人的说法都不一样。

不过，我至少可以告诉你，我们为何要选择探索神经网络区域。

车钥匙无处不在

有这样一个故事。一个人深夜回家时，看到他的一个朋友沮丧地趴在路灯柱下，便问道：“你怎么了？”朋友回答说：“我的车钥匙丢了。”这个人说：“真倒霉！我帮你一起找吧。”于是，他也蹲了下来，两个人一起在草地上寻找车钥匙。过了一会儿，这个人对他的朋友说：“你确定你的车钥匙是掉在这里吗？”朋友说：“哦，我不知道。自从我发现车钥匙不见了，我已经在全市找了个遍。”这个人说：“我们都在路灯下找了 20 分钟了，为什么还要在这里找呢？”朋友说：“因为其他地方太黑了，根本看不见啊！”

这位朋友很像当代的机器学习研发人员。在可以搜索的海量策略中，为什么我们偏偏选择了神经网络呢？这是因为神经网络非常适合使用梯度下降法，而后者是我们真正了解的唯一搜索方式。转动一个旋钮的效果很容易被分离出来，它会以一种易于理解的方式影响那个盒子的输出，这样一来，我们就可以循着那些线，看看这个输出的变化会对那些以其作为输入的盒子产生什么影响，以及这些盒子又会对下一层的那些盒子产生什么影响，等等。[①]我们选择在这部分空间里搜索好的策略，原因在于它是我们最容易看清前进方向的部分，而其他地方都太黑了！

这个找车钥匙的故事的本意是嘲笑那个朋友太傻。但稍微换一个角度看，他并没有那么傻。假设车钥匙真的随处可见：在街上，在树丛中，在被路灯照亮的那个圆形区域内（可能性很大）。事实上，草丛里可能散落着多把车钥匙。也许这个朋友已经发现了这一点，他之前搜索这个区域时找到了几把车钥匙，里面甚至有出乎他意料的豪华车的钥匙！这座城市中最豪华汽车的钥匙很可能真在别处，但只要花足够的时间在路灯下搜索，每看到一把更豪华汽车（停在附近）的钥匙，就把之前找到的那把扔掉，相信他肯定会收获颇丰。

① 对微积分爱好者来说，这些操作很容易，因为神经网络计算的函数是通过函数相加和组合来构建的，而这两种运算又都非常适合求导，这要归功于链式法则。

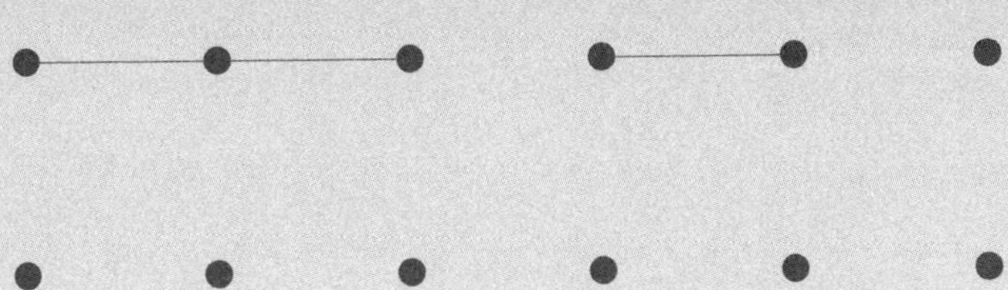

第 8 章

距离、家谱图和单词地图

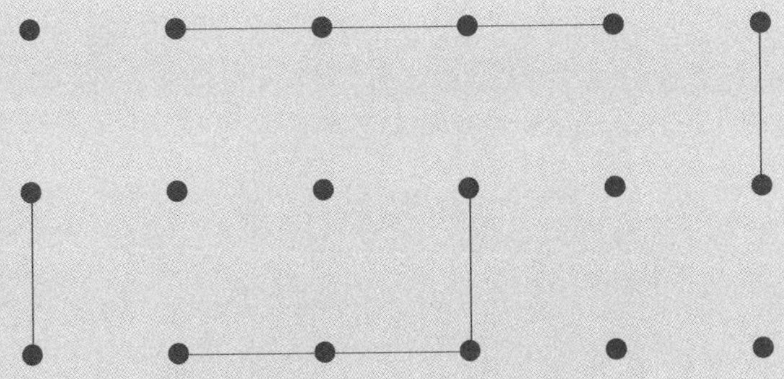

圆是什么？它的正式定义是：

> 圆是平面上到定点的距离等于定长的点的集合，这个定点叫作圆心。

距离又是什么？

这是一个非常微妙的问题。两点之间的距离可能是乌鸦从一点飞到另一点的距离。但在现实生活中，如果有人问你离他家有多远，你可能会说：“哦，只有15分钟左右的路程。”这也是对距离的一种定义。如果以“运动所需时间”的方式来理解距离，那么圆看起来可能是图8–1中那个样子的。

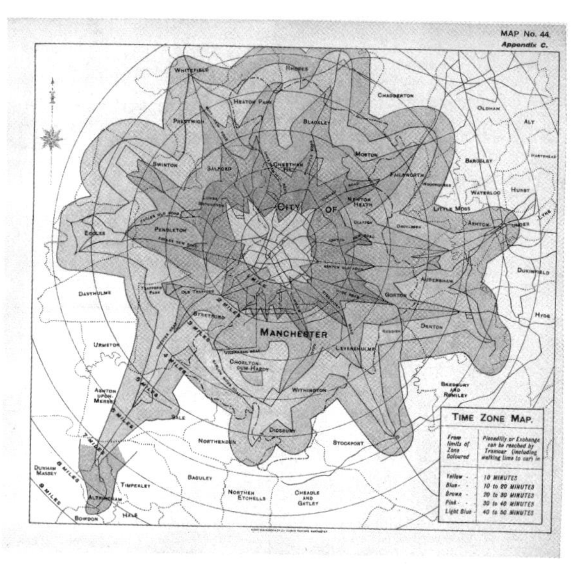

图8–1

图中有尖角的海星状图形是同心圆，分别代表距离这些同心圆的圆心——英国曼彻斯特皮卡迪利花园——10 分钟、20 分钟、30 分钟、40 分钟和 50 分钟电车车程的点。这种地图被称为“等时线图”。

不同城市的几何图形会产生不同类型的圆。在曼哈顿（座右铭是“在这里我步行！”），人们的出行方式通常是步行，如果你问他们离家有多远，他们往往会用街区的数量来回答。与给定的圆心相距 4 个街区的点构成的圆，看起来好像一个竖立的正方形（见图 8–2）。

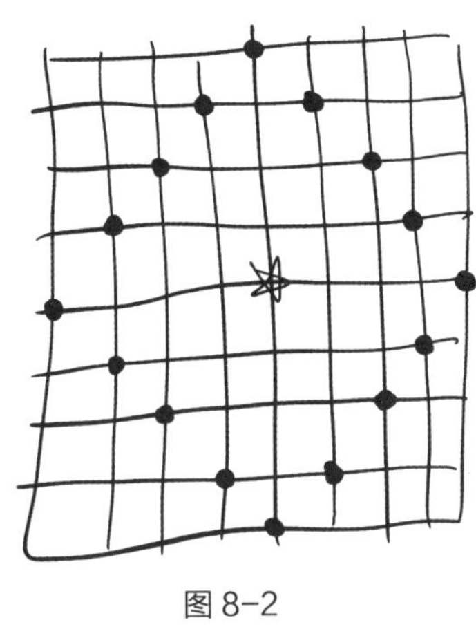

图 8–2

（看，我们终于解决了化圆为方的问题！）等时线图会展示出一系列同心正方形，但在本章中我们称它们为“同心圆”。

在任何地方，只要有距离的概念，就会有几何图形的概念，相伴而来的还有圆的概念。我们熟悉的“远亲”概念，正是我们从家谱图的几何图形中推导出的距离概念。你和你的兄弟姐妹之间的距离是 2，因为在家谱图（见图 8–3）上，你必须先向上爬一根树枝到你的父母，再向下爬一根树枝才能到你的兄弟姐妹。

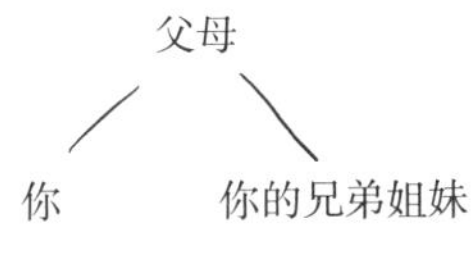

图 8–3

你和你叔叔之间的距离是 3（你和你父母之间的距离是 1，而你父母和其兄弟姐妹之间的距离是 2）。你和你的第 1 代堂兄弟姐妹之间的距离是 4：你先向上 2 个层级到你的祖母，再向下 2 个层级到你的第 1 代堂兄弟姐妹。无论是第几代堂兄弟姐妹，你都可以用这种方法计算你和他们之间的距离，并得到一个简洁的代数式：

$$\text{你和你的第}\,n\,\text{代堂兄弟姐妹之间的距离} = (n + 1) \times 2$$

因为第 n 代堂兄弟姐妹是指与你拥有一个共同的第 $n + 1$ 代祖先的人。

你是你自己的第 –1 代堂兄弟姐妹，因为你和你自己拥有的那个共同的亲戚就是你，即向上 0 个层级！［上述代数式仍然有效：你与你自己的距离是 $2 \times (-1 + 1) = 0$。］至于你的父母，他们没有共同的祖先，但他们拥有一个共同的亲戚——你，而你在家谱图的下一层级，即向上 –1 个层级，所以你的父母是彼此的第 –2 代堂兄弟姐妹。你的第 –3 代堂兄弟姐妹是指和你拥有一个共同孙辈的人，例如你女婿的母亲。

如果你把我的家族中我这一代人想象成一个平面，在这个平面上，以我为圆心、半径为 2 的圆盘会包含我和我的兄弟姐妹，半径为 4 的圆盘会包含我、我的兄弟姐妹和我的第 1 代堂兄弟姐妹，半径为 6 的圆盘还会包含我的第 2 代堂兄弟姐妹。而且，我们可以从中看到堂兄弟姐妹平面的一个迷人而怪诞的特征。那么，以我的第 1 代堂姐妹达芙妮为圆心、半径为 4 的圆盘会是什么样子？它包含达芙妮、她的兄弟姐妹、她的第 1 代堂兄弟姐妹，换句话说，它包含达芙妮和我拥有的共同祖父母的所有孙辈。但是，这和以我为圆心、半径为 4 的圆盘是一样的！那么，到底谁是圆心，我还是达芙妮？一个无法回避的事实是，我们俩都是圆心。在这种几何图形中，圆盘上的每一点都是它的圆心。

在堂兄弟姐妹平面上，三角形也和你熟悉的形状有些许不同之处。我的姐妹和我之间的距离是 2，而我们俩和达芙妮之间的距离都是 4，所以我们三人构成的三角形是等腰三角形。你可能猜不到，堂兄弟姐妹平面上的所有三角形都是等腰三角形。（我把这个命题留给你来证明。）这种人称“非阿基米德”的怪诞几何图形，看起来就像奇形怪状的科学珍品。但事实并非如此，像这样的几何图形在数学中随处可见。

无论在多么抽象的环境中，我们都能创造出距离的概念，还有几何图形的概念。普林斯顿大学的音乐理论家德米特里·提姆志科（Dmitri Tymoczko）写过好几本书，探讨和弦的几何图形，以及作曲家本能地试图找到在不同音位间转换的方法。据说我们的语言也有几何图形，把它绘制出来，就是一幅包含所有词汇的地图。

所有英语单词的地图

假设有人想要描述威斯康星州的样子，他向你提供了一份该州的城镇列表，以及任意两个城镇之间的距离。是的，从理论上讲，你可以根据这些信息推断出威斯康星州的形状，以及所有城镇在这个形状中的位置。但实际上，即使是像我这样热爱数学的人，用那一长串名字和数字也做不了什么。我们的眼睛和大脑是以地图的形式来接收几何图形的相关信息的。

顺便说一下，距离并不能直观地告诉我们地图的形状。如果威斯康星州只有三座城镇，我们知道每两座城镇之间的距离，就能知道它们构成的那个三角形的三条边的长度。第 1 章介绍过的欧几里得命题指出，如果你知道三角形的三条边的长度，就能知道这个三角形的形状。然而，你想证明如下事实却任重道远：如果你知道任意一个点集（set of points）中每两个点之间的距离，就能知道所有这些点构成的形状。根据这些数据，你和我可能会绘制出不同的地图，但我的地图可以通过刚体运动——在不改变它的形状的情况下移动、旋转——与你的地图产生关联。

既然威斯康星州的地图已经存在了，我们为什么还要用这种不好理解的形式呈现威斯康星州的形状呢？你不会这样做。但对于其他非地理类别的实体，我们可以给距离下一个定义，并用它来创建新型地图。例如，你可以绘制一张人格特质地图。两种特质之间的距离指的是什么呢？一个简单的方法就是向人们提问。1968 年，心理学家西摩·罗森博格、卡诺·尼尔森和P. S. 维威卡南森分发了许多包卡片给大学生，每包有 64 张，每张上面都写有一种人格特质。学生们被要求把他们认为可能属于同一种人格特质的卡片分到同一组，两种特质之间的距离由学生们将这两张卡片分到同一组的频率来决定。“可靠的”和“诚实的”被分到同一组的频率很高，所以它们之间的距离应该很近；而“脾气好的”和“易怒的”被分到同一组的频率则不太高，所以它们之间的距离应该很远。

一旦有了这些数据，你就可以试着把所有人格特质放在一幅地图上，它们彼此之间在纸面上的距离应该与你在实验中发现的距离相匹配。

但你可能做不到！例如，如果你发现“可靠的”、“挑剔的”、“多愁善感的”和“易怒的”这 4 个人格特质彼此之间的距离都相同，会怎么样？你可以试着在纸上画 4 个点，看看能不能让每两个点之间的距离

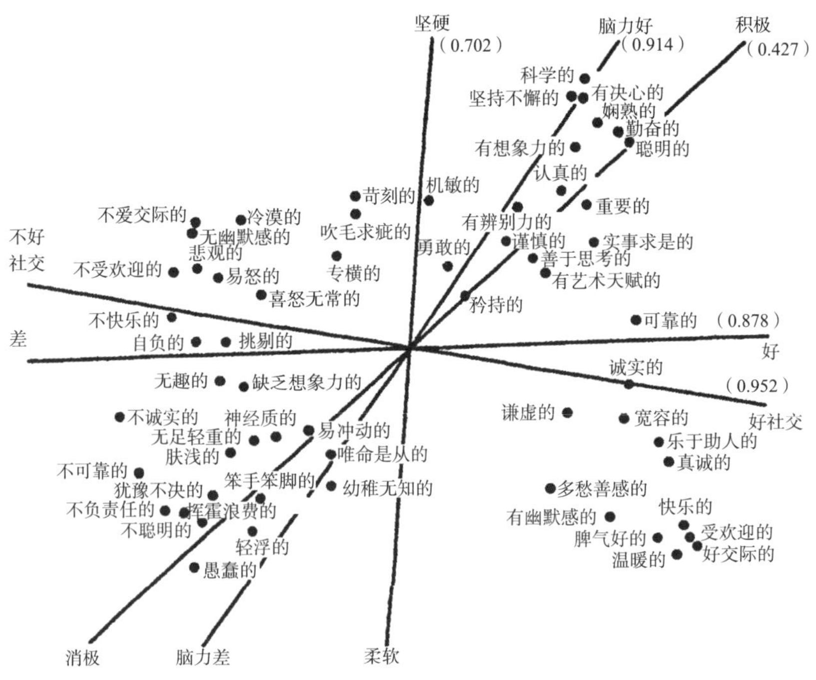

图 8-4

都相同。结果是，你肯定做不到。（我强烈建议你动手试试看，并借助你的几何直觉，好好想一想为什么会这样。）多个距离有时能在同一个平面上呈现出来，有时则不能。尽管如此，如果你允许地图上的距离只是近似地与你在实验中发现的距离相匹配，就可以利用“多维尺度法”（multidimensional scaling）绘制人格特质地图。我想你们应该会认同图 8–4 能捕捉到人格特质的某些几何特征。（图中的“坐标轴”是研究人员画出来的，代表他们对地图上各个方向的真正含义的阐释。）

顺便说一下，在三维空间中，让 4 个点彼此之间的距离相等是很容易做到的，把它们分别放在正四面体的 4 个角上就可以了（见图 8–5）。

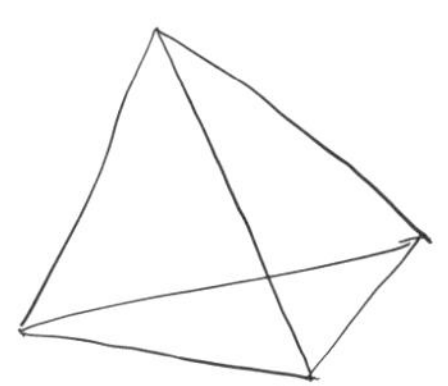

图 8–5

维度越多，地图上的所有点相互之间的距离就会与实际测量距离越匹配，这意味着数据可以告诉你它们“想”待在哪个维度上。政治学家通过投票情况衡量国会议员之间的相似性，所以在地图上，投票情况相似的议员相互之间的位置也很近。你知道，想要很好地匹配美国参议院的投票数据，需要多少个维度吗？一个就够了。你可以把参议员沿直线排列，从极右派成员（马萨诸塞州的伊丽莎白 · 沃伦）一直到极左派成员（犹他州的迈克 · 李），就可以成功地捕捉到大多数可观测的投票行为。有些人认为，美国正在走向另一场重组，而将政治分裂为左、右两个对立派别的传统做法会再次造成一些偏差。例如，有一种流行的“马蹄铁理论”认为，在纯粹的线性模型中，美国的极左派和极右派之间的政治距离应该是最大的，但事实上它们变得十分相似。该理论利用马蹄铁的几何形状，声称政治并不是在一条直线上，而是在一个平面上（见图 8–6）。

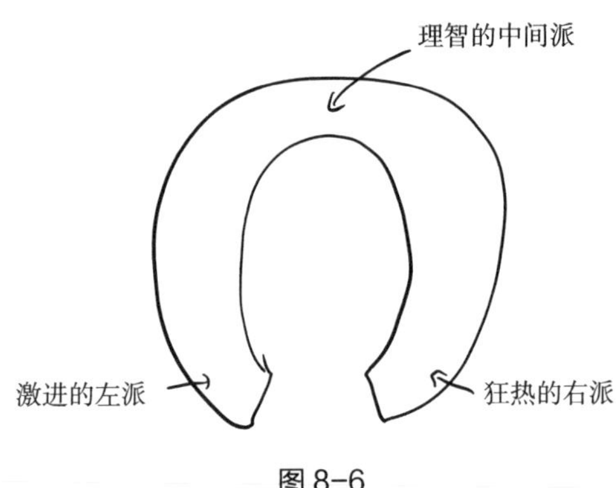

图 8-6

如果真是这样，并且马蹄铁的两端有足够多的选民当选国会议员，我们通过投票数据就能看出来，而一维国会模型也会变得越来越不准确。但到目前为止，这种情况尚未发生。

对于更大的数据集，仅有两个维度是不够的。由托马斯·米科洛夫带领的谷歌研究团队开发了一个精巧的数学模型Word2vec，它也被称为“所有英语单词的地图”。有了它，我们不再需要依赖大学生和索引卡去收集英语单词搭配的相关数值。经过来自谷歌新闻的长达60亿个单词的文本训练，Word2vec将三百维空间中的点赋予每个英语单词。这很难想象，但请记住，就像二维空间中的点可以用一对数字——经度和纬度——表示一样，三百维空间中的点是用300个数字（经度、纬度、振幅、态度、邪恶度等）表示的。三百维空间中也有距离的概念，它与你知道的二维空间中的距离概念没有什么不同。Word2vec的目标是将相似的单词放在相互之间的距离不太远的位置上。

是什么使得两个单词彼此相似呢？你可以想象每个单词都有一团“邻里云”，其中的那些单词在谷歌新闻文本语料库中经常出现在该单词附近。大致来说，如果两个单词的邻里云有很多重叠，Word2vec就会将它们视为相似的单词。在包含“glamour”（魅力）、“runway”（跑道）、“jewel”（宝石）等单词的文本中，你可能会发现“stunning”（极有魅力的）、“breathtaking”（激动人心的）等单词，而不是“trigonometry”（三角学）。也就是说，“stunning”和“breathtaking”的邻里云中都有

“glamour”、“runway” 和 “jewel”，所以它们被视为相似的单词。这反映出一个事实：两个近义词经常出现在相同的语境中。对于 “stunning” 和 “breathtaking” 之间的距离，Word2vec 的赋值为 0.675。事实上，在 Word2vec 知道如何编码的 100 万个单词中，“breathtaking” 是最接近 “stunning” 的单词，而 “stunning” 与 “trigonometry” 之间的距离值是 1.403。

有了距离的概念，我们就可以开始讨论圆和圆盘了。（不过，在三百维空间而不是二维空间里，我们或许应该讨论它们的高维类似形状——球面和球体。）在 “stunning” 周围半径为 1 的圆盘上有 43 个单词，其中包括 “spectacular”（壮观的）、“astonishing”（令人惊讶的）、“jaw-dropping”（令人瞠目结舌的）和 “exquisite”（精美的）等。机器显然捕捉到了关于这个单词的一些信息，例如它可以用来形容非常美丽或令人惊叹的事物。我要指出的一点是，它没有通过距离值来提炼这个单词的意思。如果有，那将是一项了不起的成就，但这个策略的目的并不在于此。“hideous”（十分丑陋的）和 “stunning” 的距离值仅为 1.12，尽管这两个单词的意思几乎完全相反，但你可以想象它们经常频繁地出现在相同的单词附近，例如在句子 “That sweater is truly _____”（那件毛衣真的_____）中。与 “teh” 之间的最大距离值为 0.9 的单词圆盘包括 “ther”、“hte”、“fo”、“tha”、“te”、“ot” 和 “thats” 等，它们甚至根本不是单词，更不要说是同义词了。但 Word2vec 正确地认识到，它们都有可能出现在有大量打字排版错误的语境中。

接下来，我们需要讨论一下 “向量”。它是一个专业术语，其正式定义令人望而生畏。但我们可以这样理解它的含义：点是名词，它代表一种事物，例如一个位置、一个名字、一个单词等；而向量是动词，它会告诉你对某个点做些什么。威斯康星州的密尔沃基市是一个点，“向西移动 30 英里，再向北移动 2 英里” 则是一个向量。如果你将这个向量应用于密尔沃基市，就会得到奥科诺莫沃克市。

对于那个指引你从密尔沃基市到奥科诺莫沃克市的向量，你会做何描述？你可以称之为 “正西外环郊区向量”，如果你将它应用于纽约市，就会得到新泽西州的莫里斯敦。

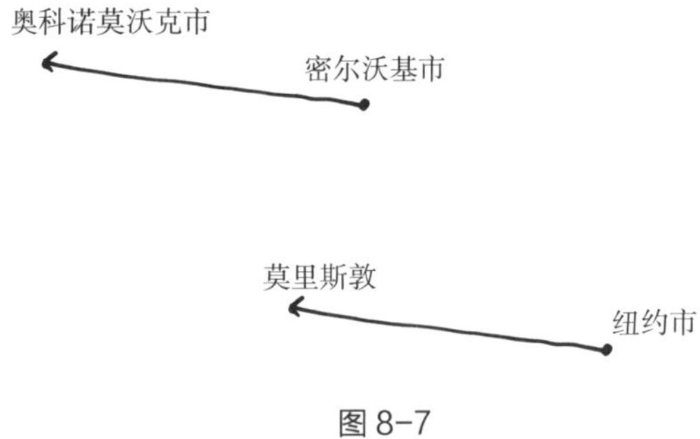

图 8-7

你可以做一下类比：莫里斯敦与纽约市之间的关系，就像奥科诺莫沃克市与密尔沃基市之间的关系，也像圣杰罗姆与墨西哥城之间的关系，以及法拉隆群岛与旧金山之间的关系。

这又把我们带回到“stunning”一词。Word2vec的开发者注意到一个有趣的向量，即告诉你如何从“he”（他）到“she”（她）的向量。你可以把它视为“女性化”向量，如果你将它应用于“he”，就会得到“she”。如果你将它应用于“king”（国王）呢？你会发现你得到的那个点没有对应的英语单词，但与其距离最近的单词是“queen”（女王）。“queen”与“king”之间的关系，就像“she”与“he”之间的关系。这也适用于其他单词：“actor”（演员）的女性化版本是“actress”（女演员），“waiter”（服务员）的女性化版本是“waitress”（女服务员），如图 8–8 所示。

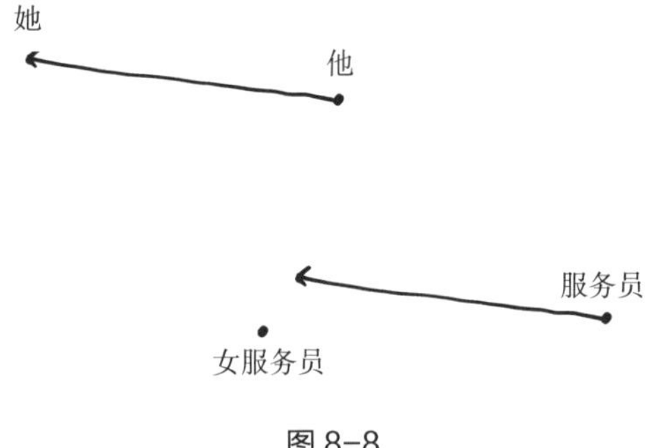

图 8-8

如果将这个女性化向量应用于“stunning”呢？出人意料的是，你会得到“gorgeous”（美丽动人的）。“gorgeous”与“she”之间的关系，就像“stunning”与“he”之间的关系。将这个向量调转方向，看 Word2vec 如何使“stunning”一词“男性化”，你会得到“spectacular”。这些类比仅代表了近似的而非精确的数值等式，所以它们之间不一定是对称关系。例如，“spectacular”的女性化版本是“stunning”，而“gorgeous”的男性化版本是“magnificent”（壮丽的）。

这意味着什么？从数学的、普遍的和完全客观的意义上说，“gorgeous”是“stunning”的女性化版本吗？当然不是。Word2vec 并不知道也没法知道各个单词的意思，它唯一知道的就是它用来进行自我训练的大量英语文本语料库。统计分析发现，当说英语的人想要谈论女性美的话题时，他们习惯用“gorgeous”，而在谈论男性时则不会使用这个词。Word2vec 梳理出的几何图形乍看似乎是关于单词意思的几何图形，但实际上它是关于说话方式的几何图形，从中你既可以了解自己和自己的性别偏见，也可以了解自己的语言。

Word2vec 仿佛是把英语世界的作品集放到了精神分析学家的沙发上，让我们可以窥见其肮脏的潜意识。“swagger”（趾高气扬的）的女性化版本是“sassiness”（粗俗无礼的），“obnoxious”（令人讨厌的）的女性化版本是“bitchy”（刻薄恶毒的），“brilliant”（杰出的）的女性化版本是“fabulous”（美妙的），“wise”（英明的）的女性化版本是“motherly”（慈母般的），“goofball”（傻瓜）的女性化版本是“ditz”（白痴），“genius”（天才）的女性化版本是“minx”（狡猾的女孩）。同样不对称的是，“minx”的男性化版本是“scallywag”（淘气鬼），“teacher”（教师）的男性化版本是“headmaster”（校长），“Karen”（凯伦）的男性化版本是“Steve”（史蒂夫）。

Word2vec 非常有趣，在某些方面也颇有启发性。但我必须承认，在撰写关于机器学习的内容时我很容易犯以偏概全的错误。与读者分享令我印象最深刻的例子的确是一大乐事，但这样做也会误导大家。Word2vec 并不是一台神奇的语义机器，通常情况下，它给出的“类比”不过是一个同义词。例如，“boring”（乏味的）的女性化版本是“uninteresting”（无趣的），“mathematics”（数学）的女性化版本是“math”

（数学），“amazing”（令人吃惊的）的女性化版本是“incredible”（不可思议的）。当你看到人工智能领域的最新进展时，不要嗤之以鼻，这样的速度其实已经很快了，也相当鼓舞人心。但是，你在新闻中看到的可能是从许许多多次尝试中脱颖而出的成果，所以你也要对其保持怀疑态度。

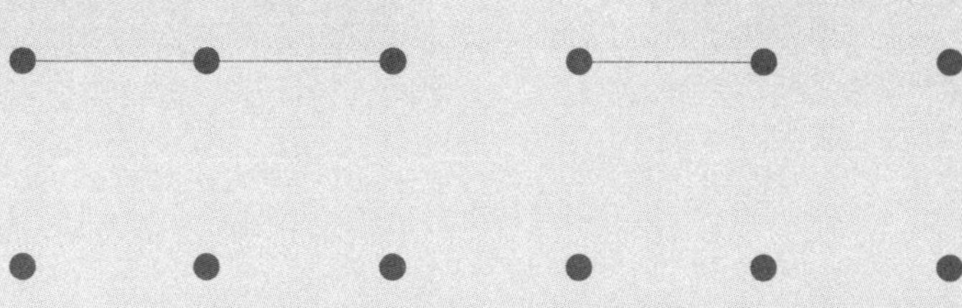

第 9 章

三年来的所有星期天

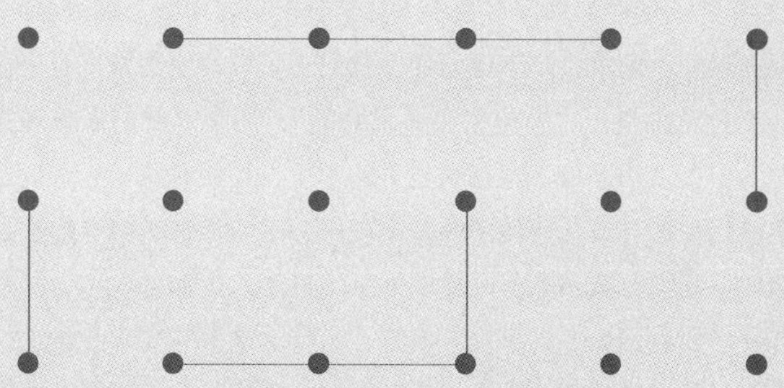

一个非常重要但尚未充分引起公众注意的事实是，数学很难。我们有时会向学生们隐瞒这一事实，以为这样做会对他们有所帮助。但结果恰恰相反，这是我当实习指导教师时从资深教师罗宾·戈特利布那里学到的一个显见的事实。如果我们说这门课“很容易”或“很简单”，那它显然不是事实，而且这相当于告诉学生们，困难之处不在于数学，而在于他们自身。他们会相信我们的话，无论学习成绩好坏，学生们都会信任他们的老师。他们会说：“如果我连这门简单的课都学不会，为什么还要费力气去理解更难的知识呢？”

学生们不敢在课堂上提问，因为他们害怕自己“看起来呆头呆脑的”。如果我们能诚实地面对数学（甚至是出现在中学几何课上的数学）的难度和深度，这就肯定不成问题。我们还可以改变课堂气氛，让提问的学生不再觉得自己“看起来呆头呆脑的”，而是“看起来求知若渴”。这种做法不仅适用于数学学得很吃力的学生，即使有些学生可以毫不费力地掌握代数运算或几何作图的基本规则，也应该继续向老师和自己提问。例如，我已经按照老师的要求做了一件事，但如果我再尝试一下老师没有要求我做的另一件事呢？而且，为什么老师只要求我做这件事而不要求我做另一件事呢？如果你想学习，智力优势就无法轻易地阻止你把目光投向未知区域。如果你觉得数学课很简单，那就大错特错了。

“难”到底指什么呢？它是一个我们自认为很熟悉的词，但当你试图定义它时，它又会分解成彼此相关却截然不同的概念。我喜欢数论学家安德鲁·格兰维尔讲述的关于代数学家弗兰克·尼尔森·科尔的故事：

在 1903 年美国数学学会的会议上，科尔走到黑板跟前，一言不发地写下了 $2^{67}-1$ = 147 573 952 589 676 412 927 = 193 707 721 × 761 838 257 287。然后，他用长乘法计算出等式右边的乘积，证明了他的解法是正确的。随后，科尔说解决这个问题花费了他“三年来的所有星期天”。这个故事的寓意是，尽管科尔坚持不懈地做了大量的研究才找到这两个因数，但他没花费多长时间就在一屋子数学家面前证明了他的结果是正确的。由此可见，证法可能非常简短，尽管找到这个证法需要花费很长时间。

确认一个命题为真很难，提出一个真实性有待确认的命题也很难，但后者的难度不可与前者同日而语。观众们之所以为科尔鼓掌，正是因为他证明了一个命题为真。我们已经知道，找到一个大数的素因数是公认的难题。但根据现代计算器的标准，147 573 952 589 676 412 927 并不算一个大数。我在笔记本电脑上轻而易举就完成了该数的因数分解，花费的时间不但到不了一个星期天，甚至少到不可察觉。那么，这个问题到底难不难呢？

我们再来看计算 π 的小数点后几百位数的问题。它曾被视为研究性数学的课题之一，但现在它只是纯粹的数学计算。这就产生了另一种“难”——动机之“难”。我相信凭我的计算能力，我能用纸笔算出 π 的小数点后 7 位或 8 位数。但我很难说服自己去做这件事，因为它枯燥乏味，而且我的电脑可以帮我做到；也许最重要的原因是，知道 π 的小数点后许多位数的动机不明。在现实世界中，你确实想知道 π 的小数点后 7 位或 8 位数。但 π 的小数点后 100 位数呢？很难想象你需要用它来做什么。在计算像银河系那么大的圆的周长时，知道 π 的小数点后 40 位数，就可以达到质子尺寸的精度了。

知道 π 的小数点后 100 位数，并不意味着你比其他人更了解圆。对于 π，最重要的事不是知道它的值为多少，而是知道它有一个值。因此，一个有意义的事实是，圆的周长与直径之比并不取决于它是什么圆。这是一个与平面的对称性有关的事实，任何圆都可以通过相似变换——平移、旋转和缩放——变成另一个圆。相似变换可能会改变距离，但它是通过乘以一个固定的常数来实现的。也许每段距离都增加至原来的 2 倍，也许每段距离都缩小为原来的 1/10，但任意两段距离之比（比如圆的周长与直径之比）始终保持不变。如果一个圆通过相似变换能变成另一个圆，你据此认为这两个圆相同，并像庞加莱那样“给不同的事物赋予相同的名称”，那么圆实际上只有一个，这也是π只有一个的原因。同样地，如图 9–1 所示，正方形只有一个，所以“正方形的周长与对角线之比是多少？”[①]的问题也只有一个答案：$2\sqrt{2}=2.828\cdots$，你可以说它是正方形的π。正六边形也只有一个，它的π是 3。

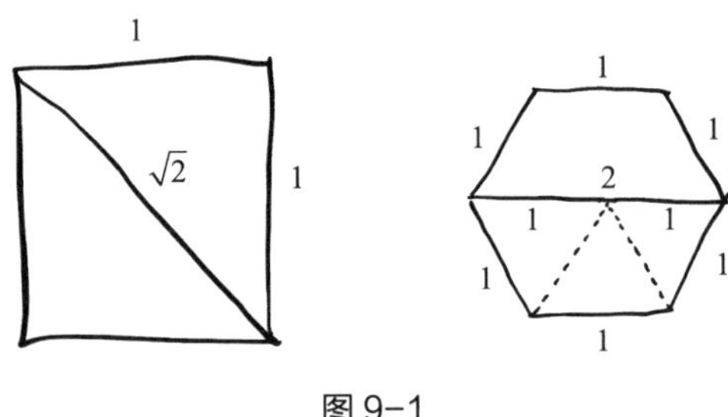

图 9–1

但长方形没有π，因为长方形不止一个，而是有很多个，它们之间的区别就在于其长边和短边之比。

下一局完美的国际跳棋很难吗？对人类来说是这样的，但对于计算机程序奇努克则不然。（这个问题提及的“难”是指奇努克下国际跳棋时面临的困难，还是指科学家建造奇努克时面临的困难？）正如我们看到的那样，在理论上，下一局完美的国际跳棋、国际象棋或围棋，其难度与计算两个很大的数的乘积并无不同之处。你现在是否觉得“难”的概念不那么难理解了？我们清楚地知道必须采取哪些步骤去分析游戏树状图，尽管我们没有足够的时间将其付诸实践。

针对上述问题，一种简单的回答是：有些问题，例如因数分解和下围棋，对计算机来说很容易，对我们来说则很难，因为计算机比人类更优秀也更聪颖。这种回答含蓄地将“难”建模为直线上的一个点，人类

① 为什么是对角线呢？我认为它就相当于圆的直径，因为它是正方形上任意两点之间的最大距离。

和计算机也都在这条直线上，它能够处理小于或等于我们能力范围的所有问题，如图 9–2 所示。

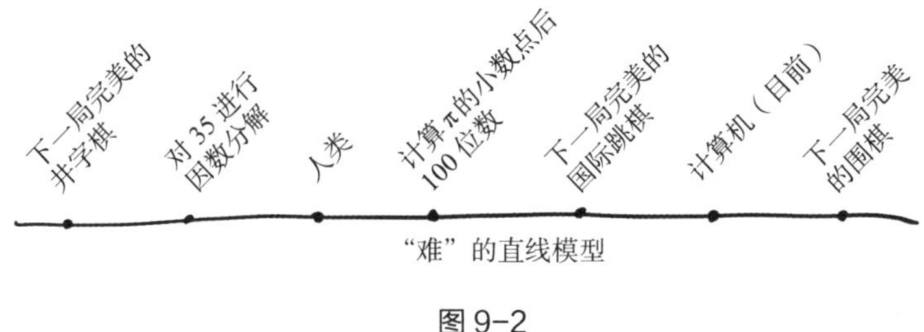

图 9–2

但这是错误的，“难”的几何图形并不是一维的。在处理有些问题上，计算机的表现要比人类好得多，例如大数的因数分解、下一局完美的跳棋或以完美的保真度存储数十亿字的文本。（原因之一是，计算机不会面临动机上的难题，它们会做我们指派的任何事，至少目前如此。）但还有一些问题对计算机来说很难，对人类来说则很容易，例如著名的奇偶性问题。在学习一个包含 X 和 O 的字符串中 X 的个数是偶数还是奇数时，标准的神经网络表现得很糟糕，外推能力也很弱。如果你先给一个人举一堆例子（见表 9–1），然后问他：当输入是 3.2 时，输出是多少？那个人会说 3.2，用这些数据训练过的神经网络也会回答 3.2。如果输入是 10.0 呢？那个人会说 10.0，但神经网络可能会给出五花八门的答案。有各种各样疯狂的规则都认同在 1 和 5 之间“输出 = 输入”，但在这个范围之外，输入和输出看起来则完全不同。人类知道“输出 = 输入”是将规则扩展到更多可能输入的最简单、最自然的方法，但机器学习算法可能并不知道这一点。它们虽然有处理能力，却没有品鉴力。

表 9–1

输入：2.2	输出：2.2
输入：3.4	输出：3.4
输入：1.0	输出：1.0
输入：4.1	输出：4.1
输入：5.0	输出：5.0

当然，我不能否认机器最终（甚至很快）会在各个方面超越人类的认知能力，人工智能研究者及其赞助者一直认为存在这种可能性。人工智能先驱奥利弗·塞弗里奇在20世纪60年代初的一次电视采访中说：“我确信，在我们的有生之年，计算机能够学会思考。”不过，他还说：“我认为我的女儿绝不会嫁给一台计算机。”多维几何图形的难度应该可以提醒我们，想知道机器即将获得哪些能力是很难的。自动驾驶汽车也许能在95%的时间里做出正确的选择，但这并不意味着它在所有时间内做出的正确选择都能达到95%以上。余下的5%的异常情况，很可能是我们草率的大脑比任何现在或未来的机器更擅长解决的问题。

当然，还有机器学习能否取代数学家的问题。身为数学家的我自然对这个问题很感兴趣，我不敢妄下断言，但我希望数学家能和机器继续合作，就像现在这样。数学家需要花费数年的星期天才能完成的许多计算任务，可以委托给我们的机器“同事”去执行，这样我们就可以全神贯注地做自己尤为擅长的工作了。

几年前，在得克萨斯大学攻读博士学位的丽莎·皮奇里洛，解决了一个存在已久的与康威纽结有关的几何问题，并证明了这种形状是“不可切的”。这是一个著名的难题，但在这个问题上，“难”的定义变得更加复杂了。这个问题到底是难（许多数学家都被它难倒了），还是容易（皮奇里洛只用了9页纸就利落地解决了它，其中还有两页是图片）呢？我的一条最常被引用的定理也有同样的性质，一个困扰我和其他人20年的问题被一篇仅有6页纸的论文解决了。也许我们需要一个新词，它表达的不是“这很容易”或“这很难”的意思，而是“很难意识到这很容易”的意思。

在皮奇里洛取得上述突破的几年前，杨百翰大学的拓扑学家马克·休斯试图利用神经网络，有效地猜测哪些纽结是可切的。就像给图像处理神经网络提供许多“猫”和“非猫”的图片一样，休斯给他的神经网络提供了许多已知是否可切的纽结。神经网络由此学会了给纽结赋值：如果纽结是可切的，它的输出值就是0；如果纽结是不可切的，它的输出值就是一个大于0的整数。事实上，对于休斯用来做测试的几乎每个纽结，神经网络的输出值都非常接近 1，也就是说，这些纽结都是不可切的。但有一个例外，那就是康威纽结，休斯神经网络的输出值十分接近 1/2，意思是它非常不确定该回答 0 还是 1。这太令人着迷了！神经网络正确地识别出康威纽结是一个难度极大、数学内涵丰富的问题（再现了拓扑学家已经获得的一种直觉认知）。在有些人的梦想世界里，计算机能为我们提供所有问题的答案。而我有一个更大的梦想，就是希望计算机能提出很多的好问题。

第 10 章

今天发生的事明天还会发生

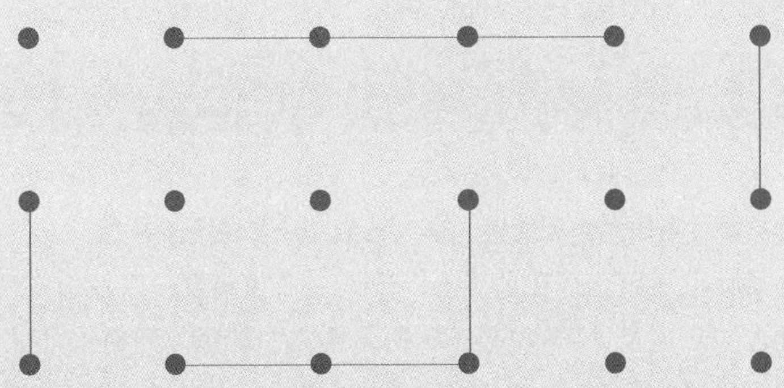

本章是我在新型冠状病毒感染疫情暴发后写的，当时它已经在全世界肆虐了好几个月，但没有人确切地知道这种疾病的传播过程。它不是一个数学问题，但它与数学有关：何时何地会有多少人被传染？于是，全世界都开始上关于疾病传播的数学速成课。这个披着现代外衣的话题，让我们想起了本书第3章提及的“蚊人”罗纳德·罗斯。在1904年圣路易斯世界博览会上，罗斯发表了关于蚊子随机游走问题的演讲，该课题是一个大型研究项目的一部分，旨在将疾病纳入量化领域。在历史上，瘟疫就像彗星一样突如其来，令人胆战心惊，然后消失不见，没有固定的时间表。牛顿和哈雷“驯服”了彗星，通过运动定律将其“绑缚”到固定的椭圆轨道上。既然如此，为什么流行病就不能遵循普遍规律呢？

罗斯的演讲并不成功。他后来写道：“我本想开启关于病理学的全面讨论，但有人告诉我可以自选主题，于是我宣读了那篇数学论文……这令在场的数百名医生大失所望，因为他们一个字也听不懂！”

这番话也适用于描述他本人。罗斯一心想将数学观点引入医学领域，而非得到同行的赞誉。《英国医学杂志》的编辑写道：“这位杰出的实验方法倡导者热衷于将定量分析过程应用于流行病学和病理学的问题，当他的一些同行发现这一点时，他们在吃惊之余可能还会感到些许遗憾。”

他也有点儿自以为是。英国《皇家医学会杂志》（*Journal of the Royal Society of Medicine*）上的一篇评论指出：

罗纳德·罗斯爵士给人留下了自负、爱生气和贪图名利的印象。在某种程度上，他具备上述所有特点，但这些并不是他仅有的或最主要的特点。

例如，他以慷慨地支持年轻科学家而闻名。在任何层级组织中，你都会发现有的人对地位等于或高于自己的人很友好，而对地位低于自己的人则不屑一顾；你还会发现，有的人把公认的大人物视为对手和敌人，而对新人却表现得很友善。罗斯属于后者，总的来说，这种类型的人更受欢迎。

在 1900 年前后的数年时间里，针对疟疾研究方面的重大突破的荣誉归属问题，罗斯与意大利寄生虫学家乔瓦尼·格拉西展开了激烈的学术论战。即使在罗斯获得了诺贝尔奖而格拉西一无所获后，罗斯似乎仍未觉得自己得到了应有的认可，他与格拉西的争论也演变为对支持格拉西的意大利人的普遍不满。他在圣路易斯世界博览会上的演讲险些泡汤，因为当罗斯得知他的座谈小组成员包括罗马医生安吉洛·切利时，他立即取消了行程，直到经电报确认切利已被说服退出座谈小组，罗斯才回心转意。

罗斯受封为爵士，也当上了以其名字命名的科研机构的负责人，但即使有一项又一项的荣誉加身，也永远填不上那个“洞”。尽管没有什么财务压力，但他花了数年时间四处活动，呼吁议会为他颁发奖金，表彰他为公共卫生事业做出的贡献。1807 年爱德华·詹纳因为研发天花疫苗而获得一笔奖金，罗斯觉得他也应该得到这样的奖励。

暴脾气伴随了他一生，这可能是因为他潜意识里认为自己的人生道路偏离了原本的方向。令人惊讶的是，作为一名如此杰出的医生，罗斯却说他进入医疗行业“仅仅是责任感使然”，而他真正向往的两个追求被搁置了。其中一个追求是诗歌，他在整个职业生涯中一直坚持写诗。为他的疟疾理论找到相关的实验证明后，罗斯即兴创作的诗句（“伴着泪水和艰难的呼吸/我找到了狡猾的种子/谋杀了百万生命的死神啊”）成为当时有关他的传说中众所周知的一部分。20 年后，他又写了一首个性十足的诗《周年纪念日》，抱怨自己没有得到充分的认可（“我们创造的无数奇迹/平庸的世人却不屑一顾……”）。

罗斯的另一个追求是数学。他在回忆自己早期受过的几何学教育时说：“在数学方面，欧几里得几何对我来说实在难以理解，直到我遇见了令我茅塞顿开的《几何原本》第一卷的命题36。此后，我再也不觉得几何学难了，还取得了优异的成绩。我喜欢解题，有一天凌晨我甚至在睡梦中解出了一道题。”当时还是马德拉斯的一名年轻医生的罗斯，从书架上取下一本关于天体力学的书。这本他从学生时代开始从未看过的书，让他经历了一场“大灾难”——突然陷入了对数学的痴迷状态。他购买了当地书店在售的所有数学书，并且在一个月内就把它们读完了：“虽然我在校期间没学过二次方程，但这一次我甚至学习了变分法。”他吃惊地发现，自此一切都变得非常容易，他将其归因于没有人强迫他做这件事。“教育必须主要依靠自主学习，无论是在校期间还是放学后，否则就永远不会有成效。”

所有数学老师都会认同这一点。我希望我在黑板前的讲解权威而清晰，我对材料的理解高效而直接，这样一来，学生们在与我一起度过的50分钟里，就能完全掌握课堂内容。但教育并非如此，而是像罗斯理解的那样，教育依靠的是自主学习。作为老师，我们的工作是授业解惑，但也是市场营销。我们必须向学生兜售一种理念：为了真正掌握这些数学知识而花些课余时间是值得的。实现这个目标的最好方法是，让我们在举手投足间流露出对数学的热情。

步入中年的罗斯在回忆往事时，以富有诗意的方式描述了那种热烈的情感：

> 它是一种兼具美感和智慧的热情。经过证明的命题就像一幅错落有致的图画，而消失于未来的无穷级数则像余音绕梁的奏鸣曲……美感在很大程度上确实是完美的智力表现带来的满足感，但我也看到未来的完美表现要靠纯粹理性这一有力的武器来达成。夜晚和黎明的星星……自从落入分析之网后，变得越发美丽了。很快，

> 我就开始阅读有关数学在运动、热、电和气体原子理论方面应用的书籍。我记得，当看到数学的第一种可能的应用时，我就在想它能否解释流行病存在的原因……但我阅读数学书籍时总是不够耐心，觉得应该自行构建一些命题。而且，在阅读那些已有的命题时，新命题的确会浮现在我的脑海里。

这种不愿意向前辈学习的态度深深地影响了罗斯的性格。在写到一位爱好化学且受人尊敬的叔叔（其实是他自己）时，他说："几乎所有的科学构想都是由像我叔叔罗斯这样的业余爱好者提出的，而其他的绅士则一心编写教科书并获得教授职位。"他自始至终只是一位业余数学家，但这并没有阻止他发表纯粹数学方面的论文，而且他使用的宏大标题（比如"空间代数"）或多或少都会涉及文献资料中已有的棘手概念，就连全职数学家也不愿意将这些令人沮丧的内容纳入他们的研究范围。

它们不是上帝最重要的思想

1910 年前后，罗斯准备认真解决他在马德拉斯时突然想到的问题：就像牛顿建立了天体力学理论一样，他也要为流行病建立一种数学理论。事实上，罗斯还有更雄伟的抱负，他想构建一种理论来支撑任意条件变化在人群中的定量传播研究，包括宗教信仰的转变、专业团体的选举、征兵，当然还有传染病暴发。他称之为"发生理论"（The Theory of Happenings）。1911 年，罗斯在给他的门生安德森·麦肯德里克的信中写道："我们终将建立一门新科学。不过你和我要先打开这扇门，然后喜欢它的人就可以走进去了。"

尽管他对自己的能力评价很高，也甘当一名业余爱好者，但为了打开那扇门，他付出了最大的努力。他雇用了一位真正的数学家来帮助他，她的名字叫希尔达·哈德森，当时哈德森的数学造诣远高于罗斯。在哈德森发表的第一篇文章中，通过巧妙地将正方形分解成更小的几何图形，她给出了关于欧几里得几何命题的简短新证法。那一年，她才 10 岁。（她的父母也都是数学家，这对她大有帮助。）

哈德森的专业领域叫作代数几何，顾名思义就是几何学和代数的混合领域。平面上的一点可以被视为一个数对——一个横坐标和一个纵坐标，这使得我们可以将像圆这样的几何对象转换成代数对象，例如，使 $x^2 + (y - 5)^2 = 25$ 的数对 (x, y) 的集合。第一个真正系统地运用这个理念的人是勒内·笛卡儿，而到了哈德森生活的时代，代数和几何的这种融合已经变成了一门独立的学科，不仅适用于平面上的曲线，还适用于任何维度空间中的几何图形。哈德森是二体和三体克雷莫纳变换领域的领军人物，并在 1912 年成为第一位在国际数学家大会上演讲的女性。

如果我告诉你克雷莫纳变换是“射影空间的双有理自同构”，你可能完全听不懂。所以，我还是换一种阐释方式吧：0/0 是什么？也许有人教过你应该回答“未定义”，从某种程度上说这个答案是正确的，但它也是“懦夫的退路”。真正的答案取决于除数是哪个 0！大小为 0 的正方形的面积与周长之比是多少？当然，你可以说答案是未定义，但你为什么不大胆地定义它呢？如果正方形的边长是 1，这个比就是 1/4 或 0.25。当边长缩小到 1/2 时，正方形的面积是 1/4，周长是 2，所以比减小到 1/8。如果边长是 0.1，那么比为 0.01/ 0.4 或 0.025。随着正方形不断缩小，这个比也变得越来越小，这意味着当正方形缩小成一个点时，我们只有一个合理的答案：在这种情况下，0/0 = 0。如果我们问一条线段以厘米为单位的长度和以英寸为单位的长度之比呢？对一条长线段而言，这个比是 2.54；对一条短线段而言，这个比也是 2.54；如果线段缩短成一个点，那么 0/0 应该还是 2.54。

在几何学上，你可以沿用笛卡儿的方法，把一个数对看成是平面上的一个点。点 (1 , 2) 是从原点向右移动 1 个单位再向上移动 2 个单位的点，2/1 是连接原点和点 (1 , 2) 的直线的斜率。当这个点是 (0 , 0)，即原点本身时，就没有线段，也就没有斜率。最简单的克雷莫纳变换是将平面替换为一个非常相似的几何图形，其中点 (0 , 0) 被替换为许多个点——事实上是无穷多个！每个点不仅要记住它的位置，还要记住它的斜率，就像你不仅要记住你的目的地，还要记住通往目的地的路径一样。这种从一个点爆裂成无穷多个点的变换叫作“爆破”（blow-up）。毋庸置疑，哈德森研究的高维克雷莫纳变换更加复杂，你可以称其为给那些“未定义”的比（怯懦的计算器会躲开它们）赋值的一般几何理论。

1916 年，在她开始与罗斯合作的时候，哈德森出版了一本欧几里得几何风格的尺规作图书。亚伯拉罕·林肯曾试图利用尺规作图解决化圆为方的问题，但费了一番工夫还是失败了。哈德森的几何直觉如此强烈，以至于她的论述有时会因为缺乏证明而遭到批评。虽然有些东西对她来说显而易见，但对那些不善于想象几何图形的人来说，还是需要做出文字说明的。尽管罗斯热爱几何，但没有证据表明他对哈德森在纯粹数学方面的研究产生过兴趣或进行过交流。也许这是一件好事，因为代数几何领域挤满了意大利人。

在罗斯与哈德森合作发表的第一篇论文中，开头部分罗列了罗斯的上一篇论文中出现的大量错误。罗斯把这些错误归咎于他的论文校样送来校对时他在国外，真是太不凑巧了。我喜欢想象这样的情景：他们俩的合作刚一开始，哈德森就立刻温和地告知罗斯他之前的研究中存在不少错误。有关他们俩之间交流的记录非常少——罗斯在他的回忆录中只提到过哈德森一次，但想象这两位截然不同的科学家之间的关系，是一件很有趣的事。罗斯有无限的雄心抱负，而哈德森有深厚的数学造诣和技能。罗斯拥有多个头衔，得过不少奖，而在那个教授全是男性的时代，哈德森就只是一名讲师。即使罗斯对宗教有感情，他也不会把它看得太重，而哈德森是虔诚的基督徒，宗教信仰在她的生活中占据了核心地位。1927 年发表了一篇关于克雷莫纳变换的论文后，她似乎把数学抛到了脑后，在基督教学生运动组织中工作了好几年。她于 1925 年发表的文章《数学与永生》（Mathematics and Eternity）是一篇引人注目的文献，在她文中的那个知识世界里，信仰和科学都觉得有必要向对方证明自己。她写道：“我们在代数课上练习与神同在，效果比在劳伦斯弟兄[①]的厨房里更好。我们在人迹罕至的角落里独自做研究，效果比在山顶上更好。”每

① 劳伦斯弟兄是 17 世纪法国奥秘派基督徒、修道院厨师，著有《与神同在》一书。——译者注

位数学家，无论是否信仰宗教，都会明白她在这句本应广为流传的格言中表达的意思：

> 纯粹数学的思想是真的，而不是近似的或可疑的。它可能不是上帝最有趣或最重要的思想，但它是我们确切知道的唯一思想。

神奇数字 R_0

罗斯关于流行病传播的观点遵循一个基本原理，事实上，它也是所有数学预测的基本原理：今天发生的事，明天还会发生。所有令人不悦的琐事的源头都在于，弄清楚该原理在实践中意味着什么。

举个最简单的例子。假设一个携带传染性病毒的人在传染期（10 天）内平均会传染 2 人，如果一开始有 1 000 名感染者，那么 10 天后，大约又会有 2 000 人被传染。最初的 1 000 人现在已经康复，不再具有传染性，但这 2 000 名新感染者将在 10 天内将病毒传播给另外 4 000 人。之后再过 10 天，又约有 8 000 人被传染。所以第 30 天的感染人数是：

第 0 天：1 000 人
第 10 天：2 000 人
第 20 天：4 000 人
第 30 天：8 000 人

这种数列被称为几何数列（等比数列），尽管它与几何学之间的联系有点儿模糊。这个名称的由来是：这种数列的每一项都是其前一项和后一项的几何平均数。平均数是什么意思？几何平均数又是什么意思？

平均数不止一种。我们熟悉的平均数是通过在数轴上的两个数正中间画一个点得到的。1 和 9 的平均数是 5，因为 5 和 1 之间的距离是 4，5 和 9 之间的距离也是 4。这种平均数叫作算术平均数，我猜想原因在于它是通过加减法的算术运算得到的。如果数列中的每一项都是其前一项和后一项的算术平均数，这个数列就是一个算术数列（等差数列）。

几何平均数不同于算术平均数。要求 1 和 9 的几何平均数，你需要画一个宽和长分别为 1 和 9 的长方形，如图 10–1 所示。

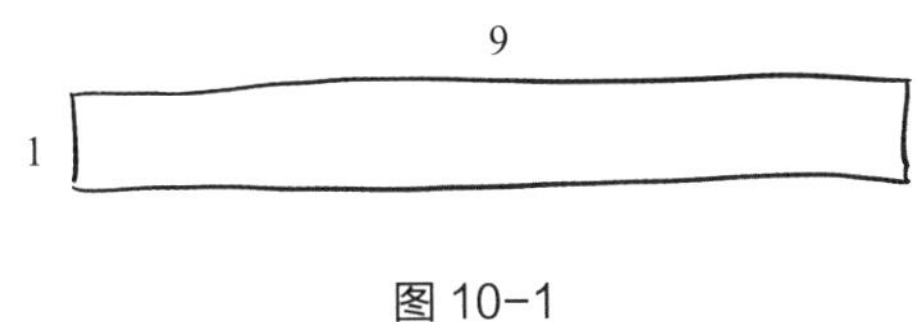

图 10–1

几何平均数是与这个长方形面积相等的那个正方形的边长。（希腊人非常喜欢用正方形来思考面积问题，这也是他们不断尝试化圆为方却又不断失败的原因之一。）几何平均数是柏拉图的心爱之物，据说他认为几何平均数是最真实的平均数。图 10–1 中的长方形的面积为 $1 \times 9 = 9$，如果某个正方形的面积也是 9，它的边长的平方就等于 9，简言之，它的边长为 3。所以，3 是 1 和 9 的几何平均数，(1, 3, 9) 是一个几何数列。

今天，我们更倾向于用一种不同但等价的方式来定义几何平均数。如果 y 是 x 和 z 的几何平均数，那么

$$y/x = z/y$$

跟柏拉图费力地解释几何平均数时使用的拗口语言相比，这个简洁的公式可以让你真正意识到代数表示法的优点。

> 让它本身和由它联结的事物真正地成为统一体，这就是最好的纽带。从事物的本质看，最能担此大任的非比例莫属。无论三个数是立方体还是正方形的边长，如果第一个数与第二个数的比等于第二个数与第三个数的比，那么第三个数与第二个数的比也等于第二个数与第一个数的比。由于第二个数的平方等于第一个数与第三个数的乘积，同样地，第一个数与第三个数的乘积也等于第二个数的平方，所以它们彼此之间的关系必然相同。由此可见，它们实现了统一。

病毒以几何数列模式传播，并不是因为它们喜欢计算长方形的面积，也不是因为它们读过柏拉图的著作，而是因为病毒传播机制要求第一个传染期与第二个传染期的感染人数之比和第二个感染期与第三个感染期的感染人数之比相同。今天发生的事明天还会发生，在我们的例子中，每过 10 天新发病例数量就会增加一倍，我们称这样的数量增长方式为“指数增长”。人们经常用“指数增长”作为“增长迅速”的同义词，但前者更具体一些。每个数学老师都渴望找到一个例子，让学生真正明白指数增长是怎么一回事。不幸的是，此时我们手边就有一个。

我们的“工厂标准”的直觉很难理解指数增长。我们已经习惯了物体以大致恒定的速度运动，如果以每小时 60 英里的速度开车，那么每过一小时的行驶距离依次为：

60 英里，120 英里，180 英里，240 英里，……

这是一个算术数列，它的连续项之差保持不变，从前到后各项以恒定的速度增长。

而几何数列则是另外一回事。我们的思维将其理解为先缓慢、稳定、可控地增长，随后增速急剧飙升。但从几何意义上讲，几何数列的增速从未改变。第二个感染期的增速跟第一个感染期差不多，但其糟糕程度是第一个感染期的 2 倍。这场灾难是完全可以预测的，我们却未能充分预料到它的发生。看看约翰·阿什贝利是怎么说的，他可能是唯一提及这个问题的美国诗人。他在 1966 年发表的诗《最快的治愈》（*Soonest Mended*）中写道：

犹如几何数列友好的开端
不让人放心……

在新冠感染疫情暴发初期，意大利是受影响最严重的国家之一，不到一个月疫情就夺走了 1 000 人的生命；随后 4 天，又有 1 000 人死亡。

2020 年 3 月 9 日，这种疾病已经开始在全世界范围内传播，美国领导人却无所不用其极地淡化它的威胁，将其与每年导致数千名美国人死亡的流感相提并论：“目前有 546 例确诊病例，其中有 22 人死亡。你们想想吧！”一周后，每天都有 22 名美国人死于新冠感染。又过了一周，这个数字几乎增长了 10 倍。

伴随几何数列而来的有好事也有坏事。假设一个携带某种传染性病毒的人在传染期内（10 天）平均会传染 0.8 人而非 2 人，感染者数量的几何数列就是这样的：

第 0 天：1 000 人
第 10 天：800 人
第 20 天：640 人
第 30 天：512 人

接下来的 4 个数字就更小了：

第 40 天：410 人
第 50 天：328 人
第 60 天：262 人
第 70 天：210 人

这种趋势叫作“指数式衰减”，是被我们战胜的流行病的一个数学特征。

几何数列的连续项之比意义重大。当它大于 1 时，病毒就会迅速传播，相当大比例的人口都会遭殃。当它小于 1 时，疫情则会逐渐消亡。在流行病学界，它被称为 R_0（基本传染数）。1918 年春西班牙流感暴发时，R_0 约为 1.5。2015—2016 年，由蚊子传播的寨卡病毒的 R_0 约为 2。20 世纪 60 年代，在加纳暴发的麻疹疫情的 R_0 高达 14.5！

R_0 较低的流行病的传播情况如图 10–2 所示：

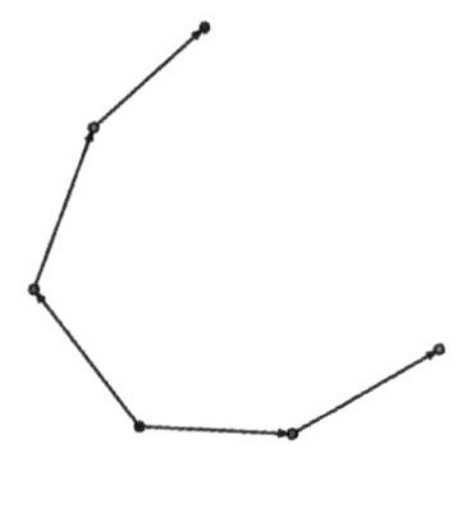

图 10-2

大多数感染者即使有传染性，也只会传染一个人，所以感染链通常在疾病发生大面积传播之前就消亡了。当R_0略大于1时，你会看到图上有“树枝”萌生出来（见图10–3）。当R_0远大于1时，你会看到快速的指数增长，新的“分枝”不断地从图上萌生出来，疫情传播至更大面积的人群（见图10–4）。

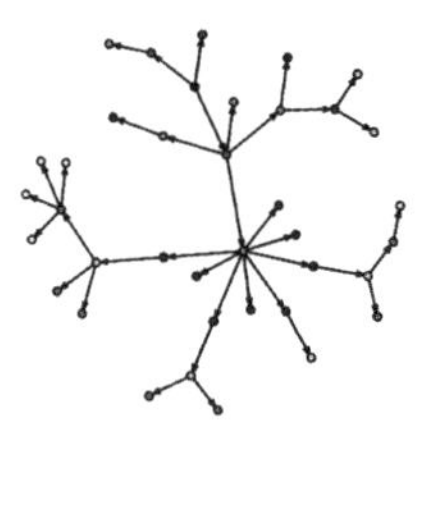

图 10-3

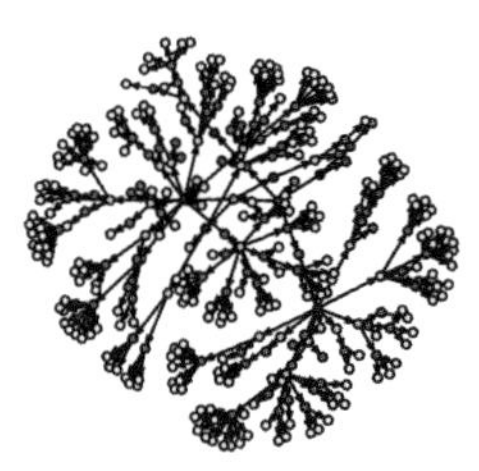

图 10-4

如果人们感染这种疾病后会产生免疫力，那些“分枝”就不会回过头来依附到已经患病的人身上，因此这种流行病的传播网络是我们在前文中见过的一种几何图形——树状图。

基本阈值$R_0 = 1$是罗斯的流行病思想的核心。罗斯发现蚊子会传播疟疾，这是一个巨大的进步，但也造成了一定的悲观情绪。灭蚊很容易，消灭所有的蚊子却很难，你可能会据此认为人类根本无法阻止疟疾的传播。然而，罗斯坚决否定了这种观点。只要有按蚊四处飞行，其中一些就会叮咬疟疾感染者，然后飞到别处去叮咬其他没有感染疟疾的人。因此，疟疾会持续传播。但如果蚊子的密度足够低，R_0这个神奇的数字就会降至1以下，这意味着每周的新发病例数量会越来越少，疫情呈指数式衰减直至消亡。所以，我们不需要阻止疾病的所有传播，而只需要阻止足够多的传播。

这就是罗斯在 1904 年圣路易斯世界博览会上宣扬的理念。他的随机游走理论意在表明，一个地区的蚊子数量减少后，需要经过相当长一段时间，才会有足够多的蚊子进入该地区，并将其密度推升至流行病的暴发阈值。

这也是抗击新冠感染疫情的一个关键理念。我们无须阻止这种疾病的所有传播，更何况这也是不可能做到的。流行病防控不必追求完美。

明年将会有 77 万亿人感染天花

2020 年春新冠感染疫情在美国暴发之初，明显呈现出人们不希望看到的几何级数增长态势。新发病例数量每天增长 7% 左右，这意味着当周的病例数量是上一周的 $(1.07)^7$ 倍，增幅超过 60%。按照这种发展态势，如果 3 月底每天有 2 万例确诊病例，到 4 月的第一周就会变成每天 3.2 万例，到 5 月中旬则会变成每天 42 万例。100 天后，即到 7 月初，每天会有 1 700 万例新发病例。

现在，你看出问题了吗？疫情的传播不可能保持每天 1 700 万例新发病例的速度，否则不到 3 周，美国的累计感染人数就会比美国人口还多。正是这种太过随意的推理过程，导致美国疾病控制与预防中心的马丁 · 梅尔泽建模团队在 2001 年做出预测：如果在美国境内故意释放天花病毒，那么一年内将会有 77 万亿人被感染。（一位同行评论道："梅尔泽博士的计算机时不时就会失去控制。"）

由此可见，我们提出的流行病几何数列传播模式出问题了。

让我们回到神奇数字 R_0，它衡量的是每个感染者造成的新发病例数量。R_0 不是一个自然常数，它既取决于特定传染病的生物学特征（菌株不同，生物学特征就可能会不同），也取决于每个感染者在传染期内遇到的人数（传染期的时长不同，遇到的人数就可能会不同。我们能否通过适当的治疗缩短传染期呢？），还取决于感染者与其他人相遇时发生了什么（他们是彼此站得很近，还是像现行指导方针建议的那样相距 6 英尺以上？有没有戴口罩？是在户外还是在通风不良的建筑物内？）。

但是，即使疾病和我们的行为都没有改变，R_0 也会随时间而改变。这仅仅是因为，病毒逐渐找不到新的感染者了。假设有 10% 的人口已经感染了，漫不经心的无症状感染者过着像往常一样的生活，他可能还会对着同样数量的人咳嗽，但其中有 1/10 的人已经感染或康复，从而对再感染产生了部分抵抗力。所以，平均来说，他在传染期内并没有传染 2 个人，而是只传染了 $2 \times 90\% = 1.8$ 人。当 30% 的人口已经感染时，R_0 就会降至 $0.7 \times 2 = 1.4$ 人。当 60% 的人口已经感染时，R_0 就会变成 $0.4 \times 2 = 0.8$ 人，这意味着我们越过了临界线。此时，R_0 不是比 1 稍大，而是比 1 稍小，几何数列也随之由坏变好。

事实上，感染者的比例甚至可能达不到 60%。不管这个比例（我们称之为 P）是多少，新的 R_0 均为：

$$(1-P) \times 2$$

当 $R_0 = 1$ 时，疫情开始呈现出指数式衰减的态势。换句话说，当 $P = 1/2$ 时，就会出现这种情况。因此，一旦有 50% 的人口感染，R_0 为 2 的流行病就会开始消退，这被称作“群体免疫”。只要有足够多的人能抵御疾病，流行病就会难以为继。但“足够多”的具体数量取决于 R_0，如果它是 14（比如麻疹），就需要让 $1-P = 1/14$，这意味着必须有接近 93% 的人口免疫。这也是即使只有少数小孩子不注射麻疹疫苗，也会造成严重的麻疹疫情的原因。对于 R_0 为更温和的 1.5 的疾病，在感染者比例达到 33% 时就会产生群体免疫。我认为新冠感染疫情的 R_0 是 2~3，如果这种估计是正确的，当全世界有 1/2~2/3 的人口已经感染了这种病毒时，疫情就会开始消退。

但这也意味着会有很多人生病或死亡。所以，尽管全世界的流行病学家在很多具体细节上意见不一，但他们几乎一致认为我们不应该对新冠感染疫情放任不管。

康威的数学游戏

把流行病想象成图表或屏幕上的一条曲线，把数字看成是随时间变化的抽象数量，这不难做到，对数学家来说更不在话下。但这些数字代表的是那些感染或死于这种疾病的人，所以你可能会忍不住停下来想想他们。约翰·康威就是其中之一，他于 2020 年 4 月 11 日死于新冠感染。康威是一位几何学家，他做过的几乎所有数学研究都涉及图表的绘制。

我在普林斯顿大学做博士后研究期间结识了康威，常常向他请教数学问题。他回答时总是滔滔不绝，信息量很大，并且富有启发性。尽管他一直答非所问，但我仍然受益匪浅。他不是有意刁难我，他的思维方式就是那样——联想多于演绎。如果你向他提问，他就会告诉你你的问题让他想到了什么。如果你需要某个特定的信息，例如一份参考资料或一条定理的陈述，他就会带你踏上一段漫长、曲折且目的地未知的旅程。他的办公室里到处都是有趣的谜题、游戏和玩具，它们既是一种娱乐方式，也是他的数学研究的一部分。他似乎一刻不停地在思考数学问题。有一次，他一动不动地站在路中央思考群论中的一个定理，结果被一辆卡车撞倒在地。从此以后，他把这个定理称为“杀人凶器”。

所有数学家都把数学看作一种游戏，但康威的独特之处在于，他坚持认为游戏可以被当作一种数学。他痴迷于发明各种游戏，并且喜欢给它们取有趣的名字，例如 Col（上校）、Snort（哼哼）、ono（小野）、loony（疯子）、dud（废物）、sesqui-up（一个半）、Philosopher’s Football（哲学家的足球）等。但他的目的不仅仅是获得乐趣，他还会从乐趣中发掘理论。我们在前文中遇到过他的数学游戏，“尼姆游戏是一种数”的观点就是由康威提出来的。1974 年，他的同事、计算机科学家高德纳在一本书中谈到了这个概念。它的书名是《研究之美》（*Surreal Numbers*），整本书的内容通过一对青年男女之间的对话呈现出来。书中的两位主人公偶然阅读了一段概述康威理论的文字：“一开始，整个世界空无一物，J. H. W. H. 康威创造了数的概念……”

20 世纪 60 年代末，康威率先列举了所有能在纸上画出来且交叉点不超过 11 个的纽结（其中一部分见图 10–5）。他还发明了自己的标记符号——“缠结”，用来表示纽结中两股交缠的部位。

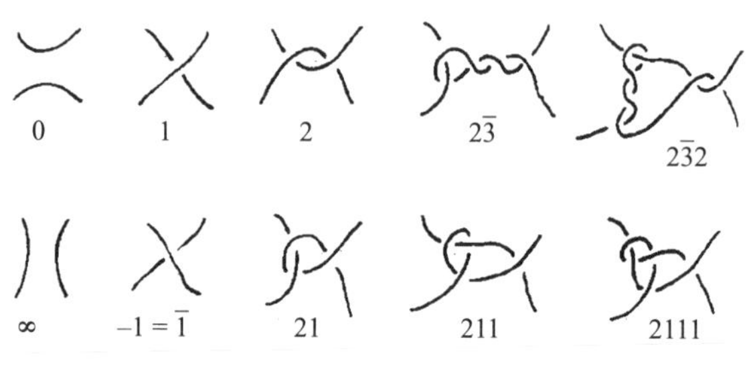

图 10–5

后来让康威一举成名的那个纽结也在其中，神经网络警告说它很难理解，丽莎·皮奇里洛则证明了一个与它有关的定理。

在理论数学领域之外的地方，康威更有可能是因为“生命游戏”而闻名于世。生命游戏是一个简单的算法，但它可以产生极其复杂和不断变化的模式，而且这些模式似乎是有生命的（该游戏由此得名）。但他讨厌自己因为生命游戏而出名，他认为这个游戏远不如他的其他数学研究深奥（确实如此）。所以，我不打算就此结束这个话题，而要向你介绍我最喜欢的康威定理，即他和卡梅隆·戈登在 1983 年证明的一个真正的几何定理。取空间中任意 6 个点，有 10 种不同的方法可以将这 6 个点分成两组，每组 3 个。（检验一下！）利用这些方法分组后，每组中的 3 个点都可以连成一个三角形，也就是说，两组可以连成两个三角形。康威和戈登证明，至少有一种方法可以让这两个三角形像链条上的环一样连接在一起，如图 10–6 所示。

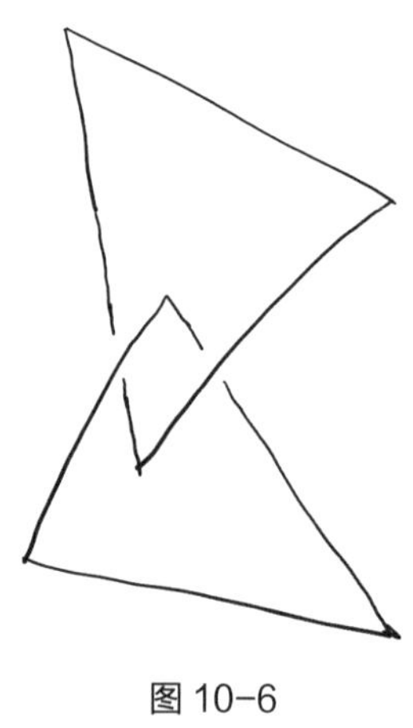

图 10–6

对我来说，比事实本身更有吸引力的也许是它的证明方法。康威和戈登证明的其实是，在这 6 个点的 10 种分组方法中，能产生相连三角形的方法数量是奇数。但零是偶数，所以至少有一种分组方法能产生相连的三角形。通过证明某种事物的数量是奇数来证明该事物必然存在，这种方法看似很怪异，但其实很常见。如果你进入一个安装了开关灯①的房间，发现灯不是你离开时的状态，你就会知道有人拨动了开关；但你知道有人拨动过开关的原因在于，灯的状态告诉你开关被拨动了奇数次。

辛普森悖论

对于新冠感染，并非人人都面临着相同的风险。老年人出现严重症状、住院和死亡的风险较高，而年轻人和中年人的风险较低。在美国，还存在种族差异。截至 2020 年 7 月，美国的新冠感染确诊病例的种族分布情况如下：

拉美裔：34.6%
非拉美裔白人：35.3%
黑人：20.8%

而美国的新冠感染死亡病例的种族分布情况有所不同：

拉美裔：17.7%
非拉美裔白人：49.5%
黑人：22.9%

如果你对美国的健康差异问题有所了解，看到这些数字时就不会觉得吃惊，因为几乎在所有情况下，美国有色人种的健康状况都要差一些。然而，白人只占新冠感染确诊病例总数的 35%，却占新冠感染死亡病例总数的 49.5%。由此可见，白人亚群的新冠感染死亡率可能远高于普通

① 开关灯（toggle light）就像一个拨动式开关，轻轻一拨灯就点亮了，拨回原位灯就熄灭了。——编者注

人群。这是为什么呢？

我从数学家、作家达纳·麦肯齐那里得到了答案：年龄。在美国，白人感染者更有可能死亡，这是因为老年感染者更有可能死亡，而且总的来说死亡的白人感染者大多是老年人。如果你按照年龄分组，情况看起来就会迥然不同。在 18~29 岁的美国人群中，白人的新冠感染确诊病例占比为 30%，死亡病例占比仅为 19%。而在 85 岁及以上人群中，白人的新冠感染确诊病例占比为 70%，死亡病例占比为 68%。事实上，在美国疾病预防与控制中心记录的每个成年年龄段内，白人的新冠感染死亡率都低于典型的美国人。但如果把这些群体放在一起，你就会发现这种疾病对白人的影响似乎更大。这种现象被称为“辛普森悖论”，只要它影响到研究中的一个异质群体，你就必须对它倍加关注。称之为“悖论”其实是不恰当的，因为它并不自相矛盾，只是对相同的数据采取了两种不同的思考方式，而且没有一种是错误的。例如，有人说新冠感染疫情对巴基斯坦的冲击不像美国那么严重，是因为巴基斯坦人更年轻也更不容易受到影响，这种说法是错误的吗？或者，将巴基斯坦老年人感染新冠的可能性与同龄的美国人做比较，这种做法是正确的吗？辛普森悖论其实并不是要告诉我们该采取哪种观点，而是强调我们必须同时记住部分和整体。

哪枚金币是伪币？

人们在新冠感染疫情暴发之初就一致认为，如果不大幅提升病毒检测能力，并竭尽所能地开展大规模检测，疫情就有可能演变成不可收拾的局面。我们进行的检测越多，对疫情的进展和我们当前所处阶段的了解就会越多。

我们来看另一个数学例子：你有 16 枚金币，其中 15 枚是真币，每枚均由 1 盎司[①]黄金制成，余下的那枚是伪币，重量仅为 0.99 盎司。你

① 1 盎司 = 28.35 克。——编者注

有一台非常精确的天平，但每使用一次就要花费 1 美元。你如何用最小的成本找出那枚伪币呢？

花 16 美元给所有金币称重，当然可以达到目的，但成本太高。事实上，你不需要花那么多钱。就算你运气很差，用天平称了 15 枚金币并发现它们都是真币，也无须再多花 1 美元去称第 16 枚金币，就能知道它是伪币。所以，你的花费不会超过 15 美元。

不过，你还有更好的办法。先把金币分成两组、每组 8 枚，然后称第一组的总重量。结果要么是 7.99 盎司，要么是 8 盎司，不管是哪一个，你都会知道哪一组里有伪币。现在，你已经把范围缩小到 8 枚金币了。接下来，把这 8 枚金币分成两组、每组 4 枚，称其中一组的总重量，就可以把范围缩小到 4 枚金币，至此花费为 2 美元。之后，还要再分组两次。因此，只需花费 4 美元，你就可以确定哪枚金币是伪币了。

跟许多文字题一样，这个问题也需要设置些许障碍才能成立。毕竟，在现实生活中，用天平称重的成本并没有这么高。

但生物检测的成本可能会很高，这把我们带回到传染病的话题。假设有 16 名新兵，而不是 16 枚金币；再假设其中一人感染了梅毒，而不是体重比其他人轻。在第二次世界大战时期，梅毒是美国军队面临的一个严重问题。1941 年，《纽约时报》上刊登的一篇文章指出，导致几千名美国士兵感染梅毒或淋病的罪魁祸首是，“活跃于从芝加哥到达科他的路边旅馆、小酒吧的一大群性工作者”，她们“大多没有接受过治疗，有传染性，对同胞构成了威胁”。

你可以利用瓦色曼试验，逐一检测 16 名新兵的血液，找出梅毒感染者。这个方法对 16 名新兵来说是可行的，但对 16 000 名新兵来说就不太可行了。罗伯特·多尔夫曼说：“逐一检测大型人群的所有成员是一个昂贵而乏味的过程。”多尔夫曼是哈佛大学的知名经济学教授，他在 20 世纪五六十年代率先将数学模型应用于商业问题。但回溯到 1942 年，那时他已经迈出大学校门 6 年了，职务是美国政府的一名统计学家。大学期间，他在发现自己的首选业余爱好——诗歌没有前途后，决定专注于数学研究。上文中引用的正是他的经典论文《大型人群中患病成员的检测》

（The Detection of Defective Members of Large Populations）的第一句话，这篇论文将金币问题的思想引入了流行病学。但你不能采用跟找出伪币完全相同的策略，因为 16 000 名士兵的一半仍然人数众多。多尔夫曼建议你把新兵每 5 人分成一组，然后将每组 5 名士兵的血液混合到一起做梅毒抗原血清试验。如果检测结果呈阴性，就意味着该组的 5 名士兵都没有感染梅毒；但如果检测结果呈阳性，你就把该组的 5 名士兵都叫回来，再给他们每人做一次单检。

这是不是一个好方法，取决于梅毒在这个人群中的常见程度。如果有半数士兵感染了梅毒，那么几乎所有分组样本的检测结果都会呈阳性，而你需要给每名士兵做两次检测。这样一来，查明患病士兵的成本就会更高昂，工作量也更大。但如果只有 2% 的新兵感染了梅毒呢？任意一个样本的检测结果呈阴性（该组 5 名士兵都未感染梅毒）的概率为：

$$98\% \times 98\% \times 98\% \times 98\% \times 98\% \approx 90\%$$

如果有 16 000 名士兵，就可以分成 3 200 个组，其中有 2 880 组被排除了，剩下 320 组（1 600 名士兵）需要每人做一次单检。所以，你总共需要给他们做 3 200 + 1 600 = 4 800 次检测，这比对所有士兵进行单检的次数（16 000 次）要少很多。而且，你还可以进一步减少检测次数。多尔夫曼计算出，当患病率为 2% 时，最适群体大小（小组规模）是 8 人，这可以使检测次数减少至 4 400 次左右。

这个案例与新冠感染疫情存在显著的相关性。如果检测能力不足以对所有人进行单检，我们也许可以采集 7~8 人的鼻咽拭子样本，把它们放在同一个容器中，然后进行混检。

值得注意的是，多尔夫曼的梅毒检测方案从未真正付诸实践。多尔夫曼并没有为军队工作过，而是就职于价格控制办公室。在他的同事戴维·罗森布拉特去军队报到并接受瓦色曼试验的第二天，他们俩产生了梅毒分组检测的想法。但事实证明，这个想法在实践中并不可行。梅毒样本稀释后，我们很难从中检测出残留的抗体。

新型冠状病毒则是另外一回事。即使是微量的病毒RNA（核糖核酸）残留，聚合酶链反应检测也可以将其放大很多倍。这使分组检测变得切实可行，而且在患病率低、检测人员和设备供应短缺的情况下，这种方法极具吸引力。以色列的港口城市海法和德国的医院都采用了分组检测法。美国内布拉斯加的一个州立实验室一周检测了 1 300 个“五合一”混采样本，据报道，他们所需的检测次数减少了一半。

真正了解分组检测法的人是兽医，他们必须迅速、准确地在大而密集的牲畜群中发现小规模疫病。有时候，他们会通过一次检测评估数百个样本。我认识的一位兽医微生物学家告诉我，他们的方法也能用于快速检测人类是否感染了新冠，尽管在实施过程中需要做些修改。他略感沮丧地说：“你总不能把 1 000 个人放到传送带上，然后逐一对他们进行肛拭子采样吧。”

流行病的数学模型

现在，我们准备深入了解罗斯和哈德森的发生理论，并利用它研究流行病的传播情况。我们得先编造一些数字。（真正的流行病学家会尽可能准确地估计这些数字，因为随着流行病的发展过程，我们对其动态的了解也会越来越多。）在我们试图绘制病毒传播路线图的第一天，假设我们州的 1 000 000 人口中有 10 000 人是感染者，其余 99% 的人是易感者。

易感人数（第 1 天）= 990 000

感染人数（第 1 天）= 10 000

如果我一遍遍地键入“易感人数”和“感染人数”，这两个词就会让我眼花缭乱并失去意义，所以我决定把它们分别表示成 S 和 I。

S（第 1 天）= 990 000

I（第 1 天）= 10 000

每天都有新发感染者。假设每个感染者平均每 5 天对着 1 人咳嗽一次，或者平均每天对着 0.2 人咳嗽一次。那么，后者成为易感者的概率就是易感人群占州人口的比例，即 $S/1\,000\,000$。所以，预计的新发感染人数是：$0.2 \times I \times S/1\,000\,000$。

每次感染都会使易感人数减少：

$$S(\text{第2天})=S(\text{第1天})-0.2\times I(\text{第1天})\times S(\text{第1天})/1\,000\,000$$

而使感染人数增加：

$$I(\text{第2天})=I(\text{第1天})+0.2\times I(\text{第1天})\times S(\text{第1天})/1\,000\,000$$

到这一步还没有结束，因为患者也有机会恢复健康（值得庆幸！）。是时候再编造一个数字了。假设传染期为 10 天，那么在任意一天，现有的感染者中都有 1/10 的人能康复。（这意味着每名感染者在 10 天的传染期内大概会传染 2 人，所以 $R_0 = 2$）。这样一来，就有：

$$I(\text{第2天})=I(\text{第1天})+0.2\times I(\text{第1天})\times S(\text{第1天})/1\,000\,000-0.1\times I(\text{第1天})$$

这被称为“差分方程”，因为它告诉我们的是第 2 天的情况和第 1 天的情况之间的差。如果我们能计算出每天的情况，就可以对流行病做出长期预测。你应该把上述代数式看作一台机器，理想情况下它上面有很多灯，还会发出低沉的噪声。你把第 1 天的情况放进这台机器，它就会运转起来，并产出第 2 天的情况。你把第 2 天的情况捡起来，塞回料斗，第 3 天的情况就出来了，以此类推。

第 2 天的新发感染人数是：

$$0.2\times I(\text{第1天})\times S(\text{第1天})/1\,000\,000=0.2\times 10\,000\times 990\,000/1\,000\,000=1\,980$$

第 2 天的易感人数是：

S（第 2 天）=S（第 1 天）−0.2×I（第 1 天）×S（第 1 天）/1 000 000=990 000 − 1 980 = 988 020

第 2 天有 1 980 名新发感染者，但也有 1/10（1 000 人）的现有感染者康复。

I（第 2 天）=I（第 1 天）+0.2×I（第 1 天）×S（第 1 天）/1 000 000 − 0.1×I（第 1 天）=10 000 + 1 980 − 1 000 = 10 980

现在我们知道了第 2 天的情况，把它放进那台机器里，第 3 天的预测结果就出来了。

S（第 3 天）=S（第 2 天）−0.2×I（第 2 天）×S（第 2 天）/1 000 000=988 020 −2 169.691 92 = 985 850.308 08

I（第 3 天）=I（第 2 天）+0.2×I（第 2 天）×S（第 2 天）/1 000 000 − 0.1×I（第 2 天）= 10 980 + 2 169.691 92 − 1 098 = 12 051.691 92

竟然出现了 0.691 92 人，这有效地提醒我们只是在做概率预测或最佳猜测。我们不应该期望它能精确到小数点后的最末一位！

只要你愿意转动机器上的曲柄，就可以使上述过程持续下去。一天又一天的感染人数（四舍五入后的结果，毕竟谁有时间计算那么多位小数）分别是：

10 000, 10 980, 12 052, 13 223, 14 501, …

你会发现它非常接近几何数列，每天的增幅为 10% 左右。但它并不是一个几何数列，因为它的增速在一点点地减缓。10 980 比 10 000 多

9.8%，而 14 501 只比 13 223 多 9.7%。这不是因为舍入误差，而是因为易感人数减少，病毒自我复制的概率也随之变小。

你可能不想看到长篇累牍的 S 和 I，就像我不想一遍遍地键入它们一样。不过，计算机就是用来执行这种冗长烦琐的重复性计算任务的。你只用几行代码就可以运行这台机器，并让它对你期望时间内的流行病传播情况做出预测。在计算机的帮助下，我得到的预测结果如图 10–7 所示。

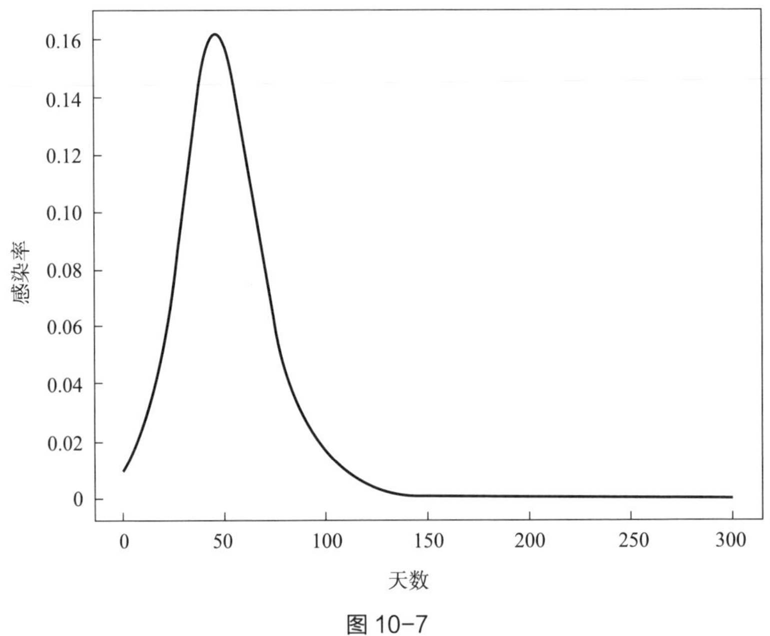

图 10–7

感染人数峰值出现在第 45 天，那时只有 16% 的人口被感染，大约 34% 的人口已经康复，而剩下 50% 左右的人口仍属易感者。所以，初始值为 2 的 R_0 减至一半，变成了 1，也就是新发感染人数开始下降的阈值。尽管这一点在图 10–7 中表现得不太明显，但在这样的模型中，曲线的下降段通常不像上升段那么陡峭。感染率从 1% 上升到峰值用了 45 天，但从峰值下降到 1% 用了 60 天。

时至今日，科学家通常认为这个流行病模型的创建者并不是罗斯和哈德森，而是威廉 · 克马克和安德森 · 麦肯德里克。麦肯德里克曾收到过罗斯的那几封打开流行病学之门的信，他和罗斯一样，也是一位有数学头脑的苏格兰医生，还和罗斯一起在塞拉利昂服过役。克马克同样是一位精通数学的苏格兰医生，年轻时在一次实验室事故中因苛性碱烧伤而双目失明，但和哈德森一样，他也拥有惊人的几何直觉。他走到哪里都会拄着沉重的木制拐杖，爱丁堡皇家内科医学院的实验室里常会响起他那熟悉的拐杖声。不过，“他也会习惯性地把手杖挂在胳膊上，悄无声息、出人意料地走到他的助手身旁，令人十分不解”。1927 年，克马克和麦肯德里克在一篇关于流行病的论文中，承认了罗斯和哈德森之前所做的工作。但除了增添重要的新思想之外，他们的论文还有更简单易懂、更少使用晦涩符号和更便于应用的优点。我们称其为“SIR 模型”，其中 S 和 I 就是我们在前文中讨论过的数字，R 代表目前已获得免疫力的人数。更复杂的流行病模型需要纳入更多的细分人群，相应地，其名称中的字母也会增多。

正如罗斯希望的那样，他帮助建立的流行病传播研究的数学基础，对理解人类社会发生的各种事件都大有裨益。如今，我们也将 SIR 模型用于其他具有“传染性”的事物，例如推文。2011 年 3 月，日本东北地区发生的地震和紧随其后的海啸摧毁了福岛核电站，并导致数千人被淹死。惶恐不安的人们在推特上分享信息，但并非所有信息都是合理的。有谣言说，身体接触雨水会有危险。一条被大量转发的推文称：“为了预防核辐射的副作用，最好饮用含碘的漱口水，并尽可能多地食用海藻。”尽管这些谣言源自粉丝量很小的用户，却迅速地传播开来，就像权威科学机构的辟谣信息一样。谣言和新型冠状病毒有很多相似之处。除非你接触过某个谣言，否则你就不会分享它，并且对它产生一定的免疫力——在你获悉那个谣言之后，再次遭遇“感染原”时不太可能触发新一轮的分享。这种看法是有一定道理的，因为东京的研究人员发现，在模拟与地震谣言相关的推文传播方面，SIR 模型的效果相当不错。你可以把人们在看到谣言后的平均分享次数称为谣言的 R_0，味同嚼蜡的谣言的 R_0 较低，就像流感一样，而妙趣横生的谣言更像麻疹。我们把后一种谣言称作“病毒”，但事实上，所有谣言都是病毒，只不过有些病毒的传染性比其他病毒更强。

斐波那契数列和梵语诗歌

差分方程的作用不只是给流行病建模，它们还是让人们对数学产生兴趣的各种数列的基础。你喜欢算术数列（等差数列）吗？只要相邻两项的差是一个固定值，这样的数列就是算术数列，例如：

$$S（第2天）-S（第1天）=5$$

如果你从1开始，就会得到：

$$1, 6, 11, 16, 21, \cdots$$

如果你想要一个几何数列（等比数列），那你可以让差值与当前值成正比，例如：

$$S（第2天）-S（第1天）=2\times S（第1天）$$

这样一来，你就会得到：

$$1, 3, 9, 27, 81, \cdots$$

这个数列中的每一项都是其前一项的3倍。你可以构建出任何你想要的差分方程，也许出于某种原因，你想让差值为当前值的平方：

$$S（第2天）-S（第1天）=S（第1天）^2$$

这样一来，你得到的就是一个增长速度极快的数列：

$$1, 2, 6, 42, 1\,806, \cdots$$

这是一种就连柏拉图也不知道的数列，但“整数数列在线大全”（OEIS）知道的数列还要多得多，它既是重要的研究工具，也是我认识的所有数学家为他们的拖延症找到的极其成功的开脱策略。组合数学家尼尔·斯隆于 1965 年启动了这个项目，当时他还是一名研究生。从那时起，他一直在开发这个项目，先是穿孔卡片，然后是纸质书，现在则是在线形式。你往机器里输入一个整数数列，它就会告诉你数学界曾经从这个数列中发现了什么。例如，上文中的那个增长速度极快的数列是 OEIS 中的 A007018 号数列，从这个条目中我了解到，该数列的第 n 项是“结点的出度为 0、1、2 且所有叶子都在第 n 层级的有序树的数量”。（又是树形结构！）

如果你想对这个数列稍加修饰（在带有任何现实主义伪装的疾病模型中，你可能都会这样做），那么你可以让第 3 天和第 2 天的差值不仅取决于第 2 天发生了什么，还取决于第 1 天发生了什么。尝试一下：

$$S（第\ 3\ 天）-S（第\ 2\ 天）=S（第\ 1\ 天）$$

一开始，我们需要两天的数值。如果第 1 天是 1，第 2 天也是 1，第 3 天就是 1 + 1= 2。一天后，S（第 4 天）= 3，以此类推。那么，该数列为：

$$1, 1, 2, 3, 5, 8, 13, 21, \cdots$$

每一项都是其前两项的和，这样的数列叫作“斐波那契数列”，它是 OEIS 中的 A000045 号数列。该数列十分知名，以至于美国数学学会出版了一本专门研究它的数学杂志——《斐波那契数列季刊》。

人们可能还不清楚，现实世界中的什么过程会产生像斐波那契数列那样的差分方程。这个数列是斐波那契于 1202 年在他的《算盘书》中，根据一个完全无法令人信服的有关兔子繁殖的生物学模型提出来的。不过，我从曼纽尔·巴尔加瓦那里了解到一种更好、更古老的方法。巴尔加瓦不仅是一位著名的数论学家，还认真研习过印度古典音乐和文学。他会弹奏塔不拉鼓，还会写梵语诗歌。和英语诗歌一样，梵语诗歌的韵律结构也是由不同类型的音节控制的。在英语诗歌中，我们通常会密切注意重读音节和非重读音节的模式，即音步。音步包含抑扬格和扬抑抑格，其中，抑扬格是指一个非重读音节后面跟着一个重读音节，扬抑抑格是指一个重读音节后面跟着两个非重读音节。在梵语诗歌中，关键的区别在于轻音节和长音节，长音节的长度是轻音节的两倍。格律是指由轻音节和长音节构成的固定长度的序列，例如，如果长度是两个音节，就只有两种可能：两个轻音节或一个长音节。

在英语诗歌中，两个音节有 4 种组合方式："ba-DUM"是抑扬格，"BUM-bum"是扬抑格，"DUN-DUN"是扬扬格，"bum-bum"是抑抑格。如果有三个音节，那么上述 4 种组合方式又会各自衍生出两种。例如，扬抑格后面跟一个非重读音节，形成扬抑抑格，或者它后面跟一个重读音节，形成一个很少用的音步——扬抑扬格。所以，三音节格律有 8 种可能的组合方式，四音节格律有 16 种，五音节格律有 32 种，以此类推。

梵语诗歌比英语诗歌更复杂。三音节格律有 3 种可能的组合方式：

轻音节–轻音节–轻音节
轻音节–长音节
长音节–轻音节

四音节格律有 5 种可能的组合方式：

轻音节–轻音节–轻音节–轻音节
轻音节–长音节–轻音节
长音节–轻音节–轻音节
轻音节–轻音节–长音节
长音节–长音节

我们也可以用音乐术语来问类似的问题：用四分音符和二分音符填

充一个 4/4 拍的小节，并且不用休止符，共有多少种方法？（答案见图 10–8。）

图 10–8

当梵语诗歌的格律长度为 5 个音节时，共有多少种可能的组合方式？上文中的例子应该可以给我们提供一点儿线索。如果这个五音节格律以轻音节结束，就意味着该轻音节前面是一个四音节格律，那么它有 5 种可能的组合方式。如果这个五音节格律以长音节结束，就意味着该长音节前面是一个三音节格律，那么它有 3 种可能的组合方式。组合方式的总量是两者之和，即 5 + 3 = 8 种。现在我们回到斐波那契数列，或者像巴尔加瓦那样称其为“维拉汉卡数列”。维拉汉卡是一位伟大的文学家和宗教学者，也是第一个计算该数列的人，他比斐波那契早了 5 个世纪。

牛顿第二定律和差分方程

虽然 SIR 模型使我们偏离了严格的几何数列，但并没有偏离“今天发生的事明天还会发生”这一基本原理，只不过我们必须从更宽泛的意义上去诠释它。在算术数列中，每天的绝对增量是相同的。在几何数列中，虽然每天的绝对增量不同，但从第 2 天及以后各天与第 1 天的数值之比来看，每天的相对增量又是相同的。就日增量而言，第 2 天和第 1 天的计算规则完全一样。在我们稍加修饰的模型中，第 2 天发生的事就是那台发出低沉噪声的机器利用第 1 天发生的事制造出来的。增长速度可能每天都不一样，但机器始终是那台机器。

秉持这种观点的我们成了艾萨克·牛顿理论的继承者。他的第一定律断言，运动物体将保持匀速直线运动状态，除非作用在它上面的力迫使它改变这种状态。也就是说，第 2 天的运动和第 1 天的运动是一样的。

但是，我们感兴趣的大多数运动物体并不是沿着一条永恒的直线，在无摩擦力的真空中运动。把网球垂直向上抛到空中，它先会上升一段时间，到达最高点后又会下降，看起来就像图 10–7 中感染率的变化趋势。这就引入了牛顿第二定律，它告诉我们当有某种力（比如引力）作用在运动物体上时，物体的运动状态会如何变化。

在牛顿力学诞生之前，有观点认为网球的运动状态是不断变化的，但变化的本质永远不会改变。如果我们知道网球此时此刻的上升速度，那么 1 秒后它的上升速度将会减少 10 米/秒。而对于下降速度，情况则正好相反，1 秒后网球的下降速度将比此时此刻增加 10 米/秒。

如果你想换一种更具一致性的表述方式，你可以把 20 米/秒的下降运动看作–20 米/秒的上升运动。1 秒后速度减少 10 米/秒，变成–30 米/秒。当人们初次学习负数时，这种现象确实会让他们困惑不已。当你让一个负数变小时，反倒觉得它似乎变大了。

现在的速度和 1 秒后的速度之差始终是 10 米/秒，因为作用在网球上的力始终相同，即地球引力。这是另一个差分方程，网球的运动速度每秒都在变化，但预测它未来运动路线的差分方程始终不变。在金星上往空中抛网球，你会得到一个迥然不同的差分方程，[①]但它仍然是差分方程。现在发生的事，1 秒后还会发生。

除非你击打这个网球！本质上，这样的模型可以预测系统在确定条件下的状态变化。冲击或轻推系统都会改变那些条件，从而使状态变化偏离模型的预测结果。毫无疑问，现实世界中的系统会受到各种各样的冲击。当一场流行病暴发时，我们不会放任它在人群中肆意传播，而是会采取一些应对措施。然而，这并不会导致模型变得毫无用处。如果想知道在我们

① 金星表面的重力加速度是 8.87 米/平方秒，而地球表面的重力加速度是 9.81 米/平方秒。

击打网球后它会发生什么变化，我们就要对它只在引力作用下的运动状态有扎实的了解。流行病模型无法预测未来，因为它们无法预测我们将会做些什么。但它们肯定有助于我们做出关键决策，例如，采取什么措施，以及何时采取这些措施。

每个点都是临界点

新冠感染疫情的相关数据每天更新一次，而不是每小时或每分钟更新一次。相比之下，被抛到空中的球的位置则要用比 1 秒小得多的时间尺度来衡量。我们可以问每 0.5 秒、每 0.1 秒或每皮秒球的速度是如何变化的，我们甚至想要描述速度的瞬时变化率。为了弄清楚这类问题，牛顿发明了“流数术”（现在叫作“微分”）。我们在这里就不对它做详细介绍了，而只强调一点：把时间增量分割成无穷小量以充分描述连续变化的差分方程有了一个新名称——微分方程。对任何物理系统来说，只要它在时间上的演化可以用其当前状态来描述，就遵循微分方程。金星上的网球、流经水管的水、金属棒散发的热量和绕太阳运行的行星的卫星，它们都有各自的微分方程。有些微分方程很容易求出精确解，有些则很难，而大多数微分方程都不可能求出精确解。

微分方程的语言正是罗斯、哈德森、克马克和麦肯德里克在他们的模型中使用的那种语言。当亨利·庞加莱在 1904 年世界博览会的最后一天发表演讲时，罗斯已经离开了圣路易斯，如果他有幸听到那场演讲，他可能会提前 10 年开启他的流行病研究。那天，庞加莱告诉他的听众：

> 古人是如何理解定律的？对他们来说，定律是一种内在的和谐，是静止不变的，或者说它是大自然试图模仿的一个模型。而对我们来说，定律两者皆不是，它是今天的现象和明天的现象之间的一种恒定的联系。简言之，它是一个微分方程。

罗斯和哈德森应用于流行病的微分方程有一个“临界点”，即人群免疫力阈值。在这个点两侧，疾病呈现出两种截然不同的传播态势。一旦流行病传播到免疫力水平低于这个临界点的人群中，就会以指数增长的方式暴发，至少一开始是这样的。但如果人群免疫力水平在临界点以上，流行病就会逐渐消亡。太空中两个天体的运动也遵循简单的二分法：它们要么围绕着彼此在椭圆轨道上稳定地运行，要么沿着双曲线轨道渐行渐远。但是，当天体数量从两个增加到三个时，它们的运动状态会呈现出一系列奇妙新颖的可能性——庞加莱在研究让他成名的三体问题时苦苦思索的微分方程。庞加莱描述的复杂运动状态是一个新领域的开端，即混沌动力学。当出现混沌现象时，对系统当前状态的最微小扰动可能会导致它的未来状态发生显著变化。所以，每个点都是临界点。

庞加莱已经知道罗斯需要学习什么知识了：微分方程是一种自然语言，适用于构建类似于牛顿式疾病物理学或罗斯式发生物理学的模型。明天会发生什么，取决于今天发生了什么。

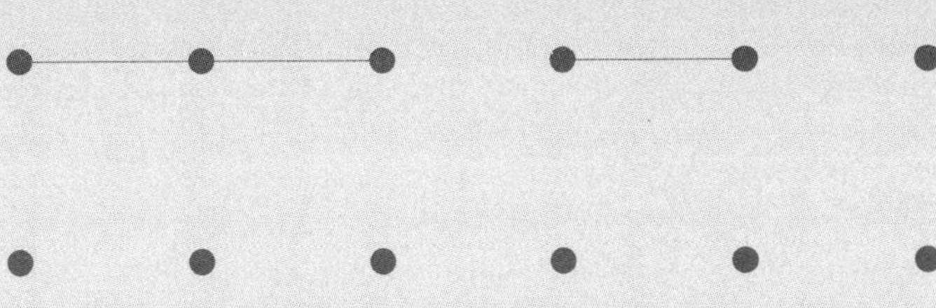

第 11 章

可怕的增长定律

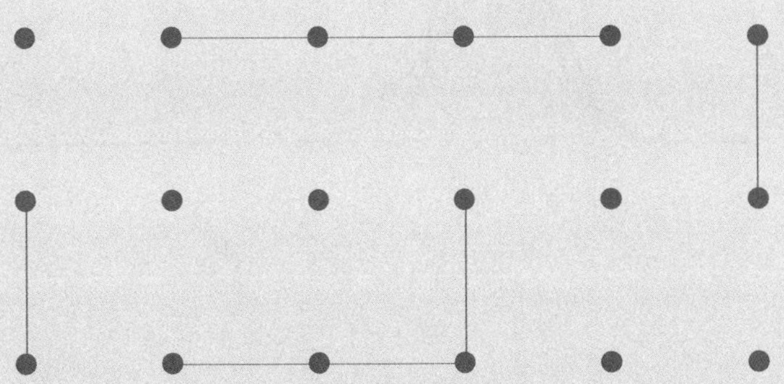

2020 年 5 月 5 日，美国白宫经济顾问委员会发布了一幅曲线图（见图 11–1），展示了截至 2020 年 5 月初美国的新冠感染死亡人数，以及与这些数据大致拟合的几条潜在“曲线”。

美国的每日新冠感染死亡人数：真实数据曲线、IHME/UW 模型预测曲线和三次拟合曲线

更新日期：今天（2020 年 5 月 5 日），数据采集日期：昨天（2020 年 5 月 4 日）

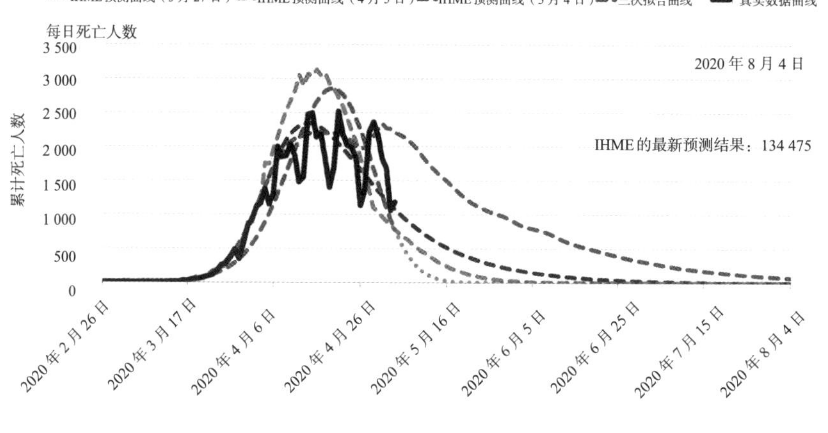

图 11–1

资料来源：IHME/UW（华盛顿大学医学院健康指标与评估研究所），《纽约时报》，CEA（癌胚抗原）测定

图 11–1 中的一条曲线被标记为“三次拟合曲线”，它代表了一种极度乐观的立场，预测新冠感染死亡人数会在短短两周内基本上降为零。这条曲线饱受嘲讽，尤其当人们知道它出自白宫顾问凯文·哈塞特之手时。此前，哈塞特与人合著的《道指 36 000 点》一书曾让他名誉扫地。

这本书于 1999 年 10 月出版，哈塞特等人认为根据过去的趋势，股市接下来将大幅上涨。我们现在已经知道，那些争先恐后将毕生积蓄投资于 Pets.com[①] 的人遭遇了什么。这本书出版不久牛市就终结了，股价不断下跌，直到 5 年后道指才重新回到 1999 年的高点。

同样地，三次拟合曲线也是一种过度承诺。2020 年 5—6 月，尽管美国的新冠感染死亡人数有所下降，但疫情远未结束。

数学界对这件事的兴趣点并不在于哈塞特错了，而在于他犯了什么错。只有弄明白这一点，我们才能习得未来避免犯下这类错误的策略，而不仅限于记住“不要相信凯文 · 哈塞特”。为了搞清楚三次拟合曲线出了什么差错，我们必须回到 1865—1866 年发生在英国的牛瘟疫情。

牛瘟是（或曾经是）发生在牛身上的一种疾病，2011 年它在地球上被根除。水牛和长颈鹿也会感染这种疾病。它起源于中亚，在有历史记载之前，可能是由匈人携带到世界各地的。在中世纪中期的某个时候，牛瘟的一种变体跨越了物种障碍传染给人类，这种衍生病毒就是我们现在所说的麻疹。和麻疹一样，牛瘟的传染性也很强，这意味着它能以极快的速度在人群中传播。1865 年 5 月 19 日，一船感染了牛瘟的牛被运抵东约克郡的赫尔港。截至 10 月底，有近 2 万头牛患病。1866 年 2 月 15 日，英国自由党国会议员罗伯特 · 洛（后来还担任过财政大臣和内政大臣）向下议院发出了警告。他的一番话在 2020 年听来仍会给人一种不安而熟悉的感觉：“如果不能在 4 月中旬前控制住这种疾病，我们就要为一场无法估计的灾难做好准备。你们已经看到了疫情初期的状况，很快，你们就会看到平均病例数量从几千例增长到几万例，因为我们没有理由断言迄今为止占上风的可怕增长定律今后不会再兴风作浪。”（罗伯特 · 洛拥有数学专业的本科学位，对几何数列相当了解。）

威廉 · 法尔不同意罗伯特 · 洛的观点。法尔是 19 世纪中期一位杰出的英国医生，也是英国人口统计局的缔造者，还是英国拥挤城市医疗改革的倡导者。如果你听说过他的名字，很有可能和早期流行病学的成功

---

① Pets.com 是一个宠物电商平台，从上市到破产清算只有短短的 268 天。——编者注

故事有关。约翰·斯诺发现1854年伦敦霍乱疫情的源头是宽街的水泵，而以法尔为代表的英国医学界则秉持一种错误的信念：霍乱不是由活的生物传播的，而是由泰晤士河的污水发酵释放的瘴气传播的。

1866年，站到传统观点对立面的人换成了法尔。他给伦敦的《每日新闻》写了一封信，坚称牛瘟疫情非但没到要烧光牛群的地步，反而会自行消亡。“在表述命题方面，没有人能做到比罗伯特·洛更明晰。”法尔写道，“但命题的明晰性并不能证明它的真实性……我们可以用数学方法证明，迄今为止占上风的增长定律并不意味着‘平均病例数量将从几千例增加到几万例’，而是预示着相反的变化。我预计从3月起平均病例数量将会开始下降。”接着，法尔对未来5个月的牛瘟病例数量做出了具体的预测，并精确到了个位数。他说，到1866年4月，这一数字将会降至5 226例，到6月份将会骤降至16例。

但议会无视法尔的主张，医疗机构也拒绝接受。《英国医学杂志》做出了简短而轻蔑的回应：“法尔医生宣称牛瘟疫情可能会在9~10个月后，沿着它的自然曲线悄悄地消亡。但我们敢说，他找不到任何历史事实来支持他的结论。”

然而，他们错了！这一次，法尔占了上风。正如他预测的那样，牛瘟病例数量在春夏两季不断下降，到1866年年底疫情就彻底结束了。

法尔将他的“数学论证过程”降级为一个简明的脚注，因为他准确地猜到《每日新闻》的读者肯定不愿意看到赤裸裸的公式。但为了看清楚法尔的做法，我们必须回到法尔职业生涯的起点。1840年夏，法尔向登记总长[①]呈交了一份报告，称人口统计局了解到1838年英格兰和威尔士的死亡人数为342 529人，并对这些人口的分布情况和死亡原因进行了总结。法尔令人信服地宣称，他发现了一个“级数，其影响范围之广超过了英国和其他所有国家公布的级数”。他记录的死亡原因包括：癌症、斑疹伤寒、震颤性谵妄、分娩、饥饿、老死、自杀、脑卒中、痛风、积液，以及名字十分吓人的“马斯格雷夫医生蠕虫热”。法尔特别指出，女

① 登记总长是英国负责出生、死亡及婚姻登记的总负责人。——编者注

性的结核病（当时被称为肺痨）发病率显著高于男性，他将其归咎于女性穿紧身内衣的习俗。写到这里，法尔就不只是列举统计数字了，而是发出了强烈的改革呼声："一年之内，有 31 090 名英国女性死于这种不治之症！这个令人印象深刻的事实难道不足以敦促那些位高权重的人去纠正女同胞不正确的穿衣习惯，引导她们放弃那种摧残身体、勒紧胸部、导致神经或其他紊乱，而且很可能会让她们患上无法治愈的痨病的习俗吗？和男性一样，女性也不需要人工骨和绷带。"（在这份报告里，法尔没有透露——至少没有直接透露——他的妻子 3 年前死于结核病。）

报告的最后一部分是关于 1838 年的天花疫情的，也是今天的人们熟知的那个部分。其中，法尔第一次谈到了流行病的进展，用他的话说，流行病"仿若地面上突然升起的薄雾，把荒凉撒向各国，然后又像来时一样迅速或不知不觉地消失了"。作为统计学家，法尔的目标是为难以察觉的事物赋予某种数字意义，即使人们无从了解流行病的最终源头。（他在一个脚注中提到了"微小的昆虫以空气为媒介，从一个个体传播给另一个个体，从而引发了流行病"的理论，但他没有理会这种假设，理由是当时最好的显微镜工作者没有观测到这样的"微生物"。）

法尔逐月记录下天花病毒的致死人数，并发现疫情呈现出缓慢下降的趋势：

4 365, 4 087, 3 767, 3 416, 2 743, 2 019, 1 632

法尔猜测，就像许多自然过程一样，这种下降趋势也会遵循几何数列的规律，即连续项之比相同。第一个比是 4 365/4 087 ≈ 1.068，第二个比是 4 087/3 767≈1.085，比的数列大致如下：

1.068, 1.085, 1.103, 1.245, 1.359, 1.237

显然，这些比各不相同，甚至差别很大。而且，它们看上去在增长（至少到倒数第二项是这样的），这违背了几何数列的规律。不过，法尔并不打算就此放弃寻找几何数列。虽然这些比不是恒定的，但如果它们本身就是以几何数列的方式增长的，会怎么样？这个问题有点儿复杂，因为我们现在需要考虑“比的比”是否保持不变的问题。它们真的不变吗？从 1.085/1.068 ≈ 1.016 开始，“比的比”数列如下：

1.016, 1.017, 1.129, 1.092, 0.910

说实话，这个数列看起来也不是恒定的。但与此同时，它们也没有明显地增加或减少。对法尔来说，这就足够了。通过对该数列稍加修饰，他找到了一个新的数列：

4 364, 4 147, 3 767, 3 272, 2 716, 2 156, 1 635

这与天花疫情导致的实际死亡人数相吻合，而且“比的比”确实有一个共同的值：1.046。（你觉得微调那些数字的做法很可疑？其实不然，现实生活中的数据不仅混乱，而且很少甚至从来不会遵循精确到小数点后 n 位的数学曲线。所以，你的目标是找到一个足够接近的规律。）法尔认为，1.046 的规律与真实数据非常吻合，可以被称作“流行病定律”。

图 11–2 展示了法尔的天花疫情进程模型，图上的点是每个月的实际死亡人数，这条平滑曲线与真实数据的匹配达到了相当吻合的程度。

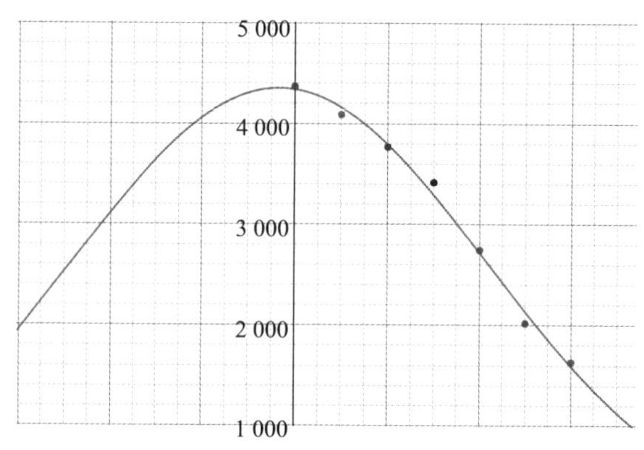

图 11–2

现在你也许能猜到法尔对牛瘟疫情数据做了什么处理，但你也有可能猜错！法尔有疫情暴发后最初 4 个月的牛瘟病例数量：

1865 年 10 月：9 597

1865 年 11 月：18 817

1865 年 12 月：33 835

1866 年 1 月：47 191

他发现相邻两个月的病例数量之比分别为 1.961、1.798 和 1.395。如果这是一个几何数列，是罗伯特·洛提醒英国议会关注的那个“可怕的增长定律”，那么这些数应该完全相同。但事实上，它们正在减小，这向法尔发出了某个下降过程已经开启的信号。于是，他计算了“比的比”：

$$1.961/1.798 \approx 1.091$$

$$1.798/1.395 \approx 1.289$$

法尔并未就此止步。这两个“比的比”不是恒定的，第二个显然比第一个大。所以，他又计算了这两个“比的比”的比：

$$1.289/1.091 \approx 1.182$$

1.182 肯定是一个常数数列，因为它只包含一个数。而且，法尔一如既往地自信，他宣称这个数是支配一切的定律，将引领牛瘟疫情的整个进程。“比的比”数列的最后一个数是 1.289，所以下一个数是 $1.289 \times 1.182 \approx 1.524$。也就是说，在那个逐渐下降的数列中，1.961、1.798、1.395 之后的“比的比”应该是 $1.395/1.524 \approx 0.915$。换句话说，疫情已经到了减弱的时候了！法尔推断，1866 年 2 月的新发牛瘟病例数量应该是 $0.915 \times 47\ 191 \approx 43\ 000$ 例。

你可能会觉得法尔的论证过程有问题，为什么他要假设“比的比的比”未来也一直是 1.182 呢？我不会说这种假设是合理的，但它确实有来历。在回答这个问题之前，我先说明一下我是如何在社区才艺表演活动中获胜的。

派对把戏

每年 1 月，在威斯康星州的寒冷冬季，我们社区都会举办一场才艺表演活动。孩子们拉小提琴，父母们则展示其拙劣的绘画技艺。我打着“平方根大师”的旗号参加了心算平方根比赛，并且一举夺魁。心算平方根是我在大学期间学会的一种派对把戏，在那种场合，它的社交效用并不像我预期的那么大，但我还是打算把它教给你们。

假设你要计算 29 的平方根。为了让这个技巧奏效，你必须熟记几个数的平方并做到脱口而出，例如，5 的平方是 25，6 的平方是 36。现在考虑如下数列：

$$\sqrt{25}, \sqrt{26}, \sqrt{27}, \sqrt{28}, \sqrt{29}, \sqrt{30}, \sqrt{31}, \sqrt{32}, \sqrt{33}, \sqrt{34}, \sqrt{35}, \sqrt{36}$$

我们只知道这 12 项中的第一项和最后一项分别是 5 和 6，而我们需要计算的是第 5 项。

现在，我们假设这个数列是算数数列或等差数列（但它其实不是）。这个数列从 5 开始，增大 11 次后变为 6，如果连续项之差是相同的，那么这个差应该是 1/11。29 的平方根是从 5 开始增大 4 次，即 5 + 4/11。哦，我有没有说过你还要会一点儿心算除法？你可能知道 1/11 ≈ 0.09，所以 4/11 ≈ 0.36。或者，你也可以这样想：5 + 4/11 略小于 5 + 4/10，即 5.4。无论哪种方式，你都会说：“29 的平方根约为 5.3，可能接近 5.4。”（真值约等于 5.385。）

我希望你能看出来，这个心算平方根的技巧与法尔的论证过程存在概念上的相似性，尽管在这里我们用的是差而不是比。就像法尔那样，尽管没有根据，但我们断定所有的差实际上都相等，然后利用已知的少量事实估算出公差的值。这个技巧看似毫无根据，却依然管用。

你也许会问，除了内心渴望超越那个自学“自由落体游戏”的邻居家小孩之外，为什么要学习这个技巧呢？直接点击计算器上的平方根键不就可以了吗？没错，你可以使用计算器，但威廉·法尔不行，7 世纪的天文学家也不行。想要跟踪天体的运动，你就必须知道三角函数的值，这些值被保存在科学家花费了大量精力和时间编制的大量表格里。此外，编制这些表格需要的准确度远超我的平方根派对把戏。600 年前后，印度天文学家、数学家婆罗摩笈多和中国隋朝的天文学家、历法编制者刘焯产生了一种新想法。

我们不想深入帝国历法的核心，所以我仍然以平方根为例来解释他们的方法。这是整个讨论中对算术能力要求最高的一部分，你不要想着能在大学派对上一边喝着基石牌淡啤，一边通过心算解决这个问题。

采取婆罗摩笈多和刘焯的方法时，你需要考虑三个平方根而不是两个：$\sqrt{16}=4$，$\sqrt{25}=5$，$\sqrt{36}=6$。从$\sqrt{16}$到$\sqrt{36}$要走 20 步，相应地，值从 4 增加到 6。所以，你可能会采纳平方根大师的建议，假设这些平方根构成了一个算数数列，这样一来，每个平方根和下一个平方根之差就是 2/20。我告诉过你这不太准确，证明方法如下：如果这个数列是算数数列，从$\sqrt{16}$到$\sqrt{25}$要走 9 步，那么$\sqrt{25}\approx 4.9$，但真值是 5。

下面是一个补救措施。我们已经知道，想要匹配已知的三个值，就不能坚称从$\sqrt{16}$到$\sqrt{36}$的值构成了一个算术数列。也就是说，我们不能让所有 21 个差都相等。那么，最好的办法就是假定这些差构成了一个算数数列，即“差的差”都相等，这和法尔的“比的比”思想如出一辙。

$\sqrt{16}, \sqrt{17}, \sqrt{18}, \sqrt{19}, \sqrt{20}, \sqrt{21}, \sqrt{22}, \sqrt{23}, \sqrt{24}, \sqrt{25}, \sqrt{26}, \sqrt{27}, \sqrt{28}, \sqrt{29}, \sqrt{30}, \sqrt{31}, \sqrt{32}, \sqrt{33}, \sqrt{34}, \sqrt{35}, \sqrt{36}$

? ? ? ? ? ? ? ? ? ? ? ? ? ? ? ? ? ? ? ?

为了实现这个目标，我们必须让第二行变成一个包含 20 个数的算数数列，这些数的总和为 2，而且该数列前 9 项（对应第一行的 10 个数，即从$\sqrt{16}=4$到$\sqrt{25}=5$）的和为 1。结果表明，符合这些条件的算数数列只有一个。这里有一种巧妙的解决方法：因为该数列前 9 项的和是 1，它们的平均数是 1/9。而且，算数数列的平均数必然是中间项，在这个例子中就是第 5 项。所以，第 5 项是 1/9。

此外，后 11 项的和也是 1，它们的平均数是 1/11。所以，后 11 项的中间项，也就是整个数列的第 15 项，是 1/11。

$$\sqrt{16}, \sqrt{17}, \sqrt{18}, \sqrt{19}, \sqrt{20}, \sqrt{21}, \sqrt{22}, \sqrt{23}, \sqrt{24}, \sqrt{25}, \sqrt{26}, \sqrt{27}, \sqrt{28}, \sqrt{29}, \sqrt{30}, \sqrt{31}, \sqrt{32}, \sqrt{33}, \sqrt{34}, \sqrt{35}, \sqrt{36}$$

$$? \quad ? \quad ? \quad ? \quad \frac{1}{9} \quad ? \quad ? \quad ? \quad ? \quad ? \quad ? \quad ? \quad ? \quad ? \quad \frac{1}{11} \quad ? \quad ? \quad ? \quad ? \quad ?$$

有了这些条件，就足以确定整个数列了。从第 5 项到第 15 项是 10 步，相应地，我们需要从 1/9 减少到 1/11，即总计减少 2/99，所以每步需要减少 2/990。这意味着，第一个差（从 1/9 增长 4 次）是 1/9 + 8/990 = 118/990，最后一个差（从 1/11 减小 5 次）是 1/11−10/990 = 80/990。

$$\sqrt{16}, \sqrt{17}, \sqrt{18}, \sqrt{19}, \sqrt{20}, \sqrt{21}, \sqrt{22}, \sqrt{23}, \sqrt{24}, \sqrt{25}, \sqrt{26}, \sqrt{27}, \sqrt{28}, \sqrt{29}, \sqrt{30}, \sqrt{31}, \sqrt{32}, \sqrt{33}, \sqrt{34}, \sqrt{35}, \sqrt{36}$$

$$\frac{118}{990} \quad \frac{116}{990} \quad \frac{114}{990} \quad \frac{112}{990} \quad \frac{110}{990} \quad \frac{108}{990} \quad \frac{106}{990} \quad \frac{104}{990} \quad \frac{102}{990} \quad \frac{100}{990} \quad \frac{98}{990} \quad \frac{96}{990} \quad \frac{94}{990} \quad \frac{92}{990} \quad \frac{90}{990} \quad \frac{88}{990} \quad \frac{86}{990} \quad \frac{84}{990} \quad \frac{82}{990} \quad \frac{80}{990}$$

$$\frac{1}{9} \qquad \frac{1}{11}$$

那么，根据 7 世纪最先进的天文学，29 的平方根是多少呢？要从$\sqrt{16}$到$\sqrt{29}$，你需要把前 13 个差加起来：

$$118/990 + 116/990 + 114/990 + \cdots + 94/990$$

它们的和是 1 378/990，再加上 4，答案约为 5.392，其近似程度大致是我们最初估计的 5 + 4/11 的 3 倍。

“逐差法”从印度传播到阿拉伯世界，然后在英国多次被重新发现，其中最著名的一次来自亨利 · 布里格斯。1624 年，布里格斯利用这种方法编撰了《对数算术》（*Arithmetica Logarithmica*），这本书收录了 3 万个数的对数，每一个都精确到小数点后 14 位。（布里格斯是首任格雷欣几何学教授，卡尔 · 皮尔逊在向公众介绍统计几何学时担任的也是这个职位。）就像 17 世纪欧洲数学领域的其他许多方法一样，牛顿对这种方法也进行了规范和完善，所以我们现在称其为“牛顿插值法”。法尔的著作中没有证据表明他知道这段历史，但当全世界都需要好的数学方法来解决问题时，它们通常就会应运而生。

关于对数的需求并未随着布里格斯的《对数算术》的出版而结束。因为表格的容量有限，你可能常常发现自己需要的某个数的对数不在对数表中。而差分法的高明之处在于，它允许你只用基本的加减乘除四则运算去估计相当复杂的函数值，例如余弦函数和对数函数。因此，你可以根据自己的需要在印刷书籍的条目之间添加新条目。但正如平方根的例子所示，如果你只研究“差的差”，就必须做大量的加减乘除四则运算。为了得到更好的近似值，你可能需要用到“差的差的差”，甚至是“差的差的差的差”，以此类推，直到你头晕眼花。

你肯定不想靠手工完成这些工作，你也许希望有某种机械发动机能代替你计算这些差。这让我们想到了查尔斯·巴贝奇。在巴贝奇小的时候，一位“自称梅林的人”①允许巴贝奇进入他的私人工作室，并向这个小男孩展示了他最具独创性的机械发明。“一个绝妙的‘女芭蕾舞演员’，她的右手食指上有一只‘鸟’，它会摇动尾巴、拍打翅膀，还会张嘴。舞者风姿绰约，眼睛里充满遐想，令人无法抗拒。”

1813 年，21 岁的巴贝奇是剑桥大学数学系的一名学生。当时学校里有很多学生社团，他们就正确解读《圣经》展开了激烈的竞赛。巴贝奇和他的朋友约翰·赫歇尔（在研究方面比巴贝奇更优秀，后来发明了“蓝图晒印法”）也依样建立了一个数学社团“分析社”，他们的使命是提升莱布尼茨发明的微积分符号的地位，力压“故乡英雄”牛顿发明的微积分符号。该社团很快就超越了它那具有讽刺意味的初衷，变成了一个真正的知识沙龙，旨在将法国和德国的新思想引入这个自牛顿时代以来数学水平就有些落后的国家。

“一天晚上，”巴贝奇在他的回忆录中写道，“我坐在剑桥大学分析

① 他其实就是约翰·约瑟夫·梅林，这位多产的比利时工匠还发明了旱冰鞋。几十年后，已经成年的巴贝奇在拍卖会上买下了这台自动机，并将其安放在他家客厅里。

社的房间里，头趴在桌子上浮想联翩，面前是一张摊开的对数表。另一名成员走进房间，看见我半睡半醒，便大声问我：‘巴贝奇，你梦到什么了？’我回答道：‘我在想表上的这些东西（手指着对数）或许可以用机器计算。’”

就像给他灵感的梅林一样，没过多长时间，巴贝奇就用铜和木头把他的梦想变成了现实。这台机器——现在被视为第一台机械计算机——可以通过差分法计算对数，所以巴贝奇称它为“差分机”。

平方根大师的技巧和法尔的方法之间有一个很大的不同之处。估算平方根时，我们是在寻找介于两个已知平方根之间的值，这个过程叫作插值法。而法尔用来计数牛瘟病例数量的方法是外推法，即估算超出函数的已知值范围的未来值。外推法实施起来很难，而且要冒很大的风险。想一想，如果我们用派对把戏猜 49 的平方根会发生什么，这个数比我们把其平方根作为输入的那两个数（16 和 25）大。别忘了，我们的启发式推理过程是，一个数每增加 1，它的平方根就会增加 1/11。由于 49 比 25 大 24，它的平方根应该比 5 大 24/11，约为 7.18。然而，真值是 7。如果估算 100 的平方根呢？它比 25 大 75，所以 100 的平方根应该是 5 + 75/11 ≈ 11.82，但真值是 10。由此可见，这个把戏的效果实在太糟糕了！

这就是外推法的风险。与作为差分法基础的已知数据相差越大，估计值就越不可靠。在“差的差的差”的道路上走得越远，外推法的结果就越显愚蠢荒诞。

凯文·哈塞特就遇到了这样的问题。尽管他不是 19 世纪流行病学专业的学生，但他的三次拟合曲线正是建立在法尔为牛瘟疫情建模所采用的启发式推理的基础之上。法尔的模型预测，连续数据点的“比的比的比”在整个瘟疫周期内保持恒定。虽然哈塞特的曲线对过去的预测大致正确——美国的新冠感染死亡人数确实达到了峰值，至少在短期内如此——但在外推方面，他对这种流行病的持久性的预判错得离谱。

无知的外推法也会导致你远离事实，走向悲观主义。美国密歇根大学的经济学家贾斯汀·沃尔弗斯抨击哈塞特的模型“愚蠢透顶”，他此前曾写道：“可以预测，7 天后，美国的新冠感染死亡人数总计将达到 1 万人。再过一周，每天就会有 1 万美国人死于新冠感染。”沃尔弗斯使用的外推法比哈塞特更简单，他依据不会减弱的几何数列预测死亡人数。结果表明，外推法有可能迅速失控。在沃尔弗斯做出预测的一周后，美国的新冠感染死亡人数确实达到了 1 万人。又过了一周，死亡人数进入春季高峰期，为每天 2 000 人，但它只是沃尔弗斯通过盲目的外推法估算出的数字的 1/5。

但其中有些是有用的

听我解释了法尔的推理过程后，我那十几岁的儿子问道：爸爸，法尔做出预测时 2 月份已经过去了一半，他为什么不等到 2 月底呢，到那时他可以再得到一个数据？这样一来，法尔就会有两个“比的比的比”，而不是只有一个，他在断言 1.182 是真正的“增长定律”时也会有一个更加坚实的基础。

我儿子问了一个好问题！我猜测，法尔之所以做出这个选择，是因为他的情感战胜了理智。正如我们所见，法尔是一个骄傲的人，他认为感染人数的峰值将会在下个月到来，因此他想在峰值到来之前而不是之后做出预测。

事实证明，法尔的预测为时过早。1866 年 2 月的新发牛瘟病例超过 57 000 例，比前一个月的 47 191 例仍然多出不少。如果他选择等待更多的数据出炉，就会发现最新的比是 57 000/47 191 ≈ 1.208，最新的“比的比”是 1.395/1.208 ≈ 1.155，最新的“比的比的比”是 1.155/1.289 ≈ 0.896。如果他发现这个值不是恒定的，他还会去计算“比的比的比的比”吗？我们不知道。

可以肯定的是，虽然法尔选错了时机，但在大方向上他说对了：疫情正在接近峰值，很快就会开始下降。1866 年 3 月的新发牛瘟病例只有 28 000 例，之后还在继续下降，尽管速度不像法尔预测的那么快。他的曲线（见图 11–3）显示，疫情到 6 月底差不多就消失了，而事实上，它一直持续到 1866 年年底。

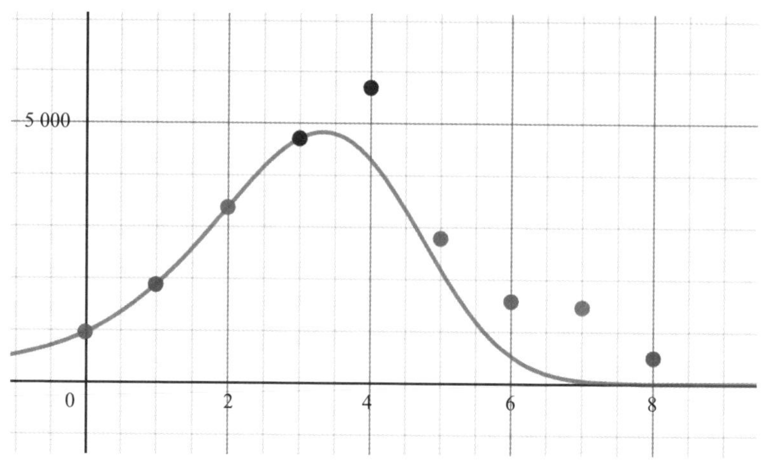

图 11–3

你可以从中看出外推法的风险。法尔的推理过程对短期问题（这种情况会很快反转吗？）的预测效果很好，但对长期问题（这种情况什么时候会结束？）的预测效果很糟。

牛瘟疫情为什么会消失？法尔依然不太相信细菌致病理论，他说这是因为在奶牛之间传播的有毒物质，每传播一次毒性就会减弱一点儿。我们现在知道，这并不是病毒的致病机制。当《英国医学杂志》嘲笑法尔的来信时，他们质疑的不是他的结论，而是他的推理过程。“他完全没有考虑到，”这位傲慢的匿名评论者写道，“目前所有人都确信这种疾病具有极强的传染性，并因此采取了预防措施。”法尔预测牛瘟疫情将会“自发消失”，而我们唯一可以肯定的是它的确消失了。

在随后的几十年里，法尔的方法几乎被完全遗忘了，直到 20 世纪初约翰·布朗利将它重新引入流行病学领域。布朗利还注意到了法尔未曾注意的东西：如果你像法尔给天花疫情建模那样，通过将“比的比”当作常数给流行病建模，就会得到一条漂亮的对称曲线，这意味着它的下降速度和上升速度一样快。事实上，它就是在概率论中发挥核心作用的正态分布或钟形曲线。懂点儿数学的人对钟形曲线都有一种盲目的崇拜之情，它确实能描述一系列令人惊讶的自然现象，但流行病的兴衰不在此列。法尔知道这一点：早在 1866 年，他讨论的就是“比的比的比”而不是“比的比”，并预测牛瘟疫情曲线是不对称的，它的下降速度比上升速度快。布朗利也认识到，在现实生活中，严格遵循正态曲线的流行病非常少见。但不知何故，他认为“法尔定律”意指流行病从上升到下降都遵循钟形曲线，如此愚蠢的观点就连法尔本人都不屑一顾。

这种僵化死板的观点增加了外推法的风险。1990 年，丹尼斯·布雷格曼和亚历山大·朗缪尔（一位具有传奇色彩的流行病学家，认为“皮鞋流行病学”的现场调查比纯粹的实验室研究更重要）发表了一篇题为《法尔定律在艾滋病预测方面的应用》（Farr’s Law Applied to AIDS Projections）的论文。他们援引了法尔对牛瘟疫情的成功预测方法，对美国的艾滋病统计数据进行了类似的分析。但他们采纳了过于狭隘的观点：流行病曲线是对称的，而且艾滋病感染人数的下降速度和该疾病在人群中的传播速度一样快。他们断定艾滋病感染人数已经达到峰值，到 1995 年美国的艾滋病病例将只有 900 例左右。

而真实的感染人数是 69 000 人。

让我们回到 2020 年，当时许多预测者都将美国各州的新冠感染死亡人数建模成完全对称的钟形曲线。这并不是因为他们是钟形曲线的崇拜者，而是因为他们发现这条曲线最适合疫情暴发后最初几周可用的零星数据。对某些流行病而言，钟形曲线可能效果不错，但新冠感染疫情曲线根本不对称，在每个地区它都会先飙升至最高点，再非常缓慢地下降，自始至终伴随着人们的病痛和恐惧。疫情上升期犹如坐电梯，而下降期则好像走楼梯。如果你依据钟形曲线研判疫情发展趋势，就会不断错过真相，还要不断修正模型，因为新数据与你的预测结果总是相悖。

我们在这里遇到了一个深刻的问题，它也是所有立足当下并试图利用数学方法预测未来的人都会遇到的问题。所谓做预测，就是猜测你跟踪的变量遵循什么定律。有时定律很简单，例如网球的运动轨迹，它非常对称，意味着网球上升至顶点所用的时间和落回你手上所用的时间相同。更重要的是，如果你仔细测量每秒钟网球的离地高度，并把这些数据按顺序写下来，就会发现在网球的整个抛物线运动轨迹中“差的差”

始终相同。事实上，正是这一性质使网球的运动轨迹呈抛物线状，而不是半圆状，也不是像圣路易斯拱门那样的悬链线状。伽利略通过仔细观察发现了抛体运动的抛物线定律，比牛顿探究出力与加速度的一般理论早了几十年。幸运的话，你也可以发现类似的规律，即使你不了解其基本机制。

但有时定律又不那么简单。如果我们愿意考虑的定律适用范围过于狭窄（比如，我们坚持认为疫情发展趋势遵循一个对称的过程，即“比的比”保持恒定），当我们试图让过于僵化的规则与现实相匹配时，就会出现抖动和偏差。这个问题叫作“欠拟合”，当机器学习算法没有足够的旋钮或有错误的旋钮时，也会发生同样的问题。

这让我想起了罗伯特·普洛，他在1677年率先发表了一幅恐龙骨骼图。普洛对这块骨骼来源的所有解释都不够宽泛，以至于未能揭露真相——他看到的是现在被称作斑龙的一种巨大爬行动物的部分股骨。他想到的一种可能性是，一头古罗马时期的大象在英国康沃尔郡迷了路并死在那里，但他将其与真正的大象股骨做比较后排除了这种可能性。他又想到，这一定是某个人的股骨，那么唯一的问题是：这是一个什么样的人？他的回答是：一个非常高大的人。

公平地说，普洛面对的是一个全新的现象，我们不能因为他没有弄清楚真相而责怪他。真正的欠拟合是一种更加严重的错误，就像普洛的模型简单地把埋在地下的骨骼都视为人类的骨骼一样，尽管地下还有数不清的非人类骨骼。如果这位“欠拟合”的古生物学家挖到一条束带蛇的骨骼，他可能会惊呼：天啊，这个瘦小的人的身材肯定非常弯曲有致！

模型的目的不是告诉我们美国新冠感染死亡人数总计将达到93 526人（美国华盛顿大学IHME的一个备受关注的模型在2020年4月1日做出的预测），或者60 307人（4月16日的预测结果），或者137 184人（5月8日的预测结果），或者394 693人（10月15日的预测结果），也不是告诉我们医院床位使用数量达到峰值的确切时间。想要实现这些目的，你需要的是占卜者，而不是数学家。但是，这并不意味着模型毫无用处。泽伊内普·图费克奇既不是数学家也不是建模师，而是社会学家，他在一篇题为《冠状病毒模型不应该是正确的》的文章中对模型的目的进行了总结。他认为，模型的更重要的目的是做出广泛的定性评估：疫情现在是失控、增长但趋于平缓，还是在消亡？而这正是凯文·哈塞特和他的三次拟合曲线未能达成的目的。

我们的做法与阿尔法围棋程序非常相似。它通过学习一个近似定律，为棋盘上的每个局面赋予一个分值。分值无法准确地告诉我们某个局面是W、L还是D，因为这超出了任何机器的计算能力，无论这台机器是在聚类簇中还是在我们的颅骨内。但是，这个程序的目的不是得出完全正确的答案，而是给我们提供好的建议：在我们面前的众多路径中，选择哪一条最有可能赢得最后的胜利。

至少从一个方面看，给流行病建模的难度超过了阿尔法围棋。对围棋而言，整局棋的游戏规则保持不变。但对流行病而言，你基于某些事实——谁在何时将病毒传播给谁——建立了模型，而这些事实可能会因为大规模的人类活动或政府法令而突然发生变化。你可以利用物理学为网球的飞行轨迹建模，如果网球运动员水平还不错，就可以快速地通过这个物理学模型计算出某次击球的落点。但你不能利用物理学模型预测谁会赢得一场漫长的网球比赛，因为这取决于选手对物理学模型的反应。真正的建模过程总是在可预测的动力学和我们的不可预测的反应之间跳舞。

我在新闻上看到了一张明尼苏达州的抗议者照片。那名抗议者可能认为新冠感染疫情并不是一个严重的威胁，因此对州长发布的旨在限制病毒在该州传播的居家令感到愤怒。他举着两块大牌子，一块上面写着“停止关闭”，另一块上面写着“模型都是错的”。我认为，他无意间转述了统计学家乔治·博克斯的一句著名的口号，该口号也非常适用于新冠感染疫情。它的大意是：所有模型都是错的，但其中有些是有用的。

曲线拟合师和逆向工程师

预测未来有两种方法。你可以尝试理解这个世界的运行方式，并在此基础上对未来做出良好的猜测。或者，你也可以……不那样做。

罗纳德·罗斯非常清楚地阐述了这一区别，以便将他自己与他想取代的法尔等前辈区分开来。罗斯扛起了第一种方法——你可以称之为“逆向工程”——的大旗：他的预测始于他知道的关于疫情传播的一些事实，并据此推导出流行病曲线必定能满足的微分方程。威廉·法尔则站在对立阵营中，他不是逆向工程师，而是曲线拟合师。“曲线拟合”的预测方法不会过多地考虑原因，而是侧重于寻找过去的规律，并猜测那些模式未来将持续存在。也就是说，昨天发生的事今天还会发生。按照这种方法，你可以在不了解系统内部状况的情况下做出预测，而且你的预测有可能是正确的！

大多数科学家自然而然地站在罗斯和逆向工程师一边，因为他们喜欢理解事物。而曲线拟合师在机器学习技术进步的驱动下卷土重来，这无异于向很多科学家脸上泼了盆冷水。

你也许已经注意到，谷歌翻译现在可以很好地将文档从一种语言翻译成另一种语言。虽然它并不完美，与人类的翻译方式也不同，但它具有几十年前科幻小说所描写的那种敏度。预测文本也变得越来越好，当你打字时，机器会先行一步，给你提供一个机会，让你只需敲击一个键，就可以插入机器预测你下一步打算输入的英语单词或短语。而且，很多时候它都是正确的。

如果你问罗纳德·罗斯这是怎么一回事，他可能会这样说：我们对英语句子的内部结构所知甚多，对单词的意思也颇为了解，字典里还有相关记录。掌握了所有这些信息后，当母语是英语的人看到我输入“I was hoping we could get together next week and have”（我希望下周我们能一起……）时，他应该能充分理解这个句子的结构并猜出下一个单词可能是名词，用作动词“have”的宾语。在所有可能的名词中，人们可以一起“have”的东西往往是“lunch”（午餐）或“coffee”（咖啡），而不是“possession”（个人财产）、“turnip”（萝卜）或“virus”（病毒）。

但谷歌语言机器的工作原理并非如此，而是更类似于法尔的方法。谷歌语言机器见过数十亿个英语句子，足以观察到一些统计规律性：哪些单词组合起来更有可能变成有意义的句子，而哪些不行。在那些有意义的句子中，它还可以估算出哪些句子出现的可能性最大。法尔研究了以前的流行病，谷歌语言机器则查阅了以前的邮件。某个人从英语的浩瀚历史中走出来，对你说“I was hoping we could get together next week and have”，他接下来脱口而出的那个单词很可能是“lunch”或“coffee”。没有人告诉机器什么是名词或动词，什么是萝卜或午餐。它根本不知道那些东西是什么，但它仍然可以正常运行。它的文本水平比不上人类作家或译者，甚至永远都比不上，但也很不错了！

即使你输入的是完全原创的文本（我们都喜欢这样想），谷歌语言机器也能做出预测。2012 年，在诺姆 · 乔姆斯基和谷歌的彼得 · 诺维格之间发生了一场激烈的争论。乔姆斯基可以说是现代语言学的开创者，而彼得 · 诺维格正领导着一个大规模的工程，并试图避开这一学科。为了说明人类语言有规律可循的本质，乔姆斯基在 20 世纪 50 年代提出了一个著名的例子：“Colorless green ideas sleep furiously.”（无色的绿色思想怒不可遏地沉睡着。）这是一个说英语的人从未见过的句子（至少在乔姆斯基让它出名前如此），而且我们无法对它做出有意义的解释，使它成为关于物质世界的一个表述。但我们的大脑能清楚地识别出它是一个合乎英语语法的句子，甚至可以“理解”它——我们能正确地回答基于它提出的问题，例如“Are the colorless green ideas resting calmly?”（无色的绿色思想在平静地休息吗？）。我们还认识到（因为我们知道什么是名词、动词和形容词），“Furiously sleep ideas green colorless”需要重新排列才会有意义。但与乔姆斯基观点相悖的是，现代机器在不学习语言结构规则的情况下也可以得出同样的结论。语言程序找到了一种方法，即基于一串单词与由人类创作的其他句子的相似度，将其评定为“句子”或“非句子”。就像学习区分猫和非猫的机器一样，它使用某种形式的梯度下降法，一步一步地找到一个策略，该策略能够很好地识别出它见过的句子，并且判定它们是句子的可能性比其他单词串更大。不仅如此，这个策略往往也能很好地判定未用于训练的单词串是不是句子（其中的原因即使是机器学习领域的从业者也不太清楚）。尽管没有规范的语法模型，这两个句子也没有出现在训练数据中（就连像“colorless green”这样的组合也很少见），但“Colorless green ideas sleep furiously”被评定为句子的分值仍然比“Furiously sleep ideas green colorless”高得多。

诺维格注意到，当涉及现实世界的机器翻译或自动完成（auto-completion）时，这样的统计方法绝对优于对人类语言的基本生成机制进行逆向工程的所有尝试。[①]乔姆斯基反驳说，尽管如此，谷歌语言机器采用的方法不能洞察语言的本质，这就好比伽利略虽然观察到抛体的运动轨迹呈抛物线状，相关定律却是由牛顿提出的。

对于语言和流行病，曲线拟合和逆向工程都是正确的和必不可少的预测方法。毕业于麻省理工学院的顾友阳（Youyang Gu）是2020年最成功的新冠感染疫情建模者之一，他巧妙地将这两种方法结合起来，利用罗斯式的微分方程模型去模拟已知的新冠感染疫情传播机制，同时利用机器学习技术去调整模型中的许多未知参数，以尽可能地匹配观测到的实时疫情走向。如果我们想预测明天会发生什么，就必须尽可能多地罗列出昨天发生过什么，但绝不可能有数十亿次的过往疫情供我们学习。想要在下一场流行病到来之前做好准备，我们必须尽可能快地找到相关定律。

① 当然，这两者都被人类打败了。人类学习语言的准确率远胜人工智能，而训练投入只有后者的十亿分之一。

第12章

香烟烟雾潜伏在烟叶中

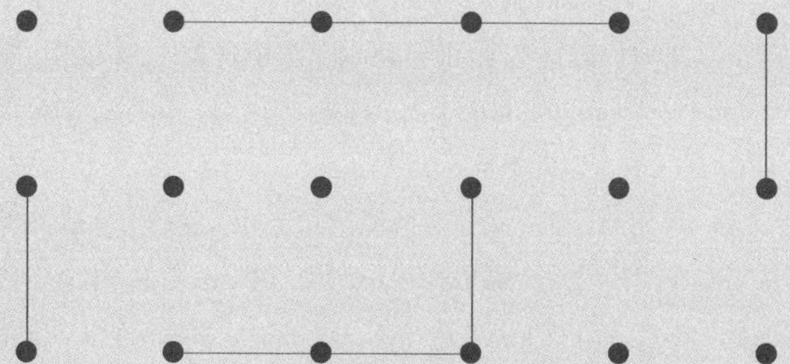

1977 年，在贝尔格莱德举行的国际数学奥林匹克竞赛上，荷兰参赛团队向他们的英国对手抛出了一道难题：下面这个数列的下一项是多少？

1, 11, 21, 1 211, 111 221, 312 211, …

如果我告诉你接下来的几项是 13 112 221, 1 113 213 211, 31 131 211 131 221, 13 211 311 123 113 112 211，这道题会不会变得容易一点儿？

大多数人都不知道这道题的答案。第一次看到它的时候，我也是一筹莫展。不过，一旦知道它的答案，你就会觉得它愚蠢而迷人。它其实是一个“看读（Look-and-Say）数列”。第一项是 1，读作“1 个 1”，所以第二项是 11；11 读作“2 个 1”，所以第三项是 21；21 读作“1 个 2，1 个 1”，所以第 4 项是 1 211；1 211 读作“1 个 1，1 个 2，2 个 1”，所以第 5 项是 111 221，以此类推。

这只是一个游戏，至少荷兰参赛团队是这样认为的。但在 1983 年约翰·康威邂逅看读数列后，情况发生了变化。对康威来说，把游戏变成数学（同时把数学变成游戏）就是生活的一个方面。康威证明了看读数列绝不会包含大于 3 的数，而且该数列的长期性质取决于 92 个特殊数字串。康威称这些数字串为“原子”，并以化学元素的名称为它们命名（比如，1 113 213 211 叫作“铪”，紧随其后的那个数字串叫作“锡”）。更重要的是，看读数列中各项的位数具有可预测性。上文中罗列出来的那些项的长度依次为：

1, 2, 2, 4, 6, 6, 8, 10, 14, 20, …

如果它是一个几何数列就好了，但它不是，每一项与其前一项之比分别为：

2, 1, 2, 1.5, 1, 1.33, 1.25, 1.4, 1.428 57, …

随着我们进一步计数看读数列各项的位数，它开始呈现出某种规律性。第 47、48 和 49 项分别有 403 966、526 646 和 686 646 位数。其中，第二个数是第一个数的 1.303 7 倍，第三个数是第二个数的 1.303 8 倍，这些比看似正在趋于稳定。通过对他的 92 个原子进行一系列巧妙的操作，康威证明了随着原子在看读过程中发生“音频性衰变”（audioactive decay），这些比的确会趋于一个固定的常数，这个常数也被康威准确地算出来了。看读数列各项的位数并未构成一个几何数列，但随着时间的推移，它变得越来越像几何数列了。

几何数列优雅而质朴，但在现实世界中却很少见。而类似于上例中的近似几何数列则常见得多，它们把我们与一个极其重要的数学概念——本征值——联系在一起。如果我们想让罗斯–哈德森的疾病传播模型变得更贴近现实，就无法避开本征值。

南达科他州和北达科他州（上）

罗斯和哈德森的发生理论在疾病预测方面的表现，取决于对当前感染人口占比的跟踪记录。这已经造成了一些模糊性：人口具体指哪些人？是你所在的街区、城市、国家还是世界？

做一个简单的练习，你就会发现这个问题至关重要。我们假设一种新的疾病——沃尔药店流感——正在美国大平原上蔓延。我们再假设北达科他州的确诊病例数量每周增加 2 倍，但在邻近的南达科他州，不知是什么原因，确诊病例数量每周只增加 1 倍。那么，北达科他州的确诊病例数量可能是：

10, 30, 90, 270

而南达科他州的确诊病例数量是：

30, 60, 120, 240

如果北达科他和南达科他是一个州，那么确诊病例总数是：

40, 90, 210, 510

它并不是一个几何数列，因为连续项之比分别为 2.25、2.33 和 2.43。如果你把这些比看作一个整体，你可能会认为某种邪恶的力量导致病毒的传染性每周都在增强，并因此惊慌失措：确诊病例的增长率会停止增长吗?

不要害怕。确诊病例的增长率不是几何数列，但它和看读数列各项的位数一样，也是近似几何数列。在确诊病例数量已知的 4 周内，南达科他州和北达科他州的确诊病例总数大致相当，但这种状况不会持续下去。在接下来的 4 周内，北达科他州的确诊病例数量是：

810, 2 430, 7 290, 21 870

而南达科他州的确诊病例数量是：

480, 960, 1 920, 3 840

到第 8 周，北达科他州和南达科他州的确诊病例总数为 25 710 例，是前一周（9 210 例）的 2.79 倍。这个比值较为接近 3，而且会越来越接近 3。此外，北达科他州的确诊病例增长率完全盖过了南达科他州。疫情暴发 10 周后，近乎 95%的确诊病例都在北达科他州。之后到了某个时点，你甚至可以完全忽略南达科他州，因为疫情几乎全在北达科他州，其确诊病例数量每周增加 2 倍。

北达科他州和南达科他州的截然不同的情况提醒我们，要正确预测流行病的传播趋势，不仅要考虑时间因素，还要考虑空间因素。在基本的 SIR 模型中，人群中任何两个人相遇且呼气交融的可能性都相等。但我们知道事实并非如此，南达科他人遇到的大多是南达科他人，而北达科他人遇到的大多是北达科他人。正是出于这个原因，疫情在不同的州或同一个州的不同地区的传播速度不同。人口的均匀混合将使疾病达到动态平衡，就像热水与冷水混合会迅速变成温水而非冷热涡流一样。

现在，我们为北达科他州和南达科他州的疫情设置一个更加复杂的情境。假设南达科他人严格遵守所有的社交距离准则，两个南达科他人之间不会发生传染事件。而在北达科他州，人们基本上无视社交距离准则，彼此挨得很近，不停地吸入对方呼出的空气。所以，每个被感染的北达科他州的确诊病例都会传染该州的另一个人。更重要的是，北达科他人喜欢越过州界，遇到任何人都会迎面走过去。因此，北达科他州的每个确诊病例都会传染一个南达科他人，南达科他州的每个确诊病例也会传染一个北达科他人。

弄明白了吗？如果没有，就让我们来看看这一切是如何发生的吧。假设一开始有 1 个北达科他人携带了沃尔药店流感病毒，而南达科他州没有这种病毒。在接下来的一周内，这个北达科他人传染了 1 个北达科他人和 1 个南达科他人，而南达科他州此前没有感染者。为简单起见，我们假设流感患者会在感染一周后康复，所以到第一周结束时，现有确诊病例是 2 个新发感染者，其中一个在北达科他州，另一个在南达科他州，如图 12–1 所示。

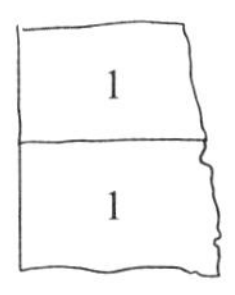

图 12–1

到第二周，那个北达科他感染者传染了 2 个人，其中一个在北达科他州，另一个在南达科他州。而那个南达科他感染者传染了 1 个靠他太近的北达科他人，如图 12–2 所示。

图 12–2

随着时间的推移，传染范围变得越来越大。接下来的几周，确诊病例数量如图 12–3 所示。

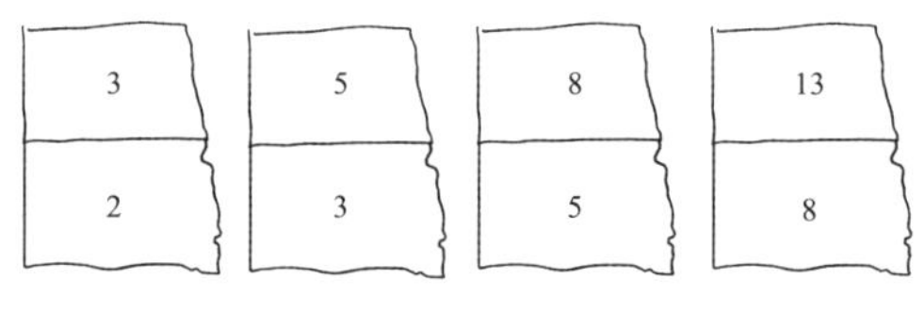

图 12–3

你听到空中回荡的梵语诗歌了吗？北达科他州各周的确诊病例数量为：

1, 1, 2, 3, 5, 8, 13, ⋯

它是维拉汉卡–斐波那契数列。南达科他州的确诊病例数量同样如此，但比北达科他州落后一周。我们设置的疾病传播规则会导致如下情况：南达科他州这周的确诊病例数量是北达科他州上周的确诊病例数量，北达科他州这周的确诊病例数量是北达科他州和南达科他州上周的确诊病例数量之和，也是北达科他州上周和上上周的确诊病例数量之和。

斐波那契数列不是几何数列，连续项之比会上下起伏：

1, 2, 1.5, 1.66, ⋯

但在某种程度上，它也是一个几何数列！我们继续跟踪，就会发现第 12 个斐波那契数是 144，第 13 个是 233，第 14 个是 144 与 233 的和，即 377。233/144 ≈ 1.618 06，377/233 ≈ 1.618 03，这两个比非常接近。如果你一周接一周地跟踪确诊病例数量的增长情况，就会发现连续两周的确诊病例数量之比逐渐趋于一个公比——1.618 034。我们又一次遇到了这种近似指数增长的现象。

斐波那契数列中隐藏的神秘数是什么？它不是一个寻常的数，它有多个如雷贯耳的名字：黄金比例，或者黄金分割，或者神圣比例，或者 φ。（一个数越出名，它的名字就越多。）如果你想要一个精确的描述，那么我告诉你黄金比例是 $(1+\sqrt{5})/2$。

几百年来，这个数备受人们的追捧和关注。在欧几里得的著作中，这个比例被称为“中外比”。他需要用它来构建正五边形，因为黄金比例是正五边形的对角线和边的长度之比。约翰尼斯 · 开普勒评价毕达哥拉斯定理和欧几里得的中外比是古典几何学的两项顶尖成就：“我们可以将前者比作一块金子，把后者比作一块珍贵的宝石。”

一路走来，这个比不再是宝石，而变成了黄金。1717 年的一篇文章说：“古人称之为黄金分割。”黄金长方形指长是宽的 φ 倍的长方形，它有一个讨人喜欢的特征：如果你横向切割它，使其中一部分为正方形，另一部分就是一个较小的黄金长方形。如果你愿意，你可以从这个小黄金长方形中再切割出一个正方形，由此得到一个更小的黄金长方形。继续这样切割下去，所有正方形中的 90 度扇形的弧就会构成“黄金螺旋”，如图 12–4 所示。

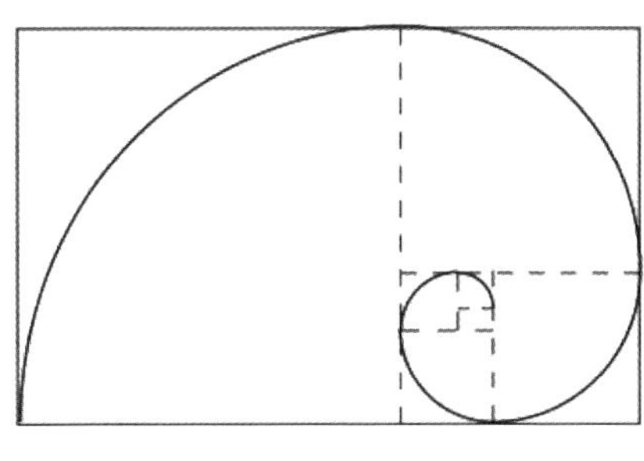

图 12–4

开普勒非常欣赏黄金比例的几何特性和算术特性。他独立发现了维拉汉卡–斐波那契数列，以及该数列的连续项之比越来越接近黄金比例。如果你画一个近似黄金长方形，让它的长和宽是两个连续的斐波那契数，例如 13 和 8（见图 12–5），你就可以清楚地看到这个数列的几何特性和算术特性之间的关系。

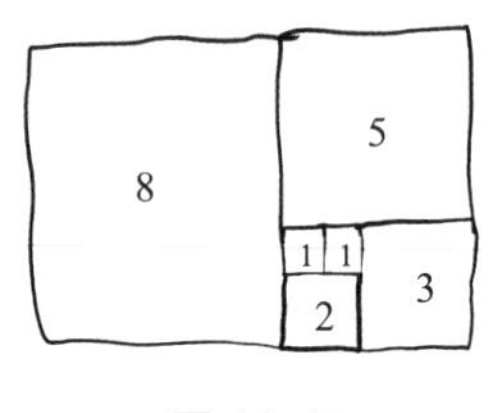

图 12–5

你可以称之为“黄金分割直至零”：切割出一个正方形后，你会得到一个 5 × 8 的长方形；切割出一个更小的正方形后，你会得到一个 3 × 5 的长方形；按照斐波那契数列不断地切割下去，最终你会回到零，黄金螺旋随之结束，而不是永远延伸下去。

我最喜欢黄金比例的一个不太受人关注的特征，现在就是我宣传它的好机会！我每次输入 1.618 都要带上恼人的“…”（省略号），这是因为黄金比例是一个无理数，你不能把它表示成一个整数除以另一个整数的形式，你也不能把它写作长度有限的小数甚至是循环小数（比如 1/7 = 0.142 857 142 857 142 857…）。

但这并不意味着不存在和它十分接近的有理数。当然存在！毕竟，小数展开式就是一种接近某个数的分数书写形式：

16/10 = 1.6（较为接近）

161/100 = 1.61（更加接近）

1 618/1 000 = 1.618（十分接近）

小数展开式可以给你一个分母为 1 000 的分数，它与黄金比例的差小于 1/1 000。如果我们让分母为 10 000，就可以使差小于 1/10 000，以此类推。

我们还有比小数展开式更好的方法。记住，连续两个斐波那契数之比也是越来越接近黄金比例的分数：

8/5 = 1.6

13/8 = 1.625

21/13 ≈ 1.615

继续算下去，你就会得到：

233/144 = 1.618 055 555 5…

它与黄金比例的差仅约为 2/100 000，逼近程度比 1 618/1 000 要好得多，而且分母更小。事实上，这个差小于 1/144 的百分之一。

有些著名的无理数甚至可以达到更加逼近的程度。5 世纪，中国南北朝时期的天文学家祖冲之发现简分数 355/113 与 π 十分接近，两者的差约为 2/10 000 000，他称之为“密率”。祖冲之讨论相关数学方法的那本书失传了，所以我们不知道他是如何得出密率的。但是，他的发现并不简单！ 1 000 年后这个近似值才在印度被重新发现，又过了 100 年欧洲人才知道它，之后又过了 100 年人们才最终证明 π 是无理数。

用有理数逼近无理数，有望达到何种近似程度呢？这是一个算术问题，但最好从几何学的角度思考它。德国数学家狄利克雷在 19 世纪早期发明了一种令人称奇的技巧。既然我们找到了分数 233/144，它与 φ 的差小于 1/144 的百分之一，那么我们可以找到一个分数 p/q，使它与黄金比例的差小于 $1/q$ 的千分之一吗？答案是肯定的，狄利克雷给出的证明过程非常简单，我忍不住要在你面前展示一下。画一段从 0 到 1 的数轴，然后把它切割成 1 000 等份，如图 12–6 所示。

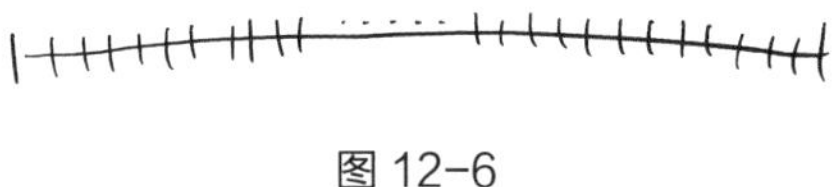

图 12-6

现在，逐一写下φ的倍数：

$$\varphi = 1.618\cdots,\ 2\varphi = 3.236\cdots,\ 3\varphi = 4.854\cdots,\ 4\varphi = 6.472\cdots,\ \cdots$$

然后，在数轴上标注这些数的小数部分。如果我在数轴上标注φ的前 300 个倍数的小数部分，并分别用竖线标记它们，就会得到一个“条形码”（见图 12–7）。

图 12–7

所有竖线一一落在那 1 000 个长方格里，黄金比例在第 619 格（而不是在第 618 格，就像我们现在生活在 21 世纪，而年份的前两位数是 20 一样。第一格对应的是小数部分在 0 和 0.001 之间的φ的倍数，第二格对应的是小数部分在 0.001 和 0.002 之间的φ的倍数，以此类推），2φ在第 237 格，3φ在第 855 格，等等。如果φ的任意倍数最终落在第一格里，我们就赢了，因为只要 $q\varphi$ 的小数部分在 0 和 0.001 之间，就意味着 $q\varphi$ 和某个整数 p 的差不超过 0.001。将这两个数同时除以 q，则意味着φ与分数 p/q 的差不超过 $1/q$ 的千分之一。

但是，为什么φ的任意倍数会落在第一格里呢？也许就像大富翁棋盘游戏中渴望在木板路（游戏中地价最昂贵的街道）上买地、建房子的苏格兰犬一样，在数轴上来回穿梭的φ的倍数，无论如何也落不到第一格里呢！

这恰恰是狄利克雷的非凡洞察力发挥作用的地方，他称之为“抽屉原理”，但英语国家的数学家现在称其为“鸽巢原理”。它是指有一群鸽子和一些鸽巢，而且鸽子的数量比鸽巢多，如果你把所有鸽子都放进鸽巢中，那么某个鸽巢里肯定有两只鸽子。

这个陈述太显而易见了，让人很难相信它会有什么大用处。但有时候深奥的数学恰恰如此。

对我们来说，鸽子就是φ的倍数，1 000 个长方格就是鸽巢。我们通过思考狄利克雷抽屉原理发现，如果考虑 1 001 个倍数，那么至少有两个倍数要共用一个鸽巢。假设 238φ 和 576φ 是共用一个鸽巢的两只鸽子（其实它们不在同一格里，而是分别在第 93 格和第 988 格，但我们假设它们在同一格里），那么这两个数的差一定不超过某个整数 p 的千分之一。它们的差是 338φ，所以 338φ 肯定落在第一格里（公平地说，也可能落在最后一格里，这一格的φ的倍数的小数部分是 0.999…）。无论如何，$p/338$ 都是足够接近φ的近似值。

φ的哪两个倍数在同一格里，这个问题无关紧要。无论是哪两个倍数，你都能得到一个非常接近φ的分数。事实上，两只鸽子的第一次碰面发生在φ和 611φ = 988.618 7…之间，它们都落在第 619 格里。它们的差 610φ ≈ 987.000 7，所以 987/610 是一个非常逼近φ的近似值。即使你发现 610 和 987 是斐波那契数列的连续项，你也无须为此感到惊讶。

1 000 这个数没有什么特别之处。如果你想找一个有理数 p/q，使其与φ的差小于 $1/q$ 的百万分之一，你也可以采取这种方法，尽管你可能需要让 q 不小于 100 万。

祖冲之的密率（355/113）与π的差仅约为 1/113 的 1/30 000。在狄利克雷看来，你可能需要考虑分母不小于 30 000 的分数才能找到这么好的近似值。但你不必如此，密率不仅是π的一个很好的近似值，而且是一个好得惊人的近似值。

我们在数轴上演示一下。如果我考虑 1/7 的前 300 个倍数，用标注φ的倍数的方法把它们的小数部分标注在数轴上，并逐一用竖线标记，我得到的图看起来就像 7 条竖线，如图 12–8 所示。因为不管我用什么数乘以 1/7，乘积都是这个数的 1/7，它的小数部分也只能是 0、1/7、2/7、3/7、4/7、5/7 或 6/7。

图 12–8

对所有有理数来说，竖线的分布情况皆如此。我们可以考虑更多的倍数，但这些竖线的数量总是有限的，并且均匀地分布在 0 到 1 之间。

π呢？它的前 300 个倍数在数轴上的分布情况如图 12–9 所示。

图 12-9

图中有很多条竖线，但不足 300 条。事实上，如果你能看清楚并且数一数，就会发现一共有 113 条竖线，它们是密率的“签名”。因为π非常接近 355/113，它的前 300 个倍数也非常接近相应数的 1/113，这意味着这些竖线分别与 0、1/113、2/113…112/113 非常接近。π与密率并不完全相等，所以它的倍数不会恰好就是这些分数。图 12–9 中看上去稍粗的竖线实际上是几条聚集在一起的竖线，把它们画到纸上犹如一条竖线。

这将我们带回到黄金比例。φ的前 300 个倍数形成的“条形码”（见图 12–7）分布均匀，而不是像π的竖线那样聚集在一起。绘制φ的前 1 000 个倍数，情况亦如此，只不过竖线更多（见图 12–10）。

图 12-10

不管我取多少个φ的倍数，1 000 个、10 亿个乃至更多，这些竖线都不会沿着少量等间距分布的位置排列（有理数的条形码排列方式），甚至不会聚集在这些位置附近（π的条形码排列方式）。由此可见，黄金密率根本不存在。

有一个美丽的事实（但在这里很难证明）：在φ的所有有理数近似值中，没有一个比斐波那契数列提供的近似值更优，它们的精确度也永远比不上遵循狄利克雷定理的近似值。事实上，从某种程度上说，近似值可以做到非常精确；但在这里不行，因为在所有实数中，φ是最难用分数逼近的一个。它是最“无理”的无理数，不过对我来说，它是一块珍贵的宝石。

黄金比例和波浪理论

20 世纪 90 年代的一天，我和一位朋友的朋友在纽约的银河餐厅吃饭。这位朋友的朋友说，他正在制作一部关于数学的电影，想和业内人士聊聊数学世界到底是什么样子的。我们吃了奶酪牛肉三明治，我给他讲了一些故事。几年过去了，我几乎忘记了这件事。这位朋友的朋友名叫达伦·阿伦诺夫斯基，他的电影《圆周率》于 1998 年上映。这部电影的主角是一位名叫马克斯·科恩的数论学家，他整天揪着自己的头发，苦思冥想。一次，他遇到了一名哈西德派教徒，由此对一种叫作“希伯来字母代码”的犹太数字命理学产生了兴趣。这种数字命理学通过将一个单词包含的希伯来字母的数值相加，使这个单词变成一个数。那个哈西德派教徒解释说，希伯来语中表示“东”的单词是 144，“生命之树”是 233。这激起了马克斯的兴趣，因为这两个数都是斐波那契数。他在报纸的股市版上随手写了一些斐波那契数，哈西德派教徒钦佩地说：“这真让我大开眼界！”马克斯在他那台名为“欧几里得”的计算机上疯狂地编程，绘制出黄金螺旋，然后久久地凝视着他咖啡杯中相似的牛奶螺旋。他计算出一个 216 位数，这个数似乎是预测股价的关键因素，也可能隐藏着天大的秘密。他经常和他的论文指导老师下围棋。（老师告诫他：“不要再想了，马克斯。用你的直觉去感受它就可以了。”）马克斯头疼欲裂，揪头发的手也越发用力了。住在他隔壁的漂亮女人对他产生了好奇心。我忘记说了，这是一部黑白电影。有人想绑架他。最后，他在自己的颅骨上钻了一个洞，将一部分数学压力释放出来。这部电影的结局似乎是美好的。

我不记得自己是如何向阿伦诺夫斯基描述数学的，但肯定不是他在电影里呈现的这些。

（剧透：《圆周率》上映后，当时二十几岁的我曾经几次坐在咖啡店里，把一本破旧的罗宾·哈茨霍恩的《代数几何》巧妙地放在桌上的显眼位置，然后揪着头发苦思冥想。但我的这些举动没有引起任何人的兴趣。）

阿伦诺夫斯基是在中学的一门“数学与神秘主义”课上了解到斐波那契数列的，并立刻对它产生了亲切感，因为他家的邮政编码恰好是

11235。这种对巧合和模式的关注，不管有没有意义，都是黄金数字主义的特征。在这个过程中，1.618…的可理解且具有吸引力的数学属性沦为不切实际的断言。早在1904年，数论学家乔治·马修斯就已经在抱怨阿伦诺夫斯基的电影了：

> “神圣比例”或“黄金分割”不仅给无知者也给像开普勒那样学识渊博的人一种神秘感，让他们仿佛置身于充斥着各种奇妙符号的梦境。但对希腊人来说，它只是一种分割方法。希腊哲学家无疑受到了东方哲学的影响，他们对原子和规则物体的思考在我们看来很幼稚，但在他们看来却很严肃。无论如何，第一个发现正五边形的精确构造的人有理由为自己的功绩感到自豪，而围绕“奇异五角星”的那些迷信观点则是他的名望的怪诞回声。

不同边的长度之比为黄金比例的图形，有时在人们眼中具有一种内在的美感。19世纪德国的心理学家G. T. 费希纳向受试者展示了许多长方形，看他们能否发现其中黄金长方形最令人愉悦。答案是肯定的，黄金长方形的确很美。不过，关于胡夫金字塔、帕特农神庙和《蒙娜·丽莎的微笑》都是根据这一原理设计的断言，却没有得到很好的验证。（达·芬奇确实为帕乔利写作的一本关于黄金比例的书画了插图，但没有证据表明他在自己的艺术作品中对这个比例给予了特别关注。）20世纪的某种货币制度为纪念希腊雕刻家菲狄亚斯而将黄金比例命名为φ，据说菲狄亚斯曾用黄金比例塑造出十分完美的人物石像，但事实可能并非如此。1978年美国《口腔修复学杂志》上刊发的一篇有影响力的论文指出，为了让微笑的魅力最大化，就假牙而言，中切牙的宽度应该是侧切牙的1.618倍，侧切牙的宽度应该是尖牙的1.618倍。既然可以安一颗“黄金比例”牙，为什么还要安一颗金牙呢？

2003年，丹·布朗出版了他的超级畅销小说《达·芬奇密码》，这让黄金数字主义真正流行起来。这部小说的主人公是一位“宗教符号学家”和哈佛大学教授，他用斐波那契数列和黄金比例破解了一场涉及圣殿骑士团和耶稣的现代后裔的阴谋。此后，“跟φ扯上关系”成了一种不错的营销手段。你可以买依照黄金比例剪裁的牛仔裤来衬托你的臀部。“饮食密码”表明，列奥纳多想让你通过摄入黄金比例的蛋白质和碳水化合物来减肥。它可能还催生了历史上最伟大的神秘几何作品：广告公司阿内尔集团 2008 年为百事可乐设计了新的“地球仪”标识，并附上了一份题为“BREATHTAKING”（震撼）的长达 27 页的设计说明书。这份说明书声称百事可乐和黄金比例是“天生一对”，因为“真实、简约等词语在该品牌的历史上反复出现”。从时间轴上看，百事可乐新标识的面世，标志着包含毕达哥拉斯、欧几里得、达·芬奇、莫比乌斯带在内的 5 000 年的科学和设计发展达到了顶峰。幸运的是，阿内尔集团不知道维拉汉卡，否则的话，我们想象不出他们会把什么样的伪次大陆哲学杂糅在设计中，真让人不寒而栗！

百事可乐的新标识由多段圆弧组成，它们的半径之比均为黄金比例。在阿内尔集团的设计说明书中，黄金比例被称为“百事比例”，这种重塑品牌的努力可谓令人印象深刻。之后，事情就变得越发怪异了。在接下来的几页中，我们意外发现了“百事能量场”及其与地球磁层之间的关系，图 12–11 展示了爱因斯坦对引力的理解与该品牌在杂货店走道上的吸引力之间的相关性。

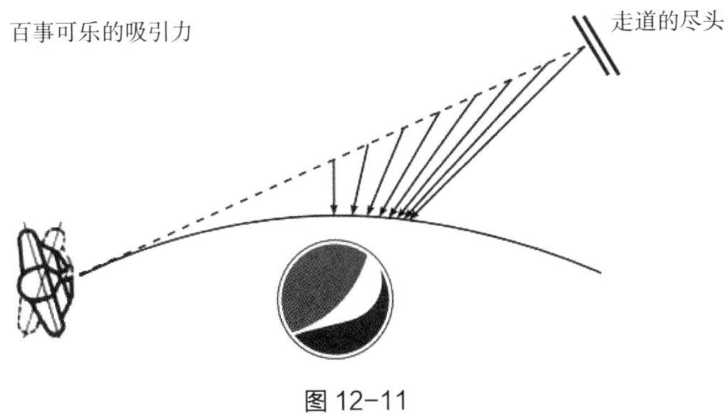

图 12–11

尽管这一切都很荒谬，但 10 年过去了，阿内尔集团设计的地球仪标识仍在百事可乐的易拉罐上。所以，黄金比例也许真的是美丽和美好的天然仲裁者。又或者，人们可能只是单纯地喜欢百事可乐。

拉尔夫·尼尔森·艾略特是来自美国堪萨斯州的一名会计师，在20世纪的前30年里，他奔波于美国和中美洲之间，服务于墨西哥的铁路公司和被美国占领的尼加拉瓜的财务重组项目。1926年，他因变形虫感染而病倒，不得不回到美国。几年后，股市崩盘，整个世界陷入大萧条，因此艾略特有很多的空闲时间和很大的动力，去帮助不再适用简洁的复式记账法的金融世界恢复秩序。艾略特肯定不知道路易·巴舍利耶对股价的随机游走研究，即便知道他也会不屑一顾。他不愿相信股价就像悬浮在液体中的灰尘一样随机波动，他想要的东西更像令人心安的物理学定律，后者能让行星在它们的轨道上安全运行。艾略特把自己比作埃德蒙·哈雷，17世纪哈雷发现彗星的到来和离去从表面上看是随机的，实际上却遵循着严格的时间表。“人类和太阳、月亮一样，都是自然事物。”艾略特写道，“所以，人类的行动有规律可循，并且可以进行分析。”

为了充分理解股价的上下波动，艾略特仔细研究了75年的股票行情，甚至具体到每一分钟的波动。最后，他建立了艾略特波浪理论。该理论认为，股市受到一系列连锁循环浪的支配，从次微浪一直到超大循环浪。其中，次微浪每隔几分钟就会出现一次，而第一个超大循环浪始于1857年并持续至今。

想帮助投资者赚钱，你就要知道市场行情何时会转好或变坏。艾略特认为，股市的波动是由可预测的涨跌趋势模式控制的，当前趋势与上一个趋势的长度之比是黄金比例，即1.618，懂得波浪理论的人可以根据这一原则预测股市。在这方面，艾略特可以说是电影《圆周率》中的马克斯·科恩的前辈。

不过，1.618的规则并不是绝对的。下一个趋势的长度也可能是当前趋势的61.8%，这样一来，上一个趋势就是当前趋势的1.618倍，因为 $1 \div 61.8\% \approx 1.618$；下一个趋势的长度也可能是当前趋势的38.2%，因为 $61.8\% \times 61.8\% \approx 38.2\%$。由此可见，回旋的余地很大。你的理论的回旋余地越大，你在描述已经发生的事情时信心就会越足：果然如我所想！坦率地说，旁观者很难洞悉艾略特究竟预测了些什么。波浪理论就像人们关起门来花很多时间建立的那些理论一样，充斥着大量不同寻常的术语，例如，“1/3 的 1/3”是指推动浪的强劲中段，“冲击”是指三角形调整浪结束后的推动浪。在解决了股市的问题后，艾略特并未止步，他又花了 10 年时间完成了一部集大成之作——《自然法则：宇宙的奥秘》。（剧透一下，这个奥秘就是波浪理论。）

这可能是从金融史的故纸堆中挖出来的又一个关于怪异理论的故事，类似的故事并不鲜见，例如，罗杰·巴布森认为牛顿的运动定律支配了股市。巴布森预见了 1929 年股市大崩盘，又在 1930 年预测大萧条即将[①]结束。他在马萨诸塞州建立了巴布森学院，在堪萨斯州（位于美国大陆的地理中心，他认为那里不会受到原子弹袭击）建立了乌托邦学院。1940 年，巴布森作为禁酒党候选人参加了美国大选。此外，他还把通过售卖炒股秘籍赚来的大部分钱都花在反重力金属的研发上。

但这两个故事的不同之处在于，艾略特波浪理论至今仍在发挥作用。美林证券公司的“技术分析指南”中有一整章（“斐波那契概念”）都是关于该理论的，并列举了一些常见的黄金比例。

> 与其他所有分析方法一样，斐波那契关系也不是百分之百可靠的。然而，它不可思议地多次预测到重大的转折点。关于斐波那契比及其衍生物不断出现的原因，存在很多的猜测。事实上，这个神秘的比在自然界中一再被发现。它在文艺复兴时期的画作中普遍存在，并且定义了比例和透视。早在斐波那契时代之前，古希腊的庙宇建筑中就已经出现了它的身影。

“彭博终端”[②]会在股价图上为你画出短短的“斐波那契线”，这样你就会知道最近一次趋势以 φ 的尺寸重复出现（波浪理论支持者称之为“斐波那契回调”）之前，股价可以上升到什么水平。2020 年 4 月，《华尔

① 大萧条其实并没有那么快结束。

② “彭博终端”是一套供专业人士访问“彭博专业服务”（Bloomberg Professional Service）的计算机系统，用户通过它可以查阅实时的金融市场数据并进行金融交易。——编者注

街日报》警告读者，因为受到新冠感染疫情的影响，标准普尔 500 指数“未来可能会更令人痛苦”。自 3 月底股市触底以来，股价上涨了 23%，但斐波那契回调预示着股市的跌幅会进一步扩大。然而，两个月后，标准普尔 500 指数又上涨了 10%。

我有一个相当富有的朋友，她做投资时也会采取斐波那契法。她的观点是，这种方法是否“真正”有效并不重要；重要的是，如果有足够多的人认为它有效，就会在市场与艾略特波浪理论的预测之间建立起些许关联。波浪理论犹如《小飞侠》中的奇妙仙子，是真正的信徒寄予的希望给了它生命。也许我朋友的观点是对的，但相关证据很少。如果你的投资经理是斐波那契回调策略的拥趸，请原谅我说他们赚不到钱。

南达科他州和北达科他州（下）

如果我们调整一下模型，让北达科他人不讲卫生的程度再增加一点儿，会怎么样？假设每个北达科他感染者都会传染 2 个而不是 1 个北达科他人。如前文所述，一开始北达科他州（ND）有 1 个感染者，南达科他州（SD）有 0 个感染者。

(1 ND, 0 SD)

那么，第二代感染者中会有 2 个北达科他人和 1 个南达科他人：

(2ND, 1SD)

之后，2 个北达科他感染者又会传染 4 个北达科他人和 2 个南达科他人，而那个南达科他感染者会传染 1 个北达科他人：

(5ND, 2SD)

以此类推，北达科他州每周的感染人数构成如下数列：

1, 2, 5, 12, 29, …

从第三项开始，每一项都是它前一项的 2 倍再加上它前面的第二项。这个数列叫作“佩尔数列”，它不是几何数列，而是近似几何数列，就像斐波那契数列一样。佩尔数列的连续项之比为：

2/1 = 2

5/2 = 2.5

12/5 = 2.4

29/12 = 2.416 666…

继续往下，你会发现 33 461 后面跟着 80 782，它们的比是 2.414 2…，约等于 $1+\sqrt{2}$。之后，连续项之比会越来越接近这个常数。

如果每个北达科他感染者都会传染 3 个北达科他人，情况亦如此，那个神奇的比为 $(1/2)(3+\sqrt{13})$，它是一个略大于 2.3 的数。或者，如果我们把原始模型扩展到内布拉斯加州，并宣布每个内布拉斯加感染者会传染 1 个南达科他人，每个南达科他感染者也会传染 1 个内布拉斯加人，但内布拉斯加人之间不会相互传染。在这三个州之间错综复杂的相互作用下，北达科他州每周的感染人数构成如下数列：

1, 1, 2, 3, 6, 10, 19, 33, …

这个数列没有名称，但它有一个跟佩尔数列类似的属性：连续项之比越来越接近一个常数，即 1.7548…。它的精确表达式是：

$$\frac{1}{3}\left(2+\sqrt[3]{\frac{25}{2}-\frac{3\sqrt{69}}{2}}+\sqrt[3]{\frac{25}{2}+\frac{3\sqrt{69}}{2}}\right)$$

这种规律性并不是黄金比例，而是大自然中无处不在的基本原理。不管你的模型包括多少个州，也不管每个怀俄明感染者会传染多少个犹他人，各个州的每周感染人数都是一个近似几何数列。柏拉图说得没错，几何数列确实受到了大自然的偏爱。

支配几何增长率的那个奇怪而复杂的数叫作本征值。黄金比例只是其中一种可能，它讨人喜欢的原因在于，它是一个特别简单的系统的本征值。不同的系统有不同的本征值，事实上，大多数系统都有不止一个本征值。在我们思考的第一个北达科他州和南达科他州的情境中，疫情其实是两个州独立暴发传染病的综合结果。每个州的感染人数都以几何数列的方式增长，一个是每周增加 2 倍，另一个是每周增加 1 倍。随着时间的推移，快速发展的疫情会使每周的累计感染人数构成一个近似几何数列，其公比为 3。在这种情况下，系统有两个本征值：3 和 2。其中，最大的本征值也是系统最重要的本征值。

在多个部分相互作用的系统中，你很难一下子看出来如何将这个过程分解成若干独立而完美的几何数列。但这是可以做到的！例如，下面这个几何数列的第一项是一个约等于 0.723 6 的数，而且从第二项开始，它的每一项与其前一项之比都为黄金比例。

0.723 6⋯, 1.170 8⋯, 1.894 4⋯, 3.065 2⋯, 4.959 6⋯

另一个几何数列的第一项是一个约等于 0.276 4 的数，公比是一个负数，即 –0.618（这个比其实就是 1 减去黄金比例的结果）。这个数列不是指数增长型，而是趋于 0 的指数式衰减型，就像 R_0 很低的流行病一样。（好吧，可能也没那么像，因为这个数列的偶数项都是负数。）

0.276 4⋯, –0.170 8⋯, 0.105 6⋯, –0.065 2⋯, 0.040 3⋯

把上述两个几何数列相加，奇妙的事情发生了：小数点后的那一堆数全部被抵消，你得到的正好是斐波那契数列。

1, 1, 2, 3, 5, ⋯

换句话说，斐波那契数列不是一个几何数列，而是两个几何数列。其中一个数列由黄金比例支配，另一个由–0.618 支配。这两个数是斐波那契数列的两个本征值，从长远看，只有最大的本征值才是最重要的本征值。

但是，这两个数是从哪里来的呢？两个本征值——1.618 和–0.618——不分南北（南达科他州和北达科他州），它们捕捉到的都是关于系统的某些深层次和整体的特性。它们不是系统中任何一个独立部分的特性，而是各部分相互作用的结果。英国代数学家詹姆斯 · 约瑟夫 · 西尔维斯特称这些数为“本征根”，他生动地解释说，“在某种意义上，就像水蒸气潜伏在水中或香烟烟雾潜伏在烟叶中一样。”

我们无须按照地理位置划分流行病，而是可以采用我们喜欢的任何分类方法。例如，我们不把达科他人分成南、北两部分，而是分成 2 个、5 个或 10 个年龄组，并跟踪记录每个年龄组内及不同年龄组之间的相互传染情况。如果把达科他人分成 10 个年龄组，你就需要记录相当多的信息。为了把这些信息组织起来，你可能想绘制一个 10 × 10 的数字表格，在第 3 行、第 7 列的格子里，填入第 3 年龄组的成员和第 7 年龄组的成员之间发生密切接触的人数。（这种做法会造成轻微的冗余问题，比如，你填入第 7 行、第 3 列的数和第 3 行、第 7 列的数是一样的。或者，你认为年轻的感染者将病毒传播给老年人的可能性更大，而年老的感染者将病毒传播给年轻人的可能性较小，因此你会在这两个格子里填入不同的数。）这种数字表格被西尔维斯特称为“矩阵”，计算矩阵的本征值（支配复杂系统增长的本征根）已经被视为基本计算之一，大多数数学家每天都要计算本征值。

本征值对疫情的进展及其预期趋势的描述，比我们在前文中讨论的基本模型要精细得多。特别是，如果某些子人群更容易感染和传播病毒，R_0 的初始值就会很高，但这并不一定意味着疫情最终会波及大多数人。相反，早期的感染人数是由高易感子人群驱动的，如果这一小部分人群全部感染，他们康复后至少会在短时间内具有免疫力，这样一来，病毒在剩余人口中的传播速度就不足以支撑疫情的持续增长。你可以建立这样的模型：在一小部分人（10%或20%）感染后，即使R_0很高，疫情也会逐步消亡。想真正算出这些数，就要用到子人群的本征值，但你可以通过下面这个简单的例子得窥全豹。假设人群中只有10%的人是易感者，他们每个人在感染后都会接触另外20个人，而余下90%的人都有免疫力，由此可以算出R_0的初始值为2，因为每个感染者都会遇到另外20个人，但他只会传染其中的2个易感者。在这10%的人几乎全部感染之后，病毒就找不到易感者了。

正如我们看到的那样，几何数列并不能反映疫情的所有特性。随着政府和个人改变疫情防控策略，R_0可能会发生动态变化。除此之外，随着流行病在人群中肆虐、达到群体免疫和缓慢地消亡，还会出现罗斯–哈德森–克马克–麦肯德里克模型预测的疫情起伏。在进行所有这些分析时，你可以将人群按空间分布或人口结构划分成若干子人群，这时你就不是把流行病作为一个整体来研究，而是在研究多个相互作用的部分。将它们整合起来，就会得到看起来较为真实的结果：人群不同，疫情暴发与结束的时间也不同。

如果你不想出错，建模的整个过程就必须是随机的，这意味着你赋予每个人的R_0不是一个精确值（比如，喜欢吃喝玩乐的25岁的你，本周一定会传染6个年轻人和1个老年人），而是一个随机变量。如果随机变量的变化不太大，例如，有50%的感染者平均每人传染1个人，另外50%的感染者平均每人传染2个人。在这种情况下，你假设下周的感染人数是本周的1.5倍，并且在建模时给R_0赋值1.5，就不会有太大问题。但如果有90%的感染者不会传染任何人，有9%的感染者平均每人传染10个人，而余下1%的感染者平均每人传染60个人，会怎么样？每个感染者的平均传染人数仍为1.5人，但疫情的走势会截然不同。那一小部分人可能是出于某种生物学原因而具有超强的传染性，他们也可能是愿意参加大型室内婚礼的人。不过没关系，数学都能应付。超级传播事件虽然规模大，但通常很少见。在许多地区，相当长的时间内可能都不会发生这类事件。流行病或许会存在一段时间，不时地有确诊病例出现，但不会引发疫情。一旦有几个超级传播事件接连发生，本地病例就会激增，致使你完全无法确定其背后的原因。两个地方受流行病的影响程度截然不同，可能是因为其中一个地方有一套更恰当的防控策略，但也有可能只是随机性使然。超级传播事件对疫情的影响程度越大，谁会感染而谁能幸免就越要看运气。

这并不意味着当地卫生部门应该举手投降，并且乞求充满随机性的命运能怜悯他们。事实上，知道疫情是由超级传播事件驱动的，对我们来说大有帮助。如果超级传播事件是疾病传播的源头，我们就可以通过防止超级传播事件来控制疫情传播。不出席大型室内婚礼，不泡酒吧，不参加歌唱比赛，以及适当限制其他形式的人际交往，你或许就能逃过一劫。

揭秘谷歌的运行机制

在谷歌创立之前，互联网就已经存在了。但自 20 世纪 90 年代中期起，初次登录互联网的人几乎无法用言语形容谷歌带来的巨大和即时的变化。突然之间，人们无须知道链接序列或手动输入 HTML（超文本标记语言）地址，就可以获取特定的信息，因为你可以……提问。这似乎是一个奇迹，但它其实要归功于本征值。

了解相关运行机制的最好方法就是回到流行病的问题。假设你有一个更加精细的模型，你不只是把人群按照地理位置（北达科他州和南达科他州）分成两组，或者按照年龄段分成 10 组，而是更进一步，将人群分成越来越细化的类别，直到每个人都有一个属于他的格子。至此你有了一个“基于主体的模型”，如果你能以某种方式跟踪（或者有意义地估算）每个人与其他人互动的大量数据，那就太棒了。这种模型与罗纳德·罗斯研究的随机游走问题有很多相似之处，但它的研究对象并不是携带病毒的蚊子，而是病毒如何以一定的概率从一个感染者身上传播到一个易感者身上。你也可以进行本征值分析，尽管现在你的数字表格十分庞大，每个人都独占一个格子。

你也许会认为，在这样的模型中，一个人被传染的概率取决于他与其他人接触的次数。在某种程度上，这种观点是正确的。但重要的是，他接触的人是谁。一个人与其配偶可能每天都会进行有传染风险的接触。但如果他们很少与其他人接触，那么夫妻之间的接触对流行病的整体传播几乎不会产生什么影响。如果你把社交活动减至最低程度，只见你最好的朋友，这看起来似乎相当安全。但如果你最好的朋友经常不戴口罩参加仓库派对，你被传染的风险就会很大，尽管你接触的人很少。

事实上，基于主体的模型并没有在新冠感染疫情建模方面占据主导地位，因为我们根本没有（也不应该有）这种模型所需的个体社交活动的精细化数据。

但我们现在谈论的不是新冠感染疫情，而是互联网搜索。网页之间的链接网络比人与人之间的社交网络更容易测量，尽管两者的结构相似。独立的网页有很多个，每两个页面之间要么有链接，要么没有。

如果你搜索“流行病”，你肯定不希望从所有提及这个关键词的网页中随机选择一个，你想要的是最佳网页。你可能会理所当然地认为，与某个主题相关的最佳网页就是链接最多的那个，但这仅是一种错觉。《流行病其实只是城市给水氟化的副作用》宣传手册的提供者完全有能力创建 100 个相关主题的网页，并将它们彼此链接起来。如果你因此给“牙膏还是死亡?! ”网页打一个高分，就犯下了一个大错误。

链接来自哪里，这个问题很重要。那些关于城市给水氟化的网页虽然彼此链接，但仍孤立于外部世界，就像与外界隔绝的夫妇，他们的联系只在家里一样。拥有一个经常参加聚会的朋友，好比你的个人网页与 CNN（美国有线电视新闻网）之间建立了链接。如果一个链接来自一个有很多链接的网页，那么它应该很重要。跟利用基于主体的模型模拟流行病的传播情况一样，你也可以利用随机游走理论为网页的重要性建模。如果你在互联网上随机游走，随机选择来自各个网页的链接，那你会经常访问哪些网页，而哪些网页你几乎从未见过呢?

随机游走问题的一个非常迷人的特点在于，它是有答案的。这要追溯到安德雷·马尔可夫和长时间游走定律：如果蚊子可落脚的沼泽数量是有限的，每个沼泽又与固定数量的沼泽相连，并且蚊子每次都会从它的当前位置所能到达的沼泽中随机选择一个作为目的地，那么每个沼泽分别有一个极限概率。也就是说，每个沼泽各有一个百分比，蚊子在长时间的四处飞行之后，停留在该沼泽的时间占比很可能就是这个百分比。

把这种说法放到《大富翁》游戏中，理解起来会容易一点儿。该游戏是一个典型的随机游走问题，你的手推车根据骰子的指示在 40 个位置之间移动。1972 年，罗伯特·艾什和理查德·毕夏普计算了它的极限概率。他们发现，手推车最有可能出现的地方就是监狱，平均而言，它有 11%的时间待在那里。如果你想知道应该把房子和酒店建在哪里，就需要知道哪个置业地点的到达概率最高。答案是伊利诺伊大道，手推车约有 3.55%的时间出现在这里，比 40 个地点的平均到达概率高出 2.5%。当然，在任意一局游戏中，你可能始终无法到达其中一些地点（至少当我遵循概率，在伊利诺伊大道上建房产时，我那些幸运的“孩子”似乎总会遇到这种情况）。但总的来说，如果你长时间地跟踪记录所有玩家在每局游戏中的位置，那么根据长时间游走定律，其结果肯定会接近上述概率。

40 个地点各有一个极限概率，这意味着你有 40 个数，在前文中我们称之为向量。但这种向量不是普通的向量，而是“本征向量”。跟本征值一样，它们可以捕捉到系统内在的长期特性。这些特性就像潜伏在烟叶中的香烟烟雾一样，并不是显而易见的。

艾什和毕夏普分析《大富翁》游戏的方法，也是谷歌的缔造者用来分析整个互联网的方法。应该说，他们现在仍在使用这种方法，因为互联网跟《大富翁》游戏不同，它不断地产生新地点而抛弃旧地点。一个网站的极限概率对应一个分值，他们称之为“网页排名”。网页排名能捕捉到互联网的真实几何图形，而这是前所未有的。

这种方法真的很美妙。出现在互联网上任意地点的概率是复杂的几何数列之和，就像北达科他州和南达科他州的累计感染人数一样，只不过现在有几十亿个“达科他州”而不是两个。这听上去似乎无法分析，但你别忘了：几何数列可以呈指数增长，也可以呈指数式衰减，还可以在这两种变化之间的精确边界上保持恒定。事实证明，在我们讨论的这个随机游走的例子中，其中一个几何数列是恒定的，而余下的数列都呈指数式衰减。随着时间的推移，它们的贡献越来越小，而游走者会继续走下去。我们甚至可以在简单的随机游走问题中看到这一点，例如第4章讨论的那只在两个沼泽间飞行的蚊子。马尔可夫的分析表明，从长期来看，蚊子一生中有1/3的时间待在1号沼泽。但我们可以更精确地说，如果蚊子从1号沼泽出发，一天后它出现在1号沼泽的概率是0.8，两天后是0.66，三天后是0.562。以此类推，我们可以得到如下数列：

1, 0.8, 0.66, 0.562, 0.493, ⋯

随着时间的推移，这个数列会收敛到1/3，即蚊子待在1号沼泽的概率。该数列不是几何数列，但它是两个几何数列相加的结果。其中一个数列是恒定的：

1/3, 1/3, 1/3, 1/3, ⋯

另一个数列则不然，每一项都是其前一项的7/10：

2/3, 14/30, 98/300, ⋯

随着时间的推移，第二个几何数列不可避免地趋于0，只剩下第一个恒定的几何数列——不断重复的1/3。

两个沼泽的情况是这样，10亿个网页同样如此。随机游走的操作消除了网络中所有不必要的复杂情况，最终剩下的是一个恒定的几何数列，就像你按住一个琴键不放直至和声结束，余下的只是纯音一样。对网页而言，余下的那个数就是网页排名。

和弦的音符和量子物理学

几百或几千个相互关联的模型、几何数列或更可怕的东西错综复杂地叠加在一起，乍看上去有几分“巴洛克”风格，跟牛顿时代之前的本轮理论（该理论将行星运动改造成较小圆周运动的复杂组合，像滚动的轮子一样，小的在上、大的在下，层层叠加）类似。或者说，它跟艾略特波浪理论也有些许相似之处，它的小浪和中浪位于超过两层的巨浪之上。但本征值是真实的数学概念，并且无处不在。此外，本征值还是量子力学的核心。有一个关于几何学的故事，我想在这里给大家讲讲，但受篇幅所限，我只能讲其中一小部分。

假设有一个无穷数列，而且它在两个方向上都是无穷的，例如：

…	1/8	1/4	1/2	1	2	4	8	…

任意一个这样的数列都可以向左移动（shift）一个位置：

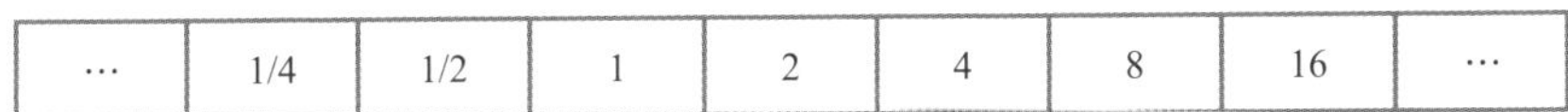

…	1/4	1/2	1	2	4	8	16	…

在这个例子中，一件非常赏心悦目的事情发生了：将数列向左移动一个位置，相当于各项都增加了一倍。原因在于，它是一个几何数列。如果我使用的是一个连续项之比为 3 的几何数列，将它向左移动一个位置就相当于数列的各项都乘以 3。但如果我使用的不是几何数列，例如：

…	–2	–1	0	1	2	…

将它向左移动一个位置后变为：

…	–1	0	1	2	3	…

可见，移动后的数列并不是原始数列的倍数。如果移动后的数列是原始数列的倍数，具有这种特性的数列（几何数列）就是移动运算的“本征数列”，那个倍数就是它的本征值。

我们不仅可以对数列进行移动，还可以让数列中的每一项乘以各自的位置：第 0 项乘以 0，第 1 项乘以 1，第 2 项乘以 2，第 –1 项乘以 –1，以此类推。我们把这种运算叫作“俯仰”（pitch）。按照惯例，下面这个几何数列的第 0 项是 1。

1/8	1/4	1/2	1	2	4	8

对该数列进行俯仰运算后变为：

–3/8	–2/4	–1/2	0	2	8	24

可见，俯仰后的数列不是原始数列的倍数，所以原始数列不是俯仰运算的本征数列。俯仰运算的本征数列如下所示，除了第 2 项是 1 之外，其他各项都是 0。

…	0	0	0	0	0	1	0	…

对它进行俯仰运算后变为：

…	0	0	0	0	0	2	0	…

可见，俯仰后的数列是原始数列的 2 倍，所以原始数列是俯仰运算的本征数列，本征值为 2。事实上，我们可以证明（你能证明吗？），只有一个非零项的数列才是俯仰运算的本征数列。（全是零的数列呢？俯仰和移动运算的确能把它变成自身的倍数，但零数列不是本征数列，最重要的原因在于，我们无法说清楚它的倍数或本征值。）

你可能听说过，在物理学的最底层，粒子通常没有确定的位置或动量，而是存在于一种位置不确定、动量不确定或两者都不确定的云中。我们可以把“位置”看作我们对粒子进行的一种运算，就像移动是对几何数列进行的运算一样。更准确地说，粒子有一种“状态”，记录了关于它当前物理位置的一切信息，而被称为“位置”的运算则以某种方式改变了粒子的状态。就目前的讨论而言，状态是哪种实体并不重要，重要的是，状态跟数列一样也可以与一个数相乘。就像移动运算的本征数列是那个被移动时乘以一个数的数列一样，位置算子的本征态是那种被定位时乘以一个数（本征值）的状态。事实证明，当一个粒子的状态是本征态时，它的表现就像它在空间中有一个确切的位置一样。（那个位置在哪里？你可以根据本征值计算出来。）但大多数状态都不是本征态，就像大多数数列都不是几何数列一样。不过，正如我们在上文中看到的那样，更具一般性的数列，例如维拉汉卡–斐波那契数列，通常可以分解为若干个几何数列的组合。同样地，非本征态的状态可以分解为若干个本征态的组合，每个本征态都有各自的本征值。一些本征态出现的密度较大，另一些则较小，这种差异决定了粒子在任意位置上被发现的概率。

粒子动量的情况也大致如此。动量是对粒子的状态进行的另一种运算，你可以把它想象成类似于俯仰的运算。一个有确定的动量值而非模糊概率云的粒子是动量算子的本征态，就像俯仰运算的本征数列一样。

那么，哪种粒子既有确定的位置，又有确定的动量呢？这好比一个数列既是移动运算又是俯仰运算的本征数列。

但这样的数列根本不存在！移动运算的本征数列是几何数列，而俯仰运算的本征数列是只有一个非零项的数列。所有非零数列都不能同时满足上述两个条件，正所谓“鱼和熊掌不可兼得”。

还有另一种方法可以证明这个事实，并能拉近我们与量子物理学之间的距离。（阅读本章余下的内容时，你最好拿出纸和笔。当然，你也可以选择略读。）我们从这样一个问题入手：如果我们同时对数列进行移动和俯仰运算，会怎么样？假设原始数列如下：

…	4	2	1	–3	2	…

我们先对它进行移动运算，数列变为（记住，在原始数列中，−3 是第 1 项，现在它是第 0 项，1 是第 −1 项，以此类推）：

4	2	1	–3	2	…	…

我们再对它进行俯仰运算，数列变为：

–12	–4	–1	0	2	…	…

有人可能会把这种组合运算称作“先移动再俯仰”，或者简称为“移动–俯仰”。但是，我们为什么要按照这种先后顺序呢？如果我们的运算顺序是“先俯仰再移动”，会怎么样？原始数列在进行俯仰运算后变为：

…	–8	–2	0	–3	4	…

再对它进行移动运算，数列变为：

–8	–2	0	–3	4	…	…

事实证明，俯仰–移动运算和移动–俯仰运算的结果并不一样。我们现在看到的现象叫作“不可交换性”，它是一个新奇的数学术语，是指做两件事的先后顺序不一样，结果也会大相径庭。我们在学校里学的乘法运算是可交换性的，例如，先乘以 2 再乘以 3 和先乘以 3 再乘以 2 的计算结果是一样的。现实世界中的一些行动也是可交换性的，例如，戴手套时先左手再右手和先右手再左手的结果是一样的。但如果你先穿鞋再穿袜子，就会遇到不可交换性问题。

这和本征值又有什么关系呢？它可以归结为俯仰–移动数列和移动–俯仰数列之差。

–8	–2	0	–3	4	…	…

–12	–4	–1	0	2	…	…

从俯仰–移动数列中减去移动–俯仰数列，得到的数列是：

4	2	1	–3	2	…	…

看，它和原始数列一模一样！（更严谨的说法是，它和原始数列的移动数列一模一样。）事实上，无论你从哪个数列入手，俯仰–移动数列和移动–俯仰数列之差都是原始数列的移动数列。现在假设你找到了一个神秘数列 S，它同时是俯仰运算和移动运算的本征数列。假设 S 的移动数列是 S 的 3 倍，S 的俯仰数列是 S 的 2 倍。在这种情况下，S 的移动–俯仰数列是 S 的俯仰数列的 3 倍，即 S 的 6 倍。同理，S 的移动–俯仰数列也是 S 的 6 倍，与 S 的俯仰–移动数列相同。这意味着 S 的俯仰–移动数列和 S 的移动–俯仰数列之差是一个零数列，而这个差也是 S 本身（或者 S 的移动数列），所以 S 一定是零数列。但根据我们在前文中制订的规则，零数列不是本征数列。

在某些情况下，移动、俯仰等运算的结果和乘法运算一样，本征数列概念的提出就是为了捕捉这些情况。但乘法运算具有可交换性，移动和俯仰运算则不然。这样一来，就制造出一种紧张的气氛。这些运算既有相似之处，又有不同之处。威廉·哈密顿为了创建他钟爱的四元数，不得不面对同样的压力。他想把旋转看作一种数，但旋转不具备可交换性，先绕一个轴旋转 20 度再绕另一个轴旋转 30 度和以相反的顺序进行两次旋转，它们的结果是不一样的。为了得到能模拟旋转的“数”，他不得不放弃一个公理，即可交换性公理。（当然，两次旋转有时也具备可交换性，比如，绕同一个轴的两次旋转。值得注意的是，在这种情况下，轴上的任意点在两次旋转中都保持不变。与此同时，它也是两次旋转的本征向量，本征值为 1。）

量子物理学的情况也大致如此，代表动量和位置的算子不具备可交换性。粒子状态的位置–动量算子和动量–位置算子之差并不是状态本身，而是状态乘以一个叫作普朗克常数（h）的数。需要注意的一点是，这意味着差不可能为零，[①] 并且就像数列一样，粒子的状态永远不可能既是位置算子又是动量算子的特征态。换句话说，粒子无法同时拥有一个

---

① 尽管如此，相较于我们的感官尺度，普朗克常数非常接近零。这就是为什么在我们的直接感知中，物体看似既待在特定的地方，又在以特定的方式运动。

确定的位置和一个确定的动量。在量子力学中，我们称之为“海森伯不确定性原理”，它披着神秘而迷人的外衣，但它其实就是本征值。

很显然，这里省略了很多内容。[①]我们一直在说许多有趣的数列都可以分解为几何数列的组合，粒子的状态也可以分解为本征态的组合。但在实践中，我们如何进行这些分解呢？举一个来自经典物理学的例子。声波可以分解为纯音，纯音是某种操作的本征波，它们的本征值取决于它们的频率，即它们演奏的音符。如果你听到一个C大调和弦，那是3个本征波的组合，其中第一个的本征值是C，第二个的本征值是E，第三个的本征值是G。有一种叫作“傅里叶变换”的数学工具，可以把波分解为本征波。这种变换涉及微积分、几何学和线性代数，直到19世纪才建立起来。

即使你不懂微积分，你也能听出和弦中的一个个音符。这是因为，你耳朵里的一个被称为耳蜗的卷曲结构，可以进行数学家花了几百年才研究出来的深度几何计算。在我们知道如何将几何学编纂成书之前，这种结构就已经在我们的身体里了。

① 如果你想了解我省略的内容，可以参阅肖恩·卡罗尔的《隐藏的宇宙》，它是关于量子物理学的数学基础的一本非技术性入门书。

第 13 章

空间的皱折

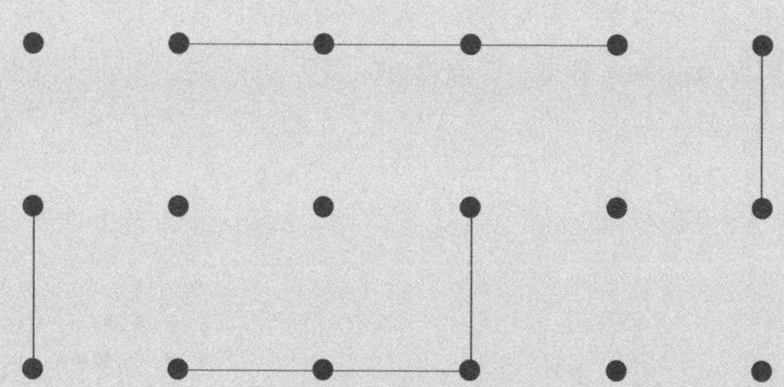

早期采用马尔可夫随机游走理论的人，例如匈牙利的乔治·波伊亚及其学生弗洛里安·埃根伯格，优先考虑的例子之一就是某些现象在二维空间中的传播。他们利用马尔可夫过程为天花、猩红热、火车脱轨和蒸汽锅炉爆炸等事件建模，尽管脾气急躁的马尔可夫对在现实世界应用自己的这个理论不屑一顾。埃根伯格的论文题目是《概率的传染效应》（The Contagion of Probability）。

我们来看看如何将疾病传播视为空间中的随机游走问题。假设我们从代表曼哈顿街道地图的直线型网格上的一点开始。该点代表一个感染了病毒的人，网格中与他相邻的 4 个人跟他有私交。为简单起见，我们再假设每个感染者会在一天内传染其所有不幸的邻居。

每个人都有 4 个邻居，所以你可能会认为流行病将呈指数增长，而且 $R_0 = 4$。但事实并非如此，一天后有 5 个感染者（见图 13–1），两天后有 13 个感染者（见图 13–2），三天后有 25 个感染者（见图 13–3）。

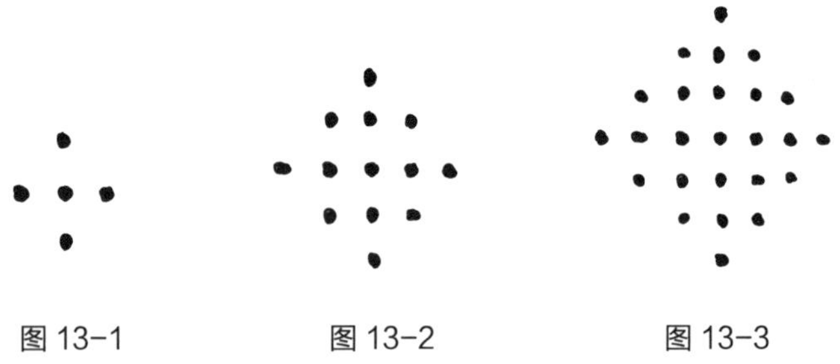

图 13–1　　图 13–2　　图 13–3

感染人数的数列为：1, 5, 13, 25, 41, 61, 85, 113,…，它的增长速度比

算术数列快（连续项之差越来越大），[①]却比几何数列慢得多。一开始，每一项都是其前一项的两倍多，但随着时间的推移，连续项之比不断减小，例如 113/85 ≈ 1.33。

第一次建立疾病模型时，我们看到感染人数以几何数列的形式呈指数增长。但这个模型不同，因为我们不仅要考虑感染者的数量，还要考虑他们在哪里，以及他们彼此之间的距离。也就是说，我们要将几何图形纳入考虑范围。这种流行病的几何图形是一个对角线方向的正方形，[②]以 0 号病人为中心，每天以恒定的速度有条不紊地扩展。新冠感染疫情与此迥然不同，它似乎在几周内就蔓延到了全世界。

为什么这个例子中的流行病传播得如此缓慢呢？因为感染者遇到的 4 个人不是从北达科他州的大量居民中随机挑选的，而是他身边的人。如图 13–4 所示，如果你是这个感染者，你明天要接触的 4 个人中有 2 个已经被传染了，而你北边的那个未感染者在被你传染的同时也在被他西边的邻居传染。换句话说，病毒正在重复传播。

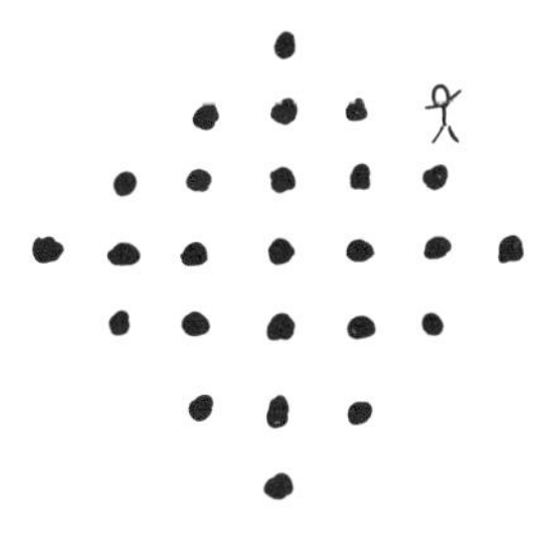

图 13–4

这应该会让你想起我们的老朋友——那只优柔寡断的蚊子，它不断地在同一个街区徘徊，非常缓慢地飞离它的出生地。如果蚊子飞行 n 天，它能去的地方数量不会超过半径为 n 的菱形所包含的方格数，所以这个数并不大。无论是蚊子还是病毒，都很难迅速地把一个几何网络探索一遍。

① 有兴趣的话，你可以像威廉·法尔那样检验一下。你会发现该数列的“差的差”是恒定的，为 4。

② 但正如我们在第 8 章看到的那样，在曼哈顿的几何图形中，这个正方形是一个圆！

流行病过去就是这样传播的。黑死病于 1347 年传播到欧洲的马赛和西西里岛，然后平稳地向欧洲北部蔓延，花了大约一年时间传播到法国北部和意大利，又花了一年时间传播到德国，再花一年时间传播到俄罗斯。

然而，到了 1872 年，情况变得不一样了，那一年北美暴发了马流感疫情。马流感是动物流行病，而非人类流行病，所以人不会得马流感。但 1872 年的马流感在美国人的生活中留下了深刻的印记，波士顿的一名记者报道说："这座城市中至少有 7/8 的动物患上了马流感。"1872 年秋，马流感的始发地加拿大多伦多被戏称为"患病马匹的大型医院"。想象一下，如果所有的小汽车和卡车都染上了马流感，将会造成多大的影响。

马流感从多伦多向外扩展，覆盖了欧洲大陆的大部分地区，但它并不像黑死病那样以一种平稳的趋势蔓延。马流感越过边界，于 1872 年 10 月 13 日在美国港口城市布法罗登陆，10 月 21 日传播到波士顿和纽约，一周后蔓延至巴尔的摩和费城。但直到 11 月初，它才传播到离多伦多更近的斯克兰顿和威廉波特等内陆地区。而此时，南边的查尔斯顿已经有马流感确诊病例了。疫情向西传播的进程也不平稳：马流感在 1873 年 1 月的第二周传播到盐湖城，4 月中旬传播到旧金山，但直到 6 月才传播到西雅图，尽管后两个城市与多伦多的直线距离大致相同。

其原因在于，流感并不是沿直线距离传播的，而是沿火车的行驶路线传播的。当时刚建成 3 年的横贯大陆铁路将马匹和马流感从美国中部直接运送到旧金山，连接多伦多与沿海大城市、芝加哥的铁路线也为这些城市的早期疫情埋下了种子。相比之下，远离铁路线的地方没有快速的机械化交通方式，马流感到来的时间也比较晚。

世界地图、比萨定理和北极熊

"geometry" 在希腊语中的意思是"测量土地"，这正是我们接下来要做的事。为一块地、一群人或一群马赋予几何图形，说到底就是给任意两点赋值，我们将其解释为两点之间的距离。现代几何学的一个基本洞见是，我们可以通过不同的方法实现这个目的，而且不同的选择意味着不同的几何图形。当我们讨论家谱图上堂兄弟姐妹之间的距离时，就已经知道了这一点。即使是地图上的点，我们也有多种几何图形可以选择。在平面几何图形中，美国两个城市之间的距离是指连接它们的直线长度。而在另一种几何图形中，两个城市之间的距离是指“1872 年马流感从前者传播到后者所花的时间”。在这种度量下，与斯克兰顿到纽约的距离相比，斯克兰顿到多伦多的距离更远，尽管斯克兰顿与多伦多之间的直线距离更近。你可以选择你喜欢的度量方式——这是数学，不是学校！也许，你的度量是“这两个城市在按英文首字母排序的美国城市列表中的距离”，在这种情况下，斯克兰顿到多伦多的距离比它到纽约的距离要近。

几何图形并不是固定的，它们可以随我们的意志而改变。

在《时间的皱折》一书中，三位星际女巫（天使）之一的沃茨特（Whatsit）夫人做了一个几何演示（见图 13–5），帮助三个孩子打败了宇宙恶魔。她们穿越宇宙的速度比光速还快，这是怎么做到的？“我们学会了随时走捷径，”她说，“就像在数学领域一样。”

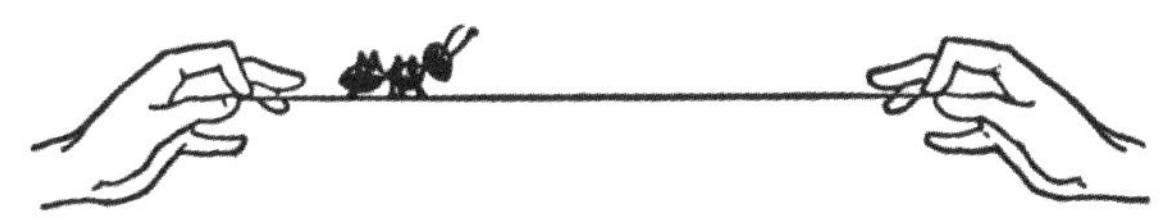

图 13–5

沃茨特夫人说，蚂蚁离绳子的一端很近，离另一端则很远。但如果在空间中移动绳子，使这个距离坍缩至几近为零，蚂蚁就可以直接从一只手跳到另一只手上了（见图 13–6）。“现在，你看，”沃茨特夫人解释道，“无须长途跋涉，它也能到达目的地。我们就是这样进行星际旅行的。”这条弯曲的绳子是这本书的书名来源，三位女巫称它为“宇宙魔方”。而在 1872 年的马流感疫情背景下，它被称为“铁路”。连接芝加哥和旧金山的铁路改变了美国大陆的几何图形，也改变了度量，使两个点

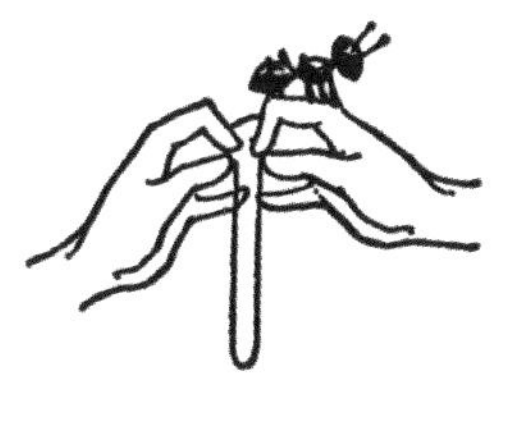

图 13–6

之间的距离比我们以为的更近。同理，两点之间的距离也可能会变得更远。1872 年的马流感一路向南传播到中美洲的尼加拉瓜，但没有进入南美洲，这是因为巴拿马地峡对病毒来说是“一个被崇山峻岭隔断，几乎不可能逾越的沼泽”。哥伦比亚和尼加拉瓜的地表距离很近，但如果以骑马的交通方式来度量，它们之间的距离就会变得无限远。

当代世界满是皱折，在我们知道新冠感染这种流行病的存在之前，它就已经在往来于美国和意大利及纽约和特拉维夫的飞机上了。不过，地球表面的标准几何图形仍然发挥着作用。2020 年春，美国疫情最严重的地区并不是有国际机场和居民经常搭乘飞机出行的城市，而是可以从纽约驾车抵达的地方。新型冠状病毒的传播有快有慢，因为它们可以搭乘任何一种交通工具。

“用欧几里得几何或老式平面几何的语言来说，”在《时间的皱折》的后半部分，沃茨特夫人解释道，“直线并不是两点之间的最短距离。”地球表面上两点（比如芝加哥和巴塞罗那）之间的最短距离是什么？它不可能是一条通常意义上的直线，除非你是“地鼠”，因为地球表面与欧几里得平面不同，前者是弯曲的。简言之，球面上没有直线。

但是，最短路径必然存在，而且可能不是你以为的那条。芝加哥和巴塞罗那几乎在同一纬度——北纬 41 度，如果你在地图上用一条直线把这两个城市连接起来，你就要沿着北纬 41 度线向正东走 4 650 英里。但这并不是捷径，地图上显示的真正最短路径是一条向北凸起的弧线：从纽芬兰的鳕鱼加工小镇康奇附近离开北美洲，进入大西洋，最北点大约在北纬 51 度。这样一来，你就可以少走 200 多英里。

沿着某条纬线向东或向西的运动路径是“直线”，这是那些表面上看起来很吸引人的公式秉持的一个观点，但当你思考它真正的含义时，就会发现那些公式根本说不通。假设你从距离南极 2 米的地方开始往正西走，几秒钟后，你的足迹会画出一个很小也很冷的圆。到那时你不会觉得自己的行走路径是一条直线，请相信这种感觉。

关于“球面上直线的含义是什么”的问题，我们可以从欧几里得几何中找到最佳答案。那就是，我们可以简单地把直线定义为最短路径。

（实际上，它更像线段而不像直线，因为它有两个端点。）事实证明，球面上所有的最短路径都是“大圆”，之所以这么叫，是因为它们是你在球面上经过两个相对的点可以画出的最大的圆。而且，大圆正是我们所说的球面上的直线。赤道是一个大圆，其他纬线则没有这么大。经线（子午线）也是大圆，所以沿正北或正南方向的运动真的是直线运动。如果你不太理解南–北和东–西之间为什么会存在这种不对称现象，那你只需要记住一点：这是我们估算经度和纬度的方法造成的。经线都会相交，纬线则不然，所以地球上没有西极。

即便如此，我们也可以随心所欲地编造一个西极，或者在自己喜欢的任何地方创建一个极点。例如，我们宣布一极在乌兹别克斯坦的克孜勒库姆沙漠中央，另一极在地球另一边的南太平洋。纽约的软件工程师哈罗德·库珀就制作了这样一幅地图，这是为什么呢？因为它能让大约十几条经线（库珀称其为“南北向街道”）纵贯曼哈顿，而横贯这座城市的街道则是与经线垂直的纬线。这样一来，纽约的街道网格就可以延伸至世界其他地方。威斯康星大学数学系靠近 5086 号南北向街道和 3442 号东西向街道的交汇处，这让我和我的同事有一种身处市中心的强烈感受。

我们在世界地图上把纬线画成直线，这种做法是从地图设计者杰拉杜斯·墨卡托那里承继而来的。墨卡托跟随弗拉芒画派的大师伽玛·弗里西斯学习数学和地图学，他撰写的英文草写体练习指南很受欢迎，1544 年他因涉嫌传播新教而被宗教狂热分子囚禁了大半年，他在杜伊斯堡中学开设并教授几何学课程，他还绘制了大量地图。今天的人们熟知的那幅地图是墨卡托在 1569 年绘制的，他将其命名为《适用于航海的新版和完整版世界地图》（New and Expanded World Map Corrected for Sailors），而我们现在称它为“墨卡托投影”。

墨卡托地图很适合水手使用，因为对他们来说最重要的事并不是沿着最短路径航行，而是不迷失方向。在海上，你可以利用指南针使航向与北方（或者至少是磁北）保持一个固定的角度。在墨卡托投影中，南北向的经线是竖直的，东西向的纬线是水平的，地图上的所有角度都和现实世界中一样。所以，如果你设定的是一条正西向的路径，或者一条北偏西 47 度的路径，并且沿着它行进，你的路径（被称为斜驶线或恒向线）在墨卡托地图上就是一条直线。如果你有地图和量角器，就很容易看出恒向线会让你在什么地方登陆。

不过，墨卡托地图也存在一些错误之处。其一是墨卡托将经线描绘成永远不会相交的平行线。但事实上，经线会相交，而且是两次，分别在南极和北极。所以，如果你朝南或朝北走很远的距离，墨卡托地图必定会出错。的确，墨卡托把他的关注范围缩小到远离两极的平行经线上，以免它们在南极和北极发生显著的弯曲。其二是在墨卡托地图上，靠近两极的纬线之间的距离变得越来越大，而在现实生活中它们的间距是一样大的，这导致两极地区的面积看起来比实际要大。例如，在墨卡托投影中格陵兰岛和非洲一样大，但事实上非洲的面积是格陵兰岛的 14 倍。

难道就没有更好的投影方法了吗？你可能想让大圆显示为直线（球心投影），你可能想让地理对象的相对面积与现实相匹配（等积投影），你可能想让投影获得正确的角度（等角投影，墨卡托投影就是其中之一）。但是，你的这些想法不可能同时实现，卡尔·弗里德里希·高斯对比萨定理的证明可以解释其中的原因。高斯给这个定理取名叫“绝妙定理”，不过，如果在 19 世纪的哥廷根能买到地道的纽约风味比萨，他肯定会叫它“比萨定理”。

有一个光滑的曲面，如果我把它放大，它看起来就会像图 13–7 的几何图形中的一个。左边是一个球面的一部分，中间是一个平面和一个柱面的一部分，右边是一片薯片。高斯发明了“曲率”的概念：平面的曲率是 0，柱面的曲率是 0，球面的曲率是正值，薯片的曲率是负值。对如图 13–8 所示的复杂曲面而言，它某些地方的曲率是正值，而其他地方的曲率是负值。

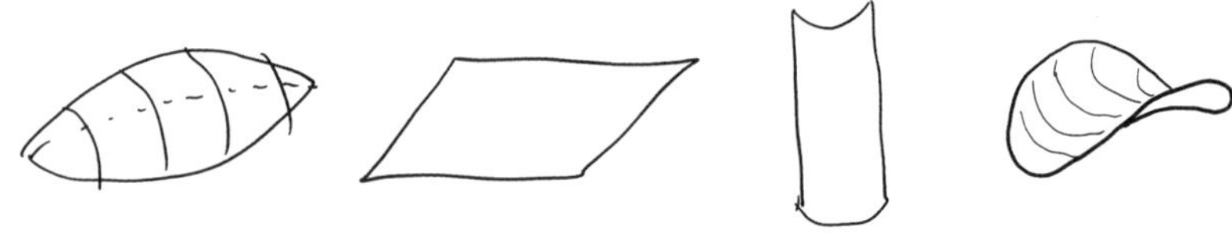

图 13–7

事实证明，如果你将一个曲面投影到另一个曲面上，只要角度和面积保持不变，这两个曲面的几何图形就是相同的。换句话说，一个曲面上两点之间的距离与另一个曲面上对应两点之间的距离相等。

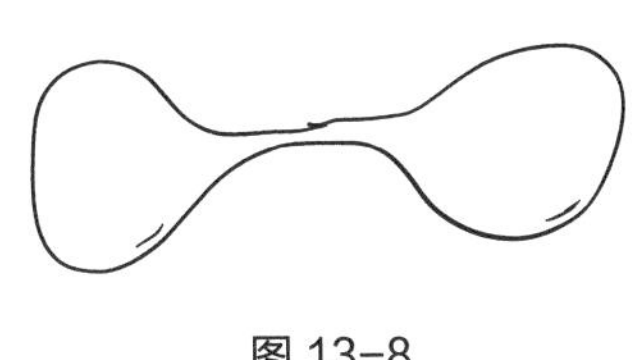
图 13–8

高斯绝妙定理指出，将一个曲面投影到另一个曲面上，只要几何图形保持不变（换句话说，你可以让它弯曲或扭曲，但不能拉伸它），曲率就必定保持不变。橘皮是球面的一部分，它的曲率是正值，所以你不可能把它压平，使它变成曲率为 0 的平面。而一块比萨是从一个扁平的圆饼上切下来的，所以它的曲率为 0。通过让它的尖端下垂，我们可以把它弯曲成一个曲率为 0 的柱面，如图 13–9 所示。

我们也可以把它的两边都卷起来，如图 13–10 所示。

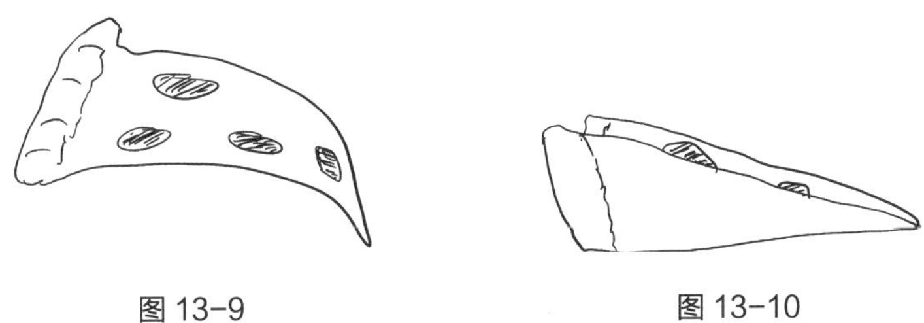
图 13–9　　　　图 13–10

但这两种操作不能同时进行，否则比萨就会变成薯片。事实上，比萨不是薯片，也无法变成薯片，因为薯片的曲率是负值而不是 0。当你拿着一块比萨走在纽约阿姆斯特丹大道上时，你可能会把比萨的两边卷起来。原因在于，比萨的曲率为 0，在它的两边被卷起来后，绝妙定理可以防止它的尖端下垂，以免将热奶酪滴到你的衬衫上。

你无须彻底了解绝妙定理的绝妙之处，就能意识到你不可能拥有一幅可以满足你的所有几何愿望的世界地图。这个问题可以用一个古老的谜题来解释：一天，一个猎人醒来后，爬出帐篷去找熊。他向南走了 10 英里，没找到熊。他向东走了 10 英里，也没找到熊。他向北走了 10 英里，终于看到了一头熊，而且就在他的帐篷前面。

谜题是：这头熊是什么颜色？

如果你不知道这个谜题，这里还有另外一个版本。你从加蓬的首都利伯维尔（位于赤道附近）出发，一直向北走到北极，然后向右转90度，一直向南走到赤道，此时你在印度尼西亚的巴塔汗附近。之后，再向右转 90 度，向西绕地球 1/4 圈，你就回到了利伯维尔。

记住，我们想象中的完美投影应该把大圆视为直线。如图 13–11 所示，你的行走路线是由 3 个大圆的各一部分组成的，所以在我们想象中的完美地图上，它肯定是 3 个直线段，构成一个三角形。而地图上的每个角必定和它在地球上的对应角的度数一样，也就是 90 度，但平面上的三角形不可能有 3 个直角。就这样，完美地图的梦想彻底破灭了。

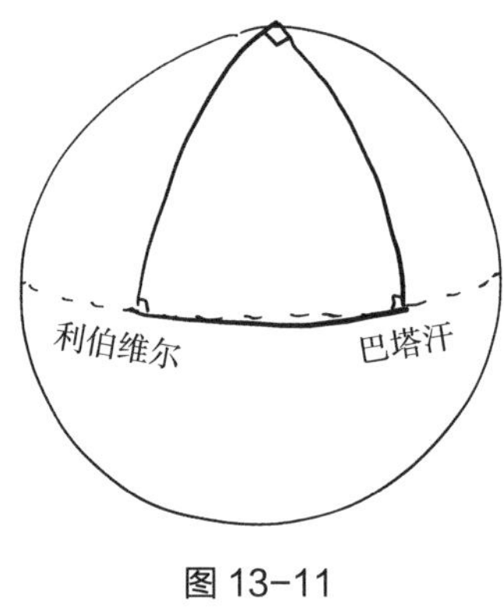

图 13–11

哦，那头熊是白色的。因为猎人的帐篷肯定在北极，所以它是一头北极熊！

（太好笑了！）

你的埃尔德什数是多少？

从平面地图的几何图形到球面地图的几何图形，已经涉及多种多样的数学知识了。但我们还可以提出更加离经叛道的问题，例如，电影明星的几何图形是什么样子？我想问的不是他们身体上的曲面和平面，而是他们的合作网络。为了构建演员的几何图形，我们选择用“合演距离”作为两位演员之间距离的度量。假设两位演员之间的链环代表他们共同出演过某部电影，那么两位演员之间的距离是指最少需要几个链环才能把他们联系在一起。乔治 · 里弗斯和杰克 · 瓦尔登一起参演了《乱世忠魂》，后者的最后一部电影是《十全大补男》，基努 · 里维斯也参演了这部影片。所以，乔治 · 里弗斯和基努 · 里维斯之间的距离是 2。更确切地说，这个距离至多是 2，我们还需要检查他们之间是否有更短的路径，如果有，就意味着他们参演过同一部电影。但乔治 · 里弗斯在基努 · 里维斯出生前 5 年就去世了，所以他们之间的最小距离是 2。

电影明星的合作网络并无特别之处，我们还可以在任意合作网络中定义类似的距离。事实上，这个概念在数学家圈子中的历史更悠久，合写一篇论文的两位数学家之间就有一个链环。自从 1969 年卡斯珀 · 戈夫曼在《美国数学月刊》上发表了一篇半页纸的文章《你的埃尔德什数是多少？》，数学家合作网络的几何图形就成了一个派对游戏。你的埃尔德什数是指你与数学家保罗 · 埃尔德什之间的距离，埃尔德什之所以能成为这个网络的中心，是因为他的合作者数量众多——511 人。即使在他 1996 年去世后，偶尔还会有作者利用过去和他交谈时汲取的想法撰写论文，并因此和他建立起新的联系。埃尔德什是一个出了名的怪人，他没有真正的家，（据说）不会做饭和洗衣服，经常在这位或那位数学家家里借宿并一起证明定理，他还吸食苯丙胺，不过剂量不大。

你的埃尔德什数是连接你和埃尔德什的最小链环数。如果你是埃尔德什，你的埃尔德什数就是 0。如果你不是埃尔德什，但你和埃尔德什合写过一篇论文，你的埃尔德什数就是 1。如果你没有和埃尔德什合写过论文，但你和某个埃尔德什数是 1 的人合写过论文，你的埃尔德什数就是 2，以此类推。几乎所有与他人合写过论文的数学家和埃尔德什都有联系，也就是说，几乎每位数学家都有一个埃尔德什数。国际跳棋大师马里恩 · 廷斯利的埃尔德什数是 3，我也一样（2001 年，我和克里斯 · 斯金纳合写了一篇关于模形式的论文。1993 年，斯金纳作为贝尔实验室的实习生，和安德鲁 · 奥德里兹科合写了一篇关于 ζ 函数的论文。1979—1987 年，奥德里兹科与埃尔德什合写过三篇论文）。廷斯利和我之间的距离又是 4，所以我们三人构成了一个等腰三角形，如图 13–12 所示。

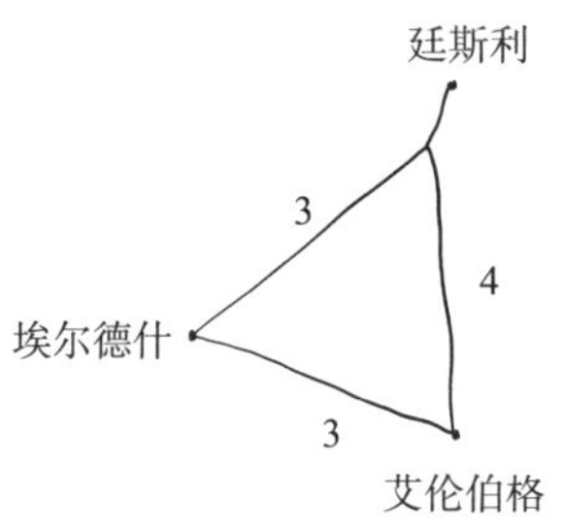

图 13-12

在他短暂的数学研究生涯中，廷斯利只和他的学生斯坦利·佩恩合写过一篇论文，所以这个链环在廷斯利和埃尔德什及廷斯利和我之间的联系中都起到了一定的作用。

现在把镜头拉远，以便我们能看到发表过论文的所有 40 万名数学家。同样地，我们通过链环把所有合写过论文的数学家连通起来，如图 13–13 所示。

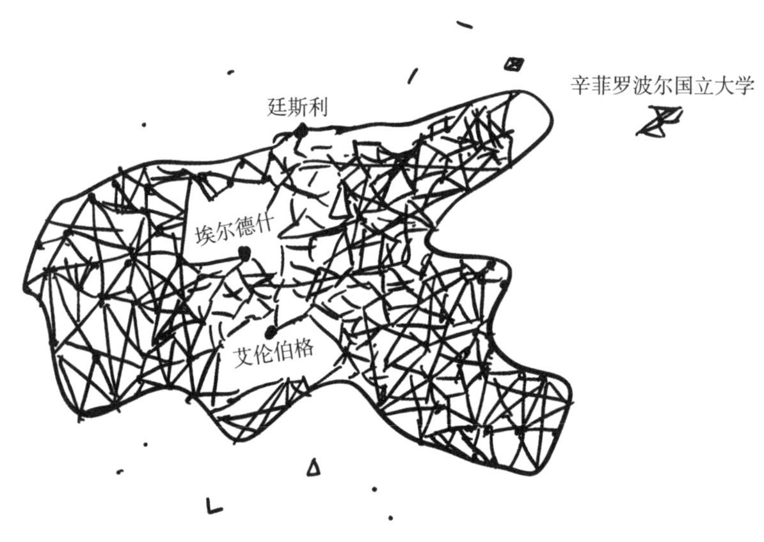

图 13-13

图中的那一大团（用专业术语来说就是“连通分支”）包含 26.8 万位通过链环与埃尔德什相连通的数学家。而那些看起来像灰尘的是一群从未与他人合写过论文的“独行侠”数学家，大约有 8 万人。其余的数学家则被分成几个小群，其中最大的一个包含 32 位应用数学家，他们大多执教于乌克兰的辛菲罗波尔国立大学。那一大团中的每位数学家都通过不多于 13 个链环与埃尔德什连通在一起，换句话说，如果你有埃尔德什数，那么它最大是 13。

可能看起来很怪异的是，那一大团与那些“独行侠”数学家仿佛生活在两个世界，后者几乎完全与外界隔绝，而不是分成大小不等的群。但这其实是事物的一般情况，多亏了埃尔德什，我们才知道了这个事实。埃尔德什数的概念不仅是向埃尔德什的社交能力致敬，也是向埃尔德什和阿尔弗雷德·瑞利在大型网络的统计特征方面所做的先锋性研究致谢。下面我简单介绍一下他们的成果。假设你有 100 万个点，这里的“100 万个”指代“某个大到无须具体说明的数字”。然后，你默想一个数 R。为了用这些点构建网络，你必须决定网络中哪些点是连通的，而哪些不是。这些决定都是完全随机的，也就是说，两个点相连通的概率是百万分之 R。再假设 R 等于 5，虽然每个点都有可能与 100 万（好吧，999 999）个点相连，但它与其他每个点相连通的概率只有百万分之五。把 100 万个百万分之五的概率加在一起，就应该是每个点连通的其他点的个数，即 5。所以，R 是每个点拥有的“合作者”的平均数量。

埃尔德什和瑞利发现的是一个临界点。如果 R 小于 1，合作网络几乎肯定会分裂成无数个不连通的部分。如果 R 大于 1，就肯定会有一个巨大的连通分支，并占据合作网络的很大一部分。在这个连通分支中，每个点都有一条通往其他每个点的路径，就像几乎每位数学家都有一条通往埃尔德什的路径一样。R 从 0.999 9 变成 1.000 1，尽管这只是一个微小的变化，却会导致合作网络的性质发生巨大的变化。

我们在前文中遇到过这种情况。假设这些点是南达科他州的人口，而且那里确实有 100 万人。再假设如果人们近距离接触并互相吸入对方呼出的空气，两个点就是连通的。这并不是一个好的流行病传播模型，因为它没有考虑到不同人的感染时间不同的问题，但它已经足够接近咨询工作的要求了。每个感染者传染的平均人数是 R，现在它扯掉了自己的橡胶面具，我们发现原来它就是 R_0。如果它小于 1，流行病就只存在于网络中的某个很小的部分；如果它大于1，流行病就会蔓延到网络的几乎所有部分。

让埃尔德什出名的另一个原因是他的“那本书”概念，该书中包含了关于所有定理的最简洁、最优雅和最有说服力的证明。只有上帝才能看到它，但你无须相信上帝即可相信那本书。埃尔德什虽然在犹太家庭长大，却很厌恶宗教。他称上帝为“最高法西斯”，有一次他参观圣母大学并评价道，校园非常迷人，但十字架太多了。然而，他对数学现实的最终看法与虔诚的希尔达·哈德森别无二致，哈德森也认同一个真正的好证明来自与上帝的直接交流。虽然庞加莱不信仰宗教，但他并没有嘲笑宗教信仰，而是对神的启示持怀疑态度。庞加莱写道，如果一个超自然的存在知道事物的真实本质，但“他找不到语言来表达它，我们可能就无法猜出他的回应，即便猜到了，也无法理解”。

图像和书虫

电影明星的埃尔德什游戏发明于20世纪90年代，当时一群百无聊赖的大学生发现，凯文·贝肯似乎与其他所有明星都共同参演过某部电影，他就是20世纪八九十年代好莱坞的“埃尔德什”。所以，你可以将电影明星的贝肯数定义为，在合作网络的几何图形中他们与凯文·贝肯之间的距离。就像几乎所有数学家都有埃尔德什数一样，几乎所有演员也都有贝肯数。我碰巧兼而有之。我的贝肯数是2，这得益于我和奥克塔维亚·斯宾瑟共同参演了电影《天才少女》，她又在2005年奎恩·拉提法主演的电影《哈啦美发师》中饰演“大客户”，与饰演“乔治”的凯文·贝肯有过对手戏。所以，我的埃尔德什–贝肯数是3 + 2 = 5。不过，拥有埃尔德什–贝肯数的人很少。曾在美剧《纯真年代》中饰演一名少女的丹妮卡·麦凯拉的埃尔德什–贝肯数是6，我在加利福尼亚大学洛杉矶分校教过她的朋友说，如果不是选择了当演员，麦凯拉可能会长期从事数学领域的相关工作。尼克·梅特罗波利斯开发并以自己的名字命名了随机游走问题的一个非常重要的算法，成功实现了玻尔兹曼的梦想，即通过逐个分析分子和它们无休止的弹性碰撞来理解气体、液体和固体的性质。之后，过了很长一段时间，他和我们现在讨论的内容产生了更密切的联系——在伍迪·艾伦执导的电影《丈夫、太太与情人》中扮演了一个小角色，因此他的埃尔德什–贝肯数是 4（他与两者的距离分别为 2）。

一般而言，数学家不把这些合作网络称为“网络”，而称它们为“图像”，这非常令人困惑，因为它们和你在学校画过的函数图像没有任何关系。我们将这种做法归咎于化学家。石蜡烃是一种由碳原子和氢原子构成的分子，甲烷就是一种简单的石蜡烃，只有 1 个碳原子和 4 个氢原子。这个名词可能会让你想起石蜡，后者是一种更重的分子，有几十个碳原子。19 世纪的化学家可以通过“元素分析”告诉我们，每种化合物含有多少个碳原子和氢原子。元素分析是一个华丽的辞藻，它其实是指“把化合物点燃，看看可以产生多少二氧化碳和水”。但他们很快就意识到，虽然有些分子拥有相同的化学式，化学性质却截然不同。所以，计数原子的个数并不能说明所有问题。分子也有几何图形，相同的原子可以按照不同的方式排列。

在 Zippo（芝宝）打火机里燃烧的物质是丁烷，它的分子式是 C_4H_{10}，即有 4 个碳原子和 10 个氢原子。这 4 个碳原子可能会排列成一行（见图 13–14），也可能会排列成 Y 形（见图 13–15），构成一种叫作“异丁烷”的分子。

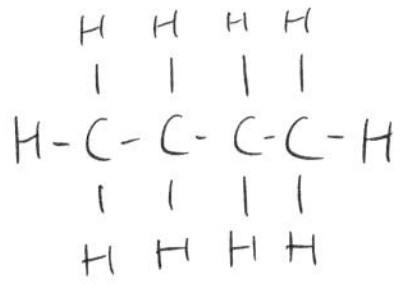

图 13-14

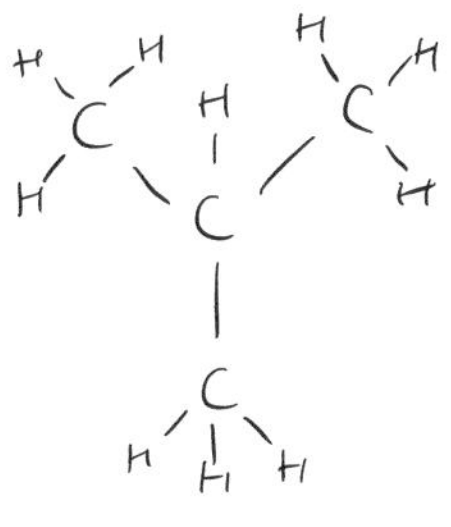

图 13-15

碳原子的数量越多，可以构成的几何图形的数量就越多。辛烷有 8 个碳原子，它的标准形式是 8 个碳原子排列成一行。但是，添加在汽油里并让你的汽车平稳前行的异辛烷，其碳原子的排列方式如图 13–16 所示。

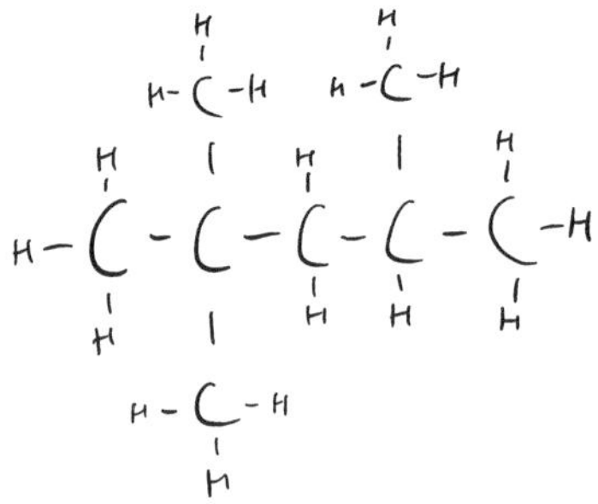

图 13-16

它的学名是 2, 2, 4–三甲基戊烷，这让我明白了加油站为什么不在加油泵上标注 2, 2, 4–三甲基戊烷的数值了。但是，通常的命名法导致了一个有些奇怪的事实：被化学家称为辛烷的物质，其辛烷值却极低。

分子是网络，由化学键连接的原子是网络中的点。在石蜡烃分子中，碳原子无法连接成一个闭环，而是形成了一棵“树”，就像国际跳棋的棋局一样。

研究发现，每个碳原子必须与其他 4 个原子结合，而氢原子只与 1 个原子结合。知道了这一点，你就可以确信，图 13–14 和图 13–15 展示的两种丁烷是 4 个碳原子和 10 个氢原子仅有的两种结合方式。戊烷有 5 个碳原子，有 3 种结合方式（见图 13–17）。

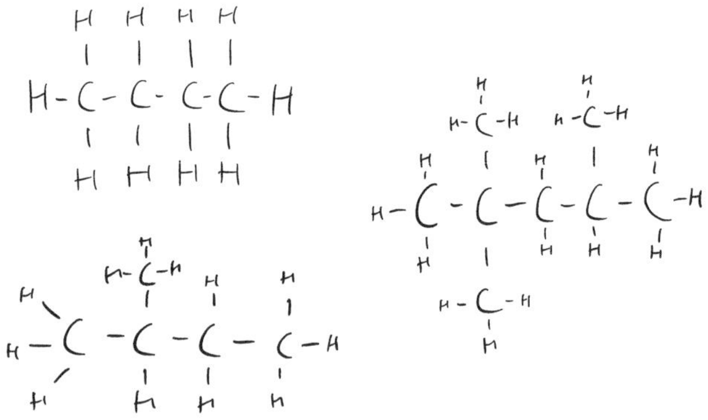

图 13-17

如图 13–18 所示，已烷有 6 个碳原子，有 5 种结合方式（这次我不打算把氢原子画出来）：

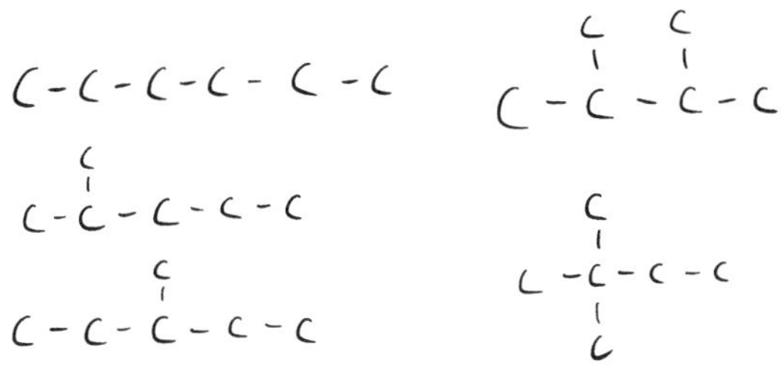

图 13-18

我们似乎又一次看到了维拉汉卡–斐波那契数列。其实不然，7 个碳原子有 9 种结合方式，而不是 8 种。这对标准化测试来说是一个挑战，如果你问学生“数列 1, 1, 2, 3, 5,…的下一项是多少？”（我可能知道你的提问意图），而学生回答“9，因为我假设我们计数的是石蜡烃中碳原子的不同结合方式”，那么你必须承认这个机灵鬼应该得满分。①

一幅好的图像具有神奇的厘清思路的效果。自从化学家开始在纸上绘制这些图像（他们称之为“图像表示法”），他们对化合物的理解就有了显著提升。数学家也受到了启发，他们将化学家发现的新几何问题迅速转置成纯粹数学。有多少种不同的结构？如何让这些杂乱无章的结构变得井然有序？代数学家詹姆斯·约瑟夫·西尔维斯特是最早认真思考这些问题的人之一。他写道，化学“对代数学家起到了刺激和启发的作用”，还把化学对数学思维的作用比喻成诗人从绘画中汲取的灵感。

> 在诗歌和代数中，我们以语言作为载体阐述和表达纯粹的思想，在绘画和化学中，思想被物质包裹，部分依赖于手动过程和艺术资源去达到其应有的表现。

① 随着碳原子的数量越来越多，石蜡烃的不同结合方式的数量构成了一个数列。当然，这个数列也被收录在整数数列在线大全中，它的编号是 A000602。

西尔维斯特似乎以为，图像表示法是指化学家绘制的被称作“图像”的原子网络。于是，他在自己的研究中采用了这种表示法，我们在这里也只能沿用它。

西尔维斯特是英国人，但在某种意义上，他也是美国的第一位数学家。1876 年，已过花甲之年的他作为一位知名的资深研究员，加入了刚刚成立的约翰·霍普金斯大学并担任教职。当时美国的数学教育尚未成形，如果学生们想系统地学习数学，就只能漂洋过海去德国。西尔维斯特看起来一派学者风范，有个同时代的人形容他是“侏儒中的巨人，胡须垂到宽阔的胸膛上。幸好他没有脖子，否则将无法支撑起他那颗巨大的脑袋。头发几乎掉光了，只在头与宽阔的肩膀相连的部位剩下稀疏的一圈”。所有人都注意到了西尔维斯特的大脑袋，统计学家和颅相学爱好者弗朗西斯·高尔顿一边追忆往事，一边对他的门生卡尔·皮尔逊说：“观看那个大‘穹顶’算得上一件趣事。”（高尔顿借此表达对皮尔逊的不满，因为大脑袋的高尔顿一直认为颅容量与智力成就具有相关性，但皮尔逊发现事实并非如此。）

美国数学事业的起步时间可能要早一些，因为 1841 年西尔维斯特曾受聘于弗吉尼亚大学。这似乎是一个完美的起点，因为数学爱好者托马斯·杰斐逊是弗吉尼亚大学的第一任校长，该校的三个不容商议的录取要求之一是“展示对欧几里得几何的全面理解”。但是，情况从一开始就变得很糟糕。如果你身边有人喜欢抱怨现在的美国大学生常常为所欲为，你应该竭力劝说他们看看关于 19 世纪初美国大学生的所作所为的文章。1830 年，耶鲁大学有 44 名学生（其中包括美国副总统约翰·卡尔霍恩的儿子）因为拒绝参加由开卷改为闭卷的几何学期末考试而被开除，这就是轰动一时的“圆锥曲线反叛”事件。在弗吉尼亚大学，学生骚乱已经从课堂上的不服从管理演变为公开的暴力行为。学生们聚集在一起，高呼“打倒欧洲教授”，从教室窗外向不受欢迎的教师扔石头的事也时有发生。1840 年，学生暴乱分子甚至枪杀了一名不受欢迎的法学教授。

西尔维斯特不仅是欧洲人，还是犹太人。一家当地的报纸抱怨说，弗吉尼亚大学的人是“基督徒，而非异教徒、穆斯林、犹太人、无神论者和无宗教信仰者”，他们的教授也应该遵循同样的宗教标准。西尔维斯特的任命被搁置，因为他没有学位，严格说来这也是一个宗教问题。剑桥大学要求毕业生宣誓遵守英国国教会的《三十九信条》，而这是西尔维斯特做不到的。幸运的是，都柏林圣三一学院不仅接收新教学生，还接收天主教学生，所以它不需要遵守这样的誓言，还在西尔维斯特动身前往美国之前为他授予了文学学士学位。

当时，西尔维斯特的外表并不引人注目（除了他的大脑袋），年纪也比他的学生们大不了几岁，他维持课堂纪律的努力遭到了无视和讥讽。从新奥尔良来的威廉·巴拉德上课时偷看课外书，西尔维斯特惩罚了他。此举最终演变成一场争端，以至于需要全体教职员工来裁决。巴拉德控诉西尔维斯特犯下了难以想象的罪行，不顾教授的身份而以过去路易斯安那州白人训斥奴隶的方式训斥学生。许多同事对西尔维斯特的看法也和巴拉德一样，这让西尔维斯特备感沮丧。令人惊讶的是，此后情况进一步恶化。在那个学期末，西尔维斯特又惹麻烦了，他对一个学生口试中出现的错误发表了一番评论，导致这个学生的哥哥为了维护家族荣誉而一拳打在西尔维斯特脸上。西尔维斯特肯定知道那位不受欢迎的法学教授的命运，所以他随身携带了一柄手剑杖。虽然他的反击并没有让那个学生的哥哥受伤，但他在弗吉尼亚大学的职业生涯由此终结。他在美国漂泊了几个月，想要寻找一份更合适的工作。他差点儿就在哥伦比亚大学谋得一个职位，却又一次遭遇了宗教标准问题。校董们道貌岸然地告诉他，他们对外国教授没有丝毫偏见，但聘用一个美籍犹太人实在不合适。此外，这次求职失败还葬送了西尔维斯特在纽约的一段爱情。

“我的生活现在一片空白。”西尔维斯特回忆说。失业的他孤身回到英国，为了谋生而四处奔波。他做过精算师、律师，也给弗洛伦斯·南丁格尔当过私人数学老师。与此同时，他还在研究代数。（10多年后，他才重新回到大学任教。）雪上加霜的是，当有关他在弗吉尼亚大学那段经历的谣言从大西洋彼岸传来时，很多人误以为他用手剑杖杀死了那个孩子。西尔维斯特喜欢学术争论，你从他的文章中就可以看出端倪，例如，1851年他发表了一篇题为《关于西尔维斯特先生在本刊12月号上发表的一个定理与唐金教授在本刊 6 月号上阐述的一个定理恰巧相同的解释》的文章。我对这篇文章的解读是："虽然我有时会向贵刊投稿，但我不经常阅读贵刊，所以我没有注意到唐金此前在贵刊上发表的文章涉及这条定理。实际上，我早在 9 年前就完成了相关证明，但我没有告诉任何人，因为我认为它太过简单，肯定有人已经发表了。"最后，他极其敷衍地向唐金表达了歉意。西尔维斯特的原话太好笑了："唐金德高望重、实至名归，更不用说他对真理有着基于其本身和个人考虑的无私之爱，这不仅会激励真正的科学信徒辛勤耕耘，而且他肯定不会在意这个十分简单（无论多么重要）的定理的第一作者或第一次公开发表等荣誉。"西尔维斯特申请了格雷欣几何学教授的职位（后来卡尔 · 皮尔逊也担任过这一教职），并做了一次试讲，但遭到了拒绝。他终身未婚。

经历了重重坎坷，西尔维斯特最终在英国数学界占据了一席之地，并于19世纪中叶帮助开创了"线性代数"这一学科。对西尔维斯特来说，这与他不断回归的空间几何几乎毫无关联。线性代数允许我们把对三维空间的直觉扩展到任意维度的空间，这促使我们自然而然地开始思考一个问题：人类有没有可能就是生活在某个高维空间里？西尔维斯特喜欢"书虫"的比喻，它是一种生活在一页二维纸上的完全扁平的生物，不知道也无法知道现实世界比一页纸要精彩得多。西尔维斯特问道，如果我们这些三维生物同样在坐井观天呢？我们的想象力能否超越书虫，看到三维"纸张"之外的世界？西尔维斯特提出，我们的世界也许在"四维空间（对我们来说很难想象，好比那些二维空间中的书虫无法想象我们的三维空间）中发生着扭曲，就像纸张出现了皱折一样……"。这正是《时间的皱折》中沃茨特夫人演示的那个理论，只不过在绳子上爬行的蚂蚁被换成了书虫。

有一次，西尔维斯特还未开始讲课就先向学生致歉："从本质上讲，能说会道的数学家肯定像会说话的鱼一样罕见。"但事实上，这是一个对自己的语言能力相当自信的人常挂在嘴边的客套话。跟威廉 · 哈密顿和罗纳德 · 罗斯一样，西尔维斯特也是一位诗人。他创作了可能是迄今为止唯一一首关于代数式的十四行诗《致代数式的术语家族中缺失的成员》，还出版了《诗歌的法则》(*The Laws of Verse*)一书，旨在将诗歌的创作实践建立在严格的数学基础之上。虽然没有任何迹象表明西尔维斯特研究过梵语诗歌，但他采纳了维拉汉卡在 1 300 年前秉持的观点，即重读音节的长度是非重读音节的 2 倍。(西尔维斯特使用音乐术语“四分音符”和“八分音符”来替代维拉汉卡所说的长音节和轻音节。)

我认为西尔维斯特的目标是提升(而不是降低)诗歌的地位，使其成为数学研究的一个课题。主流观点将数学视为漫无目的且费力的演绎过程，但西尔维斯特终其一生都在反对这个观点。对他来说，数学是触达超验现实的一种方式：你任凭直觉驱动自己去到那里，只在激情平息之后，你才会回过头来构建逻辑支架，让其他人也能领略那番景象。他抨击了当时的传统教学方法，直接将其与否认他的学术地位的愚蠢的圣公会保守主义联系在一起。

> 对欧几里得几何的早期研究导致我对几何学心生憎恶，如果我之前把它比作教科书的论调令在座的各位感到震惊(我知道有些人认为欧几里得几何的神圣程度仅次于《圣经》，是英国宪法的重要前哨之一)，我希望能得到你们的谅解。然而，这种憎恶感已变成我的第二天性，每当我深入研究某个数学问题，这种感觉就会如影随形。尽管如此，我发现自己最终触及了几何学的本质。

他羡慕德国和美国，在那两个国家，他感受到扑面而来的浓厚学术风气，而这恰恰是英国所欠缺的。他甚至说(当然是面对美国听众——他可能不太明智，但他并不愚蠢)，尽管地理位置不同，但美国和德国在同一个半球，英国则在另一个半球。不过，19 世纪 80 年代，西尔维斯特以萨维尔几何学教授(第一个担任该教职的人是对数表的发明者亨利 · 布里格斯)的身份再次回到英国。或许就是在那个时候，西尔维斯特前去拜访了年轻的庞加莱。19 世纪末，庞加莱比其他任何人都更加迫切地想把几何学从欧几里得几何的牢笼中解放出来，而且他坚持认为几何学是所有科学的基础。

> 最近，我去巴黎的盖-吕萨克街上庞加莱的住处拜访了他……站在他面前，我感受到他身体里有一股磅礴的知性力，以至于我的舌头不听使唤，目光飘忽迷离。直到我花了点儿时间（可能是两三分钟）琢磨、吸收从他年轻的脸庞上流露出来的思想，我才发现自己终于可以开口说话了。

西尔维斯特一生都口若悬河、能言善辩，但这一次他发现自己竟然笨嘴拙舌、不善言辞。

1897年西尔维斯特去世后，英国皇家学会为纪念他而铸造了一枚奖章。庞加莱是第一位获得该奖章的人，在皇家学会1901年的年会晚宴上，他发表了一个感人的演讲来纪念西尔维斯特。如果西尔维斯特听到这位了不起的几何学家称赞他的数学具有“古希腊的诗性精神”，他一定会非常高兴。

出席这场晚宴的还有罗纳德·罗斯爵士。想象一下，假如庞加莱坐在罗斯旁边，以闲聊的方式将自己的学生巴舍利耶利用随机游走模型在金融领域所做的有趣研究告知了罗斯。再想象一下，如果罗斯将巴舍利耶的研究与他的四处飞行的蚊子联系在一起，会怎么样？

远距离读心术和熵

1916年5月15日，魔术杂志《狮身人面像》（*The Sphinx*）刊登了一则广告（见图13–19）：

> **LONG DISTANCE MIND READING.** You mail an ordinary pack of cards to any one, requesting him to shuffle and select a card. He shuffles again and returns only **HALF** the pack to you, not intimating whether or not it contains his card. By return mail you name the card he selected. **Price $2.50.**
>
> NOTE—On receipt of 50 cents, I will give you an actual demonstration. Then, if you want the secret, remit balance of $2.00.

图13–19

这则广告的投放者是查尔斯·乔丹，他是美国佩塔卢马的一个养鸡专业户，业余爱好是制造巨型收音机。他还经常参加报纸上的智力竞赛，并赢得了不少奖金。（他的表现太过突出，以至于报纸禁止他继续参赛。他只好安排“同伙”帮他提交答案，并从中分得一部分奖金。后来，他的一名搭档被叫去报社的办公室，与对手现场决胜负，他们的阴谋差点儿就此暴露。）乔丹还发明了多种扑克牌魔术，据我们所知，尽管他没有接受过正式的数学训练，但他是将数学引入魔术领域的先驱。

接下来，我打算教你如何通过邮件施展读心术。我知道，魔术师从来不会泄露魔术的秘密。但我不是一名魔术师，而是一位数学老师。更何况，乔丹的魔术奥秘就在于洗牌的几何图形。

我从我的本科论文导师佩尔西·戴康尼斯[①]那里学到了洗牌的几何图形。很多专业数学家的人生经历都是可预测的，但戴康尼斯是个例外。他的父母分别是曼陀林演奏者和音乐教师，14 岁时戴康尼斯离开家，成了纽约的一名魔术师。之后，他去纽约市立大学城市学院学习概率论，因为一个同行说这有助于提升他的扑克牌魔术技能。后来，他遇到了数学科普作家、魔术爱好者马丁·加德纳，加德纳帮他写了一封推荐信，“我不太懂数学，但这个孩子发明了 10 年来最棒的两种扑克牌魔术。你们应该给他一次机会。”有些大学（比如普林斯顿大学）不为所动，但哈佛大学有弗雷德·莫斯特勒，他既是一名业余魔术师，也是一位统计学家。于是，戴康尼斯去了哈佛大学，成了莫斯特勒的学生。我去哈佛大学读书时，戴康尼斯已经是那里的教授了。

哈佛大学的研究生数学入门课程没有固定的安排，教授可以把他们认为最合适的内容教给学生。我读研的第一学年，秋季学期的代数课是巴里·马祖尔教的，他后来又成了我的博士生导师。这门课与他的研究课题有关，之后也是我的研究课题，即代数数论。春季学期的代数课是戴康尼斯教的，从头到尾我们都在洗牌。

洗牌的几何图形很像电影明星和数学家的几何图形，但前者要大得

① 佩尔西·戴康尼斯是美国斯坦福大学的数学与统计学教授，著有《10 堂极简概率课》，该书中文版由中信出版社于 2019 年 5 月出版。——编者注

多。洗牌“空间”中的点代表的是 52 张扑克牌的排列方式，一共有多少种呢？第一张牌可以是 52 张牌中的任意一张，做出选择后，第二张牌可以是余下 51 张牌中的任意一张，所以前两张牌共有 $52 \times 51 = 2\ 652$ 种排列方式。第三张牌可以是余下 50 张牌中的任意一张，所以前三张牌共有 $52 \times 51 \times 50 = 132\ 600$ 种排列方式。以此类推，52 张牌的排列方式的数量就是从 52 到 1 的所有数的乘积，通常表示为 52!，读作“52 的阶乘”。它是一个 68 位数，为了避免给你造成困扰，我在这里就不把它写出来了。但可以肯定的是，它比数学家或电影明星的数量要多得多。

为了得到几何图形，我们需要先建立距离的概念。这就要用到洗牌的方法了，具体来说是标准的鸽尾式洗牌法。先把一副扑克牌分成两堆，分别放在左边和右边，然后每次从左边或右边取一张牌（不必严格地做到轮流取牌），放在新的牌堆里。所有牌都放好后，左、右两堆牌就合并成一堆洗过的牌了。这通常是通过一种叫作“鸽尾”的手法实现的，你让两堆牌挤压着彼此，牌角略微向上弯曲，伴随着悦耳的“啪啪”声，两堆牌交错叠放在一起。鸽尾式洗牌法有很多种，例如，如果两堆牌中的一堆只有一张牌，那你可以将其插入另一堆的任意位置。如果你能通过鸽尾式洗牌法使扑克牌从一种排列方式变成另一种排列方式，我们就说这两种排列方式是有联系的。而且，它们之间的距离是指从一种排列方式到另一种排列方式所需的洗牌次数。

鸽尾式洗牌法大约有 4 500 万亿种，这是一个大数，但它无法与 52 的阶乘相提并论。所以，如果一副新扑克牌只洗牌一次，那么它与出厂时的排列方式之间的距离不大于 1。在几何学中，我们把与一个定点之间的距离不超过 1 的点集称作“球体”。

这个球体很小，但它是邮件读心术的关键所在。接下来，我会告诉你这个魔术的诀窍。我给你寄了一副扑克牌，你收到后先洗牌，再把洗好的牌分成两堆，然后从其中一堆中任选一张，仔细地记住这张牌后将其插入另一堆。之后，随手拿起其中一堆牌并扔在地板上，再把它们捡起来装入一个信封（不用在意它们的顺序）并寄回给我。最后，我会通过“读心术”找到你选择的那张牌。

我是怎么做到的？

为了写起来更简单，假设我们用的扑克牌花色都是方块。一开始，扑克牌的顺序是：

2, 3, 4, 5, 6, 7, 8, 9, 10, J, Q, K, A

你把它们分成两堆，每堆牌的张数不必相同：

2, 3, 4, 5, 6　　7, 8, 9, 10, J, Q, K, A

使用鸽尾式洗牌法后，扑克牌的顺序变为：

2, 3, 7, 4, 8, 9, 10, 5, J, 6, Q, K, A

虽然你洗过牌了，但仔细观察你会发现它们还部分保留着初始顺序。我们从2开始，跳到3，再跳到4……一直跳到你必须回过头去才能找到下一个排序最高的数。在这里，你只能跳到6。为了看起来更直观，我把你刚刚跳到的那些牌都加粗了。

2, **3**, 7, **4**, 8, 9, 10, **5**, J, **6**, Q, K, A

现在，从余下的排序最高的那张牌（7）开始，重复上述过程。这一次，所有牌都被涵盖在内。事实上，你标记的这两个序列就是你洗牌前分开的那两堆牌。无论你怎么洗牌，整副牌都会像这样分成两个上升序列。

假设你再次把所有扑克牌分成两堆：

2, 3, 7, 4, 8, 9　　10, 5, J, 6, Q, K, A

将一张牌（比如Q）从一堆中抽出来，再插入另一堆，然后把其中一堆寄给会“读心术”的我。

2, 3, 7, Q, 4, 8, 9　　10, 5, J, 6, K, A

如下是这个魔术背后的原理。不管我收到的扑克牌有哪些，我都可以把它们按顺序组织成几个序列。如果你没有把一张牌从一堆移动到另一堆中，就会有两个这样的序列。事实上，现在可能有三个序列。如果其中一个序列只包含一张牌，那它就是你移动过的那张牌。否则的话，如果其中两个序列因为缺一张牌而不能合并在一起，那它就是我要找的那张牌。我们结合上文中的例子来看，如果你寄来的是第一堆牌，我将它们按升序排列后得到：

2, 3, 4, 7, 8, 9, Q

我发现其中有两串连续的牌（2, 3, 4 和 7, 8, 9）和一张单独的牌，所以Q就是你移动过的那张牌。

如果你寄来的是另一堆牌呢？我将它们按升序排列后得到：

5, 6, 10, J, K, A

如果你把它们组织成几串连续的牌，那么你会得到 3 串，每串 2 张。但你可以看出，只要加上Q，即 10, J 和 K, A 之间缺失的那张牌，你就可以把所有牌组织成两串连续的牌。

但大家不要误解我的意思，这个戏法也可能会行不通。如果你把 10 从第二堆移动到第一堆，并把第一堆牌寄回给我，会怎么样？你寄来的牌是 2, 3, 4, 7, 8, 9, 10，正好可以组织成两个连续序列：2, 3, 4 和 7, 8, 9, 10。这样一来，我就无法知道你移动的是哪张牌。在仅有 13 张牌的情况下，这种情况经常发生。但如果你使用的是一整副（52 张）扑克牌，那么这个戏法几乎屡试不爽。

当然，乔丹寄给人们的牌并不是按出厂顺序排列的，否则的话，这个戏法就太显而易见了。如果你在家玩这个魔术，也不能用那样的牌。你的确需要知道扑克牌的初始顺序，所以你可能会按照你记得住的顺序排列它们。在你拿回其中一堆牌后，只要根据你设定的规则给它们排序，被移动过的那张牌就会自动“跳”到你面前。

这个戏法之所以会成功，原因在于洗好的牌并不是随机排列的。或者用恰当的数学术语来表达，它们不是按照均匀随机的顺序排列的，即每种排列方式的概率是不相等的。相比之下，数学家喜欢以一种更普遍的方式使用“随机”一词：如果一枚硬币经过加权，使得它落地时正面朝上的概率为 2/3，那么抛硬币的结果仍然是随机的，但却不是均匀的，因为两种可能的结果中的一种比另一种出现的概率更大。依照这个道理，即使两面都是正面的硬币也是随机的。只不过就这个随机事件而言，其中一个结果（正面朝上）出现的概率是 100%。你可以坚持认为这不是真正的“随机”事件，因为它的结果不具有偶然性。但对我来说，这无异于宣称 0 不是一个数，因为它代表的不是某种东西的数量，而是某种东西根本不存在。（即使到了现在，这种糟糕的想法仍然存在，比如，术语“自然数”是指从 1 开始的整数。我讨厌这种定义，在我看来，没有比 0 更自然的数了，因为有很多东西的数量都是 0！）

洗牌的次数越多，扑克牌的排列顺序就会越趋于均匀随机。这是一个自然而然的结果（如果它被发现是错误的，世界各地的 21 点庄家将会十分头疼），但很难证明。人们在一本关于概率的书中找到了一种早期的证法，这本书是庞加莱在研究几何学之余写作的。它涉及的数学原理与谷歌网页排名背后的数学原理相同，即长时间游走定律。当你在所有排列方式的空间中随机游走时，你对起点的记忆就会逐渐消失。不过，起点在哪里并不重要。网页排名与扑克牌排列方式的不同之处在于，有些网页就是比其他网页好，网络漫游者在这些网页上平均花费的时间更多，因此它们的网页排名也更高。而扑克牌的排列方式没有好坏之分，只要洗牌的次数足够多，出现任意一种排列方式的概率就是相等的。

如果被乔丹的读心术戏法蒙蔽的那些人洗牌两次而不是一次，这个戏法就失效了，至少不会以完全相同的方式发挥作用。这启发了戴康尼斯及其合作者戴夫·拜尔①，他们提出了一个问题：你必须洗牌多少次才能使扑克牌的排列方式接近完全均匀的程度，以至于你不能用它们来玩扑克牌魔术？

研究表明，洗牌 6 次就足以让每种排列方式成为可能。你也许会说 6 是这个几何图形的“半径”，即你从中心出发并在超出这个图形之前所能走过的最大距离。就像 13 是所有数学家拥有的最大埃尔德什数一样，6 是所有扑克牌排列方式拥有的最大洗牌次数。（如你所想，与初始顺序正好相反的扑克牌排列方式，必须经过 6 次洗牌才能实现。）所以，洗牌的几何图形很大，但它也很小；犹如世界上的洲际直达航班，虽然有很多不同的出发地和目的地，但从一个地方到达另一个地方并不需要多次起降。

不过，即使在洗牌 6 次之后，有些排列方式出现的概率仍比其他排列方式大得多。研究表明，无论你洗牌多少次，也无法使每种排列方式出现的概率完全相等；但很快，概率就会变得近似相等，彼此之间差别不大。这样一来，就算技巧再高超的魔术师，也无法分辨出你是否把一张牌从其中一堆移动到了另一堆。戴康尼斯和拜尔精确地量化了这种趋同性，其结果在数学界被称为“七次洗牌定理”，因为洗牌 7 次可以使扑克牌的混合程度达到合理的基准。

戴康尼斯是一位魔术师，他对洗牌感兴趣并不让人意外。但为什么庞加莱也对洗牌感兴趣呢？其中一部分原因在于物理学。庞加莱和他那个时代的所有科学家一样，对熵的问题备感困惑。玻尔兹曼认为，物质的性质可能源于无数个受牛顿定律约束且相互碰撞的分子的整体物理属性，这一观点既迷人又优雅。牛顿定律是时间可逆的，正向和反向都有效；而按照热力学第二定律，系统的熵总在增加，这又是为什么呢？热

① 戴夫·拜尔在约翰·纳什的传记电影《美丽心灵》中作为罗素·克劳的替身演员，出现在所有课堂教学的场景中。因为埃德·哈里斯，他的贝肯数是 2；因为戴康尼斯，他的埃尔德什数是 2。

汤和冷汤混合在一起，很快就会变成温汤，但温汤绝不可能在碗中自动分离成热汤和冷汤。

概率论给出了一个答案：也许熵并非不能减少，而是它减少的概率极低。洗牌也是一个时间可逆的过程。你可能从未通过洗牌，让一副混乱的扑克牌恢复到它的出厂顺序。但这并非因为它不可能做到，而是因为它发生的概率极低。同样地，如果你把一条柔软的长绳（比如你的耳机线）塞到口袋里，它就很容易纠缠在一起。（这是生活经验，2007 年的一篇经过同行评议的论文也认同这一点，它的题目非常棒：《受到扰动的绳子会自发地纠缠在一起》。）这并不是因为存在一个纠缠必然增加的普遍法则，而是因为绳子纠缠在一起的概率比不纠缠更大，所以随机的碰撞不太可能导致罕见的非纠缠态。

我们再次回到庞加莱在 1904 年圣路易斯世界博览会期间发表的那场演讲，其中他谈到了困扰物理学的多重危机。19 世纪 90 年代，庞加莱坚决反对将概率论引入物理学。但他不是空想家，为了努力理解他不喜欢的概率论，他开设了一门相关课程。在授课过程中，他逐渐认识到概率论的好处。庞加莱告诉圣路易斯博览会的观众，如果概率论的观点是正确的，“物理学定律的面貌就会焕然一新，它将不再只是一个微分方程，还会具有统计学定律的特征。”

世界上唯一的名字

洗牌与罗斯的蚊子有很多相似之处。两者都包含一系列步骤，而且每一步都要从一系列选项中做出随机选择。蚊子无时无刻不在选择是向北、向东、向西还是向南飞，每次洗牌你也要从大量可用的鸽尾式洗牌法中选择一种。

但两者的几何图形不同。别忘了，蚊子的随机游走速度很慢。如果它从 20 × 20 网格的中心出发，那它至少要花 20 天的时间才有可能到达遥远的角落。正如我们所见，它的随机运动偏离起点的速度十分缓慢。移动数百次后，蚊子在网格上的位置才会具有些许随机性。尽管扑克牌可能的排列方式的数量要大得多，但只需 6 步就能覆盖洗牌的整个几何图形，7 步则会使扑克牌的排列方式变得相当均匀随机。

两者之间的一个显而易见的区别在于，蚊子只有 4 个可选的移动方向，而扑克牌有 4 500 万亿种可选的鸽尾式洗牌法。不过，这并不是让洗牌变得更高效的原因。即使你从 4 500 万亿种鸽尾式洗牌法中选择 4 种，并强迫洗牌者每次洗牌只能从中随机选择一种，扑克牌的排列方式变成均匀随机分布的速度仍然极快。

真正的原因在于，蚊子飞行和洗牌之间存在结构性差异。前者与一般的空间几何有关，后者则不然。抽象几何图形（比如洗牌的几何图形）的探索速度通常很快，比从物理空间中提取的几何图形快得多。你可以到达的位置数量随你的步数呈指数增长，遵循可怕的几何级数增长定律，这意味着你能在非常短的时间内到达几乎所有的位置。魔方有 4.3×10^{19} 种排列方式，但你只需要 20 步，就能让它从任意一种排列方式回到初始设置。除了乌克兰的应用数学家和其他与世隔绝的数学家之外，数十万发表过论文的数学家与埃尔德什之间的合作距离都不超过 13。

但数学是一种人类活动，数学家是人类。坦率地说，最让我们感兴趣的网络是人际关系网络，它也与流行病的传播密切相关。那么，它到底是一个什么样的网络呢？它更像洗牌，还是更像罗斯的四处飞行的蚊子？

答案是：人际关系网络跟洗牌及四处飞行的蚊子都有点儿像。你会对着他们咳嗽的那些人大多住在你家附近，但也有人住在离你家很远的地方，例如在意大利北部滑完雪搭乘飞机回到冰岛的人。这种远距离传播虽然少见，却至关重要。在图论中，我们把这些既包含短连接又包含长连接的网络称为“小世界”，这个词语可以追溯到 20 世纪 60 年代的社会心理学家斯坦利 · 米尔格拉姆。米尔格拉姆最出名的研究可能是他的电击实验：受试者在权威的劝说下对演员实施假电击，旨在展示人们普遍具有服从权威的本性。但在他心情好的时候，他又研究了更积极的人际关系形式。米尔格拉姆问道：在人际交往的几何图形中，两个人只要彼此相识就被连接起来，那么任意两个人通过连接链彼此相连的可能性有多大？如果彼此相连，需要多长的连接链？由约翰 · 格尔担纲编剧的电影

《六度分离》，借着片中一个脆弱的纽约上流社会艺术家的嘴，对米尔格拉姆的研究成果进行了总结：

> 我在什么地方读到过，在这个星球上，人们彼此之间只隔着另外 6 个人。也就是说，我们和其他所有人之间都是“六度分离”的关系，包括美国总统、威尼斯船夫，以及随便什么人。我发现，第一，我们的关系如此亲密，这非常令人欣慰；第二，我们的关系如此亲密，但你必须找到合适的 6 个人来建立联系。他们不必是大人物，任何人都可以，包括热带雨林中的部落成员、火地岛人、因纽特人等。

这和米尔格拉姆的发现不太一样，他只研究了美国人。他让奥马哈人通过一连串认识的人，最终与马萨诸塞州沙伦市的某个股票经纪人建立起连接。而且，他并没有发现所有人之间都是彼此相连的，相反，只有 21% 的内布拉斯加人能找到通向那位股票经纪人的路径。完整路径的长度通常是 4~6 人，但有时是“十度分离”。格尔在电影中对米尔格拉姆的发现做了些许调整，以便更好地表现种族焦虑——片中的白人角色希望他们所在的是一个多样化的现代世界，却痛苦地意识到热带雨林中的部落成员可能并不像他们以为的那样远离上东区。实际上，米尔格拉姆在 1970 年做了一项后续研究，540 个洛杉矶白人被要求找到通向 18 个纽约人（一半是黑人，一半是白人）的路径。结果是，大约 1/3 的白人–白人连接得以成功建立，但只有 1/6 的加利福尼亚白人能找到通向黑人的路径。

当“六度分离”变成“凯文 · 贝肯的六度”时，它就成了在电影明星的几何图形中绘制通向凯文 · 贝肯的最短路径的俗称。2020 年 3 月，贝肯发起了“六度”公共活动，要求他的粉丝保持社交距离。（这又把我们带回到新冠感染疫情的话题。）“从技术角度讲，我距离你只有 6 度。”他在视频中说，“我选择待在家里，因为这样做可以挽救生命，它是我们减缓新型冠状病毒传播的唯一方法。”

如今，我们无须依赖像米尔格拉姆那样让人们邮寄明信片的方法，就可以做分离度实验。2011 年，脸书（Facebook，2021 年更名为 Meta）大约拥有 7 亿活跃用户，每位用户平均拥有 170 名好友，该公司研究部门的数学家可以访问这个巨大的网络。在世界上的任何地方随机挑选两名用户，他们之间的平均分离度仅为 4.74。任意两位用户之间的分离度几乎（占总数的 99.6%）都在 6 度以内，所以脸书是一个小世界。（尽管用户越来越多，它却越来越小。2016 年，任意两位用户之间的平均分离度降至 4.57。）脸书的影响范围如此之大，以至于它的网络打破了地域界限。在美国，任意两位脸书用户之间的分离度是 4.34；而在瑞典，任意两位脸书用户之间的分离度是 3.9。对脸书来说，世界只比瑞典大一点儿。

分析这幅巨大的图像需要做大量的计算。脸书可以告诉你你有多少名好友，但要进行路径分析，你还需要知道你的好友有多少名好友，那些好友的好友又有多少名好友，这个迭代过程还要往下进行好几步。更复杂的是，你不能简单地把你的每名好友的好友数量加起来，因为其中会有很多重复的名字！在这么长的好友列表中搜索重复的名字，需要存储和访问数十万条记录，而这会大大减缓你的速度。

快速完成这项任务的诀窍被称为“弗拉若莱–马丁算法”。我在这里只介绍它的一个简单版本，而不做深入解释。脸书不会告诉你你的好友的好友数量是多少，但它允许你在好友的好友列表中搜索名叫 Constance（康斯坦斯）的人，我得到的搜索结果是 25 人。Constance 不是一个常用名，在我的社交圈囊括的所有年龄段中，每 100 万出生在美国的人中有 100~300 人叫这个名字。如果我的好友的好友名叫 Constance 的可能性和典型的美国人一样，就意味着我有 8.3 万~25 万名好友的好友。我又试着搜索了几个不常用的名字，得到的结果是：50 个 Geralds（杰拉尔德），18 个 Charitys（查瑞迪斯）。在大多数情况下，我得到的好友的好友数量的估计值都是 25 万人左右。

弗拉若莱–马丁算法与我刚刚介绍的简单版本有所不同，但两者的基本原理是一样的。该算法好比逐一浏览你的所有好友的好友列表，不停地搜索迄今为止你遇到过的最罕见的名字。每当遇到一个比当前最罕见的名字更罕见的名字，它就会放弃之前保存的那个名字，并代之以新的更罕见的名字。因此，这不需要大规模的存储能力。在这个过程的最后，你可能会得到一个非常少见的名字，你的好友列表越长，这个名字可能就越罕见。因此，你可以反过来，依据这个名字的罕见程度，估算你的好友的好友数量。

这个方法并非屡试不爽。例如，我有一个名叫Kardyhm（卡迪姆）的朋友，他的父母把他们的 7 个最好朋友的英文名字的首字母按照便于拼读的顺序排列在一起，作为他的名字。我相信我的这位朋友是世界上唯一的Kardyhm，由于这个名字极其罕见，Kardyhm的好友的好友数量的估计值将会高得离谱。真正的弗拉若莱–马丁算法不使用姓氏，而使用另一种叫作“哈希”（hash）的标识符，我们可以充分地控制它，以免出现类似于Kardyhm的问题。

关于这些计算，我要给你一个小小的警告：如果你估算的是你自己的好友数量，就有可能面对一个自我伤害的事实——你的好友的平均好友数量比你多。别误会，我无意贬低我的目标读者的社交能力。2011 年针对脸书的一项大规模分析发现，92.7%的用户的好友数量少于其好友的平均好友数量。你的好友的好友数量比你多，这很正常，因为无论是你现实生活中的好友还是屏幕上的好友，都不是随机选择的人口样本。他们既然能和你成为朋友，他们也更有可能和其他很多人成为朋友。

小世界网络

对大多数人来说，只需几步就可以遍历像脸书这样巨大的社交网络，太不可思议了。但现在我们知道小世界网络很常见，这要归功于邓肯 · 瓦茨和史蒂夫 · 斯托加茨[①]在 20 世纪 90 年代末所做的研究为它奠定了数学基础。瓦茨和斯托加茨建议你考虑如图 13–20 所示的这种网络：

---

① 史蒂夫 · 斯托加茨是美国康奈尔大学应用数学系教授，他的代表作是《微积分的力量》，该书简体中文版由中信出版社于 2021 年 1 月出版。——编者注

先将一些点排列成一个圆，再将每个点与离它最近的两个点连接起来。这个网络就像四处飞行的蚊子一样，移动速度不可能很快，如果圆周上有几千个点，那你要花很长时间才能走完一圈。但如果你在这个网络中添加一些随机的长连接，用于模拟相距遥远的人们之间的偶然性联系，会怎么样？

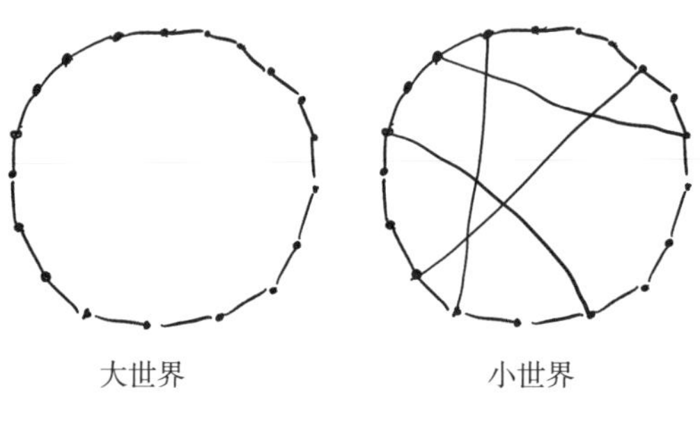

图 13-20

瓦茨和斯托加茨发现，只需要少量的长连接，这个网络就会变成一个小世界，每个人都可以通过一条短路径与他人相连。他们写的一段文字现在看来就像一个令人不安的预言："可以预见，传染病在小世界里的传播会更容易也更迅速。这就带来了一个令人担忧却不那么显而易见的问题：只需要少数捷径，就可以让世界变小。"随着小世界网络的相关数学研究不断发展，人们意识到米尔格拉姆最初发现的那个令人惊讶的现象根本不足为奇。这就是有益的应用数学的本质：它会把"怎么会这样？"变成"否则会怎么样？"。

斯坦利·米尔格拉姆是六度理论的代言人，一部分原因在于他所做的实验，另一部分原因在于他特别善于营销自己的研究成果。他的第一篇关于明信片研究的文章发表在《今日心理学》上，这份大众期刊比所有正规科学出版物的面世时间早了两年，这篇文章又是该杂志创刊号的专题文章。不过，米尔格拉姆并不是第一个研究小世界网络的人，他的实验旨在检验一个关于小世界的既有理论预测。该预测是由曼弗雷德·科亨和伊锡尔·德索拉·普尔提出的，但没有公开发表。往前追溯，20 世纪 50 年代初，雷·索洛莫洛夫和阿纳托·拉普伯特在生物学期刊上撰文指出，他们知道了埃尔德什和瑞利后来在纯粹数学领域独立发现的那个临界点：一旦连接达到一定的密度，流行病就可以从任何地方开始，并蔓延到几乎所有地方。继续往前追溯，早在 20 世纪 30 年代末，社会心理学家雅各布·莫雷诺和海伦·詹宁斯就已经在纽约州女子培训学校研究社交网络中的“关系链”了。

但小世界的概念最早出现在文学领域，而不是生物学或社会学领域。1929 年，匈牙利讽刺作家弗里杰什·卡林西出版了一本名为《链》的小说。

> 地球从未像现在这样小，是物理通信和语言交流的加速让它缩小了——当然是相对而言。这个话题以前也有过，但没有以这种方式被提出。我们从未讨论过这样一个事实：现在，地球上的任何人，只要我或他们愿意，就可以在几分钟内弄清楚我在想什么或做什么，以及我想要什么或我喜欢做什么……我们中的某个人建议通过做如下实验，证明地球上人们之间的联系比以往任何时候都更加密切。他跟我们打赌，我们可以从地球上的 15 亿居民中任选一人，无论这个人身在何处，他都可以通过至多 5 个人（其中一个是熟人）及其熟人网络与那个人建立联系。例如，“瞧，你认识X. Y. 先生，请让他联系他的朋友Q. Z. 先生，等等。”有人说：“这真是一个有趣的想法！我们试试吧。你能联系上《尼尔斯骑鹅旅行记》的作者塞尔玛·拉格洛夫吗？”提议玩这个游戏的人说：“好，塞尔玛·拉格洛夫，真是再容易不过了。”他在两秒钟内就说出了答案：“塞尔玛·拉格洛夫前不久获得了诺贝尔文学奖，所以她肯定认识瑞典国王古斯塔夫六世，因为按照规定，应该由他来给拉格洛夫颁奖。众所周知，古斯塔夫六世喜欢打网球，还参加了国际网球锦标赛。他和柯林先生打过比赛，所以他们肯定认识。巧合的是，我本人也和柯林先生很熟。”

除了世界人口少了一些之外，即使我们说这段文字写于 2020 年也没什么不妥。小说叙述者内心的焦虑不安，身处全球疫情中的我们可以感受到，格尔笔下的那些躲在上东区公寓里的角色也可以感受到，这是一种对我们所在世界的几何图形的焦虑感。人类在漫长的进化过程中形成了对世界的理解：距离我们很近的事物就是我们能看到、听到和触摸到的东西。但相比 20 世纪 20 年代卡林西熟悉的那个世界的几何图形，我们生活的这个世界的几何图形截然不同。“那些标志着 19 世纪落幕的著名世界观和思想，在今天已经失效了。”卡林西在《链》的后半部分写道，“世界秩序被破坏了。”

现在，世界的几何图形变得更小、更紧密，指数级传播也更容易发生。时间的皱折几乎到处都是，我们很难在地图上把它们画出来。在这种情况下，几何学演化出了抽象的表现形式。

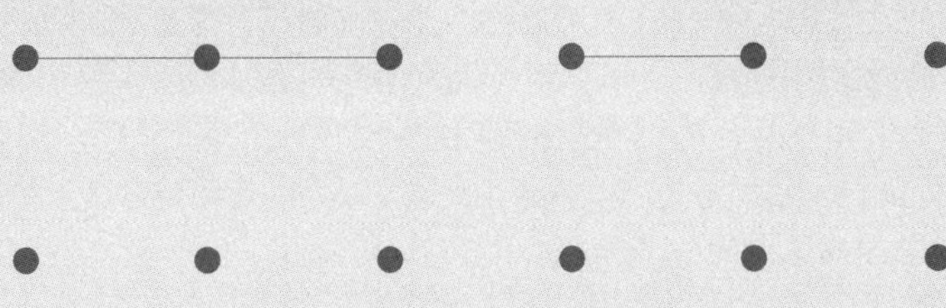

第 14 章

用数学思维破解选举“黑魔法”

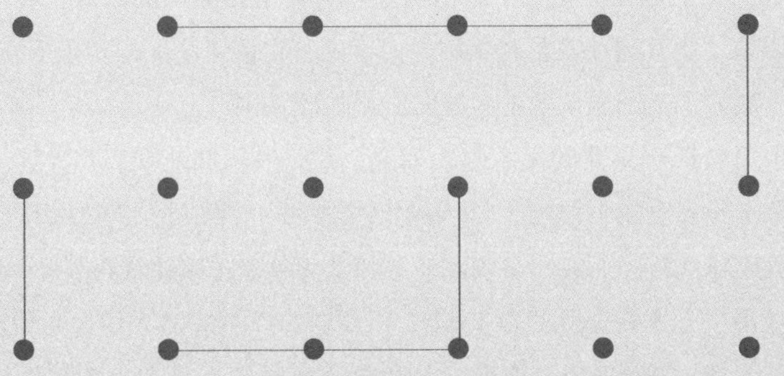

对威斯康星州饱受折磨的民主党人来说，2018 年 11 月 6 日晚是一个欢乐的时刻，因为共和党人、威斯康星州州长斯科特 · 沃克终于下台了。在此之前，他经历过两次大选和一次罢免运动而地位稳固，在麦迪逊主政 8 年期间，他把华盛顿式的两极分化带到了威斯康星州，甚至一度有望成为 2016 年的共和党总统候选人。接替沃克成为州长的是上了年纪的托尼 · 埃弗斯，他曾经是一位教师，说起话来天花乱坠，喜欢打尤克牌，他担任过的最高职位是州教育厅厅长。事实上，民主党人在当晚的全州普选中大获全胜。他们的参议员候选人塔米 · 鲍德温以 11 个百分点的领先优势再次当选，这是自 2010 年以来两党候选人在全州普选中取得的最大胜利。民主党人还接管了之前由共和党人担任的司法部部长和财政部部长职位。所有这些都是在美国国内亲民主党情绪高涨的背景下发生的，民主党赢得了美国众议院的多数席位，共计 41 个。

但对威斯康星州的民主党人来说，并非一切都是啤酒和玫瑰。在州众议院（州议会的下议院），共和党只失去了一个席位，仍然保有 63∶36 的多数席位优势。而在州参议院，共和党实际上还额外收获了一个席位。

在民主党大获全胜的 2018 年，州议会选举的情况为什么会和共和党参议员罗恩 · 约翰逊轻松连任、共和党总统候选人几十年来首次赢得该州选举的 2016 年差不多呢？有人可能会寻求政治上的解释：威斯康星州的选民或许认为共和党人在立法方面更具优势，尽管他们更喜欢民主党官员？如果是这样，你应该会看到很多国会选区投票给共和党代表，同时支持埃弗斯竞选州长。但事实上，如果你将斯科特 · 沃克与共和党候选人在每个国会选区的得票率绘制在图表上，就会得到图 14–1。

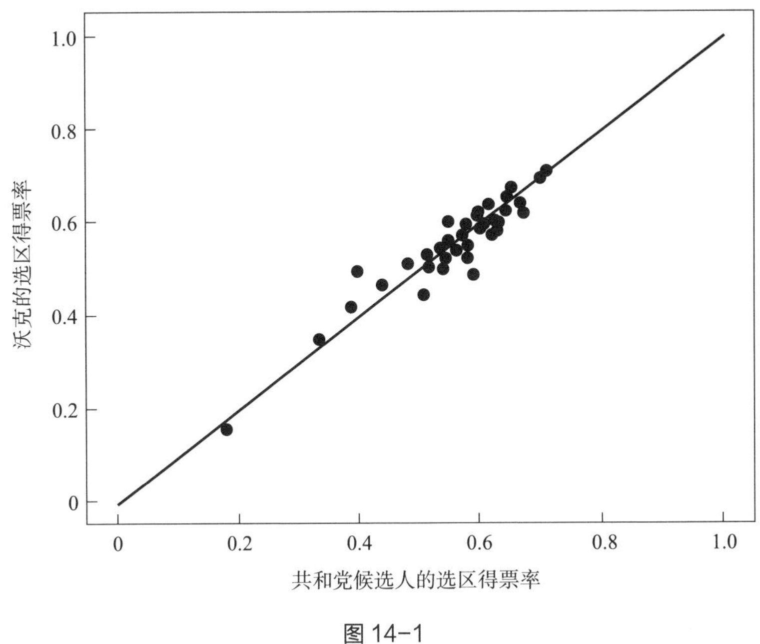

图 14–1

从图 14–1 中可以看出，斯科特 · 沃克的选区得票率与共和党候选人不相上下。只有两个共和党控制的选区支持埃弗斯，而在州议会选举中则支持共和党。沃克虽然失去了州长宝座，但他在 99 个国会选区中的 63 个都获得了多数票。2018 年，威斯康星州的大多数选民都把选票投给了民主党人，而该州的大多数选区却支持共和党人。

这看起来就像一个“有趣的意外”，但它并非意外，“有趣”也不过是装模作样的干笑。威斯康星州的选区之所以支持共和党，是因为选区界线是由共和党人划定的，他们处心积虑的目的就是得到这样的选举结果。图 14–2 显示的是沃克在各国会选区的得票率，我按照升序对各选区进行了排列。

图 14–2 中的曲线存在显著的不对称性。注意观察沃克以略高于 50% 的得票率取得优势的选区，在 99 个选区中，他的得票率为 50%~60% 的选区有 38 个。而对于他的对手托尼 · 埃弗斯，得票率为 50%~60% 的选区只有 11 个。托尼 · 埃弗斯在全州普选中取得的微弱领先优势，源于他在约 1/3 的选区中得票率遥遥领先，以及在余下的大部分选区中得票率略

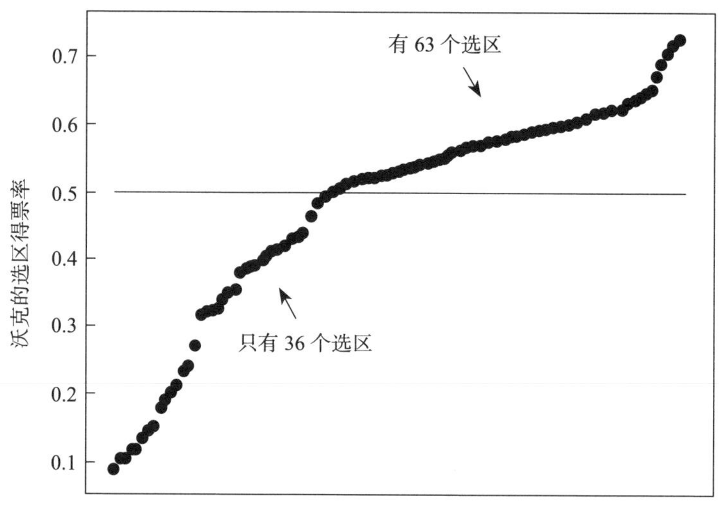

图 14–2

逊一筹。

就图 14–2 而言，有好几种解读方式。你可以说，在威斯康星州，民主党得到的支持来自一个面积较小但政治热情高涨的地区，不过这个地区并不真正代表该州的政治局势。这自然是威斯康星州共和党的观点，该党的领导人之一罗宾·沃斯在选举后评论道："如果把麦迪逊和密尔沃基从州选举方案中剔除，我们将获得绝对多数选票。"关于该州的政治局势，一个更倾向民主党的观点认为，斯科特·沃克在 18 个选区的得票率低于 1/3，而埃弗斯的得票率低于 1/3 的选区只有 5 个。换句话说，共和党人失去了威斯康星州 1/5 的选区支持，而且几乎所有选区都有大量的民主党人，包括共和党人占多数的选区。在把选票投给斯科特·沃克的威斯康星州选民中，有 78% 的人在州议会中拥有共和党代表，但在把选票投给埃弗斯的选民中，只有 48% 的人在州议会中拥有民主党代表。

这两种解读都把图 14–2 中曲线的不对称性视为威斯康星州地缘政治的一种独特的自然特征，但事实并非如此。2011 年春，一群为共和党议员工作的助手和顾问，在麦迪逊一家有政治背景的律师事务所的密室里，绘制了一幅威斯康星州选区地图。该项目是共和党的一项全国性计划的一部分，旨在将其 2010 年的选举成果转化为有利的选区划分方案。2010

的最后一位数“0”很重要，因为美国进行人口普查的年份都能被 10 整除。人口普查会产生新的官方人口统计数据，考虑到人口从一个地方到另一个地方的自然流动，这些数据往往会导致现有选区大小不一。这意味着需要重新划分选区，党派人士为此展开了激烈竞争。在之前的人口普查年份，民主党和共和党各自掌控着威斯康星州议会或州长宝座，所以任何能被州议会通过并成为法律的选区地图都必须让两党满意。事实上，这意味着任何选区地图都不可能被州议会通过，而法院又不得不完成这项工作。2010 年，共和党人在威斯康星州参议院和众议院都占有多数席位，共和党州长斯科特·沃克上任伊始就迫不及待地为威斯康星州制定十年选举规则。除非他们顾及体面，否则任何东西都不能阻止他们谋求政治利益最大化。

但这显然不是一个以体面取胜的故事。

约瑟夫的攻击性地图

绘制威斯康星州选区地图的人必须严格保守秘密。即使是共和党议员也只能看到他们各自提议的选区，并且禁止与同事讨论他们看到的相关信息。而民主党人什么也没看到。直到美国国会以党派划线，表决通过威斯康星州 43 号法案，这幅选区地图完全处于保密状态。

密室里的地图制作者花了好几个月的时间，终于绘制出一幅最有利于共和党的选区地图。约瑟夫·汉德里克就是其中一员，而且他并非这个游戏的新玩家。他告诉采访者，从十几岁开始，“我人生中做出的每个重大决定都是为了竞选州议员做准备”。第一次竞选北部选区的议员时，他还是一名 20 岁的大三学生。20 世纪 80 年代中期，在一场不同寻常的数据驱动的竞选中，他绘制了一幅选区图，旨在确定受欢迎的民主党议员在哪些地区表现出过度的党派倾向，并以税收政策和印第安人的捕鱼权为筹码，针对那些选民开展了强有力的意识形态运动。传统观念认为，一个拿着电子表格的大学生是无法战胜受欢迎的民主党议员的。事实的确如此，但这次竞选使汉德里克成为该州共和党政治圈里的后起之秀，他后来担任了三届州议员。2011 年卸任后，他成为威斯康星州议会顾问。汉德里克说过："我最喜欢的竞选运动，就是制定竞选战略和发展规划。"在律师事务所的密室里，他全身心地投入到他最喜欢的政治活动中。

如果选区地图对共和党人帮助较大，制图团队就将其归类为"自信的"；如果帮助更大，制图团队就将其归类为"攻击性的"。他们把诸如此类的形容词和绘制者的名字结合起来，给每幅地图命名。最终投入使用的地图是约瑟夫·汉德里克绘制的，并且一直沿用到 2018 年，它被称为"约瑟夫的攻击性地图"。

我们来看看这幅地图到底有多强的攻击性。应邀担任顾问的俄克拉何马大学政治科学教授基思·加迪估计，即使在共和党候选人的得票率下降至 48% 的全州普选中，共和党通常也会在州议会中保有 54∶45 的多数席位优势。或者说，除非民主党能在州议会中获得多数席位，否则，就算共和党候选人在全州普选中落败，共和党也会在州议会中拥有 54∶45 的多数席位优势。

有一种简单的方法可以检验加迪在 7 年间取得的研究成果。如果按照斯科特·沃克 2018 年在威斯康星州的竞选表现对 99 个选区进行排名，排在最中间的是温纳贝戈县的第 55 选区，大致位于麦迪逊和格林湾之间。沃克在那里获得了 54.5% 的选票，[①] 比他的普选得票率大约高出 4 个百分点。对沃克来说，得票率高于 54.5% 的选区有 49 个，低于这个比例的选区也有 49 个。用统计学的语言来表述，第 55 选区是所有 99 个选区的中位数。如果民主党候选人在第 55 选区获胜，他就很有可能赢得比在第 55 选区得票率更高的那 49 个选区的支持，从而确保民主党的多数席位优势。这对共和党来说亦如此。第 55 选区就是一个风向标，而且它不只是一个假设。自从这幅地图被绘制出来，在威斯康星州举行的历次全州普选中，凡是在第 55 选区获胜的候选人，都能赢得大多数选区的支持。

① 这里是指共和党与民主党总票数的 54.5%。为简单起见，小政党的得票率忽略不计，而只考虑共和党与民主党的得票率。

要在什么样的好年份里，民主党才能在第 55 选区获胜呢？2018 年，两位州长候选人获得的选票数不相上下，但斯科特·沃克以 9 个百分点的优势赢得了该选区的支持。因此，你可能会预估，如果民主党想在第 55 选区与共和党打平，其全州普选得票率就必须领先 9 个百分点，即以 54.5：45.5 的优势取胜——和基思·加迪算出来的数字差不多。这只是一个经验法则，而不是对未来选举的精准预测，但它在一定程度上反映了民主党在目前的选区划分方案下，争取州议会的多数席位优势时面临的阻力。

另一种了解 2011 版选区地图效果的方法，就是与前一幅地图做比较。2002 年，一个联邦地区法院在两党相关人员呈交的全部 16 幅选区地图中都发现了“无法弥补的缺陷”后，一气之下绘制了 2002 版地图。

图 14–3 显示了 2002—2018 年，在威斯康星州举行的历次全州普选情况。横轴表示共和党候选人的全州普选得票率，纵轴表示 99 个选区中共和党的得票率高于民主党的选区数量。

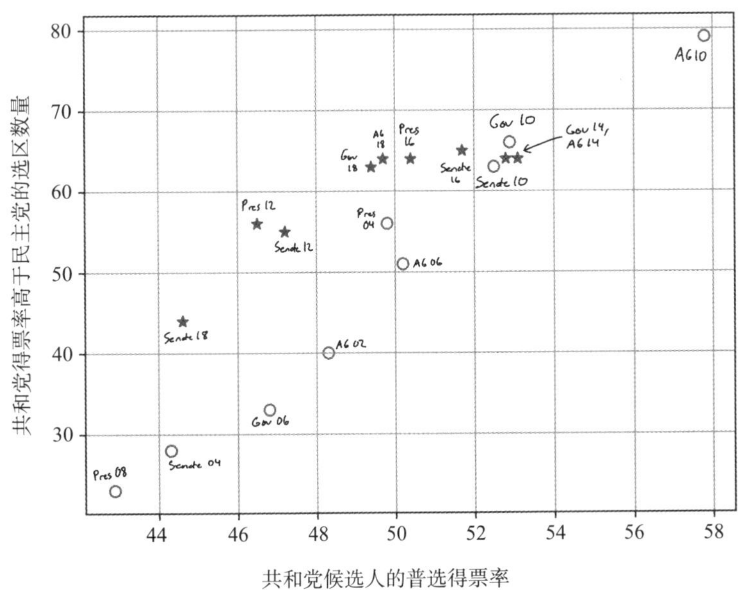

图 14–3

图中的圆圈代表按照法院绘制的2002版地图进行的选举，而星星代表按照约瑟夫的攻击性地图进行的选举。你注意到什么了吗？2004年，在威斯康星州的总统竞选中，约翰·克里以占两党总票数50.2%的微弱优势击败了小布什，而小布什赢得了56个选区的支持。在2006年的一场类似的选举中，共和党人范·霍尔滕击败凯瑟琳·福尔克，当选威斯康星州司法部部长，他赢得了51个选区的支持。图14–3中靠近中央的那两个圆圈代表的就是这两次选举。共和党人罗恩·约翰逊在2010年州参议院的竞选中表现更好，以52.4%的得票率击败了在任民主党参议员拉斯·法因戈尔德，并赢得了63个选区的支持。

从2012年起，情况发生了变化。2016年的唐纳德·特朗普和2018年的斯科特·沃克就像小布什和范·霍尔滕一样，也和对手势均力敌。不同的是，小布什和范·霍尔滕分别在56个和51个选区中获胜，而特朗普和沃克均赢得了63个选区的支持，这与罗恩·约翰逊在按照2002版地图进行的那次选举中，击败民主党对手时赢得支持的选区数量相等。2012年是2011版选区地图投入使用的第一年，共和党人米特·罗姆尼赢得了两党总票数的46.5%，以及56个选区的支持；而民主党人塔米·鲍德温在参议院竞选中赢得了52.9%的选票，以及44个选区的支持。当鲍德温在2018年竞选连任时，她的表现要好得多，以11个百分点的优势击败了挑战者利亚·瓦克米尔，并赢得了占绝对多数的55个选区的支持。但在2004年，当拉斯·法因戈尔德以同样的领先优势为民主党赢得参议员竞选时，他获得了2002版地图上71个选区的支持。

图14–3蕴含的意义需要用大量文字才能表述清楚。星星的位置比圆圈高，这意味着同样的选举事实如今可以转化成远比10年前多的共和党席位。2010—2012年，威斯康星州的政治局势没有发生任何异变，唯一的不同之处就在于选区地图。

密室里的另一名地图绘制者塔德·奥特曼在共和党党团会议上说："我们表决通过的地图将决定10年后谁会坐在这里……我们有机会也有义务绘制出共和党几十年来都不曾拥有的选区地图。"这番话的重点在于，这不仅是一个机会，还是一项义务。它意味着，一个政党的首要责任是保护自己的利益不受潜在敌对选民一时冲动行为的影响。划分选区以确保你本人或你所在党派利益的做法被称为“格里蝾螈”行为，这也是你在竞选中拿下威斯康星等摇摆州的有效方法。与艾奥瓦和肯塔基等保守州相比，共和党在摇摆州拥有更大的州众议院席位优势。

这公平吗？

简短的回答是：不公平。

而详细的回答需要用到一些几何知识。

衰败选区和“格里蝾螈”行为

每个公民的意见都要在国家的决策中得以体现，这是民主政府的基本原则。就像所有好的原则一样，这条原则也是说起来容易做起来难，执行起来几乎不可能让人人都满意。

原因之一是，现代政府规模庞大。即使是一个中等规模的城市，也不可能把区划、学校课程、公共交通和税收等方面的决策全部通过全民表决的方式做出。当然，也有变通方法，例如，刑事案件可以交给随机挑选的 12 个人来判决。在美国城市和州的日常管理中，决策大多在政府机构内部做出，选民只是偶尔和间接地参与其中。但当涉及立法（政府行动的基础）时，有不少国家采取的是代议制，即民众选出一定数量的议员，并委托他们代为发表意见。

如何选择这些代表呢？从这个环节开始，细节变得至关重要。具体的做法多种多样。菲律宾选民为候选人投票，其中票数最高的 12 人入选参议院。在以色列，每个政党列出一份议员提名名单，由选民票选出一个政党，而不是某个候选人；然后，每个政党根据其普选得票率在议会中获得相应数量的席位，并按照其提交的名单顺序填满这些席位。但最常见的做法之一是，将人口划分成不同的选区，每个选区选出一名代表。

在美国，选区是按照地理位置划分的，但划分方法并非仅此一种。在新西兰，毛利人有自己的选区，这些选区叠加在一般选区之上。每次选举时，毛利选民既可以在自己的选区投票，也可以在其居住地所属的一般选区投票。又或者，选区的划分可以完全不考虑地理位置因素。罗马共和国的元老院依据财富等级来划分选民。在爱尔兰上议院中，有3个席位只有都柏林圣三一学院的学生和毕业生才有投票权，还有3个席位则只有爱尔兰国立大学的校友才有投票权。在伊朗议会中，犹太人拥有自己的席位。

作为一个美国人，我受到的教育力图让我认为美国现行的选区划分方案就是唯一合理的方式。所以，自由地思考可以用哪些不同的方式划分美国的选民，在我看来是一件惬意的事情。如果州议会选区的划分不是按照地理位置，而是按照年龄组呢？在政治优先权和价值观方面，我和谁拥有更多的共同点，是那个住在离我家10英里的退休老人，还是那个49岁、人生剩下的时光跟我差不多、孩子年龄相仿但住在这个州另一边的家伙呢？议员们是否有必要"生活"在按时间先后顺序划分的选区里呢？（如果是，这将巧妙地解决现任议员因为惰性而永远待在办公室里的问题。除非代表们的出生日期分布得极其均匀，否则随着时间的推移，现任议员在跨越年龄组时相互之间肯定会争斗不断。）

一方面，美国的各个州至少在形式上是半自治政府，有各自的特殊利益。另一方面，州内的各个选区只是一块块没有多大意义的土地。在我的居住地威斯康星州第2国会选区，没有人穿印有WI-2字样的运动衫，也没有人能从它的形状上识别出这个选区。至于我所在的州议会选区，我不得不查一下，才能确定我没有记错它的编号。这些选区必须以某种方式确定下来，尽管它们缺乏内在的政治认同。总要有人把整个州划分成若干个部分，这个过程叫作"划分选区"。它是一项耗时的技术性工作，需要用到电子表格和地图。它不适合制作成优质的电视节目，长期以来一直没有引起公众的注意。

而现在，情况变了。原因在于，当下我们理解了一个过去从未真正理解的事实：州选区的划分方式，对谁最终入选州议会能够产生重要影响。这个既有数学意义又有政治意义的事实意味着，手里握着这把"剪刀"的人对谁当选拥有巨大的决定权。那么，是谁在挥舞着这把权力的

“剪刀”？在大多数州，扮演这个角色的人是议员。原则上应该由选民来选择代表，但在很多情况下，其实是代表在选择选民。

从某种程度上说，负责划分选区的人显然拥有很大的权力。如果我能完全掌控威斯康星州的选区划分权，我就可以按照自己的意愿划分人口，找到一群志趣相投的人，宣布他们每个人自成一个选区，然后让其他所有人组成另外一个选区。我精心挑选的这些候选人会把票投给自己并掌控州议会，这样一来，州议会里至多会有一个反对的声音。

这显然是不公平的。当然，威斯康星州民众（除了那一群人之外）有理由认为该州的决策没有代表他们本身的利益。它也很荒谬，所有民主政府都不应该以这种方式运行。当然，已经在这样做的政府除外。例如，英国有存续了几百年之久的“衰败选区”，尽管它们式微到几乎空无一人，但仍能如期选出议员。邓尼奇曾经和伦敦一样大，后来一点一点地沉入北海，到 17 世纪就基本废弃了，但每次选举仍会选送两名下议院议员，直到首相、辉格党领袖格雷伯爵在《1832 年改革法案》中取消了该选区，当时邓尼奇只有 32 位选民。不过，它还不算最衰败的选区。旧塞勒姆曾是一个繁荣的以大教堂闻名的小镇，但在新的索尔兹伯里大教堂建成后，它就失去了存在的理由。1322 年，它成了一座空城，建筑也被悉数拆毁。然而，在长达 500 年的时间里，旧塞勒姆一直有两名议员，他们是由拥有这座荒芜小镇的富有家族选送的。就连一向崇尚传统的埃德蒙·伯克也声称有必要对其进行改革：“代表的数量多于选民，这个事实告诉我们，那里曾经是一个交易场所……但现在你只能从那些残垣断壁中找到街道的痕迹，它制造的唯一‘产品’就是议员。”

相比之下，北美十三州的选区划分更理性，不过仅此而已。尽管没有衰败选区，代表的比例却显著不同。托马斯·杰斐逊曾抱怨弗吉尼亚州的选区大小不等，他坚持认为“只在政府的每个成员对政府关心的问题都有平等的发言权时，它才是一个均衡的共和政体”。进入 20 世纪后，巴尔的摩市仅拥有马里兰州参议院 101 个席位中的 24 个，尽管巴尔的摩人占该州人口的 50%。马里兰州司法部部长（巴尔的摩本地人）艾萨克·斯特劳斯曾请求修改宪法，赋予巴尔的摩平等的代表权。他引用了托马斯·杰斐逊和埃德蒙·伯克的话，并追问道："肯特县拥有的代表数是巴尔的摩市的29倍，谁能解释一下，它依据的是公正、伦理、法律、政治、哲学、文学、宗教、医学、物理学、解剖学、美学或艺术原则中的哪一个？"

（为了避免给你留下斯特劳斯是一位有原则的民主拥护者的印象，我有必要做一些补充说明。同样是在1907年的这次演讲中，斯特劳斯声称："马里兰州有一大批不负责任的文盲选民，他们是通过南北战争而非马里兰州的任何法案成为选民的。不仅如此，他们还坚决反对修订联邦宪法。"基于此，他建议进一步修订宪法，要求对选民进行读写能力测试，以减少"这种恶行"。有些读者可能不太熟悉美国政坛惯用的暗语，他所说的那些文盲选民其实就是黑人。）

直到1964年，在雷诺兹诉西姆斯（Reynolds v. Sims）一案中，美国联邦最高法院驳回了亚拉巴马州议会选区划分方案，美国的不平等代表权时代才宣告结束。亚拉巴马州法律按县分配代表名额，依据这个原则，朗兹县和杰斐逊县各分得一个州参议员名额；但是，朗兹县有15 417名居民，而包含伯明翰市在内的杰斐逊县有60多万人。为亚拉巴马州辩护的W. 麦克莱恩·皮茨警告说，推翻选区地图意味着"人口密集的大县将在一人一票原则的基础上牢牢地掌控着亚拉巴马州议会，而农村地区的人们在自己的政府中则没有任何发言权"。联邦最高法院的看法与皮茨迥然不同，以8∶1的投票结果裁定亚拉巴马州剥夺了大县选民受选举法"平等保护"的权利，违反了《美国宪法第十四修正案》。

平等代表权的规定意味着，我们不能通过禁止政府改动选区边界来阻止"格里蝾螈"行为，因为改动选区边界是法定义务。人们从一个地方搬到另一个地方，年迈者寿终正寝，年轻人生儿育女，有些选区人口激增而有些选区人口凋零，当下一次人口普查到来时，上一次划定时合法的边界就变得违宪了。以0结尾的年份之所以如此重要，正是出于这个原因。

麦克莱恩·皮茨原则——"难道仅仅因为人数多，伯明翰人在立法方面就应该享有更大的权利吗？"——在现代人看来似乎很可笑，但它仍然是美国人面临的现状。每个州都有两名参议员，无论是人口最少的怀俄明州还是人口最多的加利福尼亚州。这种情况从一开始就备受争议，亚历山大·汉密尔顿在《联邦党人文集》的第 22 篇中抱怨道：

> 所有按照比例的观点，所有关于公平代表权的规定，都在谴责一个原则。它导致罗得岛州在权力的天平上拥有与马萨诸塞州、康涅狄格州或纽约州同等的分量，它导致特拉华州在国事审议方面拥有与宾夕法尼亚州、弗吉尼亚州或北卡罗来纳州同等的发言权。只要运用这个原则，就会违背共和政府的基本准则，即多数派应当占有优势……还有可能造成这样一种情况：州议会中的多数派却是美国民众中的少数派。但是，2/3 的美国人不可能出于对人为的选区划分方案的信任，而长期将自己的利益交由另外 1/3 的美国人来操控。

历史已经证实了汉密尔顿忧愤不平的假设：26 个小州的 52 名代表占据了美国参议院的多数席位，却只代表了不到 18% 的美国人口。

这种情况不仅限于参议院。无论多么小的州，都至少拥有 3 张选举人票，而选举人团最终会决定谁当选美国总统。怀俄明州的 57.9 万人拥有 3 张选举人票，这意味着每张选举人票代表了 19.3 万怀俄明人。而加利福尼亚州有将近 4 000 万人和 55 张选举人票，这意味着每张选举人票代表了 70 多万加州人。

你的奉行激进主义的朋友可能会经常提醒你，这是有意为之。在全国普选中获得多数票的候选人当选美国总统，这种想法对今天的大多数美国人来说似乎是顺理成章的，对那些找尽理由支持选举人团制度的人来说亦如此。但开国先贤对这种想法几乎毫无兴趣，詹姆斯·麦迪逊就是一个典型代表。尽管他支持全国普选，但也只是因为在他看来其他选择更加糟糕。人口小州担心只有来自人口大州的候选人才有机会当选。南方人（麦迪逊人除外）不希望全国普选削弱他们来之不易的“五分之三妥协”[①]，因为这项协议允许他们从大量被奴役和被剥夺公民权的黑人中获得额外的国会席位。然而，一旦采取全国普选和选举人团制度，那些州就无法从没有投票权的人那里获得任何权力。

这种总统选举方式导致了充满恶意的分裂，该状况一直持续到漫长的 1787 年夏。在美国制宪会议召开期间，一个接一个计划被提出，然后又一个接一个被否决。马萨诸塞州的埃尔布里奇·格里建议，由各州州长投票选出美国总统，其手中选票的权重依据该州的人口规模而定，但他的提议被彻底否决了。同样地，由州议会或国会或随机挑选的 15 名国会成员组成的委员会选出美国总统的建议也遭到了否决。由于大多数人都无法达成一致，最终总统选举和其他一些有异议的问题的决策权，被推托给了“未竟事务委员会”（the Committee on Unfinished Parts），该组织由 11 名不幸的成员组成。应该说，美国的选举制度并不是开国先贤集体智慧的完美体现，而是他们在精疲力竭之后勉强达成的一个折中方案。想象一下，你去日托中心接孩子的时间马上就到了，而你还在参加一个冗长的会议，并且在会议形成一份政策文件和所有与会者喃喃抱怨着签完字之前你不能早退。如果你有过这种经历，就能充分理解选举人团制度是如何形成的。

即使你赞同不平等代表权是选举人团制度的一部分，你也应该知道，自《1787 宪法》制定以来，不平等程度变得更严重了。在 1790 年的全美人口普查中，最大的弗吉尼亚州的人口是最小的罗得岛州的 11 倍。而现在，加利福尼亚州的人口差不多是怀俄明州的 68 倍。如果罗得岛州的大小只有原来的 1/6，制宪会议还会赋予它那么大的任命参议员和选举人团成员的权力吗？

也许，减少选举人团制度的不平等程度的最简单方法，就是增大众议院的规模。1912 年有 435 名众议员，现在还是 435 名众议员，而美国的国土面积已经比那时扩大了 2 倍。一个州的选举人团成员数量就是该

① 美国的《1787 宪法》在制定之初，存在着“五分之三妥协”，即把 5 个黑人折合成 3 个人来计算南方各州的人口总数。——译者注

州的众议员和参议员的总人数。假设众议院有 1 000 名议员，其中 120 名来自加利福尼亚州，2 名来自怀俄明州，那么加利福尼亚州拥有 122 张选举人票，即每 32.4 万加利福尼亚人拥有一张，而怀俄明州拥有 4 张选举人票，即每 14.45 万怀俄明人拥有一张。这仍然不平等，但不像以前那么不平等了。增大众议院的规模不会改变开国先贤的任何一项计划，众议院却会因此变得更具代表性，选举人团也能更好地按照选民的意愿投票。

虽然现在的选举人团制度不平等，但过去的情况更糟糕。内华达地区于 1864 年加入联邦，成为美国的第 36 个州，当时它只有大约 4 万名居民，而纽约州的人口是它的 100 多倍。这种巨大的差异并非偶然。在 1864 年美国大选前夕，尽管内华达地区人口稀少，但亚伯拉罕·林肯和共和党人极力推动它成为美国的一个州。考虑到三位主要的候选人可能会分散选票，以至于把总统选举权移交给众议院，他们必须让可靠的内华达地区的共和党人在众议院有发言权，尽管这与它的实际人口数量不成正比。就这样，内华达地区在大选开始的几周前变成了美国的一个州，并尽职尽责地把选票投给了“诚实但必要时精于盘算的林肯”。虽然内华达州最终变大了，但那是相当长一段时间后的事了。1900 年，它的人口仍然只是纽约州的 1/171，在该州 36 年的历史中，参议院代表团只选送过一个民主党人到华盛顿，而且任期只有一届。

这种比例失衡的问题可能会被一种情况掩盖：有些州其实很小，看起来却很大。在共和党政客喜欢展示的美国地图上，从东海岸到西海岸几乎是一整片共和党的红色海洋，而民主党的大本营加利福尼亚州和东北部只是沿海岸线的一道蓝色海浪。从这个角度看，怀俄明州仅有两名参议员是相当不公平的——看看怀俄明州有多大！

当然，这是由地图的绘制方式造成的人为现象。参议员代表的是民众，而不是土地。我们已经遇到了“格陵兰岛太大”的问题，因为像墨卡托投影这样的标准地图会导致面积失真，以至于某些区域看起来比其实际占地面积要大。如果我们根据每个州的人口而不是面积，在地图上给各州分配一定的空间，从而更准确地呈现它们在参议院应有的代表人数，会怎么样？几何学可以做到这一点，这种地图叫作“选区划分统计图”。

图 14–4 清楚地表明，即使在今天，美国仍然有大量人口生活在最初的北美十三州；而且，大平原的“腰部”其实非常细。

图 14–4

宾夕法尼亚州选民在总统选举方面的影响力可能不如新罕布什尔州选民，但却是居住在波多黎各、北马里亚纳群岛或关岛的美国人的无穷倍。（虽然有公民意识的关岛人没有选举人票，但他们每年都举行总统候选人初选和总统大选。2016 年，他们的投票率为 69%，仅次于美国的三个州。）

你可能会把参议院和选举人团视为一种标准化考试，或者是一种代表民意的可量化指标。跟所有标准化考试一样，它们虽然可以粗略地实现测量目标，但也会受到操控。它们以固定形式存在的时间越长，人们就越善于操控它，并习惯性地认为考试本身才是真正重要的东西。有时我会想象遥远的未来：由于气候变化和不加约束的污染，整个美国只生活着少数百岁以上的生化电子人，他们被保存在有净化空气的箱子里，每到偶数年就会被身体内的机器部件唤醒一次，其清醒时间刚好够选举出受宪法保障的国会议员。报纸仍会发表评论文章，颂扬开国先贤凭借敏锐的洞察力设计出了对美国人如此有益且持续时间如此长的自治制度。

现在美国的各个州基本上是固定的，我们永远不可能以高度合理化的机器划分方式，把美国重新划分成若干等大的区域，让怀俄明州和更大的查塔努加在立法方面享有平等的发言权。所以，有些州比其他州小得多的情况还将继续存在。相比之下，在后雷诺兹时代，州议会选区的大小大致相同。这削弱了选区划分者的权力，使其无法厚颜无耻地通过建立衰败选区来维护他们的政治利益。但这个问题并未被根除，首席大法官厄尔·沃伦在雷诺兹案的多数意见书中写道：“无差别的选区划分——不考虑行政区域、自然或历史界线——可能无异于向各党派的‘格里蝾螈’行为发出公开邀请。”

他的看法得到了证实。对那些绞尽脑汁地提升其党派政治利益的议员来说，可用的搞鬼手段有很多。下面我们来看看“克雷奥拉州”（Crayola）的情况吧。

哪个政党是克雷奥拉州的当权派?

假设在克雷奥拉州，有两个政党在争权夺利：橙党和紫党。该州有一定的政治倾向性，表现为 100 万选民中有 60% 的人支持紫党。克雷奥拉州有 10 个议会选区，每个选区都会选送一名参议员到位于“克罗波利斯”（Chromopolis）的州议会履行宪法赋予的庄严职责。

表 14–1 展示了将克雷奥拉州的选民划分成 10 个选区的 4 种方案：

表 14–1

	方案 1		方案 2		方案 3		方案 4	
	紫党	橙党	紫党	橙党	紫党	橙党	紫党	橙党
第 1 选区	75 000	25 000	45 000	55 000	80 000	20 000	60 000	40 000
第 2 选区	75 000	25 000	45 000	55 000	70 000	30 000	60 000	40 000
第 3 选区	75 000	25 000	45 000	55 000	70 000	30 000	60 000	40 000
第 4 选区	75 000	25 000	45 000	55 000	70 000	30 000	60 000	40 000
第 5 选区	75 000	25 000	45 000	55 000	65 000	35 000	60 000	40 000

（续表）

	方案 1		方案 2		方案 3		方案 4	
	紫党	橙党	紫党	橙党	紫党	橙党	紫党	橙党
第 6 选区	75 000	25 000	45 000	55 000	65 000	35 000	60 000	40 000
第 7 选区	35 000	65 000	85 000	15 000	55 000	45 000	60 000	40 000
第 8 选区	35 000	65 000	85 000	15 000	45 000	55 000	60 000	40 000
第 9 选区	40 000	60 000	80 000	20 000	40 000	60 000	60 000	40 000
第 10 选区	40 000	60 000	80 000	20 000	40 000	60 000	60 000	40 000

在这 4 种方案中，每种都把克雷奥拉州分成了 10 个大小相等的选区，每个选区有 10 万选民；支持紫党的选民总计有 60 万人，而支持橙党的选民总计有 40 万人。但是，每种方案产生的议会席位占比情况会大相径庭。在第一幅选区地图中，紫党赢得 6 个席位，橙党赢得 4 个。在第二幅地图中，橙党赢得 10 个席位中的 6 个。在第三幅地图中，紫党获得了 7：3 的多数席位优势。在最后一幅地图中，橙党被彻底排除在外，紫党在议会中不会听到任何反对的声音。

哪一种方案是公平的？

这不是一个反问句，而是希望大家认真思考一下。面对社会难题，如果不仔细想想我们要实现的目标是什么，即使你读了几十页相关内容，也会毫无头绪。

我希望你能明白，这个问题没有显而易见的答案。我做过很多关于选区划分的演讲，所以我经常提问这个问题，也得到了各种各样的答案。大多数人几乎总是最喜欢方案 1，并认为方案 2 最不公平，因为橙党在议会中占据了多数席位，代表的却是少数人。但有一次当我面对一群一神论者做演讲时，他们认为方案 4 显然是最糟糕的，因为有一个政党被完全剥夺了参与权。而且，这群一神论者并非唯一持有这种观点的人。

这是一个数学问题吗？我们不能说它不是一个数学问题，但它也是一个法律、政治和哲学问题，这些因素不可分割地交织在一起。数学界有一个不起眼但由来已久的传统，就是把选区划分问题当作一道纯粹的几何练习题，例如，“如何沿直线将威斯康星州分割成若干个人口相等的多边形？”你可以做到，但你不应该这样做，因为由此得到的选区与现实世界中的政治事实毫无关系。这些选区可能有讨人喜欢的几何性质，但它们会将有些城市和社区一分为二，还会跨越县界。在威斯康星州和其他许多州，这是宪法禁止的行为，除非你为了使选区人口相等而不得不这样做。

但是，如果律师和政客在考虑重划选区时忽视了数学因素，结果也好不到哪里去。总的来说，这正是选区划分问题直到最近才得以解决的原因。要想正确地划分选区，除了深入研究数和形状之外别无他法。

观察一下克雷奥拉州的 4 个选区划分方案对应的那些数字，就能十分清楚地看到“格里蝾螈”行为遵循的基本定量原则。如果由你来负责划分选区，你肯定想把支持你对手的选民都塞进他们占据优势的那几个选区。如果你能把这些反对者从以前竞争激烈的邻近选区划分出去，让你的政党在那里占据优势，就再好不过了。对于支持你的选民，你肯定想把他们精心地分配到更多的选区中去，使他们在那里占据相当稳妥的多数优势。以方案 2 为例，紫党的大多数选票都集中在橙党获胜无望的 4 个选区，而其他 6 个选区则以 55∶45 的可靠优势支持橙党。

威斯康星州就属于这种情况。沃基肖县和密尔沃基县之间的界线是该州最牢固的政治界线之一。在选举年，如果你从麦迪逊驾车向东行驶，去观看一场密尔沃基酿酒人队的棒球比赛，刚穿过第 124 大道，庭院里的标志就立即从共和党的红色变成了民主党的蓝色。在 2010 年及以前，选区界线基本上与县界重合，西边的沃基肖县是支持共和党的选区，而密尔沃基县是支持民主党的选区（见图 14–5）。但是，2011 年颁布的选区地图改变了这一切（见图 14–6）。

现在的第 13、14、15、22、84 选区都越过了县界，将一小部分民主党选民划入了沃基肖县的共和党选区。自建立以来，这 5 个选区的代表一直是共和党人，直到 2018 年前牧师萝宾·维宁代表民主党，以不到 0.5 个百分点的优势在第 14 选区获胜。完全位于密尔沃基县内部的选区数量从 2001 版地图上的 18 个减少至 13 个，支持民主党的有 11 个，而共和

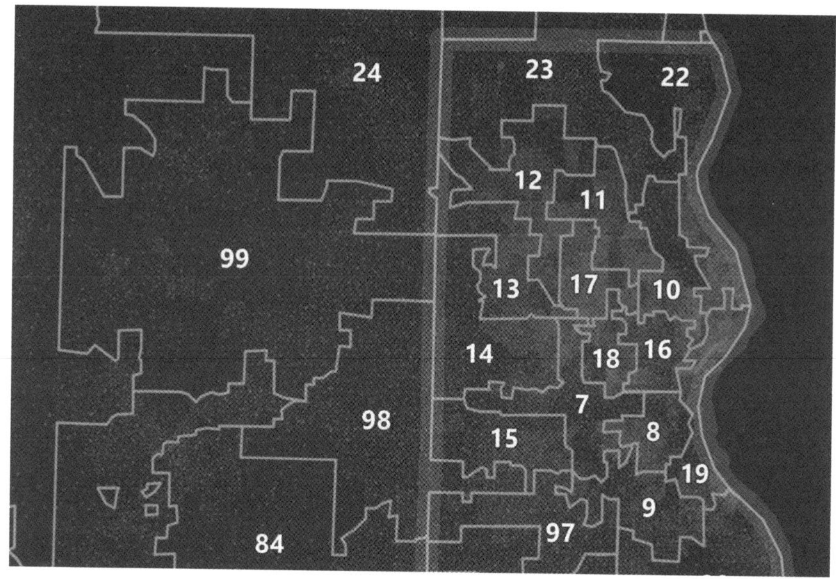

图 14-5　2001 版选区地图

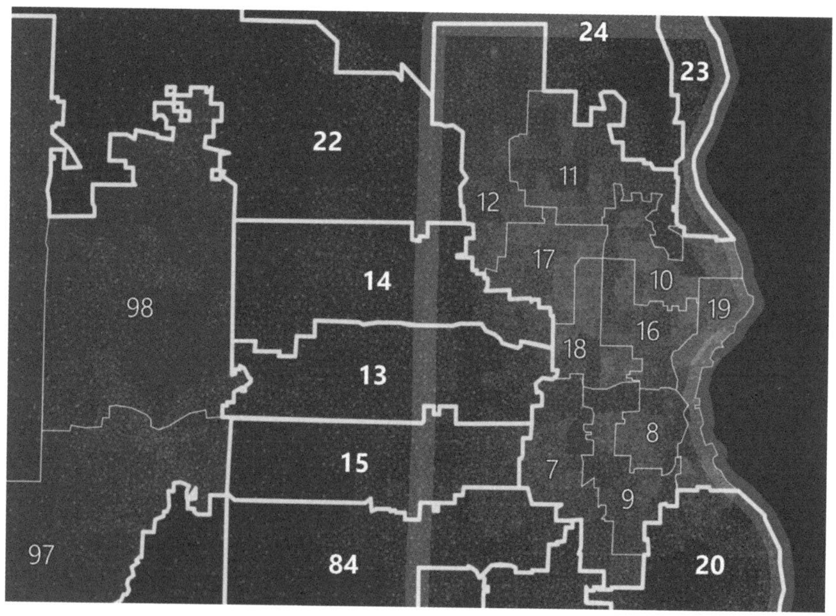

图 14-6　2011 版选区地图

党在其中 10 个选区毫无竞争力可言，以至于 2018 年没有选派候选人参加竞选。

俗话说，政治不是玩豆子袋游戏。从某种角度看，其中没有不公平之处。州议会选举是一场谁占有优势谁就可以随时改变规则的游戏，没有对错，只有输赢。但是，大多数人（其中包括联邦法官）都认为应当谨防“格里蝾螈”行为。几乎从斯科特·沃克签署威斯康星州 43 号法案那一刻起，2011 版选区地图就成了法院质疑的对象。2012 年，法官对其中两个选区进行了修改，以减少该地图对密尔沃基县的拉丁裔选民的敌意。判决书的开头写道，“威斯康星州曾经以其谦恭有礼和善政传统而闻名”，并认为地图绘制者声称他们没有党派偏见的说法“可笑至极”。2016 年，威斯康星州西区联邦地区法院的一个由三名法官组成的合议庭否决了 2011 版选区地图，并将其视为违反美国宪法的“格里蝾螈”行为的典型案例。这个判决被上诉至美国联邦最高法院。长期以来，联邦最高法院致力于寻找一个合理的法律标准，用于衡量党派的“格里蝾螈”行为是否过度。此后，数学、政治、法律和动机性推理之间发生了激烈的碰撞，其对美国政治的影响持续至今。

从艺术到科学的演变

如果你听说过“格里蝾螈”，那么你知道的很可能是下面这两个事实。第一，它是由埃尔布里奇·格里发明的，他作为州长参与了马萨诸塞州的选区划分工作，旨在帮助民主党和共和党在 1812 年的选举中击退联邦党；第二，它与蜿蜒曲折、奇形怪状的选区界线有关，例如马萨诸塞州的那个蝾螈形状的选区，一位漫画家戏称它为“格里蝾螈”。

但在美国，不公平的选区划分行为早在“格里蝾螈”这个词和格里这个人之前就已经存在了。1907 年，芝加哥大学历史学系的埃尔默·卡明斯·格里菲斯在他的博士毕业论文中写道，这种做法至少可以追溯到 1709 年的宾夕法尼亚州殖民地议会。在美国历史上，最臭名昭著的出于政治动机的选区划分事件是由帕特里克·亨利（没错，就是那个发表

《不自由，毋宁死！》演讲的帕特里克·亨利）主导的，他意欲保持对弗吉尼亚州议会的铁腕控制，原本支持自由的态度也变得不再坚决。亨利强烈反对美国的《1787 宪法》，在 1788 年的选举中，他决心将宪法的主要缔造者之一詹姆斯·麦迪逊赶出国会。在亨利的授意下，麦迪逊的家乡所在县与 5 个违宪的县被划在了同一选区，亨利希望这些县把票投给麦迪逊的对手詹姆斯·门罗。该选区到底有多不公平，这个问题至今仍存在争议，但毫无疑问，麦迪逊及其盟友认为亨利使用了肮脏的手段。麦迪逊进入国会的路并不像他希望的那么顺利，他不得不从纽约回到家乡，连续数周在那个选区内四处奔波去参加竞选活动，严重的痔疮导致他行动不便。1789 年 1 月，麦迪逊与门罗在户外面对着一群路德派信徒做辩论时，他的脸还被冻伤了。不管是否存在“格里蝾螈”行为，麦迪逊最终取得了胜利，部分原因在于他以 216∶9 的票数优势赢得了他的家乡奥兰治县的支持。

所以，当格里不公平地划分选区时，这已然不是什么“创新之举”了，而是一种成形的政治技术。到 1891 年，这种做法与其他形形色色的选举伎俩交织在一起且愈演愈烈，以至于本杰明·哈里森总统在国情咨文中警告说：

> 如果有人要求我声明我们国家面临的主要危险是什么，我会毫不犹豫地说，是通过压制或扰乱普选制度来推翻过半数控制权的行为。所有人都必须承认，这是实实在在的危险。但是，那些看到这种危险的人，只一味地把责任推到对立党派头上，而不是努力杜绝这类行为。现在，难道我们不能停止这场没完没了、胜负不明的争论，齐心协力地朝着改革的方向迈出一步，消除因为影响总统和国会议员选举而遭到各党派谴责的“格里蝾螈”行为吗？

哈里森对“格里蝾螈”政治背景下的民主做出了恰如其分的描述：“少数派的统治已经确立，只有政治动乱才能推翻它。”

这就引出了一个问题：300 年来，美国的议员们在划分选区时都会迎合自己党派的利益，而民主制度也或多或少地得以延续，为什么现在却极其迫切地要求改革呢？

其中一部分原因在于科技。威斯康星州的一位角逐政坛的老手告诉过我他们以往是如何重划选区的：选区划分专家在一张巨大的会议桌上铺开一幅很大的纸质地图，全神贯注地注视着它，将其中一块移动到这里，将另外一块移动到那里，然后用记号笔标出改动之处，任务就完成了。

“格里蝾螈”过去是一门艺术，现在先进的计算技术使它变成了一门科学。约瑟夫·汉德里克及其地图绘制团队尝试了一幅又一幅地图，微调了一次又一次，但这些工作不是在木制桌子上而是在屏幕上完成的。他们模拟运行了所有可能的选区划分方案，测试它们在各种政治气候下的表现，直到他们在其中一幅地图上达成了一致意见。这幅经过优化的地图，除了在最极端的情况外，其他任何时候都可以保证共和党胜券在握。这个过程不仅速度更快，效果也更好。一位参与起诉该州案件的律师告诉我，2011 版地图的“格里蝾螈”效力是任何一位传统地图专家都望尘莫及的。

更重要的是，在初选中收效良好的“格里蝾螈”地图，会为使用这种手段的政党创造出一批现任议员，其带来的优势要比“格里蝾螈”地图本身能提供的优势大得多。一旦反对党的资助者评估这幅地图的倾向性太过明显以致难以抗衡，他们就会将捐款分配到其他地方，这会让“格里蝾螈”行为的实施者自食恶果。

1986 年，在戴维斯诉班德默（Davis v. Bandemer）案的异议意见书中，大法官桑德拉·戴·奥康纳表示，美国联邦最高法院没有必要干预重划选区的案件。记住，让你的政党在很多选区拥有适度的优势，同时让你对手的政党在少数选区占据优势，这才是一幅好的“格里蝾螈”地图。奥康纳问道，这意味着“格里蝾螈”行为从根本上说是一种冒险的策略，难道不是吗？根据她的叙述，政党在对某个州采取“格里蝾螈”行为时，都会尽量避免冒进，否则就会导致他们的现任议员面临被一场意想不到的政治风暴击垮的巨大风险。她写道：“我们有充分的理由认为，‘格里蝶螈’行为是一种自限性政治行为。”

当时，她可能是对的。但今天的计算能力已经消除了“格里蝾螈”行为的自限性，就像它突破了其他许多限制一样。调整地图不但有可能产生巨大的党派优势，还有可能降低现任议员的政治风险。这不只是因为现代的计算机比Apple II①速度更快，还因为选民也变了。美国人倾向于认为他们可以不偏不倚、冷静客观地评估选票，研究候选人的政策纲领，分析候选人的性格与职位的适配度，然后把选票投给最佳人选。但实际上，他们的选择是可以预测的，而且越来越容易预测。从20世纪中期到80年代的历次美国总统选举来看，在各政党间摇摆不定的“游离选民”的比例一直徘徊在10%左右，而现在这个数字已经下降至5%。选民的稳定性和可预测性越强，政党绘制的“格里蝾螈”地图就越有助于他们维持多数优势和保护现任议员，并足以使这种效力持续到下一次人口普查。还是州议会中的多数派，还是在那间密室里，绘制出一幅全新的“格里蝾螈”地图。

别再踢唐老鸭了！

正如美国联邦最高法院大法官波特·斯图尔特在一个不同寻常的司法环境下说的那样，传统观点认为，你只需看一眼就能把“格里蝾螈”地图识别出来。的确，有些选区的形状怪异突兀，例如伊利诺伊州的第4国会选区，它状如御寒耳罩，包含两个独立区域，由一条一两英里长的高速公路连接在一起。还有一个典型的例子如图14–7所示，它是宾夕法尼亚州的第7选区，俗称“高飞踢唐老鸭”。

该选区被划分成这种形状，是为了聚拢足够多分散的共和党人，从而形成一个支持共和党的选区。其中两个主要的区域由位于“高飞”脚尖处的一家医院连接在一起，而“高飞”的颈部是一家停车场。

---

① Apple II是苹果公司设计制造的第一种普及的微型计算机。——编者注

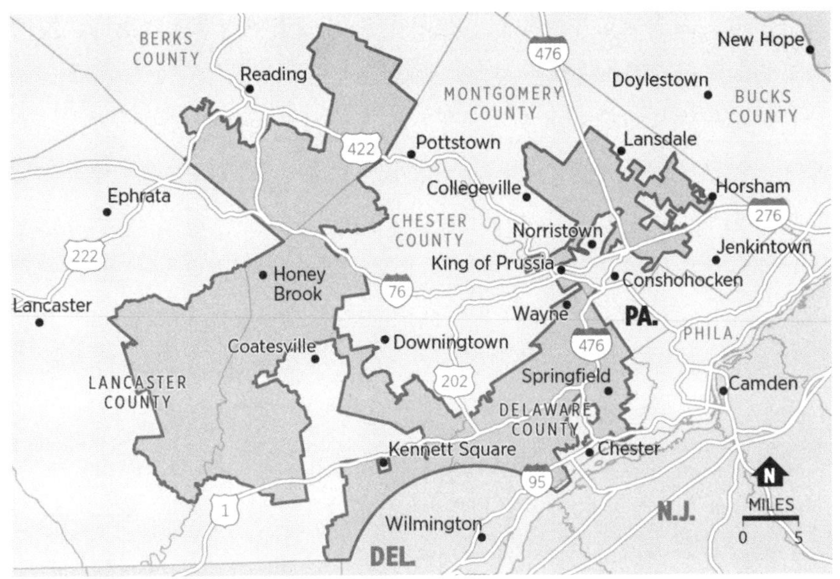

图 14-7

2018 年，该选区作为党派过度采取“格里蝾螈”行为的案例，被宾夕法尼亚州最高法院否决了，这是公平选举和圆形选区的胜利。在重划选区方面，人们普遍认为过度的“格里蝾螈”行为是可以规避的，前提是选区必须有“合理”的形状，这对图谋不轨的议员也能起到一定的限制作用。许多州的宪法甚至规定，地图绘制者要避免划分出像迪士尼乐园那样混乱的选区，例如，威斯康星州宪法要求选区的“形状应尽可能地紧凑”。但这到底意味着什么呢？议员们从未就此达成共识。一味尝试说明什么样的结构是紧凑的，有时反而会让事情变得更加混乱。2018 年，密苏里州选民通过了一项修宪公投，规定“在自然或政治界线允许的条件下，紧凑选区应该呈正方形、长方形或六边形”。毫无疑问，正方形是长方形的一种。那么，密苏里州为何不接受三角形、五边形和除长方形以外的四边形选区呢？（我个人认为，这是密苏里州对自身形状为梯形做出的过度补偿。）

几何学确实提供了一些测量紧凑形状的方法。你的直觉可能会告诉你，像过去的宾夕法尼亚州第 7 选区那样复杂的形状，它们围合面积的效率很低，因为需要用到很长、很复杂和很不规则的界线。也许，我们想要的是面积与周长之比不太大的形状。

每英里周长对应着多大的面积？你可能会认为面积与周长之比越大越好，但这种想法是有问题的。南北长 4 英里、东西长也是 4 英里的正方形选区的周长为 16 英里，面积为 $4 \times 4 = 16$ 平方英里，面积与周长之比为 $16/16 = 1$。但如果你把这个正方形选区扩大到边长为 40 英里呢？它的周长是 160 英里，面积是 1 600 平方英里，面积与周长之比增大到 $1\,600/160 = 10$。

这是一种令人不悦的状况。所以，一个正方形选区的紧凑度不应该取决于它的大小，也不应该取决于我们究竟是用千米、英里还是弗隆[①]来度量它。无论我们采用何种量化方式去测量正方形选区的紧凑度，它都应该是几何学家所说的“不变量”，不会随这个区域的移动、旋转、放大或缩小而改变。当我们移动或旋转一个正方形选区时，它的周长和面积不会改变，两者之间的比自然也不会改变。但当我们把它放大 10 倍时，它的周长会变为原来的 10 倍，而它的面积会变为原来的 100 倍。在这种情况下，相较于面积与周长之比，面积与周长的平方之比（面积/周长 ^{2}）效果更佳，也就是说，当你把一个正方形选区放大或缩小时，后一个比都不会改变。顺便说一下，跟踪这类事物的一个非常方便的方法是，给所有数都加上计量单位。边长为 40 英里的正方形的周长是 160 英里，面积是 1 600 平方英里，所以面积除以周长的结果不是 10，而是 10 英里，它是一个长度，而不是一个数。

这个比被称作“波尔斯比–波普尔评分”（Polsby-Popper score），它是以两位在 20 世纪 90 年代发现这种相关性的律师的名字命名的，但事实上这个概念出现的时间更早。半径为 r 的圆的周长是 $2\pi r$，面积是 πr^2，所以它的波尔斯比–波普尔评分是：

$$(\pi r^2)/(2\pi r)^2 = \pi r^2 / 4\pi^2 r^2 = 0.079\,577\cdots$$

① 1 弗隆 ≈ 201 米。——译者注

注意，答案与圆的半径一点儿关系也没有。经过约分，r被消掉了，这是不变量发挥作用的结果。对正方形来说亦如此，边长为d的正方形的周长是 $4d$，面积是d^2，它的波尔斯比–波普尔评分是：

$$d^2/(4d)^2 = d^2/16d^2 = 1/16 = 0.0625$$

由此可见，该评分与正方形的边长无关。正方形的评分小于 1/4π，事实上，1/4π是所有形状可以得到的最高波尔斯比–波普尔评分。直觉告诉我们，在周长固定的形状中，圆的面积最大，所以 1/4π的最高评分与我们的这种直觉是一致的。在桌子上放一个绳圈，并在其内部放置尽可能多的东西将它“撑”起来，难道你不认为它会变成圆吗？这个事实是芝诺多罗斯发现的，他还给出了有几分随意性的证法（在欧几里得几何诞生后的 100 年左右的时间里，大多数古代数学家的证法都是这种风格），数学家称之为“等周定理”或“等周不等式”。直到 19 世纪，它才有了符合现代几何学标准的证法。

所以，在衡量选区形状的类圆程度时，你可以把波尔斯比–波普尔评分当作一种可用的量度。不过，你可能会质疑它究竟是不是一个好方法。圆形选区真的比正方形选区好吗？在图 14–8 中，长为 4、宽为 1 的长方形的波尔斯比–波普尔评分是 4/100 = 0.04，这种形状的选区真有那么糟糕吗？

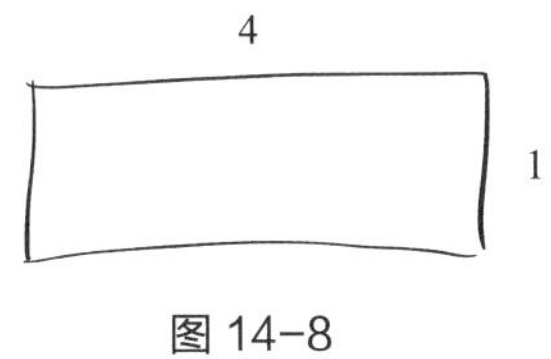

图 14–8

在回答这些问题之前，我们先要弄清楚周长指的是什么。就现实世界中的选区界线而言，有些部分是测绘师画的直线，有些部分则像蜿蜒曲折的海岸线，在不同的比例尺下表现出分形的性质——你测量的精度越高，其长度就越长。所以，选区的优劣不应该取决于标尺的刻度。

我们来尝试另一种方法。从许多方面看，最容易处理的几何图形就是凸形。粗略地说，凸形是只向外弯曲（见图 14–9）而绝不会向内弯曲（见图 14–10）的形状。

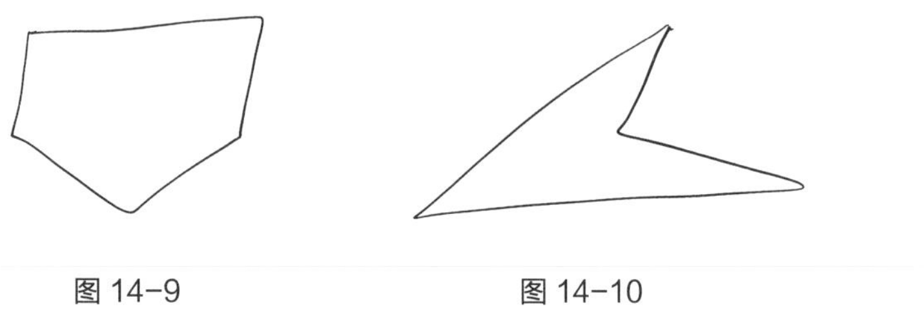

图 14-9　　图 14-10

不过，它也有一个迷人的正式定义：如果一个形状上任意两点间的线段也完全被包含在该形状内部，这个形状就是凸形。（这个定义在二维、三维甚至超出你想象的多维空间中都成立。）根据定义，你会发现图 14–11 中的形状不能通过线段测试。

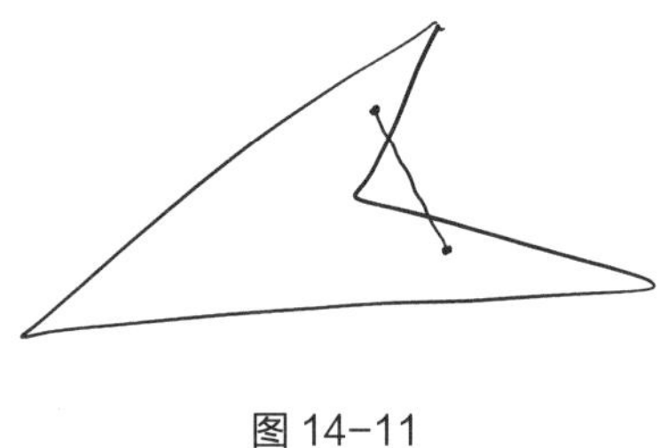

图 14-11

形状的“凸包”是指连接形状上任意两点的所有线段的并集（union），如图 14–12 所示。

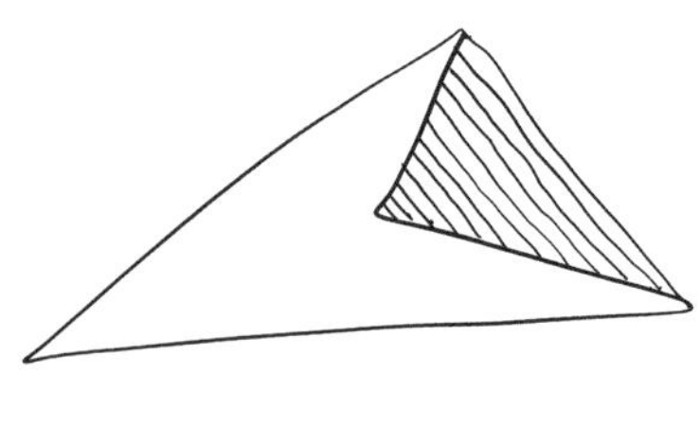

图 14-12

你可以把它理解成“填充所有非凸的地方”，或者把它想象成用保鲜膜将形状严严实实地包裹起来。高尔夫球的凸包是球体，球表面的凹处都被填平了。如果你并拢双腿，把胳膊贴在身体两侧，你的凸包就会紧紧地包裹着你；但如果你朝不同方向伸展四肢，你的凸包就会变大很多。

选区的“人口多边形评分”，是指居住在该选区内的人数与居住在该选区的凸包内的人数之比。“高飞”和“唐老鸭”的凸包包含了所有居住在“高飞”和“唐老鸭”之间区域内的人，所以该选区的评分很低。

人口多边形评分是波尔斯比–波普尔评分的改良版，因为它考虑了选民的实际居住地。但是，作为限制“格里蝾螈”行为的一种方法，强制要求紧凑度也会导致一个更深层次的问题，那就是它根本不起作用。在纸质地图时代，人们可能不得不求助于怪异的选区形状来获得他们想要的选民组合，现在则不然。只需要花一下午的时间，地图软件就可以帮你评估 100 万幅地图，并从中挑选出形状美观又能达成你的目标的地图。例如，密尔沃基周围的那些“格里蝾螈”选区看上去都是无辜的准长方形，而且用任何一种量化方法去测量其紧凑度，都能得到说得过去的评分。

桑德拉·戴·奥康纳曾经写道，当涉及州议会选区时，“形状的确很重要”。形似蝾螈的选区让人们产生了一种看法：除了民主理念之外，还有其他东西在起作用。我认为，用一幅同样倾向某党派但不太惹眼的地图替代“高飞踢唐老鸭”，对民主理念依然起不到支撑作用。我猜测，让选区结构变得紧凑还有一些更好的理由，例如，到州议员办公室的平均车程会更短，或者选民优先关注的政治问题的一致性会适度增加。但即使有关选区紧凑度的规定对明目张胆的“格里蝾螈”行为有一定的约束作用，也只是因为其本身就是制约因素。地图绘制者拥有的选择越少，他们肆意操控选举结果的可能性就越小。这并不是因为圆形选区本身就更公平，而是因为要把一个州划分成多个圆形选区，可供选择的方案会少得多。

我们现在知道了，传统的紧凑度测量法不足以阻止政党为了自身利益而在选区地图上做手脚，其有效性也不比雷诺兹诉西姆斯案要求各选区人口相等的做法更高。当然，你可以更严格地执行紧凑度测量法，使其对选区划分的要求更严苛，或者实施打破县界的州法律，或者干脆建立专断的规则（比如，“每个选区的登记选民数必须是素数”），不给陷入十年一次的“格里蝾螈”周期的议员们留下回旋的余地。但是，这种专断的规则在政治上并不可行。如果策略的目标是阻止“格里蝾螈”行为，它就必须直接针对“格里蝾螈”行为。这意味着我们需要找到一种合适的度量，它测量的不是选区人口相等与否，也不是选区形状的紧凑度，而是选区划分的不公平程度。这是一个更棘手的问题，但几何学可以帮助我们达成目标。

把晶砂人划分出去！

用亨利·门肯的话说，应用数学中几乎每个有趣的问题都有一个简单、优雅但不正确的答案。对于选区划分，这个答案就是“比例代表制”，即政党在州议会中的席位占比应该等于其候选人的普选得票率。围绕“什么是公平的选区地图”的问题，比例代表制直截了当地给出了定量答案，而且广受欢迎。据《华盛顿邮报》报道，在 2016 年威斯康星州的州议会选举中，共和党候选人仅获得了 52% 的选票，而共和党却赢得了 65% 的席位。文章写道：“考虑到选票数和席位数之间的差异，共和党似乎因为‘格里蝾螈’地图而获益。”言外之意是，如果数字不匹配，就肯定存在某些臭不可闻的政治伎俩。

比例代表制是人们倾向于选择克雷奥拉州选区划分方案 1 的原因：紫党获得了 60% 的选票，并在州议会中赢得了 60% 的席位。

但是，如果选区地图绘制得很公平，其结果就一定是比例代表制吗？答案几乎是否定的。以怀俄明州参议院为例，按照某些衡量标准，怀俄明州是共和党所获支持率最高的州。2016 年，该州 2/3 的选民把选票投给了唐纳德·特朗普；在 2018 年的州长竞选中，仍然有 2/3 的选民把选票投给了共和党候选人。但共和党人在该州参议员中的占比并不是 2/3，共和党参议员有 27 名，而民主党参议员只有 3 名。我们应该认为这不公平吗？如果一个州有 2/3 的人是共和党人，那么这个州的几乎每个地理区域对共和党的支持率可能都很高。在政治方面完全同质的极端情况下，全州每个城镇的每个社区都有相同比例的民主党人和共和党人，在普选中获得多数票的政党将赢得州议会的所有席位，这就是克雷奥拉州选区划分方案 4 的情形。由此可见，一党制议会并不是“格里蝾螈”行为的结果，而是因为该州的选民分布出奇地一致。

爱达荷州在美国国会有两个代表，夏威夷州亦如此。在过去 10 年里，爱达荷州的代表都是共和党人，而夏威夷州的代表都是民主党人。我认为这并不奇怪，尽管这两个州支持多数党的选民比例更接近 50%而非 100%。我还认为，即使你以公平的方式将爱达荷州划分成两个选区，也不会出现一个选区支持共和党而另一个支持民主党的结果。我甚至认为你不可能划分出一个形状不那么滑稽的选区，既能让它占据爱达荷州的一半，又能让民主党拥有多数优势。

你考虑过自由党的困境吗？支持自由党众议员候选人的美国选民的比例始终徘徊在 1%左右，但从来没有一个美国众议员是自由党人，更不用说比例代表制建议的 3~5 个了，因为没有一个城市甚至是社区支持自由党。在选举结构与美国非常相似的加拿大，这种差异更加明显。在 2019 年的加拿大联邦选举中，新民主党获得了 16%的选票，而魁北克集团仅获得了 8%的选票，但魁北克集团的选民都集中在一个省，因此该政党在议会中占据的席位远多于新民主党。

顺便说一句，加拿大虽然有一个联邦议会，却不存在“格里蝾螈”行为。这并不是因为加拿大人比美国人更友好，而是因为加拿大自 1964 年起就将选区划分工作分配给了无党派委员会。在那之前，加拿大的选区划分存在着和美国一样的问题，不但有政治动机，也很不公平。加拿大首任总理、保守党人约翰·麦克唐纳爵士挥舞着选区划分的剪刀，冷酷无情地削弱他的对手——自由党（昵称“晶砂党”）的权力。1882 年选举时使用的选区地图简直就是“狼子野心，昭然若揭”，以至于多伦多《环球报》刊发了下面这首四音步扬抑格诗，它无疑是有史以来对“格里蝾螈”行为的最清晰的解释。

为了我们的广阔前途，
让我们重新分配
那些拿不定主意的选民。
从晶砂人战无不胜的地方
把他们划分出去，
从我们的大本营抽调人
去加强我们势力薄弱的选区。
这就是强大的保守党领导人
真正的想法！

比例代表制是一种十分合理的制度，许多国家都利用它来组建立法机构。但它不适用于美国，我们也不应该对美国的选举结果会与比例代表制不谋而合抱有期待。尽管如此，比例代表制的幽灵仍然游荡在“格里蝾螈”地图上方。根据一名与会者偷拍的资料，在一次讨论如何绘制有利于共和党的选区地图且不与法官发生冲突的非公开会议上，共和党选举律师汉斯·冯·斯帕科夫斯基警告与会者，当心有人会在法庭上推翻这些地图。

> 他们认为，如果民主党总统候选人在全州普选中获得了60%的选票，民主党就有权占据60%的州议会席位和60%的国会席位。

这种说法是错误的，虽然我不清楚斯帕科夫斯基是否清楚这一点。比例代表制并不是美国改革者主张的标准，那么，标准到底是什么呢？

效率差距和浪费的选票

2004年，美国联邦最高法院审理维耶斯诉朱贝里尔案（Vieth v. Jubelirer），将带有党派倾向性的“格里蝾螈”行为推到了一个奇怪的法律边缘。有4位法官认为，意在谋求党派利益的“格里蝾螈”行为完全不具有可诉性，也就是说，它是一个纯粹的政治问题，联邦法院无权干涉。还有 4 位法官认为，“格里蝾螈”地图严重损害了平等代表权，构成违宪行为。

大法官安东尼 · 肯尼迪的观点成为本案判决的关键。和多数派的意见一致，他也认为“格里蝾螈”地图存在争议，但在可诉性这一重要问题上，他与多数派意见相左。他写道，只要法官有合理的标准，可用于判定地图的不公平程度是否违宪，法院就有职权和职责阻止带有党派倾向性的“格里蝾螈”行为。

我们已经看到，比例代表制不能作为划分选区的标准，紧凑度测量法也不行。于是，改革者从政治学家埃里克 · 麦吉和法学教授尼古拉斯 · 斯特凡诺普洛斯那里学到了一种新方法——“效率差距”。

别忘了，“格里蝾螈”地图之所以能发挥作用，是因为它倾向的政党以微弱的优势赢得了多数选区，同时以明显的劣势输掉了少数选区。你可以将其视为选民的“有效”分配方式，从这个角度看克雷奥拉州的选区划分方案 2，你会发现紫党的效率极差。他们以 85 000∶15 000 的优势赢得了第 7 选区，这对他们究竟有何好处？更好的做法是，把第 7 选区中 10 000 名支持紫党的选民分配到第 6 选区，作为交换，把第 6 选区中 10 000 名支持橙党的选民分配到第 7 选区。这样一来，紫党仍然会以 75 000∶25 000 的压倒性优势赢得第 7 选区，同时以 55 000∶45 000 的优势赢得第 6 选区，而不是以 45 000∶55 000 的劣势输掉第 6 选区。

从紫党的角度来看，第 7 选区富余的那些选票被浪费了。根据斯特凡诺普洛斯和麦吉的说法，“浪费的选票”是指：

1. 在己方政党落败的选区获得的选票。
2. 在己方政党获胜的选区获得的超过 50% 阈值的选票。

在方案 2 中，紫党浪费了大量选票，如表 14–2 所示。

表 14-2

选区	紫党浪费的票数	紫党的票数	橙党的票数	橙党浪费的票数
第 1 选区	45 000	45 000	55 000	5 000
第 2 选区	45 000	45 000	55 000	5 000
第 3 选区	45 000	45 000	55 000	5 000
第 4 选区	45 000	45 000	55 000	5 000
第 5 选区	45 000	45 000	55 000	5 000
第 6 选区	45 000	45 000	55 000	5 000
第 7 选区	35 000	85 000	15 000	15 000
第 8 选区	35 000	85 000	15 000	15 000
第 9 选区	30 000	80 000	20 000	20 000
第 10 选区	30 000	80 000	20 000	20 000

在紫党落败的前 6 个选区，各有 45 000 张选票被浪费了；在第 7 选区和第 8 选区，紫党的票数比获得多数优势所需的票数分别多出 35 000 张，这些选票也被浪费了；在第 9 选区和第 10 选区，紫党的 160 000 张选票中有 60 000 张被浪费了。所以，紫党浪费的票数总计为 400 000 张。

相比之下，橙党的效率高得令人难以置信。在前 6 个选区，分别只有 5 000 张选票被浪费了；在落败的选区，他们也都是大败，在第 7 选区和第 8 选区一共浪费了 3 0000 张选票，在第 9 选区和第 10 选区一共浪费了 40 000 张选票。所以，橙党浪费的票数总计为 100 000 张，比紫党少了 300 000 张。

效率差距是两党浪费的票数之差占总票数的百分比。就方案 2 而言，紫党和橙党的效率差距为 300 000/1 000 000 = 30%。

这是一个巨大的效率差距。在真正的选举中，效率差距通常不超过 10%。一些律师认为，只要效率差距超过 7%，就足以引起法院的关注和调查。

在我们为克雷奥拉州列出的 4 个选区划分方案中，并非每个方案的效率差距都如此悬殊。表 14–3 展示了方案 1（满足比例代表制的那幅选区地图）的选票浪费情况。

表 14–3

选区	紫党浪费的票数	紫党的票数	橙党的票数	橙党浪费的票数
第 1 选区	25 000	75 000	25 000	25 000
第 2 选区	25 000	75 000	25 000	25 000
第 3 选区	25 000	75 000	25 000	25 000
第 4 选区	25 000	75 000	25 000	25 000
第 5 选区	25 000	75 000	25 000	25 000
第 6 选区	25 000	75 000	25 000	25 000
第 7 选区	35 000	35 000	65 000	15 000
第 8 选区	35 000	35 000	65 000	15 000
第 9 选区	40 000	40 000	60 000	10 000
第 10 选区	40 000	40 000	60 000	10 000

紫党在前 6 个选区各浪费了 25 000 张选票，在第 7 选区和第 8 选区各浪费了 35 000 万张选票，在第 9 选区和第 10 选区各浪费了 40 000 张选票，总计浪费了 300 000 张选票。橙党在前 6 个选区一共浪费了 150 000 张选票，在第 7 选区和第 8 选区各浪费了 15 000 张选票，在第 9 选区和第 10 选区各浪费了 10 000 张选票，总计浪费了 200 000 张选票。在这种情况下，紫党和橙党的效率差距下降到 100 000/1 000 000 = 10%，竞选形势仍然对橙党有利。在方案 4（紫党占据所有州议会席位的那幅地图）中，橙党在每个选区都浪费了 40 000 张选票，而紫党在每个选区只浪费了 10000 张选票，两党的效率差距又扩大到 30%，但这次竞选形势对紫党有利。那么，方案 3 呢？

表 14–4

选区	紫党浪费的票数	紫党的票数	橙党的票数	橙党浪费的票数
第 1 选区	30 000	80 000	20 000	20 000
第 2 选区	20 000	70 000	30 000	30 000
第 3 选区	20 000	70 000	30 000	30 000

（续表）

选区	紫党浪费的票数	紫党的票数	橙党的票数	橙党浪费的票数
第 4 选区	20 000	70 000	30 000	30 000
第 5 选区	15 000	65 000	35 000	35 000
第 6 选区	15 000	65 000	35 000	35 000
第 7 选区	5 000	55 000	45 000	45 000
第 8 选区	45 000	45 000	55 000	5 000
第 9 选区	40 000	40 000	60 000	10 000
第 10 选区	40 000	40 000	60 000	10 000

如表 14–4 所示，紫党和橙党浪费的票数都是 250 000 张，所以这幅地图的效率差距为 0。从测量结果看，方案 3 是所有方案中最公平的一个，尽管它偏离了比例代表制。

事实上，由中立方绘制的选区地图很少会接近比例代表制，除非议会席位占比和普选得票率都接近 50%。然而，普选得票率通常比议会席位占比更接近 50%。依据效率差距标准，如果某个政党的普选得票率为 60%，州议会席位占比也是 60%，那么这很有可能成为指证其采取“格里蝾螈”行为的证据。

效率差距是一个客观的标准，很容易计算。而且，大量的经验证据表明，在已知的“格里蝾螈”地图（比如威斯康星州的选区地图）上，效率差距会很大。所以，它很快就成了原告的最爱。历经多年的法律纠纷，2016 年，威斯康星州的选区地图终于被法院否决了，效率差距在这个案件中发挥了重要作用。

说到这里，我又要泼冷水了，效率差距在广受欢迎的同时也开始遭到猛烈的抨击。它有缺陷，而且是严重的缺陷。效率差距的第一个缺陷是，它的连续性很差。选票是否被浪费取决于哪个政党赢得了那个选区，这意味着选举结果的微小变化就有可能导致效率差距发生巨大的变化。假设紫党以 50 100∶49 900 的得票率赢得某个选区，那么在这个选区，橙党浪费了 49 900 张选票，而紫党只浪费了 100 张选票。但如果票数发生了微小的变化，橙党以 50 100 : 49 900 的得票率获胜，橙党浪费的票数就会骤减至 100 张，紫党浪费的票数则会骤增至将近 50 000 张。一个小小的变化竟然导致效率差距改变了将近 10%，而好的测量方法不应该如此脆弱。

效率差距的第二个缺陷与法律更紧密相关，而非数学。为了让法庭否决一幅地图甚或受理案件，提起诉讼的人必须有原告资格（standing），也就是说，原告必须证明州选区地图损害了宪法赋予他们的部分个人权利。当选区的大小差别很大时，谁的权利受到了损害往往显而易见：在巨大的选区中，单个选民的投票权无足轻重。而在“格里蝾螈”案件中，原告的权利主张要模糊得多，效率差距也发挥不了多大的作用。究竟谁的权利被剥夺了，或者至少受到了实质性损害？即使一个选民的选票被计入“浪费的票数”，也不一定意味着他的投票权受到了损害。例如，在一个竞选双方势均力敌的选区中，落败一方获得的所有选票都会被计入“浪费的票数”，而且在竞争最激烈的选区中，选民看起来完全不像投票权被剥夺的人。原告资格问题正是威斯康星州案的原告在美国最高法院败诉的原因，法官一致认为，原告没有充足的证据证明他们的个人权利受到了“格里蝾螈”地图的损害。

效率差距的第三个缺陷是，从某种程度上说，它过于呆板僵化。如果每个选区的票数都相同，就像克雷奥拉州一样，效率差距就等于获胜党派的普选领先优势减去它的议会席位领先优势的 50%。

因此，当议会席位领先优势恰好是普选领先优势的 2 倍时，效率差距为 0。越接近这个标准，效率差距就越小。在克雷奥拉州，紫党以 20 个百分点的优势在普选中获胜。因此，就效率差距而言，“合适”的议会席位领先优势应该是普选领先优势的 2 倍，即 40 个百分点。这正是效率差距为 0 的方案 3 产生的结果：紫党赢得了 70%的议会席位。在方案 1 中，紫党在普选和议会席位方面均取得了 20 个百分点的领先优势，因此效率差距为 20% − 10% = 10%。

由此可见，效率差距就是为特定的普选得票率分配一个“正确”的议会席位占比，但法院不喜欢这样的制度。虽然它有几分比例代表制的味道，但正如克雷奥拉州的例子所示，其公式通常与比例代表制不相容。

我之所以说“通常不相容”，是因为存在这样一种情况：两个党派分别获得了50%的选票，使得效率差距和比例代表制（可能还有你）在什么是公平的问题上达成了一致意见。基于此，你可能会期望任何被判定为“公平”的地图都能满足一种基本的对称性。如果两个党派的支持者恰好各占州人口的50%，他们难道不应该均分议会席位吗？

威斯康星州的共和党会给出否定的答案。不管我对他们在2011年春采取的选区划分舞弊行为有什么看法，我都必须承认他们说得有道理。

克雷奥拉州的选区划分方案2将议会中的多数席位给了橙党，尽管橙党的普选得票率落后于紫党。但如果这个州的紫党人集中分布在几个深紫色的都市区，而其周围是支持橙党的乡村，会怎么样？即使地图绘制者不做手脚，你可能也会遇到这种情况。如果紫党人用“格里蝾螈”地图坑害自己，那么这种不对称性的结果是否真的意味着不公平？

在向美国联邦最高法院提交的非当事人意见陈述中，威斯康星州司法部部长、共和党人布拉德·席梅尔指出，这正是威斯康星州实际发生的情况。在我居住的麦迪逊第AD77选区，民主党人托尼·埃弗斯获得了28 660张选票，而共和党人斯科特·沃克仅获得了3 935张选票。在密尔沃基第10选区，埃弗斯的领先优势更大，以20 621∶2 428的票数战胜了沃克。相比之下，共和党人在其所有获胜选区的领先优势都没有这么大。这并不是因为“格里蝾螈”地图让这些选区挤满了民主党选民，而是因为麦迪逊本来就是民主党的地盘。

席梅尔认为，按照表面上看似公平的标准，50∶50的得票率应该产生接近50∶50的席位占比；但这实际上会对共和党人非常不利，不仅在威斯康星州如此，只要是民主党选民在人口密集的城市占多数的州（几乎美国的所有州），就会存在这种情况。

会撒谎的统计数字

这份非当事人意见陈述书中的观点并非都有道理。2011版选区地图的设计目的是防止选民态度发生一致性改变，如果每个选区都以相同且固定的比例倾向民主党，共和党蓄意谋求的领先优势可能就会土崩瓦解。席梅尔的任务是否认共和党处心积虑绘制的选区地图具有这种效力，他指出所有 99 个选区态度的摇摆程度并不完全一致。

我们可以通过计算多个全州统计指标，测量出这些选区态度的摇摆程度是否一致，以及在更接近现实的逐年变化模型中，2011 版选区地图阻止民主党获利的效果有多好。这是一种既有趣又有用的分析，但席梅尔没有这样做。

相反，他选择了一个选区——州参议院第 10 选区。在这里，共和党候选人有一次选举的得票率是 63%，而下一次选举的得票率是 44%，所以该选区态度的摇摆程度为 19 个百分点。在这么短的时间内，民主党的支持率真会上升那么多吗？席梅尔估计，如果事实果真如此，民主党人将会“赢得 99 个选区中的 77 个”。“格里蝾螈”地图看起来似乎也没那么糟糕。

但席梅尔并未说清楚，民主党人帕蒂·沙克特纳（猎熊人，有 9 个孙子女，此前担任过的最高职位是县法医）在第 10 选区赢得的是一个开放席位，由 1 月份举行的特别选举产生，投票率仅为正常选举年的 1/4 左右。而在此之前的一场选举中，得票率为 63% 的共和党候选人是一位受欢迎的现任议员，任期长达 16 年。所以，“威斯康星州选民在 18 个月内态度的摇摆程度为 19 个百分点”的说法是没有道理的，除非精心选择数据点才能得出该结论，而这正是席梅尔的所作所为。

这种统计渎职行为不只是出现在威斯康星州的共和党人身上。2018 年，威斯康星州的民主党议员候选人获得的选票数为 1 306 878 张，而共和党议员候选人获得的选票数为 1 103 505 张。虽然民主党候选人的普选得票率为 53%，但民主党只赢得了 99 个议会席位中的 36 个。这不仅仅是偏离比例代表制的问题，而是获得少数选票的政党几乎占据了无法否决的多数优势。这组统计数据被四处传播，不仅出现在雷切尔·玛多广受欢迎的自由派电视节目上，还被该州的民主党领袖发布在推特上，作为威斯康星州选区地图受到共和党操控的确凿证据。

但我没有谈及这个问题，原因如下。“格里蝾螈”地图的主要影响之一是，它将民主党选民都划入了高度同质化的选区，共和党人在这些选区毫无获胜的机会。在选民支持民主党热情高涨的年份，共和党候选人甚至不值得花时间参加竞选。例如，在2018年，威斯康星州的99个选区中有30个没有共和党候选人，而没有民主党候选人的选区只有8个。在这30场没有竞争的竞选中，如果有任何一位共和党候选人愿意参选，那么每一场他都会获得一些选票。但53%这个数字似乎表明，那30个选区的选民对共和党毫无感情。

席梅尔和玛多的数字都是正确的，这在某种程度上无异于雪上加霜！错误的数字是可以纠正的，而被选中并给人造成错误印象的真实数字应对起来却要棘手得多。人们经常抱怨没有人喜欢事实、数字、理性和科学，但作为一个经常在公共场合谈论这些东西的人，我可以告诉你那不是真的。事实上，人们喜欢数字，并且对数字印象深刻，有时甚至深刻到超出他们的想象。用数学“包装”的观点带有一定的权威性，如果你就是从事这类工作的人，那么你有责任把它做对。

错误的问题比错误的答案更糟糕

两党各50%的普选得票率应该与两党各50%的议会席位占比相匹配，倘若这一基本原则也靠不住，我们如何定义什么样的选区划分方案才是公平的？我们如何判断克雷奥拉州的4幅地图中哪一幅才是正确的？是方案1吗？它满足比例代表制，紫党获得6个席位，而橙党获得4个。是方案3吗？它的效率差距为0，紫党取得了7：3的领先优势。方案4呢？紫党占据所有议会席位似乎是错误的，但正如我们所见，如果克雷奥拉州恰巧具有政治同质性，该州的所有地方——无论是城市还是农村——紫党和橙党的得票率之比均为60：40，就必然会产生这样的结果。在这种情况下，无论你如何划分选区，所有选区都会以60：40的支持率倾向紫党，最后州议会里仍然只有一种声音。

威斯康星州的共和党人可能会认为，即使是方案2也不应该被摒弃。

如果紫党人都高度聚居在紫色都市，那么任何合理的地图都很有可能产生 4 个高度的紫色选区和 6 个中度的橙色选区。

我们似乎陷入了僵局，不知道该如何理解这些数字，也无法在哪幅地图是公平的问题上达成一致意见。这种徒劳无功的感觉受到“格里蝾螈”地图绘制者的欢迎，这样他们就能肆无忌惮地进行暗箱操作了。他们在法庭上为这种行为做辩护时始终围绕着一个问题：它也许是公平的，也许不是，但遗憾的是，法官根本没有办法做出判决。

它也许是不公平的，但你我都不是法官，无权做出判决。目前，数学家可以不受法律的限制，利用手边的任何工具，努力弄清楚事实的真相。如果我们足够幸运，就会找到某些在法庭上站得住脚的证据。

2019 年 3 月，美国联邦最高法院听取了两起案件的口头辩论，围绕“格里蝾螈”地图的诉讼战达到了高潮。它们最终可能会打开或关闭大法官肯尼迪留下的那扇半开半掩的宪法之门。肯尼迪本人并没有出席这次听证会，他在一年前就退休了，接替他的是布雷特·卡瓦诺。其中一起案件是北卡罗来纳州的鲁乔诉共同事业案（Rucho v. Common Cause），另一起是马里兰州的拉蒙诉贝尼塞克案（Lamone v. Benisek），这两幅有争议的选区地图都涉及美国众议院选区。在北卡罗来纳州，共和党人绘制的“格里蝾螈”地图将州议会的 13 个席位中的 10 个安排给了共和党人；而在马里兰州，完全由民主党人把控的州政府将共和党人的席位占比减至 1/8。马里兰州选区地图的绘制顾问是资深的民主党国会议员、众议院多数党领袖斯特尼·霍耶，他在一次采访中说，“现在我明确地告诉大家，我曾多次参与绘制‘格里蝾螈’地图。”讽刺的是，霍耶的政治生涯始于 1966 年，当时的他作为一名政治新秀，通过竞选赢得了马里兰州参议院的第 4C 席位，该席位是那一年刚刚设立的。此前，在雷诺兹诉西姆斯案结案后，美国联邦最高法院否决了马里兰州大小不一的参议院选区划分方案。（遗憾的是，艾萨克·斯特劳斯没能等到这一天。）

这两起案件为联邦最高法院提供了一个完美的机会，可以在不表现出党派立场的情况下对“格里蝾螈”地图做出判决。全美最引人注目的“格里蝾螈”选区设在北卡罗来纳、弗吉尼亚和威斯康星等州，均为共和党人所为，所以重划选区的改革通常是由民主党人发起的。但是，俄亥俄州州长约翰·卡西奇和亚利桑那州参议员约翰·麦凯恩等知名的共和党官员，也加入了反对“格里蝾螈”行为的行列，并向联邦最高法院递交了非当事人意见陈述，讲述了他们自身在积极倡导绘制公平的选区地图方面的糟糕经历。来自全美各地的专家也提交了各自的非当事人意见陈述：一份历史学家的陈述引用了不少于11篇《联邦党人文集》中的文章；几个民权组织在意见陈述中阐述了“格里蝾螈”地图对少数派权利的影响；针对大法官奥康纳提出的“格里蝾螈”问题会自行解决的观点，政治学家在意见陈述中做出了反驳；数学家也提交了一份意见陈述，这在联邦最高法院的历史上尚属首次，我还在上面签了名。稍后，我们将会了解到数学家的这份意见陈述的具体内容。

包括我在内的数学家就像《指环王》中有感知能力的树人恩特一样，不喜欢涉足世俗的冲突，因为这与我们缓慢的时间尺度不同步。但有时世俗之事也会冒犯我们的特殊利益，以至于我们不得不介入。我们干预“格里蝾螈”问题是有必要的，因为关于这个问题的本质存在一些根本性误解，我们希望通过意见陈述予以纠正。从口头辩论一开始，我们就清楚地知道我们的目的并未完全达到。在提问北卡罗来纳州的原告律师埃米特·邦杜兰特时，大法官戈萨奇直接切入他个人以为的核心问题：“要在多大程度上偏离比例代表制，才足以操控选举结果？”

在数学领域，错误的答案很糟糕，但错误的问题更糟糕。而戈萨奇提问的恰恰是一个错误的问题。正如我们看到的那样，比例代表制不是公平选区划分方案的常见结果。是的，超过3/4的北卡罗来纳州选区被牢牢掌控在共和党手中，尽管共和党选民在北卡罗来纳州选民中的占比远未达到3/4。然而，这并非原告真正想让法院纠正的那个问题。

我们不难理解为什么法官希望原告提出的是有关比例代表制的问题，因为这会让他们的工作变得更容易：说“不”就可以了。戴维斯诉班德默案已经证明，未遵循比例代表制并不会导致选区地图违宪。但是，鲁乔诉共同事业案中的真正问题更加微妙。想要解释它，就必须从头开始把问题重新梳理一遍，这也是我们解决数学难题的惯用方法。

醉醺醺的选区地图

我们试图为“公平”找到一个数值标准，却以失败告终，原因是我们犯了一个基本的哲学错误。“格里蝾螈”行为的对立面不是比例代表制，不是效率差距为 0，也不是遵循任何特定的数值公式，而是不存在“格里蝾螈”行为。当我们问一幅选区地图是否公平时，我们真正想问的问题是：

这种选区划分方案产生的地图是否与中立方绘制的地图相似？

我们已经进入了一个让律师们备感紧张的领域，因为我们提问的是一个反事实问题：在一个不同的、更公平的世界里会发生什么？坦白地说，它听起来也不太像数学问题。想要回答这个问题，就必须了解地图绘制者的欲望。关于欲望，数学又知道些什么呢？

政治学家乔维·陈和乔纳森·罗登率先开辟了一条走出这片丛林的道路。测量“格里蝾螈”行为的传统方法，特别是 50% 的普选得票率应该与 50% 的州议会席位占比相匹配的原则，致使他们的研究陷入了困境。他们清楚地知道，如果一个党派的支持者聚居在城市选区，就可能会产生“非故意的格里蝾螈”行为，这对在乡村选区得票率更高的党派更有利，即使在公正无私的人绘制的地图上亦如此。这正是我们在克雷奥拉州看到的情况。当涉及争夺州议会席位时，支持者只聚居在少数几个选区的党派处于不对称的劣势地位。但这种不对称性是否足以解释我们观察到的差异呢？为了找出这个问题的答案，你必须请中立方来绘制选区地图。如果你不认识任何中立方，那你可以用计算机程序来模拟。陈和罗登的想法是通过机械过程自动地生成大量地图，这也是我们现在思考“格里蝾螈”问题时使用的方法。这个过程不会倾向任何党派，因为我们没有给它编写这方面的代码。于是，我们把原始问题重新表述为：

这种选区划分方案产生的地图是否与计算机绘制的地图相似？

当然，计算机绘制地图的方式多种多样。既然如此，为什么不充分发挥计算机的这种能力，让我们看一看所有的可能性呢？现在，我们重新表述一下上面那个问题，让它听起来更像一道数学题：

> 这种选区划分方案产生的地图是否与从所有合法的地图中随机选择的地图相似？

这符合我们的直觉判断，至少一开始是这样。你可能会想，如果地图绘制者真的不关心每个党派将会获得多少席位，那么任何一种威斯康星州选区划分方案他都会不偏不倚地接受。假设有 100 万种方案，你可以投掷一枚有 100 万面的骰子，读取朝上一面的那个微小数字，并选择相应的地图，这样在下一次人口普查到来之前你就无须操心这件事了。

然而，这种想法并不完全正确。地图的质量参差不齐，有些甚至不合法，例如，选区内各部分没有连成一体，[①]或者违反了美国《投票权法案》对选区内的少数族裔可以选举代表的规定，或者选区之间的人口差异超出了规则允许的范围。

即使面对那些没有违反法规的地图，我们在选择时也会存在偏倚。各州希望按自然和政治界线划分选区，避免将同一个县、市和社区割裂开来。我们希望选区有合理的紧凑度，界线不要过于弯曲。你可以想象根据这些测量指标给所有地图打分，用法律术语来说，它们被称为“传统的选区划分标准”，但我称其为“美观度”（handsomeness）。现在，你从合法但在某种程度上倾向美观的地图中随机选择一幅。

让我们把原始问题再重新表述一次：

> 这种选区划分方案产生的地图是否与从所有合法的地图中，以倾向美观但不倾向任何党派的标准随机选择的地图相似？

---

① 内华达州除外，它是唯一对选区内各部分连成一体不做要求的州。记住它，我们在后文中还需要用到这个事实。

新的问题出现了：为什么我们不让计算机不停地搜索，直到它找出所有地图中最美观、最遵循县界、界线规整且非凸弯曲最少的那幅地图呢？

原因有两个。第一个是政治原因，根据我的经验，州政府的工作人员一致认为，民选官员和选民都讨厌用计算机绘制选区地图的做法。划分选区是宪法赋予各州民众的一项义务，应该交由能代表他们利益的官方机构完成。而将该义务委托给一个无法审核的算法，这是他们不能接受的。

如果你不喜欢这个原因，还有第二个：这种做法是绝对行不通的。计算机能从 100 幅地图中选出最好的一幅，也能从 100 万幅地图中选出最好的一幅，但可能的选区地图数量远不止这些！你还记得 52 的阶乘，也就是一副扑克牌可能的排列方式的数量吗？它是一个天文数字，但如果将威斯康星州划分成 99 个人口数量大致相等、其内的各个部分连成一体的选区，可能的地图数量将比 52 的阶乘还要大上许多个数量级。这意味着你不能简单地要求计算机评估每幅地图的美观度，并从中选出最好的一幅。

相反，我们只能评估少数可能的地图，这里的“少数”指的是 19 184 幅。它被称为“集成”（ensemble），也就是计算机随机生成的地图集。

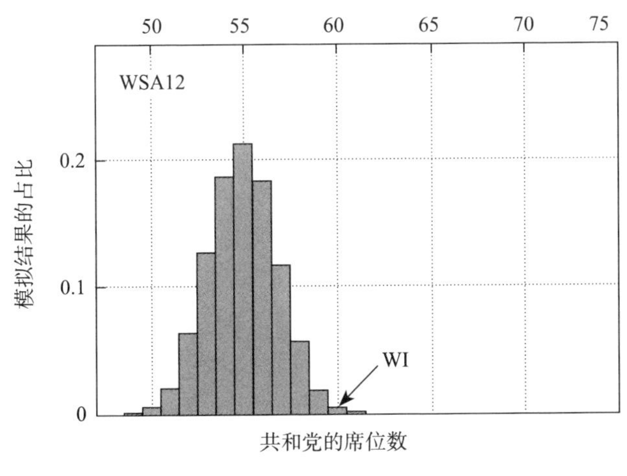

图 14-13

这台计算机的操作者是杜克大学的格雷戈里·赫施拉格、罗伯特·拉维耶和乔纳森·马丁利。面对 19 000 多幅随机生成的地图，他们将 2012 年威斯康星州议会选举中民主党和共和党获得的选票数，赋值给自动生成的新选区。他们还要计数每幅地图中共和党得票率更高的选区数量，图 14–13 显示的就是相应的统计结果。其中，最常见的结果（有超过 1/5 的计算机生成的地图都给出了这个结果）是共和党赢得 55 个席位，而共和党赢得 54 或 56 个席位的结果占比略低。这三种可能性加在一起，在所有模拟结果中的占比达到 50% 以上。从 55 这个最常见结果[①]往左右两边观察，柱形图的柱子越来越矮，就像许多随机过程一样，形成了某种模糊的钟形曲线。其中，距离 55 最远的结果出现的可能性最小，用统计学术语来说，它们是“离群值”。

有一种地图将 2012 年的选民划分成 60 个支持共和党的选区和 39 个支持民主党的选区，它就是离群值之一。对共和党如此有利的地图在计算机试验中出现的可能性很小，发生概率不到 1/200。或者更确切地说，如果由一个无关党派利益的人或机器随机做出选择，那么这幅地图被选中的可能性很小。相反，如果由一群藏身密室的顾问来选择地图，而且他们的任务很明确，就是为共和党谋求尽可能多的州议会席位，那么这幅地图被选中的可能性很大。

集成还有助于我们判断威斯康星州议会为其地图辩护时所说的话是真是假。他们说，如果民主党人选择聚居在城市里，和那些没出息的、喜欢吃羽衣甘蓝的自由主义者待在一起，“那我们也无能为力”。即使两党的普选得票率势均力敌，州议会选举结果也会倾向共和党。

这是真话！但有了集成，我们就能估算它的真实程度。2012 年，按照一幅典型的中立性选区地图，在两党的全州普选得票率几乎相同的情况下，共和党在州议会可以获得 55 : 44 的多数席位，但这比他们实际赢得的 60 : 39 的多数席位要少得多。6 年后，在 2018 年的选举中，斯科特·沃克获得了将近 50% 的选票。典型的中立性地图可以让他在 57 个选

① 也就是出现频率最高的变量值（柱形图的峰值），通常被称为“众数”，它是卡尔·皮尔逊发明的另一个术语。

区中胜出，但共和党绘制的地图创造了 63 个支持沃克的选区！威斯康星州的地缘政治本就有利于共和党人，除此以外，他们还能从“格里蝾螈”地图中获得助力。

至少有时候是这样的。2014 年是中期选举年，全美在某种程度上洋溢着支持共和党的热情。共和党人在威斯康星州的竞选表现不错，普选得票率接近 52%。但他们在州议会中的席位只增加了 3 个，赢得了 99 个席位中的 63 个。从 19 184 幅随机地图中筛选 2014 年的选举结果，你会发现它一点儿也不像离群值。事实证明，就 2014 年的选举而言，共和党获得的 63 个州议会席位恰恰是随机的中立性地图可能产生的结果之一。

这是怎么一回事？“格里蝾螈”地图在短短两年内就失去魔力了吗？果真如此的话，这将证明“格里蝾螈”行为无须司法干预，就会像宿醉一样自行消退。但事实并非如此，而是更像大众汽车。几年前，有消息称这家汽车公司一直在有组织地逃避污染检测，他们在柴油车上安装软件，哄骗监管机构相信他们的汽车发动机达到了排放标准。也就是说，只在软件探测到大众汽车正在接受检测时，它才会打开防污染系统，而其他时候它会沿路排放颗粒物。

威斯康星州的选区地图也是一项十分大胆的谋划。集成法之所以能揭露出事情的真相，是因为它不仅可以告诉我们在该州的选举中发生了什么，还可以告诉我们如果选举情况稍有不同可能会发生什么。如果我们在 2012 年的州议会选举中，将威斯康星州的全部 6 672 个城市选区向民主党或共和党倾斜 1% 呢？“格里蝾螈”地图是会接纳这个变化还是会崩溃？共和党人最初在设计选区地图时，基思·加迪就运用了这种反事实的方法。而且，它揭示出了某些惊人的真相。在共和党人获得多数普选票的选举环境中，“格里蝾螈”地图不会产生显著的效果，因为无论如何共和党都会获得州议会的多数席位。只有在倾向民主党的选举环境中，“格里蝾螈”地图才会真正发挥作用，像一道防火墙一样对抗主流民意，维护共和党在州议会中的多数席位优势。你从图 14–3 中可以看到这道防火墙：在共和党人竞选表现好的年份，圆圈和星星相距不远，但随着共和党的普选得票率下降，星星会远离圆圈，顽固地停留在代表共和党拥有 50 个州议会席位的那条直线上方。

杜克大学的研究团队通过集成法估算出，2011 版选区地图发挥的作用与加迪的预测完全一样。除非民主党在全州普选得票率方面领先共和党 8~12 个百分点，否则这幅地图就会使州议会一直掌握在共和党手中。然而，两党在该州的得票率常常平分秋色，民主党很难取得这么大的领先优势。作为数学家，这件事让我印象深刻；但作为威斯康星州的选民，这件事让我觉得心里不太舒服。

我还要补充说明一个问题。可能的选区地图多到数不清，所以我们无法从中挑选出最好的一幅。那么，我们如何随机挑选出 19 000 幅地图呢？

为了解决这个问题，我们需要求助于一位几何学家。穆恩 · 杜钦是马萨诸塞州塔夫茨大学的几何群理论学家和数学教授，她在芝加哥大学的博士毕业论文探讨的是在泰希米勒空间中的随机游走问题。你不必在意泰希米勒空间是什么，而只需关注随机游走，它才是关键问题所在。我们在研究围棋棋局和洗牌方法时遇到过它，甚至在蚊子身上也能找到它的踪影。事实上，随机游走就是我们的老朋友马尔可夫链，它是一种适用于大到难以处理的选项集的研究方法。

记住，若想在选区地图间随机游走，你需要知道可以从哪一幅地图进入另一幅地图，也就是说，你需要知道哪些地图是彼此邻近的。我们又回到了几何学领域，确切地说是一种概念性的高阶几何，它研究的不是威斯康星州的几何图形，而是将该州的几何图形分割成 99 块的所有方法的几何图形。地图绘制者探索这种几何图形，是为了找到“格里蝾螈”地图；几何数学家绘制这种几何图形，是为了证明“格里蝾螈”地图是一个多么可怕的离群值。

如果仅针对威斯康星州，使用什么样的几何图形的问题不会存在任何争议。但事实上，麦迪逊靠近何烈山，梅昆靠近布朗迪尔。所以，对于所有选区划分方案空间的高阶几何图形，你会面临很多选择，而且它们都很重要。其中，我最喜欢的是杜钦与达里尔 · 德福特、贾斯汀 · 所罗门共同建立的一种几何图形——“ReCom”（recombination 的缩写，意思是“重组”）。在这种几何图形上的随机游走遵循以下步骤：

1. 在地图上随机选择两个彼此接壤的选区。

2. 把这两个选区合并成一个两倍大小的选区。

3. 随机选择一种方法将这个两倍大小的选区一分为二，生成一幅新地图。

4. 检查新地图是否违反了法规，如果是，就回到步骤 3 再选择一种分割方法。

5. 回到步骤 1，重新开始。

步骤 2 和步骤 3 对选区的“分割”和“重组”（“ReCom”）相当于洗牌。而且，跟洗牌一样，只需几步操作就会产生很多不同的构形供我们研究。所以，它是一个小世界。洗牌 7 次，你就可以让一副扑克牌以均匀随机的方式排列。但遗憾的是，7 次 ReCom 不足以探索整个选区划分方案空间，也许需要 10 万次才能达到这个目的。这个数字听起来似乎很大，但与逐一梳理所有选区划分方案相比，则显得微不足道。一小时之内，你就能在你的笔记本电脑上完成 10 万次 ReCom。这会产生一个相当大的中立性地图集成，你可以将疑似的“格里蝾螈”地图与之做比较。

集成法的目的不是彻底消除有党派倾向性的“格里蝾螈”地图，正如雷诺兹诉西姆斯案的目的并非要求每个选区的人口都完全相等。地图绘制者做出的每个决定，无论是保护在任者还是提升候选人的竞争力，都可能会产生党派影响。所以，集成法的目的不是强行实现不可能实现的绝对中立，而是阻止最恶劣的违法行为。

回想一下塔德·奥特曼面对共和党议员发表的演讲，他说共和党有“义务”抓住机会巩固控制权。如果你的任务是获得并维持州议会的多数席位优势，而且法律允许你不择手段，那么不择手段就是你的职责。削弱“格里蝾螈”地图的效力，设定民主政治无法容忍的不公平程度，将对整个选举过程产生有益的影响。如果“格里蝾螈”行为的回报不太大，政客们就更有可能做出合理的妥协。如果你不想让孩子们在商店内行窃，就不应该在离门口那么近的地方摆放那么多糖果。

图像、树状图和洞的凯旋

我完全可以略过ReCom过程中的步骤3不讲，但我不想这样做，因为谈论这个步骤会涉及本书前文中提到的两个人物。就像参演电影的明星和石蜡烃中的原子一样，州级行政区内的选区也会形成一个网络，或者西尔维斯特所说的图像：如果两个选区彼此接壤，则对应的两个顶点相连。如果选区地图如图14–14所示，其对应的图像就是图14–15。

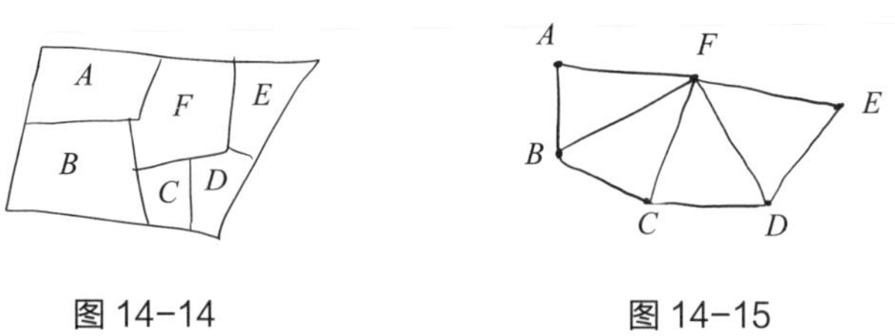

图14-14　　图14-15

我们需要想办法把这些选区分成两组，并确保每组选区分别形成一个相互连接的网络。

如图14–16所示，我们把A、B和C分成一组，把D、E和F分成一组。

但如果我们把C、D和F分成一组，剩下的A、B和E就无法形成一个连成一体的州级行政区（见图14–17）。

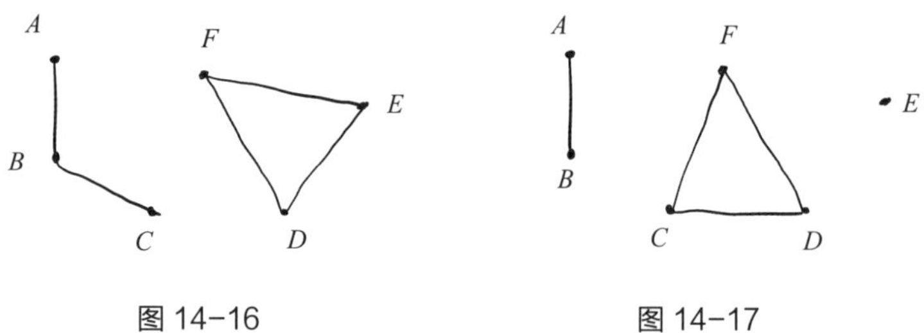

图14-16　　图14-17

我们正站在图论的“汩汩冒泡的火山口”边缘。2017年，巴尔的摩乌鸦队的进攻锋线球员约翰·尤索放弃了他的职业橄榄球生涯，转而从事图论方面的研究，这是他一直以来心心念念的事情。他发表的第一篇论文的主题是，如何利用我们在第12章介绍的本征值理论将图像分割成彼此相连的组块。

分割图像的方法多种多样。如果是像图 14–14 那样的小图像，我们就可以逐一列出所有的分割方法，并从中随机选择一种。但只要图像稍稍变大，列举出所有可能的分割方法的复杂程度就会显著增加。这里有一个随机选择的诀窍，而且它与我们的两位老朋友有关。假设阿克巴和杰夫在玩一种游戏，他们轮流从图 14–15 所示的网络中移除一条边，谁把它拆成不再相连的部分，谁就输了。第一回合，阿克巴可以移除 AF，杰夫可以移除 DF。第二回合，阿克巴可以移除 EF（但他不能移除 AB，因为这会让 A 与其他部分断开，他就输了！），杰夫可以移除 BF。第三回合，阿克巴陷入了困境，无论他移除哪条边，都会把图像拆成互不相连的两部分（见图 14–18）。

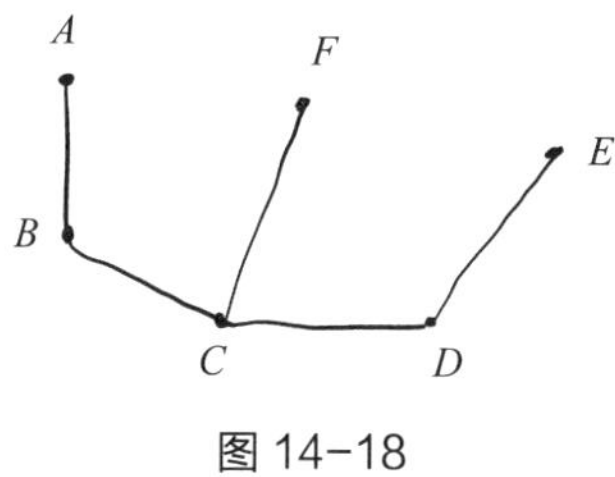

图 14–18

阿克巴能不能采取更高明的玩法并成为赢家？答案是否定的，因为这个游戏有一个隐秘的特征：只要玩家不出错或在非必要的情况下使网络断开，无论他们采取何种玩法，游戏都会在 4 个回合后结束，而且阿克巴必输无疑。事实上，不管网络有多大，这个游戏的步数都是固定的，甚至可以通过一个简洁的公式算出来：

边数 – 顶点数 +1

游戏开始时，6 个选区由 9 条边连接在一起，所以步数是 $9 - 6 + 1 = 4$。游戏结束时，只剩下 5 条边，步数降至 0。网络的剩余部分呈现出一种非常特殊的形式：在原始图像中，我们可以从 A 到 B 再到 F，然后回到 A，形成一个环路，但在游戏结束后的图像中，我们再也找不到闭合的环路。（如果还有闭合的环路，你就可以移除环路的一条边而不使图像断开。）所以，最终剩下的是一个没有环路的图像，也就是树状图。

网络中有多少个洞？从某种意义上说，这是一个令人困惑的问题，就像“一根吸管或一条裤子上有多少个洞”的问题一样。但我已经告诉你这个问题的答案了，即边数减去顶点数再加上1。每次你剪掉环路的一条边，就消除了一个洞；当无边可剪时，你得到的是一个没有洞的图像，也就是树状图。这不只是一个比喻，任何空间都有一个基本的不变量——欧拉示性数，它可以非常粗略地告诉你空间中洞的数量。吸管有欧拉示性数，网络有欧拉示性数，二十六维时空的弦理论模型也有欧拉示性数。它是一种统一理论，涵盖了从最微小到最巨大的全部几何图形。

就这样，我们再一次回到了树状图。剪边游戏结束后剩下的那棵“树”连接了网络上的所有顶点，它被称为“生成树”，在数学中随处可见。像曼哈顿街道这样的方格网络的生成树你应该见过，它被称为“迷宫”。（在图14–19中，白线是边。如果你拿起铅笔在上面画一画，就能确定这个迷宫是连通的。在不离开白线的情况下，你可以从任意一点开始画一条到其他任意一点的路线。事实上，无须走回头路的路线只有一条。）

你也可以用点表示顶点，用线段表示边，画出迷宫的生成树。如图14–20所示，它与画选区图像的方式类似。

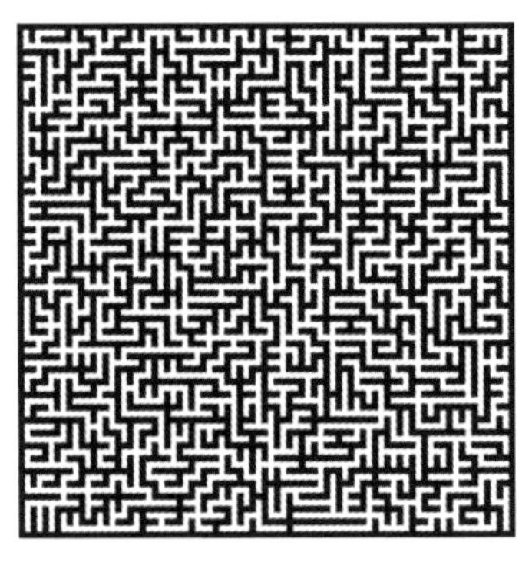

图 14–19

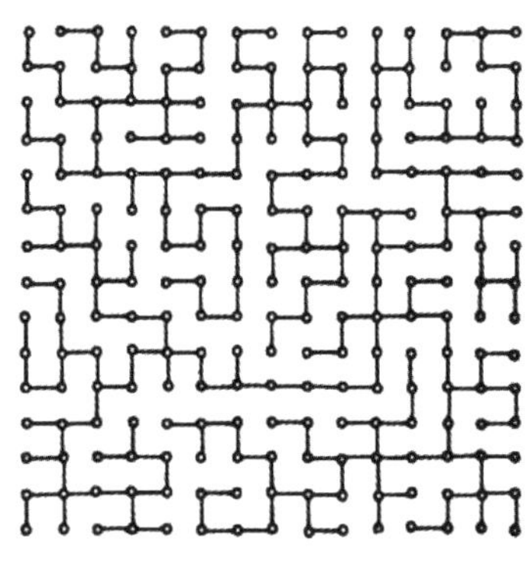

图 14–20

大多数大小适中的图像都有很多生成树。19 世纪的物理学家古斯塔夫 · 基尔霍夫建立了一个公式，可以精确地告诉你有多少棵生成树，但它不能回答关于这些树的所有问题。一个世纪过去了，这些树仍然是一个活跃的研究领域。它们既有规律性，也有体系性。例如，一座随机迷宫有多少个死胡同？当然，迷宫越大，死胡同就越多。但如果我们问迷宫中有多大比例的局面是死胡同呢？ 1992 年，曼纳、达哈和马宗达提出了一个很棒的定理：随着迷宫变大，这一比例不会增加到 1 或下降到 0；相反，出于某种原因，它只会越来越接近 $(8/\pi^2)(1-2/\pi)$，略小于 30%。你可能会认为随机图像的生成树的数量是一个随机数，但事实并非如此。2017 年，我的同事梅兰妮 · 马切特 · 伍德证明了，如果图像是随机选择的，那其生成树的数量是偶数的可能性略大于奇数。确切地说，生成树的数量为奇数的概率是一个无穷乘积：

$$(1 - 1/2)(1 - 1/8)(1 - 1/32)(1 - 1/128)\cdots$$

其中，每个分数的分母都是前一个分数的分母的 4 倍。（又一个几何数列！）这个乘积约等于 41.9%，与 50% 相差不少。不对称性是所有生成树的更深层次几何结构的显著特征，事实证明，当某个生成树序列是算术数列时，这种说法就会显得更有意义！

想要解释这一点，我们就必须深入挖掘“转子–路由器过程”（rotor-router process）的迷人细节。但我们拯救民主政治的任务尚未完成，所以还是回到选区吧。

一旦有了生成树，你就可以用一种简单的方法把网络分割成两部分：使出游戏中的败着，拆除一条边，让图像断开即可。随便做出什么选择，你都能将图像一分为二，但稍加努力，你通常就能找到那条边，它可以将图像分成大致相等的两部分。（如果找不到，就换棵树重新开始。）结果如图 14–21 所示，在被分割为两部分的网络中，一部分我用笔涂黑了，另一部分则没有。

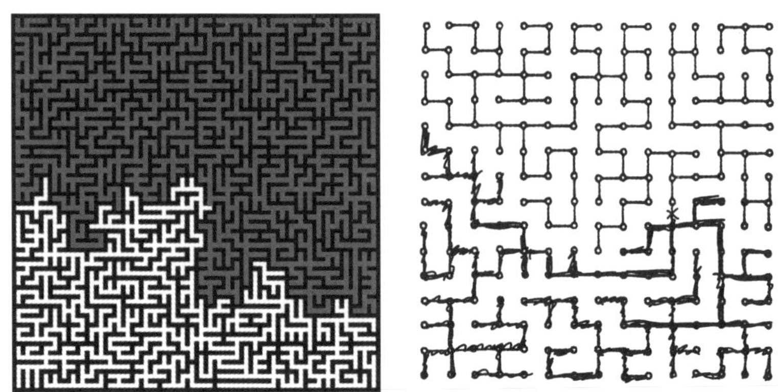

图 14-21

现在你多少了解了ReCom的工作原理。先选取一个两倍大小的选区，再随机选择一棵生成树，然后在树上随机选择一条边并拆除它，从而干净利落地把图像分割成两个新选区（见图 14–22）。

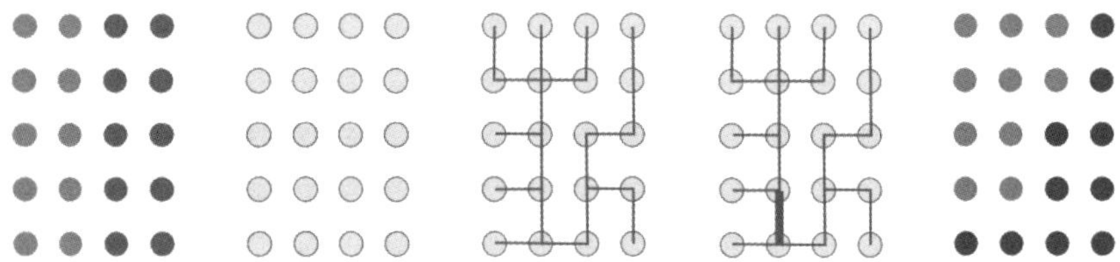

图 14-22

说到这里，我要暂停一下并提醒大家注意：通过ReCom在选区划分方案空间中的随机游走与通过洗牌在扑克牌排列方式空间中的随机游走相比，两者之间存在很大的区别。在后一种情况下，我们有“七次洗牌定理”。也就是说，我们可以通过数学方法证明，洗牌 6 次就足以探索每一种可能的扑克牌排列方式；更重要的是，洗牌 7 次就可以使每种排列方式的出现概率差不多相等。

但是，划分选区没有定理可循，我们对选区划分方案的几何图形的了解程度远不及扑克牌的排列方式。例如，所有选区地图的空间可能如图 14–23 所示。

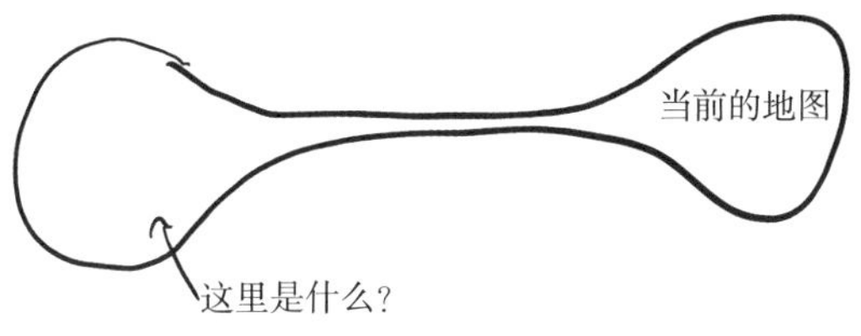

图 14–23

在这种情况下，如果你从“地峡”的一端开始探索，可以想见，你要随机游走很长一段时间才能到达“地峡”的另一端。或者，据我们所知，所有选区地图的空间都可以分割成两个独立但相连的部分。不仅如此，在北卡罗来纳州的可能的选区地图中，有些或许会包括一个未被发现的乡村，它们与数学家、计算机或不择手段的政客绘制的选区地图都截然不同，而且共和党获得 13 个席位中的 10 个可能是其典型结果。如果这种可能性无法排除，我们是否有权利说当前的“格里蝾螈”地图是一个离群值呢?

在我看来，答案是肯定的。虽然我们不能确切地知道是否存在秘密的备用地图库，但我们知道，在实践中，如果你将北卡罗来纳州议会绘制的地图打乱，无论你是怎么做的，共和党的支持率都会降低。从统计学角度看，这个实验有力地证明了地图被人动过手脚。但它不能证明地图绘制者的目的就是操纵选举，他们也没有在电子邮件和备忘录里直接声称他们试图操纵选举。毕竟，我们不能利用欧氏几何法证明他们想说的话其实是“我们开始干正事，绘制出能公平地表达人们意愿的选区地图吧”，但他们打字时手指滑了一下，结果变成了“让我们绘制出‘格里蝾螈’地图吧，以确保我们不会败选”。这是法律意义上而非几何意义上的证明。

一场关于三明治的口头辩论

通过随机游走产生的选区地图集成，是美国联邦最高法院在 2019 年春举行的“格里蝾螈”案件听证会的核心争议点。至于这些地图是不是出于党派目的绘制的，这个问题并不存在争议。北卡罗来纳州的地图绘制者托马斯·霍费勒已经证实，他的目标是“创造尽可能多的让共和党候选人能够……获胜的选区”，以及“尽量减少……（能）选出民主党候选人的选区”。而联邦最高法院需要证明的问题是：霍费勒等人的计划成功了吗？你不能仅仅因为一幅地图带有不公平的企图就否决它，你必须证明它确实不公平。

集成法是已有的用于解决这个问题的最佳工具。原告在提起诉讼时基本上不再提效率差距等老旧的概念，而是请求法院承认北卡罗来纳州的选区地图是一个离群值，与中立性的地图相比，前者就像混在一窝小猪里的一头疣猪。他们认为，离群值分析正是法院一直在寻找的“可控的标准”。杜克大学的数学家乔纳森·马丁利既建立了威斯康星州的议会选区地图集成，也建立了北卡罗来纳州的国会选区地图集成。他作证说，他的集成共包含 24 518 幅选区地图，其中共和党人赢得 10 个选区的地图只有 162 幅。而当前使用的地图高效地将北卡罗来纳州的民主党人划分到 3 个选区中，民主党在那几个选区的得票率分别是 74%、76% 和 79%。相比之下，在 24 518 幅模拟地图中，没有一幅会导致得票率如此一边倒。

数学家在非当事人意见陈述中也提出了类似的观点，但他们使用的图像更美观。

接下来是口头辩论。对从数学角度关注这起案件的人来说，该环节是一个巨大的败笔，就好像多年来做过的关于选区划分的研究和取得的进步全被抹杀了一样，又退回到那个老生常谈的问题：55% 的全州普选得票率是否应该匹配 55% 的州议会席位占比？为北卡罗来纳州选区地图辩护的保罗·克莱门特率先提出了这个问题，他对法官索尼娅·索托马约尔说道：“在我看来，你已经指出了原告认为的问题所在，那就是没有遵循比例代表制。”索托马约尔试图告诉克莱门特她指出的是其他问题，但克莱门特不以为意，转而对法官斯蒂芬·布雷耶说道：“除非你知道偏离的对象是什么，否则笼统地谈论离群值或极端值将毫无意义。我认为，你指出的问题和索托马约尔指出的问题是同一个，即令人感到不安的是选区地图偏离了比例代表制。”索尼娅·索托马约尔打断了他：“事实上……”法官埃琳娜·卡根表示反对：“是你一直在这样说，但我认为你说得不对。”这依旧没能阻止克莱门特，关于马萨诸塞州他还有话要说。他注意到，尽管共和党人占据马萨诸塞州人口的 1/3，但该州从未选举产生过一名共和党国会议员。“没有人认为这不公平。因为共和党人是均匀分布的，确实无法通过选区划分得到不一样的结果。这对他们来说可能很不幸，但并非不公平。”

碰巧的是，在非当事人意见陈述中，数学家也讨论了马萨诸塞州共和党人面临的困境。除了一个重要的细节之外，数学家的观点与克莱门特基本一致：原告请求法院强制执行的内容，其实是原告请求法院禁止执行的内容。马萨诸塞州的共和党人从未当选国会议员，这不是不公平现象。你甚至可以建立一个包含几千幅地图的集成，它们都不是出于邪恶的党派意图绘制的，而且每幅都能将 9 个民主党人和 0 个共和党人送入国会。这就是共同事业组织没有要求联邦最高法院强制执行比例代表制的原因。比例代表制是一种糟糕的公平标准，如果一幅选区地图导致马萨诸塞州实现了比例代表制，那它肯定会被指控为“格里蝾螈”地图。事实上，它和“约瑟夫的攻击性地图”的结果一样糟糕。

但是，许多法官坚持认为比例代表制才是案件判决的关键所在。尼尔·戈萨奇担心，如果他做出了不利于北卡罗来纳州的判决，那么“作为强制管辖权的一部分，在今后的每个重划选区的案件中，我们都要审查证据，找出地图偏离比例代表制的原因。这难道就是原告的诉讼请求吗？”。

答案是否定的，而戈萨奇似乎很难接受这一点。在戈萨奇和艾莉森·里格斯（代表美国女性选民联盟，反对“格里蝾螈”地图）的口头辩论接近尾声时，他们进行了一场令人震惊的对话。里格斯解释说，她的当事人请求法庭只否决那些最离谱的“格里蝾螈”地图，因为它们的党派倾向性与中立性地图显著不同。即便如此，各州仍有很大的回旋余地，可以采取他们喜欢的任何无党派倾向性的标准，随心所欲地从其余 99% 的地图中做出选择。然而，戈萨奇打断了她的话。

戈萨奇：恕我直言，律师，很抱歉打断你的话，但你说的回旋余地从何而来？

里格斯：回旋余地……

戈萨奇：多大的回旋余地？标准是什么？你刚才的回答是不是……我知道你不想说出答案，但真正的答案是不是在比例代表制的基础上不超过 7%？

里格斯：不是。

经过一番争论，戈萨奇似乎意识到了里格斯不会接受他强加的解释。“我们需要一个标准。”他说，“而且我坚持认为，如果标准不是比例代表制，那你想让我们以什么为标准呢？”

这个问题埃琳娜·卡根刚刚已经回答过了：“州的所有标准都不能偏离，其中不包括带有党派倾向性的考虑。”

对数学家来说，阅读口头辩论的书面记录就像在上一堂小型研讨课，而课上只有一名学生看过相关材料。卡根明白问题所在，她简明扼要地解释了原告请求她考虑的定量论证问题。然而，其他人依然各持己见，仿佛她从未说过这番话。虽然索尼娅·索托马约尔和约翰·罗伯茨说的话不多，但大都是对的。斯蒂芬·布雷耶有他自己的“格里蝾螈”地图检验标准，不过原告和被告都不愿意接受。在保罗·克莱门特的帮助下，戈萨奇、塞缪尔·阿利托和布雷特·卡瓦诺共同编造了一个案件，该案件的原告请求联邦最高法院强制各州实施某种形式的比例代表制。

集成、随机游走和离群值等概念已经让你应接不暇了吧，我们小憩一下，看看各方是如何围绕一份三明治展开口头辩论的。

里格斯：我想要一份烤奶酪三明治。

阿利托：好的，一份金枪鱼奶酪三明治。

里格斯：不，我说的是烤奶酪三明治。

卡瓦诺：我听说金枪鱼奶酪三明治不错。

戈萨奇：你的金枪鱼奶酪三明治是要开放式的还是封闭式的？

里格斯：我不想要金枪鱼奶酪三明治，我想要……

戈萨奇：看来你不想直接说出答案，但你难道不想要一份金枪鱼奶酪三明治吗？

里格斯：不想。

卡根：她想要的是烤奶酪三明治。那不是金枪鱼奶酪三明治，因为里面没有金枪鱼。

戈萨奇：如你所说，你不想要金枪鱼奶酪三明治，那你想要什么？难道我们要专门为你做一份三明治吗？

阿利托：你来到这里，想要一份用奶酪和烤面包做的热三明治。对我来说，那就是金枪鱼奶酪三明治。

布雷耶：一直都没有人点牛肝泥三明治，但他们真的尝试过吗？

克莱门特：厨师知道如何做一份金枪鱼奶酪三明治，但他们选择不做。

也许你已经知道结果了，但如果你还不知道，可以试着猜一下。2019 年 6 月 27 日，美国联邦最高法院以 5 票赞成、4 票反对的结果裁定，有党派倾向性的“格里蝾螈”地图是否符合宪法的案件，超出了联邦最高法院的管辖权范围。用专业术语来说，这件事“不具有可诉性”。用通俗的语言来说，各州可以随心所欲地绘制他们的“格里蝾螈”地图。首席大法官约翰·罗伯茨在他执笔的多数意见书中解释道：

> 有党派倾向性的“格里蝾螈”地图的种种主张都源于对比例代表制的渴望。正如大法官奥康纳所说，这些主张的基础是“一种信念，即偏离比例代表制的程度越大，州议会席位分配计划就显得越可疑”。

在多数意见书非常靠后的部分，罗伯茨确实承认了比例代表制不是鲁乔案原告的诉讼请求，但这份文件的大部分内容都在反复强调他反对原告主动提出的要求。宪法规定任何人的投票权不得被稀释，虽然罗伯茨对此没有任何反对意见，但他坚持认为这“并不意味着每个党派的影响力必须与其支持者的数量成正比”。

“不，我不会给你做金枪鱼奶酪三明治。你知道，我们这里不供应金枪鱼奶酪三明治！”

我不是律师，也不会假装自己是律师，更不会佯称这起案件中的宪法问题很容易解决。毕竟，简单的案件不会上诉至美国联邦最高法院。所以，我不打算在这里给你解释为什么罗伯茨执笔的多数意见书是一份错误的法律判决。如果你有兴趣做进一步了解，我推荐你看看埃琳娜·卡根的异议意见书，它充斥着讽刺和失望的意味，让你耳边仿佛不时传来苦笑声。

对罗伯茨来说，重要的是，过去美国联邦最高法院已经明确允许重划选区时可以带有一定程度的党派倾向性。从某种意义上说，摆在联邦最高法院面前的问题是，是否存在过度的“格里蝾螈”行为。鲁乔案的多数意见书给出了否定的答案：如果“格里蝾螈”行为符合宪法，那么过度的“格里蝾螈”行为也符合宪法。或者更准确地说，如果不能在允许和禁止之间找到一条清晰明确、达成共识的通用界线，联邦最高法院就无法做出判决。这是“连锁悖论”（sorites paradox）的法律版本，它可以追溯到亚里士多德的老对手欧布里德。连锁悖论要求我们算出要用多少颗麦粒才能堆成一堆，毫无疑问，一颗麦粒不是一堆，两颗麦粒也不是。事实上，不管桌子上有多少颗麦粒，你都不可能设想出这样一种情景：只要增加一颗麦粒，就能把原来不成堆的麦粒变成一堆。所以，3 颗麦粒不是一堆，4 颗也不是，以此类推。将这个推理过程一直进行下去，你就能证明一堆麦粒是不存在的，但成堆的麦粒又确实存在。

罗伯茨把“格里蝾螈”行为视为不可避免的连锁悖论。他说，“可接受的‘格里蝾螈’行为”和“很遗憾，它过度了”之间的界线很难划分，并且要视具体情况而定（如果有一条规则认为 99 个颗粒不是一堆而 100 个是一堆，他或许会感到满意，但如果阈值还取决于这些颗粒是麦粒还是沙粒，情况就又不一样了）。

我明白他的意思，但我仍会想到内华达州。在美国的 50 个州中，它是唯一一个对议会选区是否连成一体不做要求的州。理论上，在这个倾向民主党的州，议会可以将登记的共和党选民全部划入 21 个选区中的 3 个，而作为平衡，其余选区的民主党选民占比将达到 60% 左右。这样一来，民主党几乎肯定会获得州议会的多数席位，还能在参议院锁定 18∶3 的无法否决的绝对多数优势。即使该州向“右”摇摆，选出了一位共和党州长，民主党在州议会的多数优势也会继续保持下去。按照鲁乔案的推理过程，美国联邦最高法院没有明确的方法可以判定这样的“格里蝾螈”行为是否“过度”。有时，法律推理（即使对于法律问题是合理的）与常识完全是两码事。

最终，多数意见书的判决引发了一个技术问题：有党派倾向性的“格里蝾螈”行为是一个“政治问题”，这意味着它即使违反了宪法，联邦最高法院也无权干预。“格里蝾螈”行为的结果“看上去相当不公平”（事实上，它们“与民主原则格格不入”），这一点毫无争议。被告申辩他们的地图在锁定选举优势方面的效果并不好，这种说法因为毫无说服力而被联邦最高法院直接驳回。不过，罗伯茨在多数意见书中写到，不能仅因为某件事情是不公平的，与民主原则格格不入，而且负面影响极大，就认定联邦最高法院有权判决它违反了宪法。虽然“格里蝾螈”行为令人厌恶，但它还未达到违宪的程度。

判决书的内容令人不安，它不仅承认“格里蝾螈”行为掣肘了民主，还热切地希望联邦最高法院法官以外的其他人能对它做些什么。罗伯茨在多数意见书中还写道，也许州宪法的某些条文能禁止“格里蝾螈”行为。如若不然，相关州的选民或许会奋起反抗，通过公投改变这种制度，前提是他们的州议会（立法机构）不能立即废除投票结果。也许美国国会会对“格里蝾螈”行为采取相应的措施，谁知道呢？

想象一下，罗伯茨是一名工人，他在下午 5 点 5 分离开工厂时注意到大楼着火了。墙上就有一个泡沫灭火器，他可以顺手拿起它把火扑灭。但是，这涉及一个至关重要的原则：下午 5 点一过，就不是他的工作时间了，而工会明确规定他不应该无偿加班。如果他扑灭了这场火，他就违背了这个原则。此后就算他下班了，只要大楼着火，他是不是就要负责灭火？或许会有工作到很晚的人把火扑灭，更何况还有消防部门——灭火是他们的职责所在。不可否认，没人知道他们要过多久才能赶到现场，事实上，这座城镇的消防部门的出警速度可是出了名的拖沓。即便如此，灭火仍然是他们而不是罗伯茨的本职工作。

从阴暗的密室到明亮的教室

对“格里蝾螈”行为的反对者来说，美国联邦最高法院的判决并不是他们想要的美好结局，但它可能是一个美好的开始。毕竟，罗伯茨认为还有其他可能的改革途径，他的看法没错。在鲁乔案宣判后不到一年，北卡罗来纳州的国会选区就因违反州宪法而被联邦地区法院的合议庭否决了。2018 年，宾夕法尼亚州最高法院也做出了同样的判决（当时州长找来了创建ReCom算法的杜钦，帮助他们绘制更公平的新地图）。美国众议院表决通过了一项法案，创立一个无党派委员会负责划分众议院选区（但不包括国会无权划分的州议会选区），目前该法案的实施遭到参议院领导层的阻挠。

仅凭一起引人关注的案件，“格里蝾螈”行为就迅速进入了美国公众的视野。美国HBO电视网的新闻喜剧秀节目《上周今夜秀》，围绕重划选区问题制作了一段时长 20 分钟的节目。在得克萨斯州的严重畸形的第 10 国会选区，有三兄妹自行动手设计了“格里蝾螈”棋盘游戏——《地图绘制者》(Mapmaker)，由于“格里蝾螈”行为的长期抵制者阿诺德·施瓦辛格在社交媒体上的大力宣传，这款游戏的销售量高达几千份。了解“格里蝾螈”行为的人比过去多了，而且他们都不喜欢它。在威斯康星州的 72 个县中，有 55 个（有些倾向民主党，有些倾向共和党）已经通过了要求选区划分不得带有党派倾向性的决议。

密歇根州和犹他州通过全民公决批准了新的无党派选区划分委员会。在弗吉尼亚州，由于共和党人绘制了“格里蝾螈”地图，州议会的一个两党参议员小组设法通过了一项宪法修正案，将重划选区的职权交给了一个独立委员会。但该州朝“左”转的速度如此之快，以至于 2019 年民主党打破了“格里蝾螈”地图的魔咒，接管了弗吉尼亚州参议院和众议院。许多新崛起的多数党成员，在掌握了下一次人口普查的控制权后，也突然变得不太热衷改革了。

卡根在异议意见书中指出，人们不能对政治进程期望过高。政治进程恰恰是“格里蝾螈”行为意在加以限制的对象，例如，马里兰州国会选区的“格里蝾螈”地图仍在使用中。尽管该州州长是共和党人，但民主党在州议会中拥有无法否决的多数优势，预计他们将会继续保留这幅地图。

威斯康星州如何才能获得更公平的选区地图呢？该州的宪法对选区界线鲜有规定，导致法院对当前地图提出的异议常常不了了之。除非州议会发起，威斯康星人就无法进行全民公决，但州议会更喜欢安于现状。威斯康星州可能会选举出一位肯定愿意否决共和党的“格里蝾螈”地图的新州长，事实上，2018 年他们就是这样做的。有传言说，州议会计划请求州法院宣布重划选区是州议会的专属职权，而不需要州长签署通过。他们有可能得到州司法部门的支持，如果这种情况真的发生了，威斯康星人在这件事上将很难获得发言权。

在密歇根州，自从独立的重划选区委员会在该州以 61% 的得票率被表决通过并成为法律，共和党人就对其合法性产生了质疑。在阿肯色州，重划选区的改革组织“阿肯色州选民至上”在新冠感染疫情期间收集了超过 10 万个签名，目的是在 2020 年 11 月美国总统大选时通过一项宪法修正案。该州州务卿宣布这些请愿书无效，因为在相关表格上，证明游说者接受过犯罪背景调查的部分有误。州的政治体制中充斥着“否决点”（veto point），所以那些需要保护自己地盘的政治派别有很多办法躲避公众的声讨。

尽管如此，我仍然抱持乐观态度。过去，美国人看到大小相差悬殊的州议会选区，他们会不以为然地说这是惯常做法。而现在，与我交谈过的大多数人都对这种做法感到震惊。我们倾向于憎恶不公平之事，而且我们关于公平的概念不会完全脱离数学思维。和人们谈论“格里蝾螈”

地图的“黑魔法”也是一种数学教学方式，数学对人类思维具有内在的吸引力，尤其当它与我们深切关注的其他事物——权力、政治和代表权——交织在一起时。2011 年共和党人在密室里绘制的“格里蝾螈”地图取得了巨大的成功，但我相信，在被拿进开放明亮的教室之后，它的“黑魔法”就会失去效力。

结 语

膨胀的房子和翩翩起舞的窗户

在英国对印度实行殖民统治时期，英国建筑师赫伯特·贝克参与了印度首都新德里的规划设计。他认为，这座城市应该采取新古典主义建筑风格，本地特色的建筑过多将无法匹配大英帝国的目标，“尽管这种风格可以展现印度的魅力，但它不能通过结构和几何特征凸显英国政府在混乱中建立的法律和秩序。”几何学可以用来比喻绝对不容置疑的权威，它是以国王、奠基人或殖民统治者为中心的自然秩序的数学类比物。法国的统治者花费了不计其数的金币修建井然有序的花园，完美的线条从四面八方汇聚至宫殿，象征着他们心目中像公理一样永恒不变的秩序。

这种观点的典型代表案例可能是英国校长埃德温·艾勃特在 1884 年创作的短篇小说《平面国》。这本书以一个正方形的口吻，讲述了发生在二维世界的故事。这个世界里的居民就像西尔维斯特的“书虫”一样，他们只知道 4 个罗经点，除此之外他们对方向毫无概念。平面上的人是几何图形，他们的形状决定了他们的社会地位。一个人拥有的边越多，他的地位就越高，地位最高的多边形拥有很多边，以至于无法跟圆区分开来。相比之下，等腰三角形是普罗大众，他们的社会地位与其顶角的度数成正比。有尖锐顶角的狭长三角形是士兵，地位比他们低的唯一图形是代表女性的线段。在这本小说中，线段是可怕的生物，几乎没有头脑，极其尖利，从正面是看不见她们的。（非等腰三角形呢？他们代表异常丑陋的群体，受到正统社会的排挤，如果形状过于歪斜，还会被“仁慈”地施以安乐死。）

正方形在梦中来到了一维的直线国，当骄傲的直线国国王得知在他的国土之外还有一个二维世界时，他根本无法理解。正方形醒来后，被一个虚无缥缈的声音吓了一跳。这个声音说它的主人是一个小小的圆，不知为何来到了正方形的家里。圆会莫名其妙地放大和缩小，当然，这是因为它其实不是圆而是球体，随着球体在第三维度内的上下移动，它在二维世界里的横截面会放大和缩小。球体努力地向正方形介绍自己，但言语解释失败后，球体把正方形从平面上举起来，并以一定的角度倾斜，让正方形能亲眼看到二维世界的形状。获得启示之后，回到二维世界的正方形试图将他的所见所闻传播开来。不出所料，他被关进了监狱。这本小说的结局是，正方形遭到监禁，他的见闻也无人关注。

《平面国》刚出版时，读者对它既备感困惑又不以为然。《纽约时报》评论说：“这是一本让人困惑不已和痛苦不已的书，美国和加拿大加起来至多有六七个人喜欢读它。”但事实上，它受到了对几何学感兴趣的年轻人的欢迎，连续加印，并被改编成电影。我小时候对它也是爱不释手，读了一遍又一遍。

但我那时不明白这是一部讽刺作品，它在嘲讽而非接受平面国盛行的已然过时的社会等级观念。艾博特并没有把女性视为没有头脑的“死亡之针”，而是倡导教育平等。他曾在女子公立日校公司的理事会任职，致力于为女性的中等教育提供资助。我也不知道艾博特是一位圣公会牧师，除了这本小说，他出版的主要是神学方面的作品。所以，我肯定无法领会这个故事暗含的基督教讽喻：对那些能够接受超现实的人来说，几何原理绝不会强制实施一种压迫性的社会秩序，反而是一种摆脱这种社会秩序的途径。

《平面国》告诉我们，几何学的力量在于，二维世界的正方形可以通过纯粹的思考，推导出他不能直接观察到的高维世界的属性。从他了解的正方形入手，他类推出立方体有 8 个角和 6 个面，而且每个面都是像他一样的正方形。在此基础上，正方形更进一步，问球体对第四维度有什么了解（其实，这个问题同样可以通过类推法来解决）。但球体告诉他，这个问题太荒谬了，根本没有第四维度这种东西，“你怎么会提出如此愚蠢的问题呢？”

我们知道的几何学可用于支持传统方法，但我们并不知道它也是一种威胁。在 17 世纪的意大利，数学家建立了一套严谨的无穷小理论，并利用它算出了以前无法处理的图形的面积和体积，却遭到耶稣会会士的扼杀。只要有方法超出欧几里得几何的范围，就会受到质疑。在英国，牛顿的微积分理论受到了教会的猛烈抨击，以至于他不得不用詹姆斯·朱林的《几何学不是无神论者的朋友》（*Geometry No Friend to Infidelity*）等书籍为自己辩护。但如果你的宗教信仰错了，几何学则更像无神论者的朋友，尤其是新几何学，它可以提供对抗既有秩序的威权。这样一来，它将成为破坏稳定的力量和激进的措施。

机器捕捉不到事实的灵魂

丽塔·达夫是普利策奖得主、连续两届的美国桂冠诗人，现任弗吉尼亚大学的联邦教授（托马斯·杰斐逊和詹姆斯·西尔维斯特都曾在这所大学对数学进行了深入的思考）。但在 20 世纪 60 年代初，她只是俄亥俄州阿克伦的一个小书呆子。她的父亲是一名工业化学家，也是固特异轮胎公司的第一位黑人研究化学家。达夫回忆说：

> 我经常和哥哥一起做数学作业。遇到难题时，我们会先尝试自行解决。但如果花了几个小时仍然解决不了，我们就会放弃并向父亲求助，因为他是一个真正的数学天才。如果难倒我们的是代数问题，他就会说：“用对数方法解决会更简单一些。”我们抱怨道：“可是我们不了解对数！”于是，父亲拿出了计算尺。两个小时后，我们学会了对数，而夜已经深了。

这段回忆变成了达夫笔下的一首诗——《抽认卡》（*Flash Cards*）。

抽认卡

在数学方面我是神童，
是橘子和苹果的保管员。
你不明白，孩子，父亲说。
我回答得越快，它们就来得越快。

我看见老师的天竺葵上有一个花蕾，
一只鲜亮的蜜蜂拍打着潮湿的窗玻璃。
大雨过后，鹅掌楸总是耷拉着脑袋，
我也低着头踩着雨靴往家赶。

下班回到家的父亲正在休息，
他一边喝着威士忌，一边读着《林肯传》。
晚饭后我们开始训练，我在黑暗中摸索。

入睡前，我转动转轮。
在一个微弱的声音说出那个数字之前，我只能靠猜。
十，我不停地说，我才十岁。

《抽认卡》将算术事实描写成自上而下的权威（她那严厉的父亲和酷爱数学的亚伯拉罕·林肯也现身其中）。这首诗饱含感情，正如达夫所说，“你能意识到他们爱你，因为他们把所有时间都花在你身上。在那段日子里，我的父亲非常严厉，我上床睡觉前他肯定会拿出那些卡片。当时的我非常讨厌它们，但现在的我很感谢那些卡片。”你在黑暗中转动转轮，然后尽可能快地给出正确答案，这是许多美国小学生对数学的一种体验。

大多数伟大的诗人都没有写过关于数学的诗，而达夫写了两首，另一首是《几何学》（*Geometry*）。

几何学

我证明了一个定理，然后房子开始膨胀：
窗户猛然飞起，贴着天花板盘旋，
伴随一声叹息，天花板飘然离去。

墙壁挣脱了一切羁绊，
变得澄澈通透，
康乃馨的芬芳跟随墙壁而去，
我在开阔的空间里。

头顶上窗户的合页好似蝴蝶，
在阳光的照射下闪闪发亮，
它们正飞向某个真实但尚未证明的点。

真是天壤之别！比较这两首诗，你会发现算术是件苦差事，而几何学是一种解脱。洞察力竟然如此强大，以至于墙壁摆脱了一切束缚。空间中平面的相交处变成了翩翩起舞的蝴蝶，美轮美奂、清晰可见，尽管你不能把它们固定在二维页面上制成标本。当一个证明像这样显现出来时，在你头脑中发生的就绝对不是一次逻辑上的艰难跋涉。

几何学有一个特别之处，它会让人诗兴大发。在学校的其他课程中，当内容涉及谁参加了法国和印第安人战争，或者葡萄牙的主要产品是什么时，你最终必须遵从老师或教科书的权威。而在几何课上，你可以构建自己的知识，主动权掌握在你手中。

正是出于这个原因，平面国人和意大利耶稣会会士才将几何学视为危险之物。他们的想法是对的，几何学代表了另一种权威的来源。毕达哥拉斯定理之所以是正确的，并不是因为毕达哥拉斯说它是正确的，而是因为我们可以证明它是正确的。

不过，真理和证明不是一回事，就像达夫的诗结尾说的那样，“真实但尚未证明的点。”在强调直觉的必要性上，庞加莱与达夫看法一致。他写道：

> 我刚刚说的足以表明，试图用任何机械过程取代数学家的能动性都是徒劳之举。为了获得真正有价值的结果，光做烦琐的计算，或者让机器厘清排列顺序，是远远不够的。真正有价值的不仅仅是顺序，而是出人意料的顺序。机器可以捕捉到赤裸裸的事实，但事实的灵魂是它永远都捕捉不到的。

我们以形式证明为支架，扩展我们的直觉认知范围。但如果我们不借助它前往我们能看到但无法看清的地方，形式证明就是一架无处安放的梯子，毫无用处。

数学家认为他们掌握的知识是永恒和无懈可击的，因为他们已经证明了所有这些知识。证明对数学家来说是一种必不可少的工具，是他们（还有林肯）用来衡量确定性的标准。但这不重要，重要的是理解万事万物。我们想弄清楚的不只是事实，还有事实的灵魂。墙壁挣脱羁绊，天花板飘然飞走，这些恰恰发生在你做几何题时恍然大悟的那一刻。

几年前，一位名叫格里戈里·佩雷尔曼的俄罗斯数学家证明了庞加莱猜想。那不是庞加莱唯一的猜想，却是以他的名字命名的猜想，因为它很难证明，而且在证明过程中往往会产生一些有趣的新想法。可以说，这是好的猜想证明其自身价值的一种方法。

我不打算详细阐述庞加莱猜想。它与三维空间有关，但不一定是我们居住的这个世界。庞加莱探索的是几何结构丰富度更高的三维空间，它们本身可能是弯曲的。想象一下，正方形本以为自己居住在二维世界中，直到被他的三维访客举起来，他才发现平面国其实是球体的表面，或者是某种甜甜圈的表面。于是，正方形对他的新朋友说：“如果你居住的三维世界实际上具有某种复杂的形状，但只能在四维空间中观察到呢？你如何得知真相是不是这样呢？”

这里有一种方法可以告诉你，你是生活在甜甜圈上还是球体上。在甜甜圈的表面，你可以用一条略带弹性的绳子做一个闭合的环（见图结–1），不管你在甜甜圈的表面怎么拉它，它都不可能合拢。球体则不同，它表面的任何绳圈都可以收缩成一点。

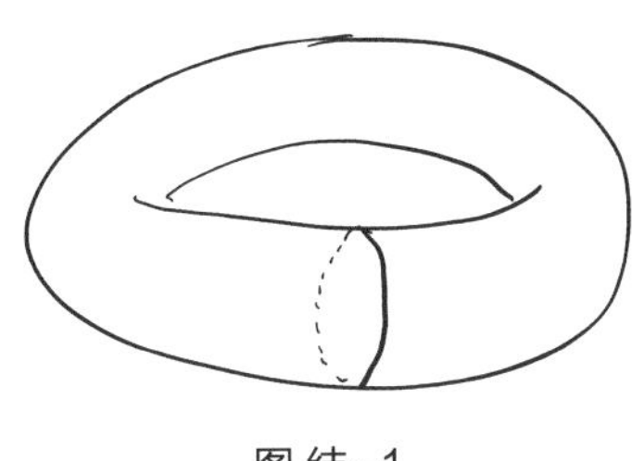

图结–1

在我们身处的三维世界里，这有点儿难以想象，但为什么不试一下呢？你拿在手里的绳圈肯定可以收缩，而无须离开这个世界。但如果一艘宇宙飞船从地球出发，飞行了几吉秒差距[①]后，发现自己又回到地球上了呢？如果你认为它在太空中的飞行轨迹是一个很大很大的环，那你能让它合拢吗？宇宙的大尺度几何结构和电子内部的小尺度几何结构，都是我们无法直接观测的。

庞加莱认为可闭环和不可闭环是非常基本的概念。他的猜想是，没有不可闭环的三维空间只有一种，也就是我们熟悉的那种。证明所有的环都可以合拢后，你就能知道关于空间形状的一切性质。

说实话，庞加莱对这个猜想的态度并不明确。他只是在 1904 年圣路易斯世界博览会期间发表的一篇论文中提出了这个问题，但他没有给出肯定或否定的答案。这可能是因为他性格保守，也可能是因为 4 年前他发表了一个类似的猜想，但在 1904 年的论文中他证明了那个猜想完全是错的。这种事比你想的要常见得多，即使是伟大的数学家也会做出很多错误的猜测。如果你从未猜错，那只能说明你猜测的问题还不够难。

① 天文单位，1 吉秒差距≈10^9 秒差距。——译者注

100 年后，佩雷尔曼回答了庞加莱的问题，而他使用的方法是庞加莱几乎无法想象的。他的证法更上一层楼，利用了所有几何图形的几何结构，让一个神秘的无可闭环的三维空间流经所有空间的空间，直到它变成我们知道和喜爱的标准三维空间。

这不是一个简单的证法。

佩雷尔曼研究成果中的新思想点燃了关于这些抽象“流形”的研究热情，扩展了数学家对几何学的理解。但是，佩雷尔曼并未参与其中。投掷了这颗知识“炸弹”后，他隐居在圣彼得堡的小公寓里，甚至拒绝领取菲尔兹奖和克莱基金会[①]为解决这个难题而设下的 100 万美元奖金。

现在，我们来做一个思想实验。如果庞加莱猜想不是被一位内向的俄罗斯几何学家证明的，而是被一台机器证明的，会怎么样？例如，奇努克的孙辈的孙辈，它不下国际跳棋，而是设法解决了这个三维几何问题。假设这台机器给出的证法就像奇努克的完美国际跳棋策略一样，也是人类思维无法辨识的东西，例如一串数字或形式符号，我们可以验证它们是正确的，却不能理解它们的意义。

那么我会说，尽管一个最著名的几何学猜想被证明是永远正确的，但我根本不会在意它！原因在于，知道真假并不重要。真实与虚假让人提不起兴趣，它们只是没有灵魂的事实。比尔·瑟斯顿是现代非欧三维几何的伟大领航员，也是对佩雷尔曼完成的所有三维几何研究进行分类的策略设计者，他无暇关注把数学视为“真理工厂”的产业观：“我们并不是要满足定义、定理和证明的某个抽象生产指标。衡量我们成功与否的标准，应该是我们的研究能不能让人们更清楚、更有效地理解和思考数学问题。”数学家戴维·布莱克维尔说得更加直白：“总的来说，我对做研究从来都提不起兴趣。我的兴趣在于理解，这完全是另外一回事。”

几何学给人一种通用和永恒的感觉，它以几乎相同的形式出现在所有曾经存在的人类社会中。它现在也和我们同处于一个时空，它教我们

---

① 2000 年，美国马萨诸塞州剑桥市的克莱基金会发起了一场颇具历史意义的竞赛：能够解决七大数学难题之一的人，在专家认定其答案正确之后，可以获得 100 万美元的奖金。

如何“让房子膨胀”。

布莱克维尔是一位概率学家，做了许多关于马尔可夫链的研究，但他就像林肯、达夫、罗纳德·罗斯一样，也从欧几里得平面中找到了灵感。他说，几何学是“我上过的唯一一门让我认识到数学真的很美且充盈着思想的课程”。他甚至还能想起驴桥定理的证法：“我仍然记得辅助线的概念。有一个命题乍看起来很神秘，某人画了一条线后，它就变得显而易见了。这真是妙不可言。”

每个人都离不开几何学

《塔木德》里有一个著名的故事：蛇炉之辩。一群拉比像往常一样展开了激烈的辩论，这一次他们争论的问题是：一个炉子被切割成几块后，用灰泥重新粘在一起（用灰泥弥合的缝隙看起来弯弯曲曲的，就像蛇一样，所以这种炉子被称为“蛇炉”），跟用未切割的石头制成的炉子相比，它是否也要遵守同样的清洁仪式规则。他们争论的具体内容并不重要，重要的是一个名叫埃利泽·本·许尔堪的拉比持有少数意见，与房间里其他人的观点背道而驰。辩论越来越激烈，埃利泽提供了“世界上所有的证据”，他的对手却不为所动。于是，埃利泽转而采取更富戏剧性的证明形式。“如果我对《妥拉》（*Torah*）的诠释是正确的，”他说，“就让角豆树来证明吧！”于是，旁边的树将自己连根拔起，跳了100肘[①]远。反方的意见领袖约书亚说，这不重要，角豆树不能作证。“好吧，”埃利泽说，“如果我是对的，就让小溪来证明吧！”于是，溪水开始倒流。其他拉比说，这无关紧要，小溪不能证明什么。“如果我是对的，”埃利泽说，“就让学院的墙来证明吧！”于是，墙壁开始弯曲。即便如此，其他拉比仍未被他说服。

不过，埃利泽手中还有一张牌。“如果我对《妥拉》的理解是对的，”他说，“就让上帝来证明吧。”于是，上帝的声音在天上回荡：“你们为什

① 1肘≈45厘米。——编者注

么要对埃利泽苦苦相逼呢？你们知道他对这种事的看法一直都是对的。”

这时，约书亚站起来说：“上帝的声音也不能证明什么！《妥拉》不在天上而在地上，它赋予我们的规则都被清清楚楚地写下来了。按照少数服从多数的原则，我们判定埃利泽的观点是错误的。”

于是，上帝高兴地宣布：“我的孩子们超越了我！我的孩子们超越了我！”

这个关于争论的故事也引发了很多争论。有些人认为约书亚是英雄，因为他像普罗米修斯一样敢于从上帝那里抢夺权威。故事里的他是一名乡村律师，我认为亚伯拉罕·林肯会选择站在他那边。正如林肯的搭档威廉·赫恩登描述的那样：“他在分析事实和原则时不屈不挠。一旦完成所有这些详尽的过程，他就会形成一个想法，并把它表达出来。他没有信仰，也不管传统看法或权威观点是什么。”

而有些人更喜欢埃利泽，因为他坚持自己的信念，敢于对抗多数意见。诺贝尔和平奖得主埃利·威塞尔说：“我喜欢埃利泽是因为他敢于孤身作战……他就是他，绝不屈服，无论别人说什么，他都忠于自己的想法。他做好了孤勇前行的准备。”这不禁让我们联想到数学家亚历山大·格罗滕迪克。20 世纪 60 年代，格罗滕迪克从零开始重建几何学，但本书自始至终都没有提及他的研究——或许下次吧。回想起自己早年在巴黎的求学生活时，格罗滕迪克说：

> 在那段重要的岁月里，我学会了如何独处……用自己的方式获取我想学习的知识,而不是一味信赖共识，无论它们是显性的还是隐性的，无论它们是来自我所在的群体还是来自所谓的权威。这些无声的共识告诉我，不管是在中学还是在大学，用到“体积”等术语时无须考虑它们的含义究竟是什么，因为它们“显然是不证自明的”“众所周知的”“没有问题的”，等等。我超越了他们的想法……正是以这种特立独行的姿态，我长成了一个坚持自我的人，而不是共识的走卒，拒绝停留在其他人为我画的刻板圆圈中。只有这样，一个人才能发挥出真正的创造力，其他事情也会顺理成章。

然而，格罗滕迪克之所以能成为格罗滕迪克，是因为法国几何学的沃土滋养了他的思想，以及巴黎数学界的其他几十位数学家迅速汲取了他的创新成果。

当我们真正深入地思考几何问题时——无论是尝试绘制流行病的传播过程，还是在游戏的策略树上随机游走，无论是为民主代议制拟定可行性草案，还是理解哪些事物会给人一种相似的感觉，无论是在房子内部想象房子外部的情景，还是像林肯那样严厉地批评我们的信念和假设——从某种程度上说，我们就是在孤军奋战，地球上的其他人亦然。每个人对几何学的理解都不一样，但每个人也都离不开几何学。顾名思义，几何学是我们衡量世界的方式，它也是我们衡量自己的方式。

致 谢

从本书英文版的初创阶段开始，我的经纪人杰伊·曼德尔、他的助理思安–阿什莉·爱德华兹及威廉·莫里斯奋进（WME）公司的每个人，一直在不知疲倦地给予我鼓励和支持。我很荣幸能与企鹅出版社的编辑斯科特·莫耶斯再度合作，他一贯致力于出版作者真正想写的书，而不是劝说作者写书店想卖的书。感谢企鹅出版社的整个团队，特别是米娅·康斯尔、丽兹·卡拉马里和希纳·帕特尔。感谢企鹅出版集团（英国）的劳拉·斯蒂克尼。感谢斯蒂芬妮·罗斯，她为本书英文版设计了令人惊叹的封面。

感谢莱莉·马龙，2020 年夏她突然写信问我是否需要一名研究助理——我当然需要！她花了很多时间寻找我提出的那些古怪问题的答案，核实我引用的数据资料，纠正我的措辞不当问题，本书因此受益匪浅。文字编辑格雷格·维尔皮克娴熟、仔细地阅读了整本书稿，找出了几处令人尴尬的事实性错误，其中包括我本人的成人礼年份。

值得庆幸的是，我可以依靠朋友、熟人和陌生人来回答问题、讨论想法，他们耐心地向我解释宪法条文和量子物理学。这些给予我帮助的人包括：阿米尔·亚历山大，玛莎·阿利巴利，戴维·贝利，汤姆·班科夫，米拉·伯恩斯坦，本·布鲁姆–史密斯，巴里·伯登，戴维·卡尔顿，丽塔·达夫，查尔斯·富兰克林，安德鲁·格尔曼，丽莎·戈德堡，玛格丽特·格雷弗，艾莉森达·格里格斯比，帕特里克·霍纳，凯瑟琳·霍根，马克·休斯，帕特里克·伊贝尔，拉里特·贾因，凯利·杰弗里斯，约翰·约翰逊，玛利亚·琼斯，德里克·考夫曼，伊曼纽尔·科瓦尔斯基，亚当·库哈尔斯基，格雷格·库珀伯格，贾斯廷·莱维特，李万琳（音），伦敦卫生与热带医学院的档案管理员，杰夫·曼德尔，乔纳森·马丁利，肯·梅耶，洛伦佐·纳吉特，詹妮弗·尼尔森，罗布·诺瓦克，凯西·奥尼尔，本·奥林，查尔斯·彭斯，韦斯·佩登，道格拉斯·柏兰德，本·雷希特，乔纳森·谢弗，汤姆·斯科卡，阿贾伊·塞西，利奥尔·西尔伯曼，吉姆·斯坦因，史蒂夫·斯托加茨，让-吕克·蒂斐奥尔特，查尔斯·沃克，特拉维斯·沃里克，艾米·威尔金森，罗布·亚布隆，泰希克·尹，蒂姆·于和阿贾伊·祖特希。

特别感谢在本书尚未完成、文字质量较差的情况下就阅读了部分内容，提升了其可读性的那些人：卡尔·伯格斯特伦，梅瑞迪斯·布鲁萨德，斯蒂芬妮·伯特，亚历克·戴维斯，拉里特·贾因，亚当·库哈尔斯基，格雷格·库珀伯格，道格拉斯·柏兰德，本·雷希特，利奥尔·西尔伯曼，史蒂夫·斯托加茨。尤其要感谢“超级编辑”米歇尔·施，她阅读了本书的大部分内容，并让我相信它的出版是有意义的。

感谢穆恩·杜钦，他告诉我“格里蝾螈”地图不仅是一个重要的政治问题，也是一个深刻而有趣的数学问题。感谢格雷戈里·赫施拉格对2018年威斯康星州的选举数据所做的额外的分析工作。

我一直很庆幸自己能在威斯康星大学麦迪逊分校工作，它始终如一地支持我写书。我们的校园是内容涉猎广泛的图书的最佳创作环境，只需步行就能找到各方面的专家，喝咖啡的地方也很多。

我的几何学启蒙老师是埃里克·沃尔斯坦，2020年11月他因感染新冠病毒而去世。我多么希望他能给更多的学生上数学课。

在这里我还要承认一件事，受时间和篇幅所限，一些非常适合写进一本几何学读物的内容却没有出现在本书中。我本来还有如下打算：谈一谈“统合派与分割派”和聚类理论，朱迪亚·珀尔和有向无环图在因果关系研究中的应用，马绍尔群岛的导航图，探索与利用多臂老虎机，螳螂幼虫的双眼视觉，N × N网格不会形成等腰三角形的最大子集（如果你真的解决了这个问题，请务必告诉我）；谈一谈动力学，从庞加莱开始，一直到台球、西奈山和米尔扎哈尼；谈一谈笛卡儿，他率先尝试将代数和几何学统一起来，但后来在这个领域我们几乎看不到他的身影；谈一谈格罗滕迪克，他对统一这两门学科的理解比笛卡儿深入得多，但他后来同样在这个领域销声匿迹了；谈一谈突变论；谈一谈生命之树。在现实世界中研究几何问题总是需要把现实和理想并列置于眼前，写书也大同小异。本书的目标是触及你和我的所思所想，我希望读到这里你已经发现它是一份足够好的草图。

一本书的创作是一家人共同努力的结果。我的儿子CJ梳理和分析了多年来威斯康星州的选举数据，我的女儿AB绘制了本书中的一些示意图。当我喝得酩酊大醉，反反复复地问为何那么多人讨厌这门学科而我却觉得写一本几何学读物是个好主意时，我的家人从未感到厌烦。我的妻子坦尼娅·施拉姆一如既往地支持我，她是我可以依靠的那堵墙，是本书的第一个也是最后一个读者。她让生涩的句子变得流畅，让拗口的文字变得浅显，让隐晦的解释变得清晰。如果没有她，这一切都将不存在。